Excel数据可视化

从图表到数据大屏

郭宏远 ◎ 著

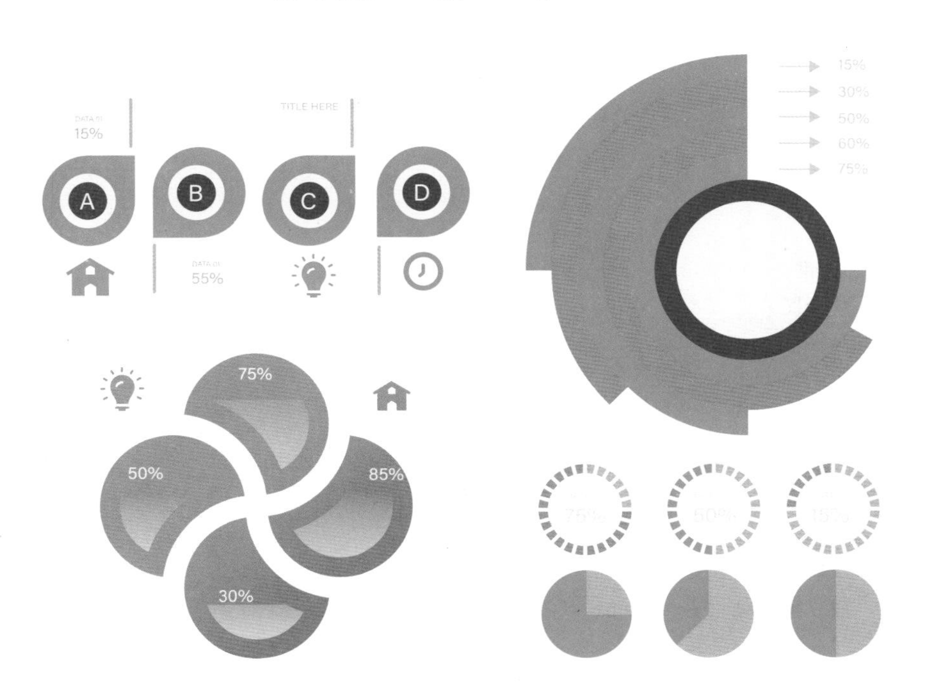

清華大學出版社
北京

内容简介

Excel是日常办公的必备软件，其中数据存储和处理是常用功能，除此之外，Excel也是一个专业的制作图表的软件。使用Excel可以快速地完成图表的制作和修饰，其每个图表元素都可以通过可视化的操作完成设置，这让图表的修饰过程变得十分简单和易学。

Excel数据可视化根据图表的展示形式可分为基础图表、动态图表和数据大屏，本书以Excel的基础知识为起点，逐步介绍Excel数据可视化的三种形式。这是一个循序渐进的学习过程，每个对应的模块都包含通用设计理论和具体的设计方法，理论和实践相结合，使读者在举一反三中逐渐学会使用Excel实现数据可视化。

本书适合使用Excel进行数据分析的用户，从事数据相关工作的专业用户和通过数据汇报工作的用户。

本书封面贴有清华大学出版社防伪标签，无标签者不得销售。

版权所有，侵权必究。举报：010-62782989，beiqinquan@tup.tsinghua.edu.cn。

图书在版编目（CIP）数据

Excel数据可视化：从图表到数据大屏 / 郭宏远著．—北京：清华大学出版社，2023.4（2023.12重印）
ISBN 978-7-302-63180-4

Ⅰ．①E…　Ⅱ．①郭…　Ⅲ．①表处理软件　Ⅳ．①TP391.13

中国国家版本馆CIP数据核字(2023)第052640号

责任编辑：杜　杨
封面设计：杨玉兰
版式设计：方加青
责任校对：胡伟民
责任印制：丛怀宇

出版发行：清华大学出版社
网　　址：https://www.tup.com.cn，https://www.wqxuetang.com
地　　址：北京清华大学学研大厦A座　　**邮　　编：**100084
社 总 机：010-83470000　　**邮　　购：**010-62786544
投稿与读者服务：010-62776969，c-service@tup.tsinghua.edu.cn
质 量 反 馈：010-62772015，zhiliang@tup.tsinghua.edu.cn
印 装 者：河北华商印刷有限公司
经　　销：全国新华书店
开　　本：170mm×240mm　　**印　　张：**21.25　　**字　　数：**520千字
版　　次：2023年5月第1版　　**印　　次：**2023年12月第2次印刷
定　　价：109.00元

产品编号：098380-01

数需要插入多个参数（VLOOKUP 函数），有些需要一个（SUM 函数），有些无需参数（TODAY 函数）。同时参数的内容类型也可能不同，例如 VLOOKUP 函数第一个参数是单元格地址，第二个参数是单元格区域，第三个参数可以是单元格也可以是常量，第四个参数则是一个逻辑值（True/False）。

单元格地址是 Excel 函数最重要的参数，函数通过单元格地址引用单元格内的内容，进而引用工作表中的各处的数据。在 Excel 中，将公式拉拽或是复制，参数单元格地址发生变化，参数内容就会变化，这样公式返回的结果也不一样。

除了单元格地址，Excel 函数参数还可以是常量、数组、逻辑值、错误值、定义名称以及嵌套函数。

Excel 公式一旦设定完成，只要计算逻辑不变，就无需再编辑公式，当公式引用的单元格内容发生变化时，Excel 会自动重新计算，并快速返回最新的计算结果。

1.1.2　公式的输入方式

Excel 函数中输入和编辑公式的方法有两种——公式编辑栏输入和单元格直接输入。选中要输入公式的单元格后，可以选择在功能区中下方的编辑栏输入公式，或者在单元格内直接输入公式。需要修改公式时，单击单元格可在编辑栏直接修改，单元格内修改需要双击单元格才能进入公式修改状态，如图 1-7 所示。

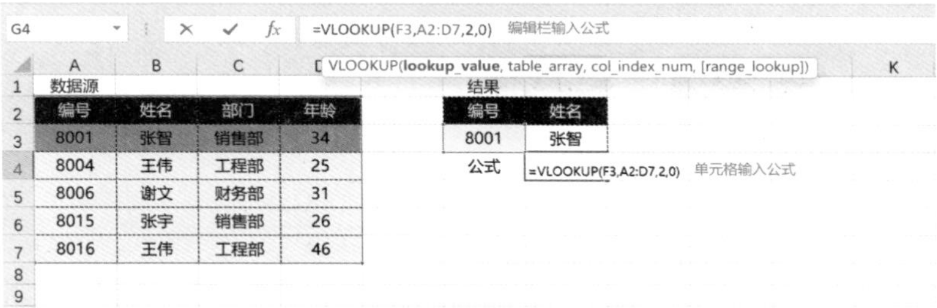

G4　=VLOOKUP(F3,A2:D7,2,0)　编辑栏输入公式

VLOOKUP(lookup_value, table_array, col_index_num, [range_lookup])

数据源

编号	姓名	部门	年龄
8001	张智	销售部	34
8004	王伟	工程部	25
8006	谢文	财务部	31
8015	张宇	销售部	26
8016	王伟	工程部	46

结果

编号	姓名
8001	张智
公式	=VLOOKUP(F3,A2:D7,2,0)

单元格输入公式

图 1-7　两种输入公式方法

Excel 还提供了窗口对话框的方式插入函数，采用对话框可视化的输入方式，将需要填写的内容全部展示出来，即使用户不熟悉该函数，只要记住函数的基本用法就能完成输入，学习函数初期可以使用这种方式，如图 1-8 所示。

选中要插入公式的单元格，单击编辑栏的“fx”按钮，在弹出的“插入函数”对话框内选择“函数”组选择要插入的函数名，选中函数名后单击“确定”按钮后转到“函数参数”对话框，如图 1-9 所示。

在“函数参数”对话框内添加参数的方式有两种。第一种是直接输入单元格地址，在图 1-9 中，VLOOKUP 函数的第一个参数的单元格地址是“F3”，可直接在参数栏，即“Lookup_value”框中输入“F3”，也可单击参数栏右侧的向上的黑色箭头按钮选中 F3 单元格，这时窗口的内容也会变成 F3 单元格的地址。

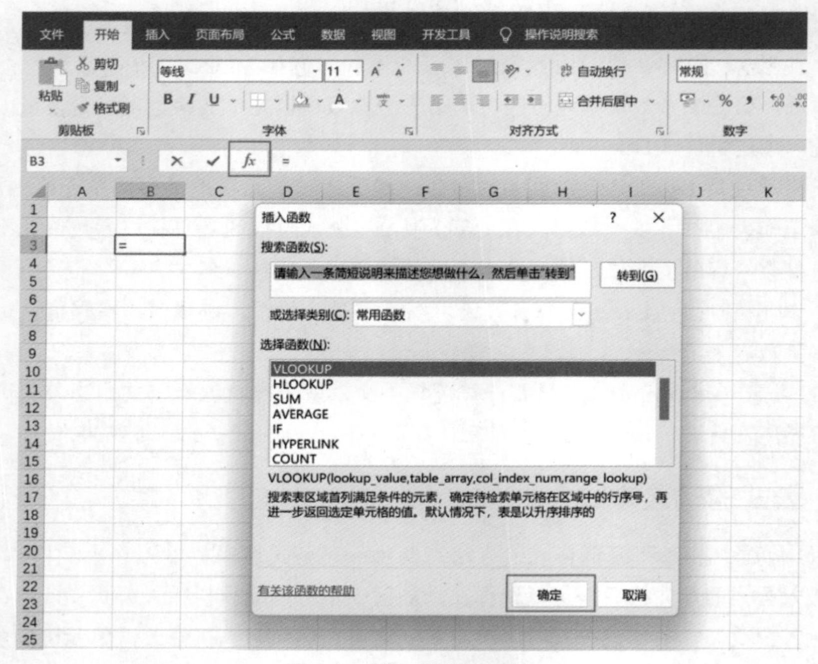

图 1-8　插入函数对话框

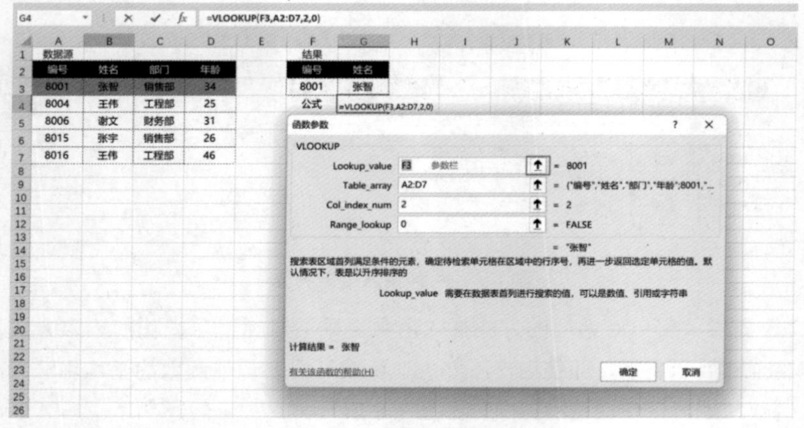

图 1-9　函数参数对话框

相比于窗口可视化插入参数的方式，在编辑栏和单元格内直接输入公式更加快速，输入函数前几位的字母时就会出现联想框，提示你可能需要的函数，例如我们想输入 VLOOKUP 函数，只要输入“VL”两个字母，就可联想出 VLOOKUP 函数，且可以熟悉函数的参数组成，加深对函数的印象，有利于函数的学习。

1.1.3　单元格引用方式

使用 Excel 函数输入公式几乎都需要引用单元格地址，公式引用工作表单元格地址可分为相对引用、绝对引用和混合引用。合理地使用 Excel 引用方式使公式实现更多的复杂功能。

在介绍三种引用方式前首先看一下 Excel 是如何记录一个单元格内容的，每一个工作表纵向都会有一列数值，横向会有一行字母，它们的作用是标记单元格的地址信息，如图 1-10 所示。选中“Excel”字符串所在的单元格，在左上角位置坐标显示为“D3”，表示该单元格处于 D 列第 3 行，在编辑栏和单元格显示“Excel”即内容是“Excel”。

有些 Excel 公式需要通过拖动（将鼠标移动至有公式的单元格右下角，待出现黑色十字，拖住鼠标就可以将公式拖动至其他单元格）或者复制至其他单元格实现批量使用。当 Excel 公式所在单元格位置发生变化时，公式内单元格地址参数也会发生变化，而根据需要有时需要单元格地址参数发生变化有时不需要，这就需要通过添加绝对引用限制单元格地址是否变化。

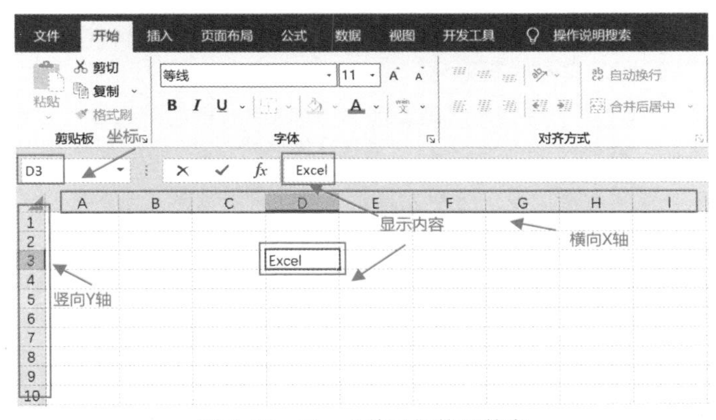

图 1-10　Excel 单元格位置信息

绝对引用

有时在复制或拖动公式时需要单元格地址不发生变化，这时就需要添加绝对引用，即在单元格地址的行号和列标前添加“$”，将单元格地址“锁住”。如图 1-11 中，G6 单元格的公式为“=$B$3”，将公式复制至 G7、H6、H7，单元格公式都未发生变化，即在单元格地址添加绝对引用后，引用位置被固定，无论公式复制到哪里，公式引用的位置都不会变。

相对引用

在复制或拖动建立好的公式时，公式内的单元格地址参数也会发生变化，如图 1-11 中，G3 单元格公式为“=B3”，将公式向右拖动至 H3 时，纵坐标发生了变化，单元格公式为“=C3”，内容为“销售部”；将公式向下拖动至 G4 时，横坐标发生了变化，单元格公式为“=B4”，内容为“王伟”；将公式复制至 H4 时，横坐标和纵坐标都发生了变化，单元格公式变为“=C4”，内容为“工程部”。

对比上面的左右拉拽公式都会发生变化，在横纵坐标都加绝对引用时，无论怎么拉拽，公式引用的单元格位置都是固定的，所以公式返回的结果也都是一致的。

G3 =B3

	A	B	C	D	E	F	G	H	I	J	K
1	数据源										
2	编号	姓名	部门	年龄		G3处公式	相对引用		对应公式		
3	8001	张智	销售部	34		=B3	张智	销售部	=B3	=C3	
4	8004	王伟	工程部	25			王伟	工程部	=B4	=C4	
5	8006	谢文	财务部	31		G6处公式	绝对引用		对应公式		
6	8015	张宇	销售部	26		=$B$3	张智	张智	=$B$3	=$B$3	
7	8016	王伟	工程部	46			张智	张智	=$B$3	=$B$3	
8											

图 1-11 绝对引用和相对引用对比

混合引用

只在行号或列标前面加锁定符号“$”，例如“C$3”和“$B2”，即在公式中只对添加“$”的行号或列标使用绝对引用，未添加的列标或行号使用相对引用，这种一半绝对引用一半相对引用的引用方式称为混合引用。

如图 1-12 所示，在 G3 单元格的公式内对行号添加绝对引用，公式为“=B$3”，内容为“张智”。将单元格公式向右侧拖动，行号在使用相对引用时也不改变，只改变列标，H3 单元格公式为“=C$3”，内容为“销售部”，所以向右拖动公式时行号使用绝对引用和相对引用效果都是一样的。向下拖动时，列标不发生变化，如果使用相对引用行号会增大，添加绝对引用后无论下拉多少个单元格都是 3，所以公式“=B$3”下拉至 G4 单元格还是“=B$3”，单元格位置和内容都不变化。将公式复制至 H4 单元格，相对引用下列标和行号都会增大，而这里因为行号使用绝对引用保持不变，公式为“=C$3”，内容为“销售部”与上方的 H3 单元格一致。

	A	B	C	D	E	F	G	H	I	J
1	数据源					公式				
2	编号	姓名	部门	年龄		G3处公式	行号添加绝对引用		对应公式	
3	8001	张智	销售部	34		=B$3	张智	销售部	=B$3	=C$3
4	8004	王伟	工程部	25			张智	销售部	=B$3	=C$3
5	8006	谢文	财务部	31		G6处公式	列标加绝对引用		对应公式	
6	8015	张宇	销售部	26		=$B3	张智	张智	=$B3	=$B3
7	8016	王伟	工程部	46			王伟	王伟	=$B4	=$B4

图 1-12 混合引用对比

混合引用的另外一种方式是对列标添加绝对引用。如图 1-12 所示，在 G6 单元格的公式内对列标添加绝对引用，公式为“=$B3”，内容为“张智”。将单元格公式向右侧拖动，行号不变，由于添加了绝对引用列标也不变，H6 单元格公式为“=$B3”，内容为“张智”，与 G6 单元格一致。向下拖动时，列标在相对引用下也不变化，行号增大，G7 单元格公式为“=$B4”，内容为“王伟”，所以向下拖动公式时，对列标使用绝对引用和相对引用效果都是一样的。将公式复制至 H7 单元格，相对引用下列标和行号都会增大，而这里因为列标使用绝对引用保持不变，公式为“=$B4”，内容为“王伟”，与左侧的 G7 单元格一致。

切换引用类型

切换引用类型的方式有两种，第一种是直接输入，在“编辑栏”中找到单元格地址，在需要的行号或列标前添加“$”（英文模式下，按 Shift+4 键）。第二种方式是通过 F4 键快速切换，选中“编辑栏”中的单元格地址按 F4 键，按第一下 F4 键是添加绝对引用，按第二下切换至只对行号添加绝对引用，按第三下切换至只对列标添加绝对引用，按第四下切换回相对引用，以此循环，如图 1-13 所示。对比两种方式，F4 键可快速切换模式，效率更高。

初始状态	按1次F4	按2次F4	按3次F4	按4次F4
=B3	=$B$3	=B$3	=$B3	=B3
无 绝对引用	横纵坐标 绝对引用	横坐标 绝对引用	纵坐标 绝对引用	无 绝对引用

图 1-13　使用 F4 键切换引用方式

1.1.4　数据类型

数据类型是数据的一个属性，Excel 中也有数据类型的明确概念，将数据类型分为五大类，即文本、数值、日期时间、逻辑值和错误值，如图 1-14 所示。

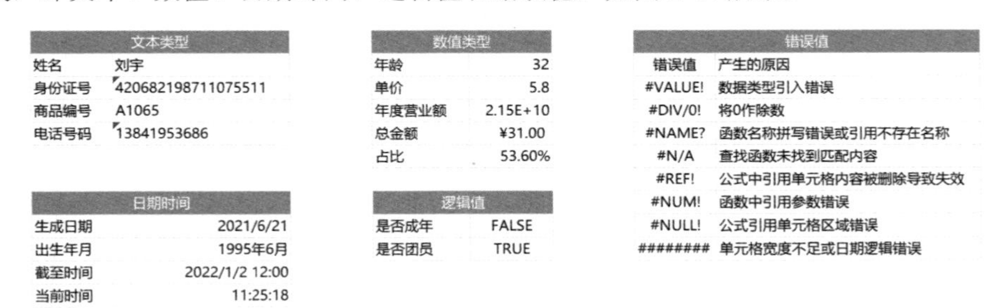

文本类型	
姓名	刘宇
身份证号	420682198711075511
商品编号	A1065
电话号码	13841953686

日期时间	
生成日期	2021/6/21
出生年月	1995年6月
截至时间	2022/1/2 12:00
当前时间	11:25:18

数值类型	
年龄	32
单价	5.8
年度营业额	2.15E+10
总金额	¥31.00
占比	53.60%

逻辑值	
是否成年	FALSE
是否团员	TRUE

错误值	
错误值	产生的原因
#VALUE!	数据类型引入错误
#DIV/0!	将0作除数
#NAME?	函数名称拼写错误或引用不存在名称
#N/A	查找函数未找到匹配内容
#REF!	公式中引用单元格内容被删除导致失效
#NUM!	函数中引用参数错误
#NULL!	公式引用单元格区域错误
########	单元格宽度不足或日期逻辑错误

图 1-14　Excel 中五种数据类型

- **文本**：包含汉字、英文字母、符号等，在单元格内左对齐。因为 Excel 中数值格式最多保留 15 位有效位数，后面的数值会变为 0，如果将位数大于 15 位的数据保存为数值则会导致数据缺失，所以对于不需要进行数值计算且位数较多的数字也需要以文本形式保存，如身份证号码、电话号码、银行卡号等。
- **数值**：包含数值、科学计数、百分数、分数等，单元格内右对齐。需要进行求和、求平均值等数学计算的数据都需要保存为数值类型。
- **日期时间**：属于特殊的数值类型，在单元格内右对齐。如果将日期时间格式数据转为数值类型就会显示日期时间对应的数值，其中日期对应一个整数，时间对应一个小数。日期和时间格式数据具备数值类型数据的所有运算功能，计算两个日期时间相距的天数，只需要对两个单元格执行减法运算，如图 1-15 所示。

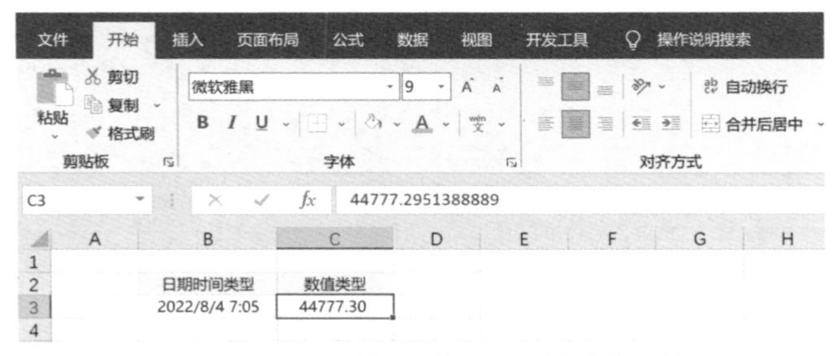

图 1-15　日期时间格式数据是特殊序列值

- **逻辑值**：只有 TRUE 和 FALSE 两种，在单元格内居中对齐。逻辑值参与数学运算时，TRUE 的作用等同于 1，FALSE 的作用等同于 0。
- **错误值**：一般是在 Excel 公式计算中产生的，在单元格中居中对齐。

如图 1-16 所示，单击数据所在单元格，单击功能区中的“开始”选项卡，在“数字”组中的下拉列表可以设置当前数据的数据类型，选择单元格内的数据类型为数值型。切换数据类型的另一种方法是右键单击数据所在单元格，在快捷菜单中选择“设置单元格格式”选项，单击“数字”选项卡，在“分类”组中选择适合的数据类型，单击“确定”按钮即完成切换，如图 1-17 所示。

图 1-16 快速切换数据类型

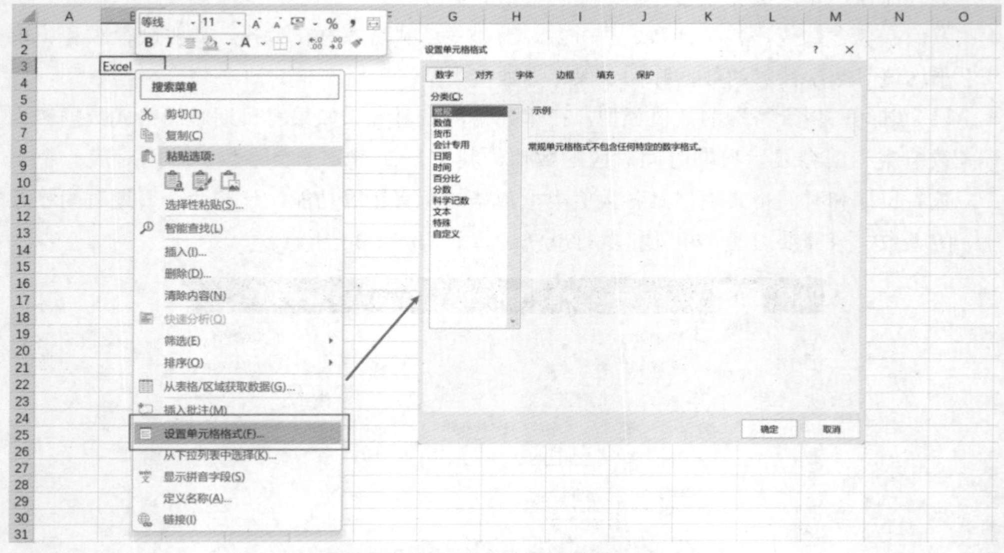

图 1-17 “设置单元格格式”对话框

1.2　常用函数 ›››

本节对 Excel 常用函数的参数及用法进行介绍。

1.2.1　VLOOKUP

VLOOKUP 是使用 EXCEL 办公最经常被使用的函数之一，其主要的功能是查询匹配，查找指定值同行不同列的另一个值。数据匹配是用户在办公中经常遇到的问题，人工匹配不但耗时长且准确性难以保证，这时就可以使用 VLOOKUP 函数按列查找的功能，函数返回该行所需查询列所对应的值，并且复制公式可以实现批量查找，这种查找方式被称为 VLOOKUP 精确匹配。

可以将 VLOOKUP 函数的计算过程理解为查字典的过程，将查找一个词语的含义分成以下几步：

（1）明确要查找的词语（要查询什么数据）。

（2）在哪本字典中查找（查找数据的区域）。

（3）词语所在字典中的位置（要返回的数据在查找范围内的列数）。

（4）只要词语本身含义还是同时需要相近词语的含义。

1. VLOOKUP 参数说明

VLOOKUP 有 4 个参数，第一个参数是要查询数据的单元格地址，第二个参数是查找数据区域，第三个参数是数值变量，指定返回数据相对位置，第四个参数是一个逻辑值，指定匹配方式，如图 1-18 和表 1-1 所示。

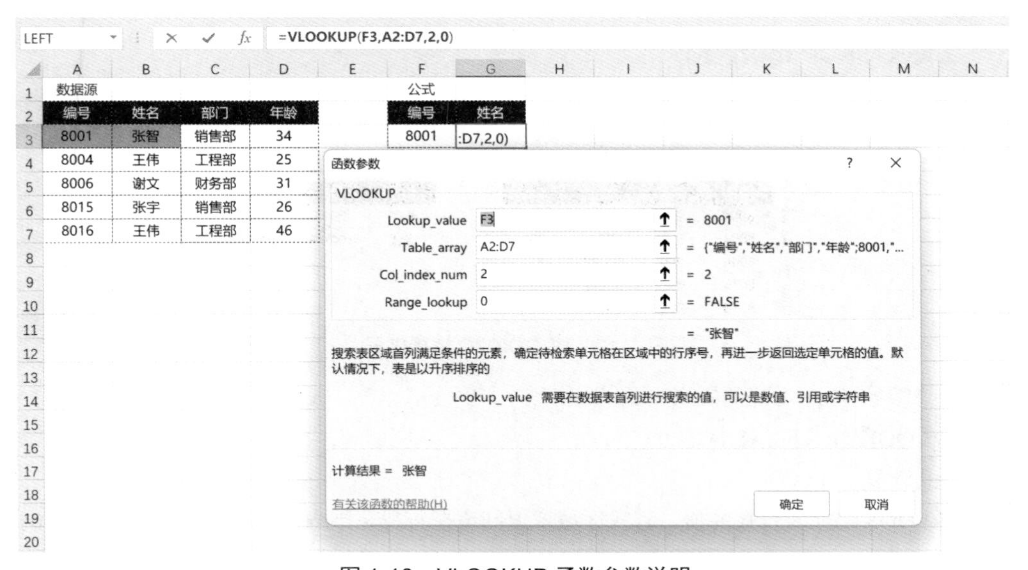

图 1-18　VLOOKUP 函数参数说明

表 1-1　VLOOKUP 函数参数说明

VLOOKUP(lookup_value,table_array,col_index_num,range_lookup)

参　数	说　明	参数类型
lookup_value	要查找的值	单元格引用、数值、文本、嵌套公式
table_array	要查找的区域	数据区域、嵌套公式
col_index_num	返回数据位于查找区域的第几列	整数变量、嵌套公式
range_lookup	近似匹配 / 精确匹配	FALSE（0、空格或不填写内容但需逗号占位）或 TRUE（1 或不填写内容且无逗号占位）

注意事项

（1）在第二个参数 table_array 数据区域中，第一列的单元格内容需要包含第一个参数 lookup_value，否则会返回错误值“#N/A”。

（2）第三个参数 col_index_num 为 1 时返回第一列对应的数据，即返回查找值本身，这个功能可用于比较两列数据之间的数据差异。col_index_num 为 2 时返回第二列对应的值，依此类推。所以 col_index_num 必须大于等于 1，且小于等于 table_array 数据区域的最大列数，否则公式都会返回错误值。

（3）range_lookup 需要设置一个逻辑值，指定 VLOOKUP 函数是精确匹配还是近似匹配。设置为 FALSE、0、空格或者空值（需逗号占位）都是按照精确匹配方式查找；设置为 TRUE 或 1 则按照近似匹配方式查找。range_lookup 也可以省略（无需逗号占位），此时函数会按照近似匹配方式查找。

精确匹配是 VLOOKUP 最常用的功能，也就是我们常说的“V 一下”，但在需要对数值类型数据进行分组时近似匹配功能也很方便。

2. VLOOKUP 精确匹配

精确匹配的例子如图 1-19 所示。

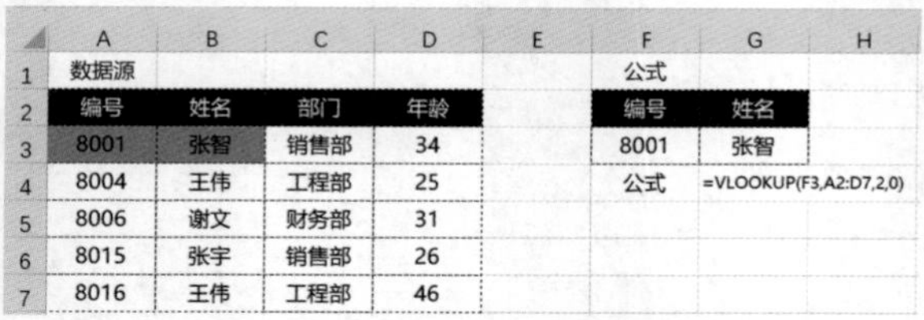

	A	B	C	D	E	F	G	H
1	数据源					公式		
2	编号	姓名	部门	年龄		编号	姓名	
3	8001	张智	销售部	34		8001	张智	
4	8004	王伟	工程部	25		公式	=VLOOKUP(F3,A2:D7,2,0)	
5	8006	谢文	财务部	31				
6	8015	张宇	销售部	26				
7	8016	王伟	工程部	46				

图 1-19　VLOOKUP 精确匹配

查找编号 8001 对应的姓名，公式如下：

=VLOOKUP（F3,A2:D7,2,0）

公式含义：

=VLOOKUP（要查找的值，查找区域，返回值在查找范围内的列数，精确匹配输入 0）

公式解析：

=VLOOKUP（编号 8001 所在单元格位置 F3，查询区域为 A2:D7，需要查询名字处于查找范围的第二列，精确匹配输入 0 或者 FALSE）

COUNTIFS 函数法就是其中之一。COUNTIFS 的功能是条件计数，要判断某列数据是否唯一，只要以数据列作为条件区域，以数据列的每个单元格作为条件，计数大于 1 的单元格就是重复的。筛选计数为 1 的会把重复的数据全部漏掉，而数据去重需要将重复数据也保留一条。那么我们就可以在条件计数的基础上将公式功能改为计算累计条件计数，统计单元格值第几次在数据列中出现。这就需要借助单元格绝对引用的方式，在 COUNTIFS 第一个参数数据列第一个单元格地址的行号前加上绝对引用，将行号锁住，这样随着公式向下拖动，统计范围越来越大，进而实现累计条件计数，如图 1-26 所示。

	A	B	C	D	E	F
1	编号	姓名	组别	业绩	判断	公式
2	8001	张智	1组	12000	1	=COUNTIFS(B$1:B2,B2)
3	8004	王伟	1组	5000	1	=COUNTIFS(B$1:B3,B3)
4	8006	谢文	2组	6000	1	=COUNTIFS(B$1:B4,B4)
5	8015	张宇	2组	8000	1	=COUNTIFS(B$1:B5,B5)
6	8016	王伟	2组	9000	2	=COUNTIFS(B$1:B6,B6)

图 1-26　COUNTIFS 判断唯一

计算每个人姓名在姓名列第几次出现（筛选判断列数值等于 1 为唯一值），公式如下：

=COUNTIFS(B$1:B2,B2)

公式含义：

=COUNTIFS（包含条件值范围逐渐增大的条件区域，条件所在单元格地址）

公式解析：

=COUNTIFS（在开始坐标行号前添加绝对引用实现随着公式向下拖动条件区域逐渐增加，姓名列从第一行单元格开始作为条件）

在条件区域的开始坐标添加绝对引用，公式向下拖动时只有结束坐标逐渐变大，这就实现了累计计数的效果。如图 1-26 所示，姓名是王伟的员工在第一个判断单元格中（F3）统计范围是 B1:B3, 计数出现一次，到最后的判断单元格（F6）统计范围变成 B1:B6，符合条件的姓名就是 2 次，此时过滤判断结果为 1 的数据即为非重复的数据。

5. 排名和分组排名

排名是数据统计过程中经常遇到的问题，有时还需要分组排名，例如每月按照销售组对员工的业绩进行排名，Excel 中的 COUNTIFS 可以实现分组排名。首先我们分析一下排名究竟是什么，如果一个销售组有三个员工，排名第一的员工，业绩一定大于其他两个员工，也就是自己的业绩大于等于最大的业绩，计数为 1。对于最后一名，三个员工业绩都大于自己的业绩，计数为 3。这样，通过 COUNTIFS 统计到的计数值就可以作为排名，如图 1-27 所示。

	A	B	C	D	E	F
1	编号	姓名	组别	业绩	排名	公式
2	8001	张智	1组	12000	1	=COUNTIFS($D$2:$D$6,">="&D2)
3	8004	王伟	1组	5000	5	=COUNTIFS($D$2:$D$6,">="&D3)
4	8006	谢文	2组	6000	4	=COUNTIFS($D$2:$D$6,">="&D4)
5	8015	张宇	2组	8000	3	=COUNTIFS($D$2:$D$6,">="&D5)
6	8016	王伟	2组	9000	2	=COUNTIFS($D$2:$D$6,">="&D6)

图 1-27　COUNTIFS 实现排名

统计业绩列内业绩排名，公式如下：

=COUNTIFS($D$2:$D$6,">="&D2)

公式含义：

=COUNTIFS（条件区域需要添加绝对引用，使用“&”字符串拼接符将 ">=" 和条件所在单元格地址拼接作为条件）

公式解析：

=COUNTIFS（条件业绩所在数据区域 $D$2:$D$6，使用 & 将 ">=" 与业绩单元格拼接作为条件）

COUNTIFS 第二个参数可以用公式作为参数输入，所以可以使用“&”将大于等于号与单元格地址拼接起来作为计数条件之一。

COUNTIFS 是多条件计数，那么可以增加一个条件，实现每个组别内排名，如图 1-28 所示。

	A	B	C	D	E	F
1	编号	姓名	组别	业绩	分组排名	公式
2	8001	张智	1组	12000	1	=COUNTIFS($C$2:$C$6,C2,$D$2:$D$6,">="&D2)
3	8004	王伟	1组	5000	2	=COUNTIFS($C$2:$C$6,C3,$D$2:$D$6,">="&D3)
4	8006	谢文	2组	6000	3	=COUNTIFS($C$2:$C$6,C4,$D$2:$D$6,">="&D4)
5	8015	张宇	2组	8000	2	=COUNTIFS($C$2:$C$6,C5,$D$2:$D$6,">="&D5)
6	8016	王伟	2组	9000	1	=COUNTIFS($C$2:$C$6,C6,$D$2:$D$6,">="&D6)

图 1-28　COUNTIFS 实现分组排名

计算每个人业绩在组内的排名，公式如下：

=COUNTIFS($C$2:$C$6,C2,$D$2:$D$6,">="&D6)

公式含义：

=COUNTIFS（条件 1 所在区域添加绝对引用，条件 1，条件 2 所在区域添加绝对引用，条件 2）

公式解析：

=COUNTIFS（条件 1 组别所在数据区域 $C$2:$C$6 需要添加绝对引用，条件 1 组别所在单元格，条件 2 业绩列 $D$2:$D$6 需要添加绝对引用，使用“&”字符串拼接符将 ">=" 和条件 2 所在单元格地址拼接作为条件）

1.2.3　SUMIFS

SUMIFS 函数的作用是对满足给定条件的数值单元格求和，SUMIFS 是 SUMIF 函数的拓展，可以同时设定多个条件。

SUMIFS 跟 COUNTIFS 用法相近，前者用于条件求和，如果添加一列值都等于 1 的辅助列，那么 SUMIFS 也可以实现 COUNTIFS 条件计数功能。相比于 COUNTIFS 参数一定是成对出现的，SUMIFS 还需要指定数值求和列作为第一个参数。可以对比学习两个函数，增加印象。

1. 参数说明

COUNTIFS 可以有多个参数，参数个数取决于需要求和条件的个数，一个条件需要两个条件参数，一个求和参数；两个条件需要四个条件参数，一个求和参数，依此类推，即每添加一个条件就需要指定条件区域和条件值，增加两个参数。

以基于两个条件进行统计计数为例，SUMIFS 需要五个参数，第一个参数是求和区域，第二个参数是条件 1 所在数据区域，第三个参数是条件 1，第四个参数是条件 2 所在数据区域，第五个参数为条件 2，如图 1-29 所示。

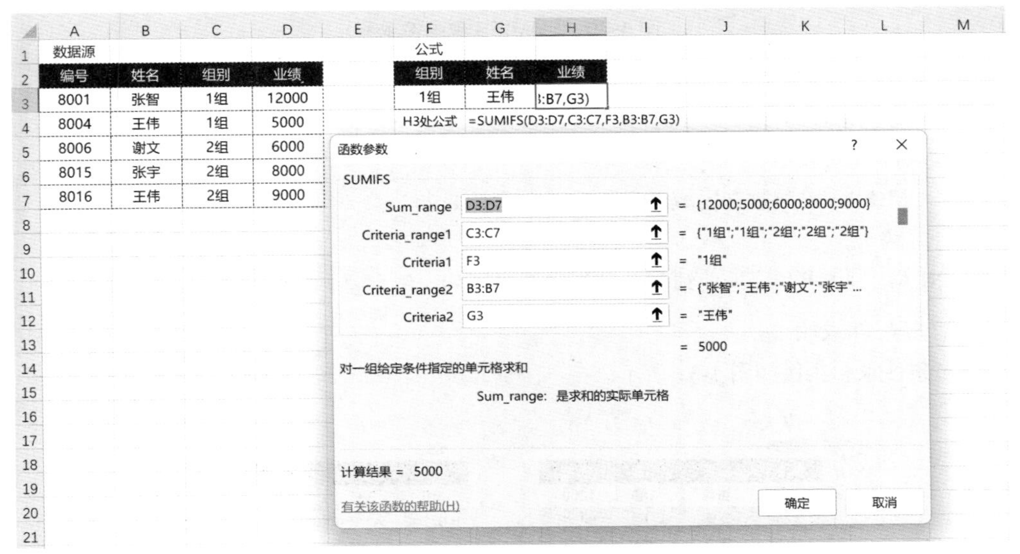

图 1-29 SUMIFS 参数

SUMIFS 的参数说明如表 1-3 所示。

表 1-3 SUMIFS 的参数说明

SUMIFS(sum_range, criteria_range1, criteria1, [criteria_range2, criteria2] ...)

参数名称	说明	参数类型
Sum_range	求和单元格区域	数值、单元格区域引用
Criteria_range1	条件区域	单元格区域引用、数组
Criteria1	条件值，如条件区域符合条件值，将对应的 Sum_range 求和	单元格引用、数字、文本、嵌套公式
Criteria_rangeN	可选，2 ≤ N ≤ 127, 用法同 Criteria_range1	
CriteriaN	可选，2 ≤ N ≤ 127, 用法同 Criteria1	

2. 单条件求和

与 COUNTIF 一样，加不加“S”都可以单条件统计，如果使用两个条件及以上就需要使用加“S”的 SUMIFS，为方便维护这里同样建议条件求和公式都使用 SUMIFS 函数。同时需要注意的是 SUMIF 与 SUMIFS 的参数位置分布稍有不同，SUMIF 的求和区域作为第三个参数放在最后，语法为：SUMIF(Criteria_range1, Criteria1,Sum_range)。如图 1-30 所示，SUMIF 和 SUMIFS 都能实现单条件求和。

	A	B	C	D	E	F	G	H
1	数据源					公式	SUMIFS	SUMIF
2	编号	姓名	组别	业绩		组别	业绩	业绩
3	8001	张智	1组	12000		1组	17000	17000
4	8004	王伟	1组	5000		G3处公式	=SUMIFS(D3:D7,C3:C7,F3)	
5	8006	谢文	2组	6000		H3处公式	=SUMIF(C3:C7,F3,D3:D7)	
6	8015	张宇	2组	8000				
7	8016	王伟	2组	9000				

图 1-30 SUMIFS 单条件求和

计算 1 组的业绩和，公式如下：

=SUMIFS(D3:D7,C3:C7,F3)

公式含义：

=SUMIFS（求和数据区域，条件区域，条件）

公式解析：

=SUMIFS（求和区域业绩列，条件区域组别列，组别“1 组”所在单元格）

3. 多条件求和

多条件求和实例如图 1-31 所示。

	A	B	C	D	E	F	G	H	I
1	数据源					公式			
2	编号	姓名	组别	业绩		组别	姓名	业绩	
3	8001	张智	1组	12000		1组	王伟	5000	
4	8004	王伟	1组	5000		H3处公式	=SUMIFS(D3:D7,C3:C7,F3,B3:B7,G3)		
5	8006	谢文	2组	6000					
6	8015	张宇	2组	8000					
7	8016	王伟	2组	9000					

图 1-31 SUMIFS 多条件求和

SUMIFS 多条件求和即是在单条件求和的公式基础上，后面添加条件 2 区域和条件 2 作为 SUMIFS 函数的第四个和第五个参数。

计算 1 组的王伟业绩和，公式如下：

=SUMIFS(D3:D7,C3:C7,F3,B3:B7,G3)

公式含义：

=SUMIFS（求和区域，条件 1 所在区域，条件 1，条件 2 所在区域，条件 2）

公式解析：

=SUMIFS（求和业绩列，条件 1“1 组”所在列组别，条件 1“1 组”所在单元格，条件 2 姓名“王伟”所在列，条件 2 姓名“王伟”所在单元格）

4. 模糊条件求和

有时在条件统计中的条件是模糊的，例如需要统计“张”姓的业绩和，这时就需要使用 Excel 中的通配符“*”，代表一串不限字符个数的字符串，例如“张 *”可以表示以“张”开头的一切字符串，例如“张麻子”“张图表”“张 Excel”等，我们要统计“张”姓的业绩和就可以使用“张 *”作为 SUMIFS 的条件，如图 1-32 所示。

	A	B	C	D	E	F	G	H	I
1	数据源					公式			
2	编号	姓名	组别	业绩		业绩			
3	8001	张智	1组	12000		20000			
4	8004	王伟	1组	5000		F3处公式	=SUMIFS(D3:D7,B3:B7,"张*")		
5	8006	谢文	2组	6000					
6	8015	张宇	2组	8000					
7	8016	王伟	2组	9000					

图 1-32　SUMIFS 模糊条件求和

计算姓张的员工的业绩和，公式如下：

=SUMIFS(D3:D7,B3:B7," 张 *")

公式含义：

=SUMIFS（求和列，条件区域，条件字符串 +"*"）

公式解析：

=SUMIFS（求和区域业绩列 D3:D7，条件区域姓名列 B3:B7，要匹配姓张的员工使用 " 张 *" 字符串）

COUNTIFS、VLOOKUP 等函数也可以将通配符“*”和字符串组合结果作为参数实现模糊匹配。

5. 范围条件求和

在 COUNTIFS 和 SUMIFS 等函数中也可以将大于等于号输入至参数作为判断条件，如图 1-33 所示，通过 SUMIFS 计算业绩大于等于 9000 的业绩和。

	A	B	C	D	E	F	G	H	I
1	数据源					公式			
2	编号	姓名	组别	业绩		业绩			
3	8001	张智	1组	12000		21000			
4	8004	王伟	1组	5000		H3处公式	=SUMIFS(D3:D7,D3:D7,">=9000")		
5	8006	谢文	2组	6000					
6	8015	张宇	2组	8000					
7	8016	王伟	2组	9000					

图 1-33　SUMIFS 多条件求和

统计业绩列中业绩大于等于 9000 的业绩和，公式如下：

=SUMIFS(D3:D7,D3:D7,">=9000")

公式含义：

=SUMIFS（求和列，条件所在区域，“比较运算符 + 数值”）

公式解析：

=SUMIFS（统计求和业绩列 D3:D7，条件区域业绩列 D3:D7，判断条件是大于等于 9000）

1.2.4　IF

IF 是判断函数，作用是判断是否满足给定条件，如果满足（条件为真）返回一个值，不满足（条件为假）返回另一个值。例如 IF(1=1,A,B) 返回 A, IF(1=2,A,B) 返回 B。

1. 参数说明

IF(判断公式是否是对的，是对的要返回的值，是错的要返回的值)

IF 函数有三个参数，都是必填项，第一个参数是一个逻辑值，判断对错，如果对，函数返回第二个参数，如果错，函数返回第三个参数，如图 1-34 所示。

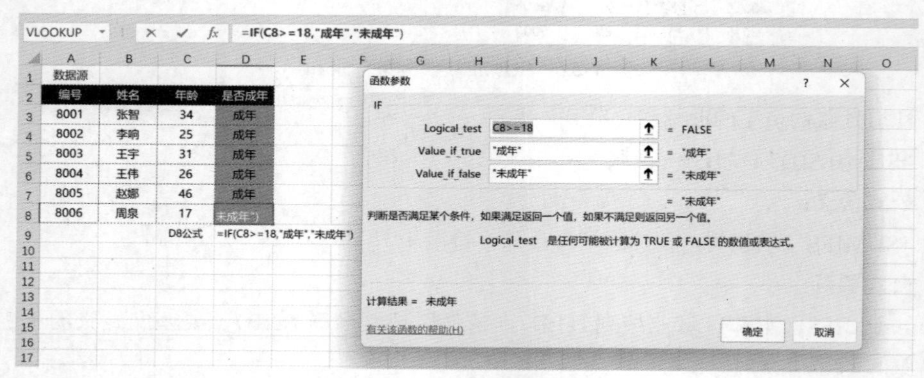

图 1-34 IF 函数参数

IF 函数的参数说明如表 1-4 所示。

表 1-4 IF 函数的参数说明

IF(logical_test,value_if_true,value_if_false)

参数名称	说明	参数类型
logical_test	条件判断	逻辑值、单元格引用
value_if_true	条件成立返回值	单元格引用、数字、文本、嵌套公式
value_if_false	条件不成立返回值	单元格引用、数字、文本、嵌套公式

2. 判断

IF 是 EXCEL 中使用频率最多的函数之一，最基础的方式就是通过判断一个条件的真假返回结果值，如图 1-35 所示。

	A	B	C	D	E
1	编号	姓名	年龄	是否成年	公式
2	8001	张智	34	成年	=IF(C2>=18,"成年","未成年")
3	8002	李响	25	成年	=IF(C3>=18,"成年","未成年")
4	8003	王宇	31	成年	=IF(C4>=18,"成年","未成年")
5	8004	王伟	26	成年	=IF(C5>=18,"成年","未成年")
6	8005	赵娜	46	成年	=IF(C6>=18,"成年","未成年")
7	8006	周泉	17	未成年	=IF(C7>=18,"成年","未成年")

图 1-35 IF 函数判断

根据年龄判断是否成年，公式如下：

=IF(C2>=18," 成年 "," 未成年 ")

公式含义：

=IF（判断条件，参数 1 成立返回值，参数 1 不成立返回值）

公式解析：

=IF（判断年龄所在单元格 C2 是否大于 18，如果年龄大于等于 18 返回“成年”，如果年龄不大于等于 18 返回“未成年”)

3. 嵌套判断

IF 函数还通过公式嵌套的方式（以一个包含 IF 函数的公式作为参数）实现更为复杂的功能，如图 1-36 所示。

根据年龄判断年龄范围，公式如下：

=IF(C2<=20,"<=20",IF(C2<=30,"21-30",">30"))

公式含义：

=IF（判断条件 1，条件 1 成立返回值，IF(判断条件 2，条件 2 成立返回值，条件 2 不成立返回值）

公式解析：

=IF（判断年龄是否小于等于 20，如果年龄小于等于 20 公式返回“<=20”，（判断年龄是否小于等于 30，如果年龄小于等于 30 公式返回“21-30”，如果年龄不小于等于 30 公式返回“>30”)）

	A	B	C	D	E
1	编号	姓名	年龄	是否成年	公式
2	8001	张智	34	>30	=IF(C2<=20,"<=20",IF(C2<30,"21-30",">30"))
3	8002	李响	25	21-30	=IF(C3<=20,"<=20",IF(C3<30,"21-30",">30"))
4	8003	王宇	31	>30	=IF(C4<=20,"<=20",IF(C4<30,"21-30",">30"))
5	8004	王伟	26	21-30	=IF(C5<=20,"<=20",IF(C5<30,"21-30",">30"))
6	8005	赵娜	46	>30	=IF(C6<=20,"<=20",IF(C6<30,"21-30",">30"))
7	8006	周泉	17	<=20	=IF(C7<=20,"<=20",IF(C7<30,"21-30",">30"))

图 1-36 IF 函数嵌套判断

前面介绍 VLOOKUP 近似匹配功能时介绍过，如果需要对数值进行分段处理。相比于使用 IF 嵌套公式，使用 VLOOKUP 实现更加清晰同时也方便维护。

1.2.5 聚合函数

聚合函数是指可以对一组数值执行计算并返回一个单一值的函数。Excel 中并未明确规定聚合函数的概念。因为函数的构成和使用方法几乎一致，所以这里将多个单元格数值汇总计算并返回一个统计结果值的函数一起介绍。

Excel 常用的聚合函数有 SUM（求和），COUNT（计数），AVERAGE（平均值），MAX（最大值），MIN（最小值），前面介绍的 SUMIFS 和 COUNTIFS 也属于聚合函数，如图 1-37 所示。

聚合函数只有一个参数，因为需要对数据参数聚合，所以要求参数的数据类型必须是数值类型。

	A	B	C	D	E	F	G	H
1	数据源					公式		
2	编号	姓名	组别	业绩		使用函数	结果	公式
3	8001	张智	1组	12000		SUM	40000	=SUM(D3:D7)
4	8004	王伟	1组	5000		COUNT	5	=COUNT(D3:D7)
5	8006	谢文	2组	6000		MAX	12000	=MAX(D3:D7)
6	8015	张宇	2组	8000		MIN	5000	=MIN(D3:D7)
7	8016	王伟	2组	9000		AVERAGE	8000	=AVERAGE(D3:D7)

图 1-37 Excel 聚合函数

1. 单元格区域数据聚合

对 D3-D7 单元格内求和，公式如下：

=SUM(D3:D7)

公式含义：

=SUM（计算求和数据区域）

公式解析：

=SUM（求和数据区域业绩列）

2.COUNT 和 COUNTA

在 Excel 中，统计区域单元格数量的函数有两个，即 COUNT 和 COUNTA，两者略有区别。其中 COUNT 要求参数内数据类型必须是数值类型，忽略空单元格、逻辑值或者文本数据，只能统计数值类型的数据。而 COUNTA 函数返回非空的单元格个数，对参数无要求，所以 COUNTA 也可以统计逻辑值或者文本数据。

如图 1-38 所示，如果业绩列有脏数据，如张智的业绩应该填写为“12000”，实际填写成张智“12000 元”，COUNT 函数只能统计数据类型是数值的数据的个数，所以只统计 4 行，而 COUNTA 对统计区域内数据类型无要求，所以函数返回结果是 5。

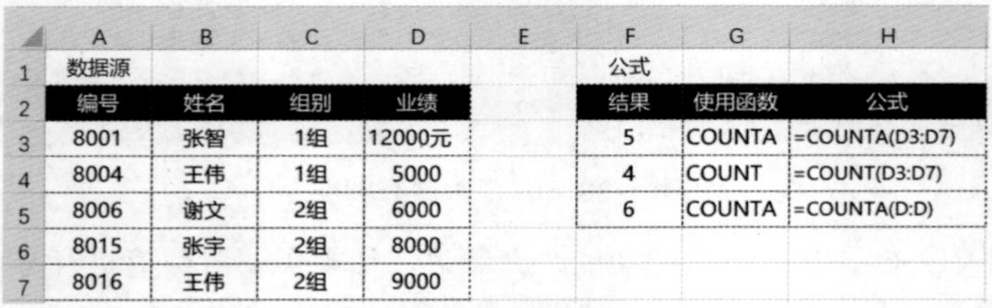

	A	B	C	D	E	F	G	H
1	数据源					公式		
2	编号	姓名	组别	业绩		结果	使用函数	公式
3	8001	张智	1组	12000元		5	COUNTA	=COUNTA(D3:D7)
4	8004	王伟	1组	5000		4	COUNT	=COUNT(D3:D7)
5	8006	谢文	2组	6000		6	COUNTA	=COUNTA(D:D)
6	8015	张宇	2组	8000				
7	8016	王伟	2组	9000				

图 1-38　COUNT 和 COUNTA

因为 COUNTA 可以统计任何非空的单元格数量，所以在将某一列作为 COUNTA 参数时列标题也会被计数，例如本例中需要统计有业绩的员工数是 5 个，COUNTA 函数直接指定 D 列作为参数，公式返回结果为 6，所以需要对公式返回结果“-1”。

3. 数组参数

数组是 Excel 存储数据的一种方式，一般由多个数据组成。一个数组对应一片单元格区域，例如公式“=MAX({90,80,70})”返回 90，如图 1-39 所示。

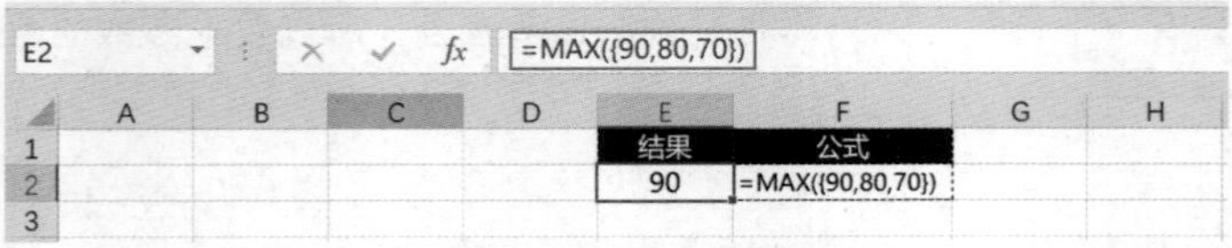

E2　fx　=MAX({90,80,70})

	A	B	C	D	E	F	G	H
1					结果	公式		
2					90	=MAX({90,80,70})		
3								

图 1-39　数组作为函数参数

如果横坐标是固定的，数组也可以直接输入图表的“选择数据源”对话框中“水平（分类）轴标签”中内容作为横坐标，而不需要将横坐标内容在工作表中输入，如图 1-40 所示。

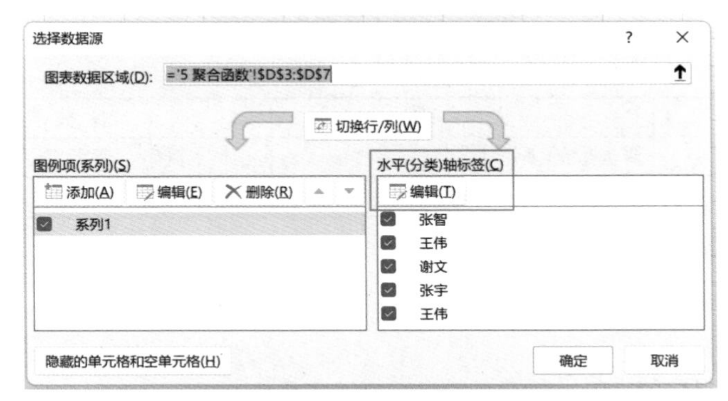

图 1-40 数组作为图表横坐标

1.2.6 文本函数

文本类型是 Excel 中最为常见的数据类型，同时文本类型的数据内容组成相对复杂，因此 Excel 中有很多用于处理文本字符串的函数，这类函数一般被称为文本函数。

处理文本字符串的需求有很多，如合并、拆分、大小写转换等。在对数据处理和分析过程中最常见的是对字符串进行拆分或截取，方便进一步分析。例如将详细地址信息拆分为省市区三列数据，或是通过人员的身份证号获取户籍地区、出生日期以及性别等信息，这就需要使用字符串提取函数。

1.LEFT 函数和 RIGHT 函数

LEFT 和 RIGHT 都是文本字符串提取函数，LEFT 函数从文本字符串左侧的第一个字符开始提取指定个数量的字符，RIGHT 是从右侧最后一个字符串开始提取。

LEFT 和 RIGHT 都有两个参数，如表 1-5 所示，第一个参数是指定要提取的文本字符串，第二个参数用于指定提取字符串的长度，例如图 1-41 的 D6 单元格的公式返回“张黄”，LEFT 函数是从左侧第一个字符开始提取，RIGHT 是从右侧的第一个字符提取，例如将图 1-41 公式改为“=RIGHT(B6,2)”返回“黄河”。

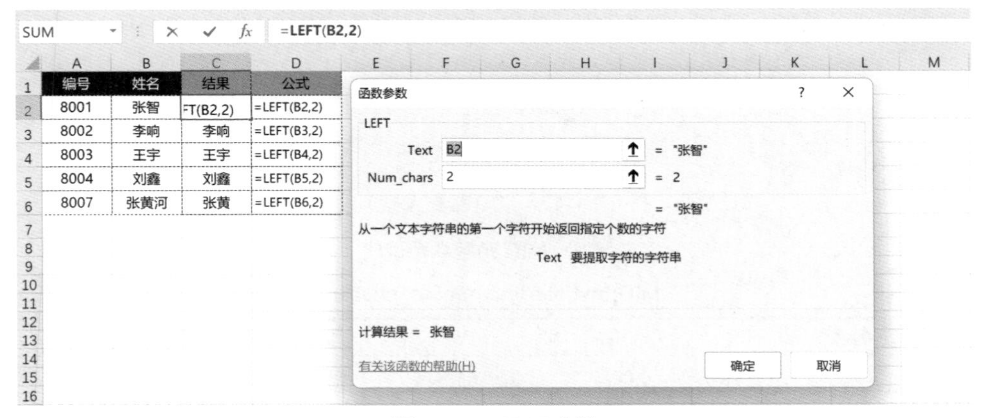

图 1-41 LEFT 参数

表 1-5　LEFT 函数参数说明

LEFT(text,num_chars)

参数名称	说　　明	参数类型
text	要提取的字符串	文本字符串、单元格引用
num_chars	指定要提取的字符数	正整除常量、单元格引用

获取员工姓名前两个字符，公式如下：

=LEFT(B6,2)

公式含义：

=LEFT（要提取的字符串所在单元格，提取字符数）

公式解析：

=LEFT（提取姓名“张黄河”所在单元格 B6，提取 2 个字符数）

2.MID 函数

提取文本信息时有时需要从指定位置提取，而 LEFT 函数和 RIGHT 函数都是从左侧或右侧第一个字符开始提取，这时候就需要用到 MID 函数，MID 函数作用是从一个字符串中指定位置提取指定个字符。

MID 函数有三个参数，比 LEFT 函数和 RIGHT 函数多一个参数用于指定提取开始位置，如表 1-6 所示。第一个参数是指定要提取的文本字符串，第二个参数为提取开始位置，如果设置 1，则与 LEFT 函数作用一样，第三个参数用于指定提取字符串的长度，例如公式“=MID(‘张智’,2,1)”返回“智”，如图 1-42 和图 1-43 所示。

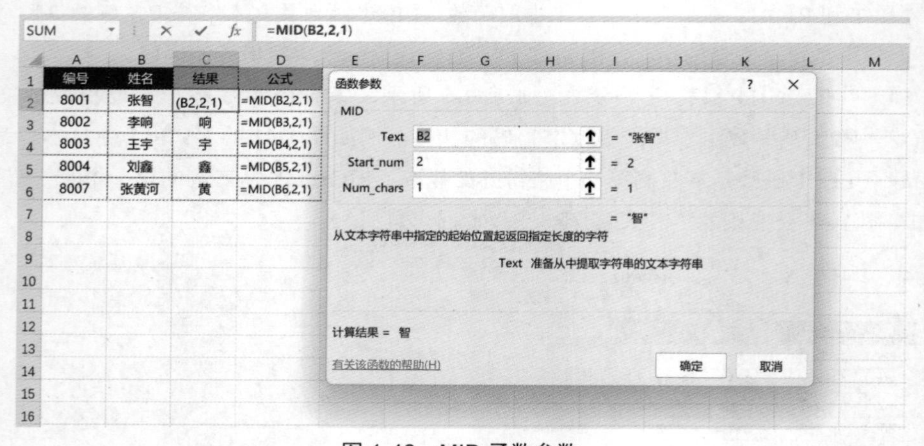

图 1-42　MID 函数参数

表 1-6　MID 函数参数说明

MID(text,start_num,num_chars)

参数名称	说　　明	参数类型
text	要提取的字符串	文本字符串、单元格引用
start_num	左起第几位开始截取 ,>=1	正整除常量、单元格引用
num_chars	指定要提取的字符数	正整除常量、单元格引用

获取员工姓名中间名，公式如下：

=MID(B6,2,1)

公式含义：

=MID（要提取的字符串所在单元格，从第几位开始提取，提取字符数）

公式解析：

=MID（提取姓名“张黄河”所在单元格B6，从第2位开始提取，提取1个字符数）

3.LEN函数

LEN函数的功能是计算文本字符串的字符数。LEN函数只有一个参数，参数类型可以是常量、名称、单元格引用以及公式，语法为LEN (text)。例如公式“=LEN(‘张黄河’)”返回“3”。

LEN函数可与字符串提取函数组合使用，用于提取一列数据中字符长度不一致的数据。如图1-43所示，需要截取员工的名字，即姓名是两个字的提取最后一个字，三个字的提取最后两个字，我们首先想到使用MID函数，这里使用RIGHT和LEN函数也可实现。首先使用LEN函数判断姓名的长度，得到的结果减去1就是名字的字符长度，再使用RIGHT函数或MID函数就可以获取名字了。

	A	B	C	D	E
1	编号	姓名	结果	RIGHT	MID
2	8001	张智	智	=RIGHT(B2,LEN(B2)-1)	=MID(B2,2,2)
3	8002	李响	响	=RIGHT(B3,LEN(B3)-1)	=MID(B3,2,2)
4	8003	王宇	宇	=RIGHT(B4,LEN(B4)-1)	=MID(B4,2,2)
5	8004	刘鑫	鑫	=RIGHT(B5,LEN(B5)-1)	=MID(B5,2,2)
6	8007	张黄河	黄河	=RIGHT(B6,LEN(B6)-1)	=MID(B6,2,2)

图1-43 RIGHT和LEN函数提取字符串

获取员工姓名中的“名”，公式如下：

=RIGHT(B2,LEN(B2)-1)

公式含义：

=RIGHT（要提取的姓名所在单元格，LEN（要提取的姓名所在单元格）-1）

公式解析：

=MID（提取姓名“张黄河”所在单元格B6，使用LEN函数获取的姓名长度减1得到名的长度）

该公式作用等同于公式“=MID(B2,2,2)”。使用MID函数和RIGHT函数并未考虑复姓的情形，如果有复姓需要使用IF函数对几种情况进行判断。

由于LEN函数也能统计到空格，所以LEN函数还可以用于检查字符串中是否存在空格，如图1-44所示，姓名列中“李响”和“张智”单元格中分别在前后有一个空格，如果使用带空格数据统计就可能会出现问题，但是只通过观察很难判断，这时就可以使用LEN函数来判断。公式“=LEN(B2)”返回值是3，可以判定两个字的姓名左右两侧有一个空格。或者使用公式“=LEN(B2)-LEN(TRIM(B2))”，返回值大于1的都是两侧存在空格情况，其中TRIM函数功能是将字符串两侧的空格剔除。

	A	B	C	D	E	F
1	编号	姓名	结果	LEN公式	判断结果	判断公式
2	8001	张智	3	=LEN(B2)	1	=LEN(B2)-LEN(TRIM(B2))
3	8002	李响	3	=LEN(B3)	1	=LEN(B3)-LEN(TRIM(B3))
4	8003	王宇	2	=LEN(B4)	0	=LEN(B4)-LEN(TRIM(B4))
5	8004	刘鑫	2	=LEN(B5)	0	=LEN(B5)-LEN(TRIM(B5))
6	8007	张黄河	3	=LEN(B6)	0	=LEN(B6)-LEN(TRIM(B6))

图 1-44　LEN 函数检查字符串中空格

1.2.7　日期函数

日期类型是 Excel 数据类型之一，日期函数是指那些用于处理日期类型数据的函数，如常用的获取年月日的 YEAR 函数、MONTH 函数、DAY 函数以及用于计算日期差的 DATEDIF 函数。

1. 年月日函数

年月日函数都只有一个参数，参数可以是一个单元格位置或是直接输入日期，函数返回对应的年月日。这里以月份函数——MONTH 函数为例介绍函数用法，YEAR 函数和 DAY 函数的用法相同，如图 1-45 所示。

	A	B	C	D	E	F	G
1	编号	姓名	业绩	统计时间	年	月	日
2	8001	张智	12000	2022/5/5	2022	5	5
3	8004	王伟	5000	2022/5/6	2022	5	6
4	8015	张宇	6000	2022/5/10	2022	5	10
5	8016	王伟	8000	2022/5/5	2022	5	5
6	8006	谢文	9000	2022/4/5	2022	4	5
7				上一行公式	=YEAR(D6)	=MONTH(D6)	=DAY(D6)

图 1-45　年月日函数

计算 D6 单元格内日期对应月份，公式如下：

=MONTH(D6)

公式含义：

=MONTH（计算日期所在单元格位置）

公式解析：

=MONTH（第 6 行数据统计时间所在的单元格）

2.DATEDIF

DATEDIF 函数用于计算两个日期之间的相隔天数、月数或者年数。DATEDIF 函数一共需要三个参数，分别是一段时间周期的开始日期、结束日期以及函数返回的时间类型的代码，如图 1-46 所示。

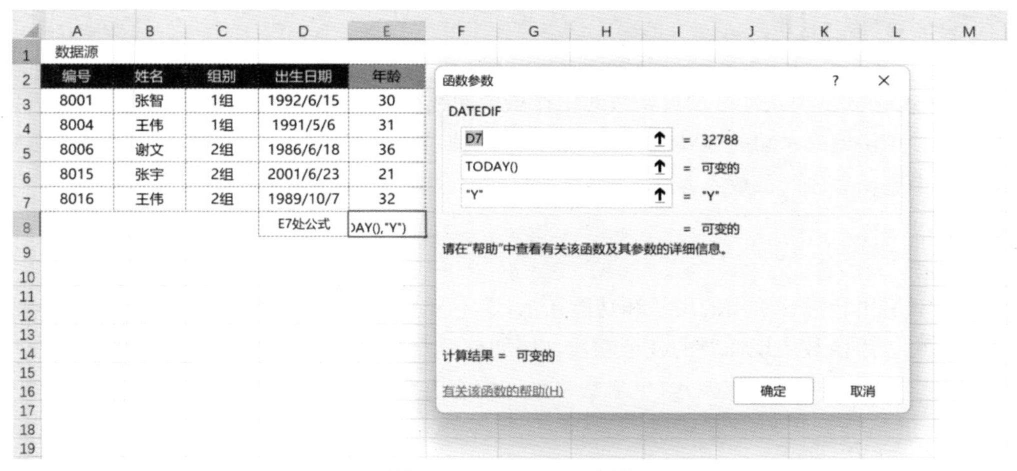

图 1-46　DATEDIF 参数

DATEDIF 函数的参数说明如表 1-7 所示。

表 1-7　DATEDIF 函数的参数说明

DATEDIF(Start_date,End_date,Unit)

参 数 名 称	说　　明	参 数 类 型
Start_date	起始日期（大于 1900 年）	日期、单元格引用
End_date	结束日期（大于 Start_date）	日期、单元格引用
Unit	时间单位代码："Y" /"M" /"D"	固定字符

DATEDIF 函数的第三个参数是 Excel 规定的时间单位代码，通过时间单位代码字符串表示不同的计算时间间隔方式，如果输入其他字符，函数返回错误值 #NAME?。其中 "Y" /"M" /"D" 是最常使用的时间单位代码，三个代码对应不同的函数返回结果。

- **"Y"**：返回两个日期之间的整年数。
- **"M"**：返回两个日期之间的整月数。
- **"D"**：返回两个日期之间的整天数。

计算编号是 8016 员工的年龄，公式如下：

=DATEDIF(D7,TODAY(),"Y")

公式含义：

=DATEDIF（开始日期 , 结束日期即今天的日期，计算年龄即统计开始和结束间隔多少年）

公式解析：

=DATEDIF（8016 号员工生日日期对应 D6 单元格，使用日期函数 TODAY() 获取今天的日期作为结束日期，使用代码 "Y" 计算年龄即统计间隔多少年）

TODAY 函数也属于时间函数，该函数无须指定参数，括号内为空即可，函数直接返回今天日期。

1.3 函数进阶 ›››

Excel 公式主要功能是通过函数对工作表中的数据进行处理和统计。在日常办公中可能存在使用函数基本功能难以解决的问题，例如使用函数统计唯一值数量。函数进阶即通过合理调整函数内的参数内容以实现更多的功能。

1.3.1 引用方式

绝对引用和混合引用的用法和功能在 1.1.3 小节中已经做过详细介绍。合理地使用引用方式可以用函数实现需要的复杂功能，例如前面介绍的使用 COUNTIFS 函数筛选唯一值（混合引用），使用 VLOOKUP 函数模糊匹配实现数据分组（绝对引用）等。

1.3.2 嵌套函数

嵌套函数是指多个函数之间的配合使用，将一个函数返回的结果作为另外一个函数的参数传入，如前面介绍的 VLOOKUP 函数和 COLUMN 函数配合使用实现多列数据匹配。较复杂的嵌套函数可能需要几个函数配合，进而实现功能。

使用复合函数一般是由外向内的，例如 VLOOKUP 函数匹配多列时，首先是使用固定的参数匹配一个值，如果需要同时匹配多列时，可以改变第三个参数为公式，而其他的参数不需要改变，这就是由外向内的编写方法，首先将最外层的函数参数输入再修改其中的某个参数为某个公式。

也可以由内向外添加 IF 判断函数返回两个公式的结果。

Excel 中有很多经典的嵌套函数，例如 INDEX 函数和 MATCH 函数可以实现比 VLOOKUP 函数更加灵活的数据匹配功能。

1.3.3 位置关系

位置关系引用一般用于上下行级有关系的情况，有时也用于左右列级关系。例如使用 IF 函数判断值是否唯一，首先对列数据进行排序，再通过 IF 函数判断上下相邻单元格内容是否相同。

1.3.4 数组公式

数组公式是将数组作为 Excel 函数的参数，是 Excel 对公式的一种扩充。数组公式最重要的功能是可以返回多值数据或对一组值而不是单个值进行操作。

数组是指一行、一列或多行多列排序的数据元素的集合，数组公式返回一个数组，即可能有多值，所以一般选择单元格区域作为数组公式存放的位置。

数组公式在输入方式上也与普通公式不一样，数组公式在编辑栏输入公式时需要按 Ctrl+Shift+Enter 组合键，Excel 将在公式两边自动加上花括号“{}”以便于表明这是一个数组公式。

数组公式一般结合SUMIFS、COUNTIFS、SUM等函数以数组作为参数。正确地使用数组公式可以用一个公式替代多个普通公式实现需求。

1.4 常用技巧 ›››

1.4.1 RGB颜色

RGB即光学三元素，是一种颜色标准，R、G、B分别对应红（Red）、绿（Green）、蓝（Blue），这三种色彩混合叠加可以形成日常中所有的颜色，包括Excel在内大多数的制图软件都支持通过设置RGB实现精确调节颜色。

Excel自带一些可以直接使用的主题颜色和标准颜色，在实际办公中有时也需要使用其他颜色，例如公司的主题色，这样就需要单击“开始”选项卡，在“字体”组中选择“颜色”菜单下的“其他颜色”选项，通过RGB指定颜色，如图1-47所示，设置字体颜色为其他颜色。

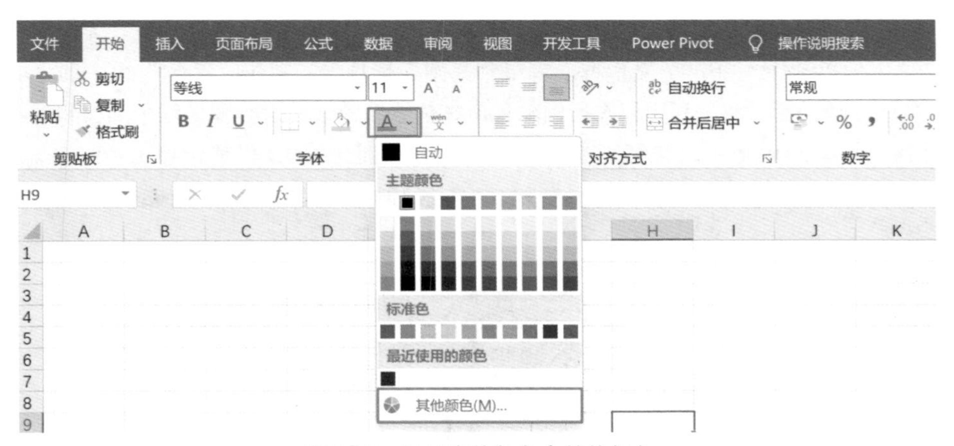

图1-47 设置字体颜色为其他颜色

选择“其他颜色”选项，在弹出的“颜色”对话框中单击“标准”选项卡，有更多的标准色供选择，如需要精确地指定颜色，可单击“自定义”选项卡，Excel2016及以后的版本提供了两种精确修改RGB的方式，即单独修改每个颜色的参数值和直接修改下面的“十六进制”参数。两者是一一对应的，红色153对应十六进制的前两位99（9*16+9=153），绿色255对应十六进制的第三和第四位FF（A代表10，F代表15，15*16+15=255），蓝色204对应十六进制的后两位CC（C代表12，12*16+12=204）。如果修改RGB数值，十六进制的值也会随之变化，同理修改十六进制的值，RGB数值也会发生变化，如图1-48所示。

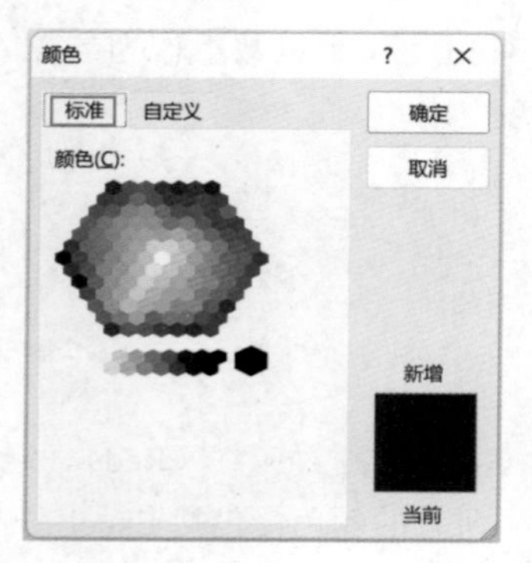

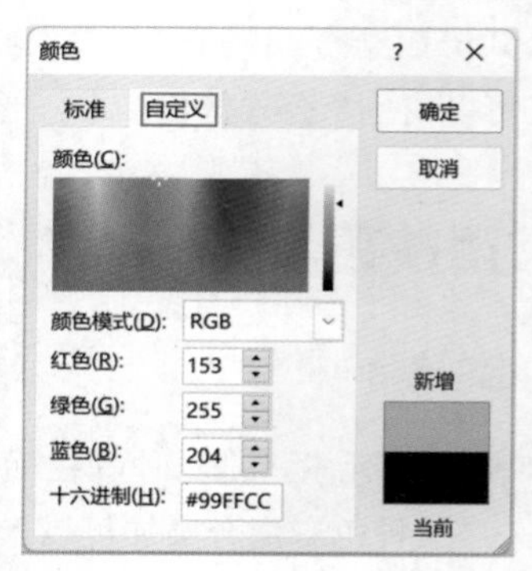

图 1-48　设置 RGB

通过前面的介绍我们已经知道如何在已知 RGB 三值的情况下调节颜色，那么如果在一个网页上看到喜欢的配色，如何获取它的 RGB 呢？目前 Excel 不支持颜色识别，但也无须下载新的软件，我们可以借助属于 Office 软件 PPT 的“取色器”功能获取颜色的 RGB，步骤非常简单，只要两步即可实现：

（1）将网页截图复制到 PPT 中。

（2）在 PPT 中选择一个文本框，单击“开始”选项卡，单击“字体”组中的“取色器”按钮，单击后，将鼠标光标在所需颜色所在位置停留 2 秒就会弹出颜色类型和对应的 RGB 值，如图 1-49 所示，获取到当前背景颜色是靛蓝色，RGB 值是 (44,53,96)。

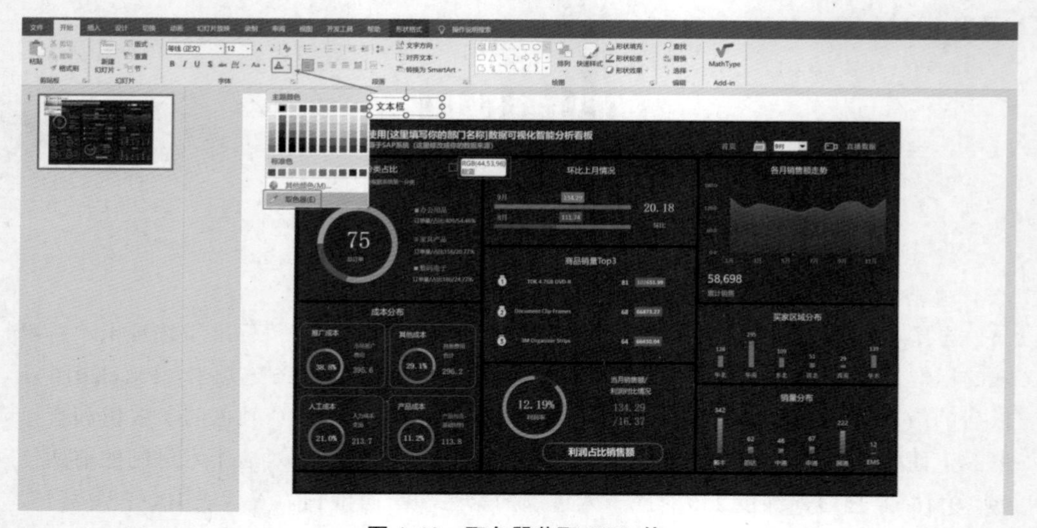

图 1-49　取色器获取 RGB 值

也可以在单击“取色器”按钮后，将鼠标光标放到对应的颜色所在区域，单击鼠标。再次设置颜色时，刚获取的颜色就会出现在“最近使用的颜色”列表中，如图 1-50 所示。选中这个颜色再选择“其他颜色”选项同样可以获取 RGB 值。

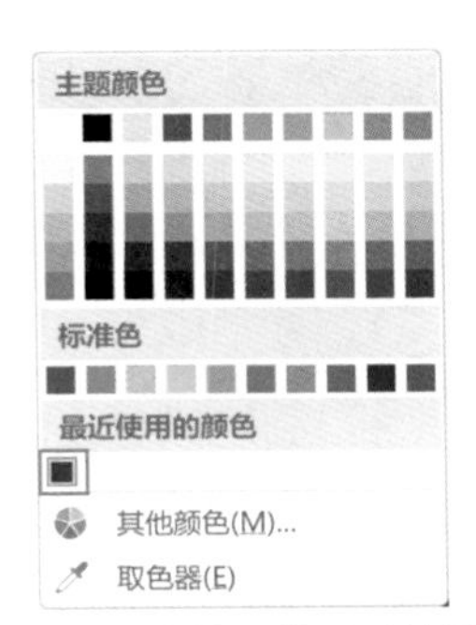

图 1-50　颜色菜单下的最近使用的颜色

1.4.2　定义名称

定义名称是在 Excel 工作表中为某列数据、某区域数据、常量以及函数赋予一个名称。在 Excel 公式的参数中通过简洁的名称替代繁杂的单元格地址，让公式清晰明了，便于理解和维护。

添加定义名称的方法非常简单，如图 1-51 所示，选中 B 列到 E 列第 1 行到第 9 行数据，单击功能区“公式”选项卡，在“定义的名称”组单击“定义名称”按钮，在“新建名称”对话框的“名称”框输入名称。

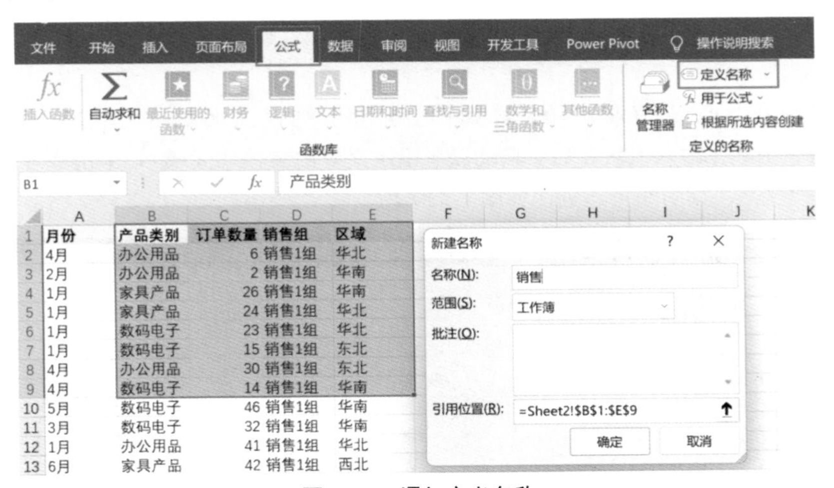

图 1-51　添加定义名称

有时 Excel 的公式所在单元格与引用的数据不在同一个工作表（Sheet），如果引用数据所在的工作表名称很长，写出来的公式就会很长且看起来很复杂，可读性和维护性非常差。定义名称后，本工作簿内不同的工作表都可以引用定义的名称，直接用定义名称替代对应的列，也可以看出引用的是哪一列，如图 1-52 所示，使用定义名称后的公式简约很多。

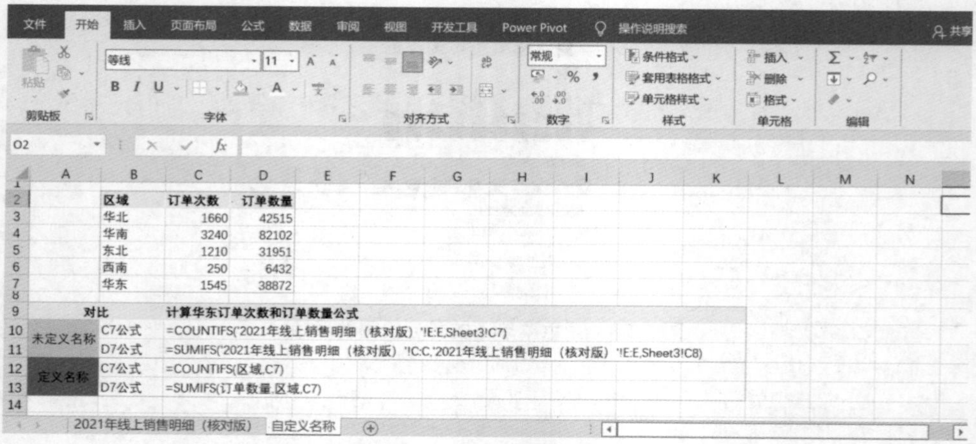

图 1-52　定义名称可简化公式

在数据库中，字段是指包含某一专题信息的一列数据，用于标识事物或现象的特征，例如“姓名”“订单编号”“库存量”都属于字段。而表中的每一行叫作一个记录，是事物和现象的具体表现，例如某一个记录姓名是“李娜”，订单编号是“A100161”等。Excel 中定义名称引用一整列时（如 B:B）就是对整列数据进行标注，并用列名作为名称名，即定义的名称即代表了整列数据的含义，这时该列就是一个字段，字段名称就是定义名称。如定义为“区域”，那么这一列的数据都是区域的记录，在书写公式时就可直接输入定义好的名称。

定义名称同时支持联想功能，如图 1-53 将 E 列定义名称为“区域”后，输入 COUNTIFS 函数，输入“区”后会自动联想出定义好的名称（区域），单击或者直接输入完整名称“区域”即可引用该列，如图 1-53 所示。

图 1-53　定义名称的联想功能

定义名称功能主要作用于 Excel 公式，可让 Excel 更加简洁以及更加快捷地书写和维护公式。

1.4.3 主题颜色

主题颜色是工作簿下整体的系统颜色，即在插入图表或字体，且未单独指定颜色时使用的默认颜色。调节配色是修饰图表的重要步骤，如果可以通过一次设置就解决配色问题可谓是一劳永逸。

主题颜色设置的方法也非常简单，单击功能区“页面布局”选项卡，单击“主题”组的“颜色”按钮，在下拉菜单中进行颜色设置，Excel 系统自带多种配色，第一个就是系统默认的配色，在最下面选择“自定义颜色”选项可以配置常用的主题色，如图 1-54 和图 1-55 所示。

在设置主题颜色并选择该主题色后，再进入颜色设置时，可直接选择前面设置好的颜色，同时在主题色下方会自动生成主题色的渐变色，如图 1-56 所示。

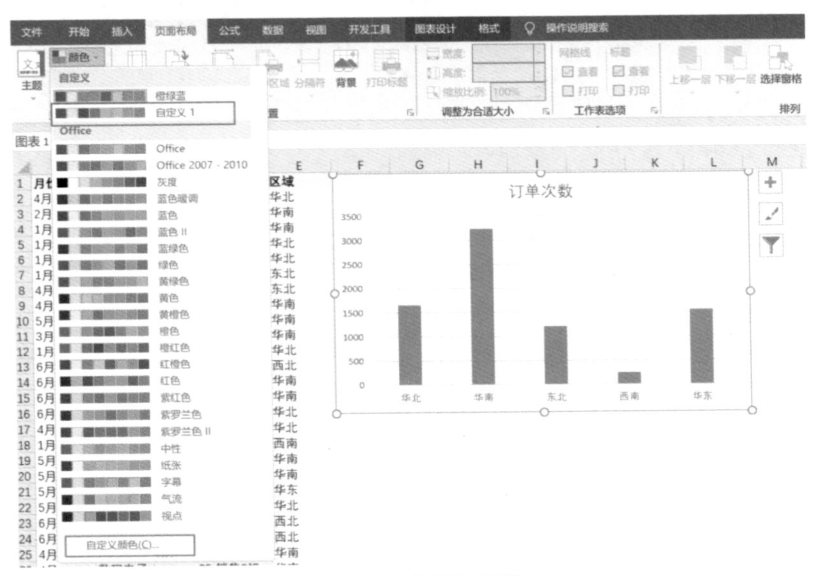

图 1-54 主题色设置

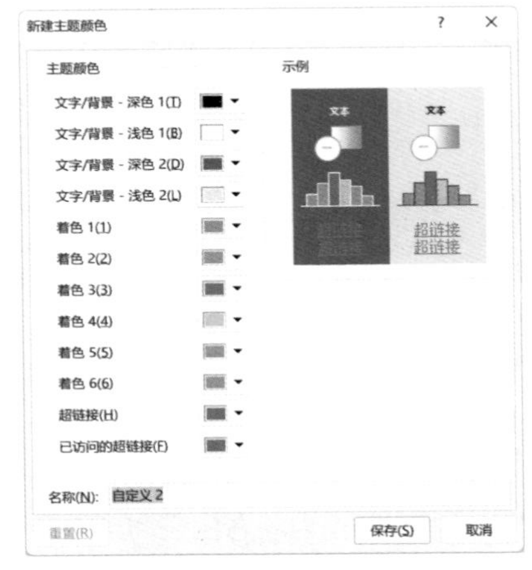

图 1-55 主题色设置

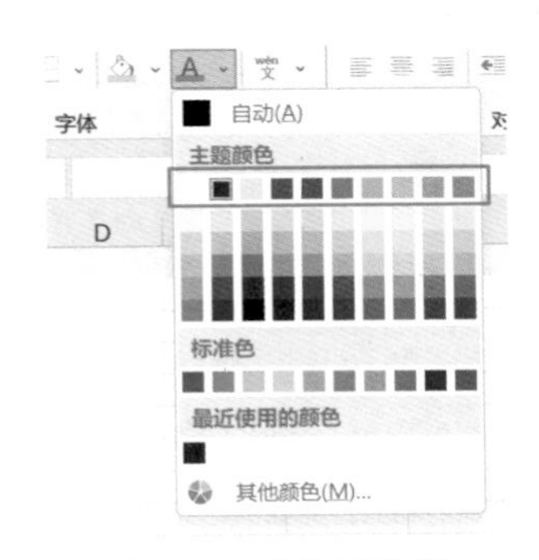

图 1-56 主题色设置

1.4.4 数据验证

使用 Excel 管理数据有时需要在特定的单元格限制内容，不符合要求的数据禁止输入，这种给表格建立规范的功能在 Excel 中被称为数据验证。

数据验证是指对数据的一种约束，例如员工信息表格中性别列只允许填写“男”或“女”，这时就需要对该列添加数据验证来限制填写的内容，以保证数据的准确性和一致性。

Excel 添加数据验证的方法也很简单，选中单元格或单元格区域，在功能区中单击“数据”选项卡，单击“数据工具”组中的“数据验证”按钮，即可进行数据验证设置，如图 1-57 所示。

图 1-57 添加数据验证

Excel 数据验证的验证条件包括数值、日期、文本等，在“数据验证”对话框中可通过在“验证条件”组“允许”下拉列表中切换验证方式。其中“序列”是使用频率最高的方式，可以选中单元格区域作为数据验证范围，在“允许”下拉列表中选择“序列”选项，在“来源”框中选中单元格区域，单击“确定”按钮，即完成设置，如图 1-58 所示。在添加数据验证的数据单元格内会出现一个下拉框的按钮，单击下拉框即可选择对应的数据，且在这个单元格内只能通过下拉选择或者输入来源选中的数据区域的数据，输入其他内容则会提示错误。

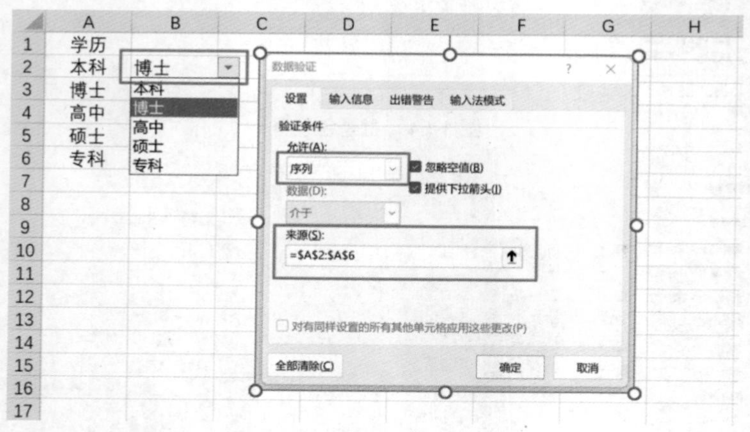

图 1-58 数据验证设置内容

作为重要的数据管理软件，Excel 中的数据有些是通过人工填写的，很难保证数据的准确性，通过数据验证对数据添加限制既能提升效率还能提升数据有效性。添加数据验证后的单元格样式与筛选器样式相近，所以数据验证也可以作为动态图表和动态可视化看板中的筛选器。

1.4.5　数据分列

数据分列，顾名思义就是将某列数据拆分为多列数据。在 Excel 中，数据分列功能还可以用于转换数据类型。

选中数据列，在功能区中单击“数据”选项卡，在“数据工具”组单击“分列”按钮进入分列向导，如图 1-59 所示。分列向导一共有三步，为分列方式、分隔符、数据格式。如果要进行转换数据，无须设置前两步，直接单击“下一步”按钮至最后一步选择数据格式即可。如果是对数据进行拆分则每一步都需要设置。

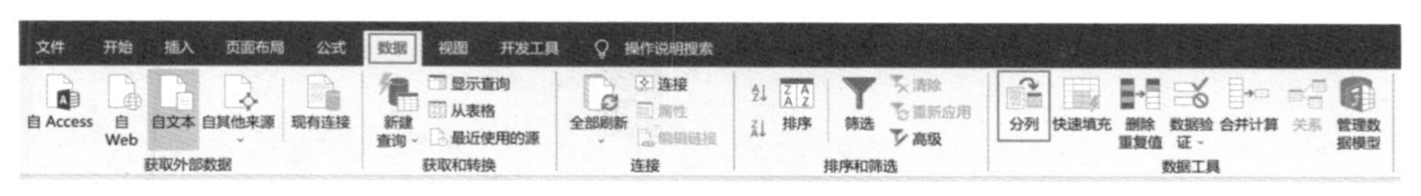

图 1-59　数据分列

（1）分列方式：在弹出的“文本分列向导”对话框中可以选择“分隔符号”和“固定宽度”两种分列方式，本例采用“分隔符号”的方式，分隔固定长度字符串时，如身份证号，可以采用“固定宽度”的方式进行分隔，选中“分隔符号”，单击“下一步”按钮，如图 1-60 所示。

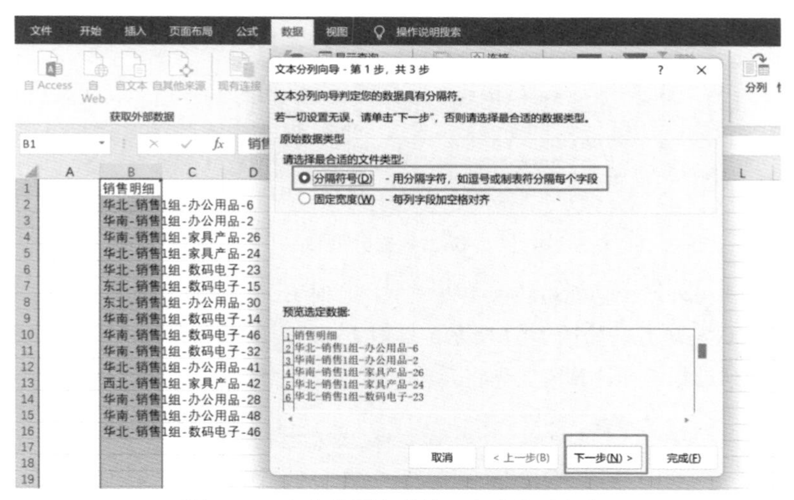

图 1-60　文本分列向导第一步「分隔方式」

（2）分隔符号：“文本分列向导”的第二步是指定分隔符，本例中 B 列数据使用“-”区分不同列别的数据，所以要使用“-”作为分隔符，但是“-”不包含在默认的分隔符号中，所以需要在“分隔符号”组中选择“其他”并在输入框内输入“-”，这时在“数据预览”中会呈现分隔后列的样式，设置完成后单击“下一步”按钮，如图 1-61 所示。

（3）数据类型：“文本分列向导”的第三步是指定列的数据格式，本例直接采用默认的，即在“列数据格式”组选择“常规”单选按钮。同时为保留 B 列的信息不被覆盖，可在“目标区域”框中输入“$C$1”，即从 C 列开始分列，最后单击“完成”按钮完成分列向导，如图 1-62 所示。

文本分列向导 - 第 2 步，共 3 步
请设置分列数据所包含的分隔符号。在预览窗口内可看到分列的效果。
分隔符号
Tab 键(T)
分号(M)
逗号(C)
空格(S)
其他(O): -
连续分隔符号视为单个处理(R)
文本识别符号(Q): "
数据预览(P)

销售明细			
华北	销售1组	办公用品	6
华南	销售1组	办公用品	2
华南	销售1组	家具产品	26
华北	销售1组	家具产品	24
华北	销售1组	数码电子	23

取消 < 上一步(B) 下一步(N) > 完成(F)

图 1-61 文本分列向导第二步「分隔符号」

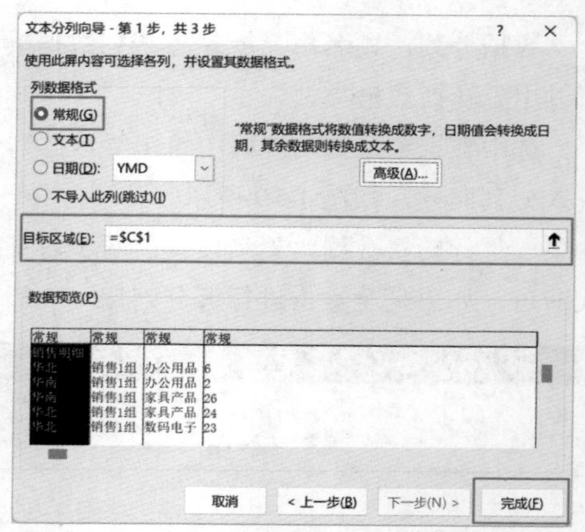

图 1-62 文本分列向导第三步设置「列数据类型」

完成上述三步向导后得到分列数据，如图 1-63 所示。

	A	B	C	D	E	F	G
1		销售明细	区域	销售组	产品分类	销量	
2		华北-销售1组-办公用品-6	华北	销售1组	办公用品	6	
3		华南-销售1组-办公用品-2	华南	销售1组	办公用品	2	
4		华南-销售1组-家具产品-26	华南	销售1组	家具产品	26	
5		华北-销售1组-家具产品-24	华北	销售1组	家具产品	24	
6		华北-销售1组-数码电子-23	华北	销售1组	数码电子	23	
7		东北-销售1组-数码电子-15	东北	销售1组	数码电子	15	
8		东北-销售1组-办公用品-30	东北	销售1组	办公用品	30	
9		华南-销售1组-数码电子-14	华南	销售1组	数码电子	14	
10		华南-销售1组-数码电子-46	华南	销售1组	数码电子	46	
11		华南-销售1组-数码电子-32	华南	销售1组	数码电子	32	
12		华北-销售1组-办公用品-41	华北	销售1组	办公用品	41	
13		西北-销售1组-家具产品-42	西北	销售1组	家具产品	42	
14		华南-销售1组-办公用品-28	华南	销售1组	办公用品	28	
15		华南-销售1组-办公用品-48	华南	销售1组	办公用品	48	
16		华北-销售1组-数码电子-46	华北	销售1组	数码电子	46	
17							

图 1-63 数据分列结果

数据分列的另外一个功能是转换数据类型，有时 Excel 中的数据单元格内左上角有绿色三角并且默认左对齐，如图 1-64 所示，这时 Excel 内的数值是以文本类型保存的，如果需要对这一列进行统计计算需要先将其转换为数值类型。

	A	B	C	D	E	F	G
1		销售明细	区域	销售组	产品分类	销量	
2		华北-销售1组-办公用品-6	华北	销售1组	办公用品	6	
3		华南-销售1组-办公用品-2	华南	销售1组	办公用品	2	
4		华南-销售1组-家具产品-26	华南	销售1组	家具产品	26	
5		华北-销售1组-家具产品-24	华北	销售1组	家具产品	24	
6		华北-销售1组-数码电子-23	华北	销售1组	数码电子	23	
7		东北-销售1组-数码电子-15	东北	销售1组	数码电子	15	
8		东北-销售1组-办公用品-30	东北	销售1组	办公用品	30	
9		华南-销售1组-数码电子-14	华南	销售1组	数码电子	14	
10		华南-销售1组-数码电子-46	华南	销售1组	数码电子	46	
11		华南-销售1组-数码电子-32	华南	销售1组	数码电子	32	
12		华北-销售1组-办公用品-41	华北	销售1组	办公用品	41	
13		西北-销售1组-家具产品-42	西北	销售1组	家具产品	42	
14		华南-销售1组-办公用品-28	华南	销售1组	办公用品	28	
15		华南-销售1组-办公用品-48	华南	销售1组	办公用品	48	
16		华北-销售1组-数码电子-46	华北	销售1组	数码电子	46	
17							

图 1-64 文本格式的单元格

转换数据类型的“分列向导”前两步不需要指定，直接单击“下一步”按钮，在“分列向导”的第三步选择“常规”选项，并单击“完成”按钮，如图 1-65 所示，就可将

数据类型从文本转换为数值，这时单元格左上角的绿色三角消失了，同时单元格内容自动靠右对齐，结果如图 1-66 所示。

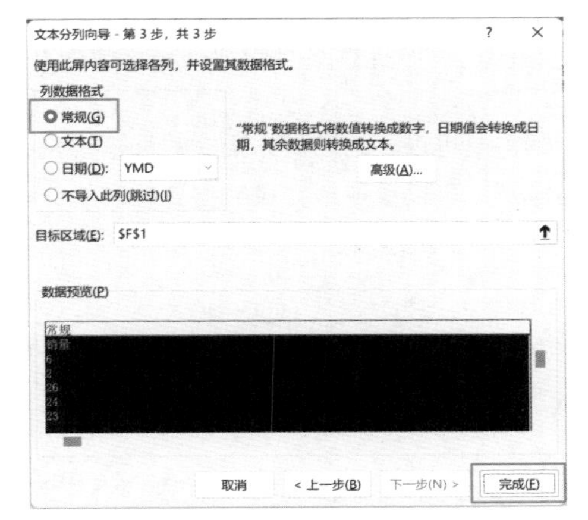

图 1-65　分列向导第三步实现转换数据

	A	B	C	D	E	F	G
1		销售明细	区域	销售组	产品分类	销量	
2		华北-销售1组-办公用品-6	华北	销售1组	办公用品	6	
3		华南-销售1组-办公用品-2	华南	销售1组	办公用品	2	
4		华南-销售1组-家具产品-26	华南	销售1组	家具产品	26	
5		华北-销售1组-家具产品-24	华北	销售1组	家具产品	24	
6		华北-销售1组-数码电子-23	华北	销售1组	数码电子	23	
7		东北-销售1组-数码电子-15	东北	销售1组	数码电子	15	
8		东北-销售1组-办公用品-30	东北	销售1组	办公用品	30	
9		华南-销售1组-数码电子-14	华南	销售1组	数码电子	14	
10		华南-销售1组-数码电子-46	华南	销售1组	数码电子	46	
11		华南-销售1组-数码电子-32	华南	销售1组	数码电子	32	
12		华北-销售1组-办公用品-41	华北	销售1组	办公用品	41	
13		西北-销售1组-家具产品-42	西北	销售1组	家具产品	42	
14		华南-销售1组-办公用品-28	华南	销售1组	办公用品	28	
15		华南-销售1组-办公用品-48	华南	销售1组	办公用品	48	
16		华北-销售1组-数码电子-46	华北	销售1组	数码电子	46	
17							

图 1-66　文本转换数值结果

使用上述的方法也可将数值类型转换为文本类型，最后一步选择数据类型为文本即可，通过分列的方式也可以将数值类型转换为日期类型，在最后一步选择数据类型为“日期”，如图 1-67 所示，结果如图 1-68 所示。

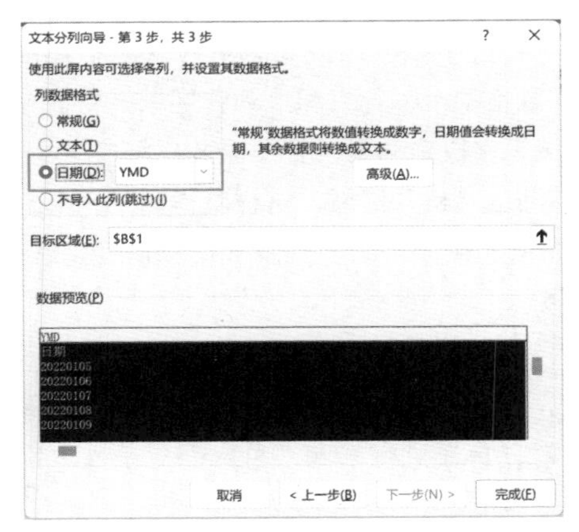

图 1-67　分列向导第三步实现转换数据

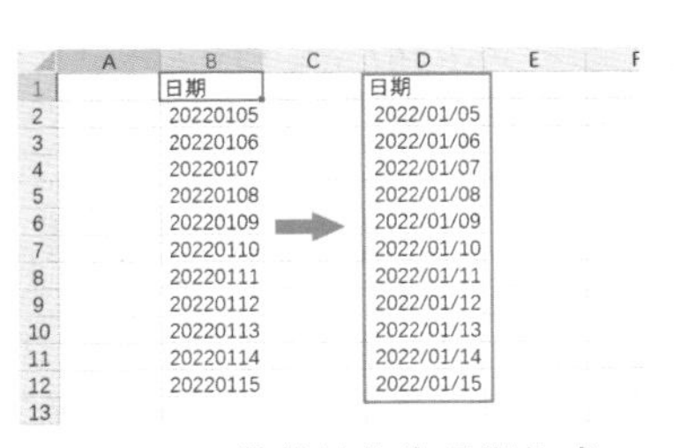

图 1-68　数值转换为日期格式

1.4.6 数据透视

数据透视表是 Excel 重要的功能组件，主要功能是将基础的明细数据进行分类汇总，转化为有分析意义的统计数据。数据透视表兼具筛选、排序和分类等功能，是使用 Excel 进行数据分析最常用的工具之一。

建立数据透视表的步骤主要可以分为三步：插入数据透视表、拖动字段、修改值计算方式，三步都是可视化的操作，可以快速地完成数据处理和统计。

1. 建立数据透视表

（1）插入数据透视表

插入数据透视表之前首先需要对数据进行检查。数据透视表数据源中的每一列称为字段，列标题称为字段名称，透视表的汇总方式就是将字段拖动至对应的区域。透视表的数据源必须满足三个条件：

- 数据源中不能有合并单元格。
- 字段名称即列标题不能为空。
- 字段名称必须唯一标识一列数据，即列标题不能重复。

下面就以某公司销售数据为例分析不同区域不同类别的销售情况。单击明细数据区域任意一个单元格或按 Ctrl+A 键全选明细数据，在功能区中单击“插入”选项卡，在“表格”组单击左上角第一个“数据透视表”按钮，在弹出的“来自表格或区域的数据透视表”对话框内的“表 / 区域”框中对明细的数据区域进行设置，前面已经选择“A1:F30”，这里就无须二次设置，采用默认即可。还可以在“选择放置数据透视表的位置”组选择建立的透视表放在当前工作表还是放在新建的工作表。为方便区分，一般默认选择“新工作表”单选按钮，即在数据透视表的对话框中一般不需要设置，直接单击“确定”按钮即可，如图 1-69 所示。

如果数据更新较为频繁，可以先通过按 Ctrl+T 键将数据转换为超级表，再以超级表作为数据透视表的数据源，这样方便后续的数据刷新。

（2）拖动字段

单击“确定”按钮后自动跳转至新工作表，选中数据透视表区域内任意单元格，在弹出的“数据透视表字段”对话框内将维度字段拖动至“行”和“列”区域，将计算字段拖动至“值”区域。如图 1-70 所示，将“区域”字段拖动至“行”区域，将“产品类别”字段拖动至“列”区域，将“订单额”字段拖动至“值”区域。这样就得到了一个二维统计表，当然也可以根据分析目的继续将更多的维度字段拖动至“行”和“列”区域，以及将统计字段拖动至“值”区域。

（3）修改计算方式

完成拖动后还需要确认透视表的汇总方式，对于数值类型的字段透视表默认计算方式是求和，图 1-70 中的“求和项：订单额”是对订单额进行求和汇总，而对于文本字符串类型的字段默认是采用计数的汇总方式。

单击“值”区域的“求和项：订单额”按钮，在弹出菜单中单击“值字段设置”按钮，在“值字段设置”对话框中可以设置汇总值的字段名称，还可以通过在“值字段汇总方式”组的“选择用于汇总所选字段数据的计算类型”列表框修改值计算方式，数据透视表提供了求和、计数、平均值、最大值、最小值等汇总计算类型，这里选择“平均值”选项，并单击“确定”按钮，如图 1-71 所示。最后得到“行标签”是“区域”字段，“列标签”是“产品类别”字段，按照“销售额”平均值进行汇总的统计二维表，如图 1-72 所示。

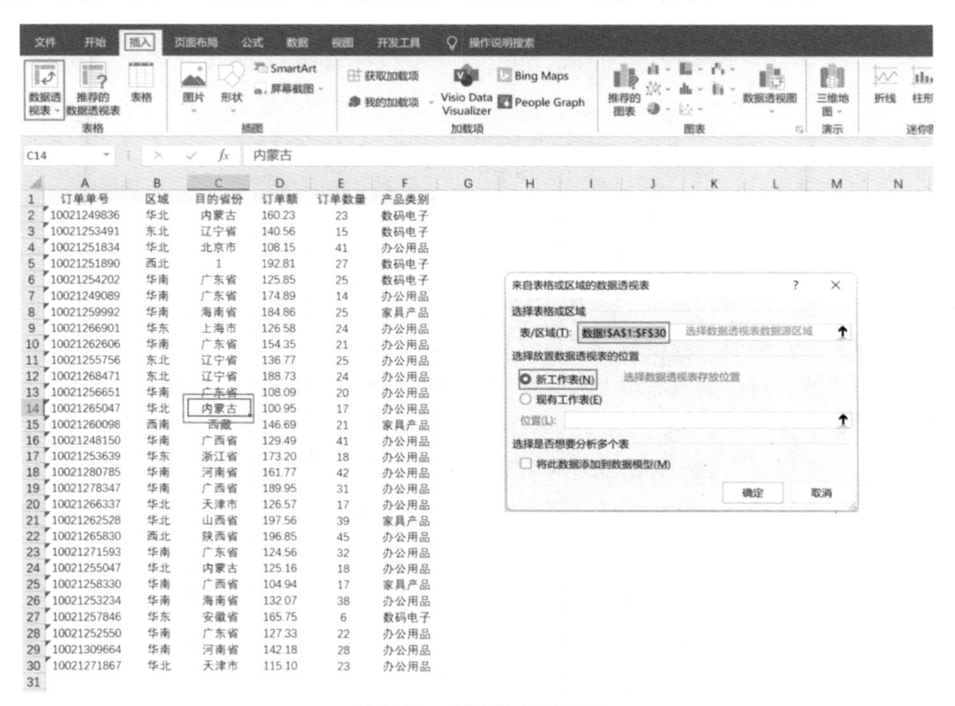

订单单号	区域	目的省份	订单额	订单数量	产品类别
10021249836	华北	内蒙古	160.23	23	数码电子
10021253491	东北	辽宁省	140.56	15	数码电子
10021251834	华北	北京市	108.15	41	办公用品
10021251890	西北	1	192.81	27	数码电子
10021254202	华南	广东省	125.85	25	数码电子
10021249089	华南	广东省	174.89	14	办公用品
10021259992	华南	海南省	184.86	25	家具产品
10021266901	华东	上海市	126.58	24	办公用品
10021262606	华南	广东省	154.35	21	办公用品
10021255756	东北	辽宁省	136.77	25	办公用品
10021268471	东北	辽宁省	188.73	24	办公用品
10021256651	华南	广东省	108.09	20	办公用品
10021265047	华北	内蒙古	100.95	17	办公用品
10021260098	西南	西藏	146.69	21	家具产品
10021248150	华南	广西省	129.49	41	办公用品
10021253639	华东	浙江省	173.20	18	办公用品
10021280785	华南	河南省	161.77	42	办公用品
10021278347	华南	广西省	189.95	31	办公用品
10021266337	华北	天津市	126.57	17	办公用品
10021262528	华北	山西省	197.56	39	家具产品
10021265830	西北	陕西省	196.85	45	办公用品
10021271593	华南	广东省	124.56	32	办公用品
10021255047	华北	内蒙古	125.16	18	办公用品
10021258330	华南	广西省	104.94	17	家具产品
10021253234	华南	海南省	132.07	38	办公用品
10021257846	华东	安徽省	165.75	6	数码电子
10021252550	华南	广东省	127.33	22	办公用品
10021309664	华南	河南省	142.18	28	办公用品
10021271867	华北	天津市	115.10	23	办公用品

图 1-69　创建数据透视表

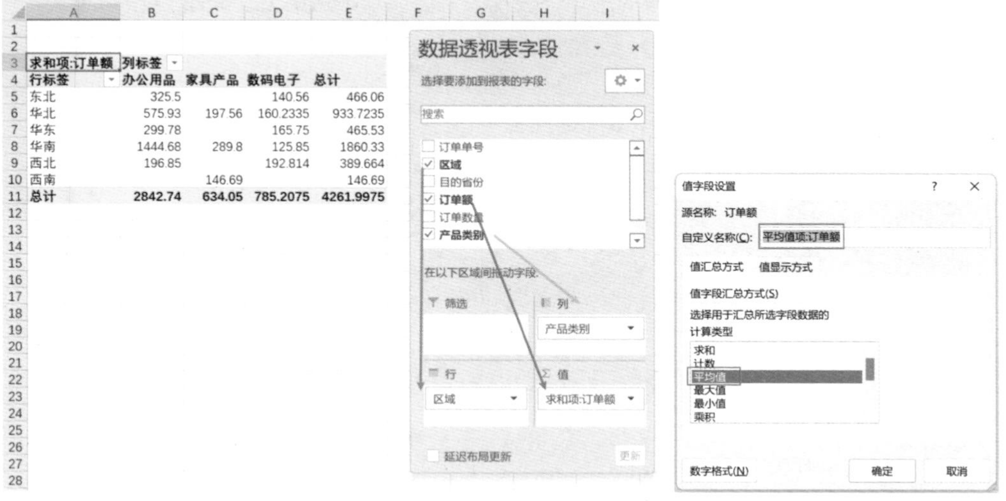

求和项:订单额	列标签			
行标签	办公用品	家具产品	数码电子	总计
东北	325.5		140.56	466.06
华北	575.93	197.56	160.2335	933.7235
华东	299.78		165.75	465.53
华南	1444.68	289.8	125.85	1860.33
西北	196.85		192.814	389.664
西南		146.69		146.69
总计	2842.74	634.05	785.2075	4261.9975

图 1-70　拖动汇总字段

图 1-71　设置值字段计算方式

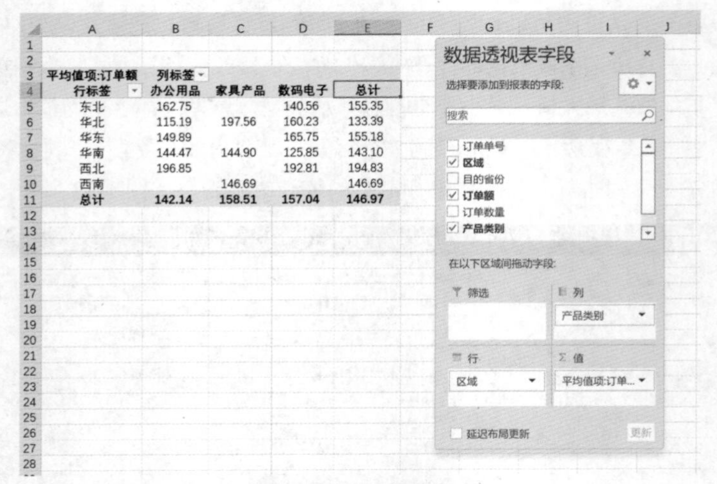

平均值项:订单额	列标签			
行标签	办公用品	家具产品	数码电子	总计
东北	162.75		140.56	155.35
华北	115.19	197.56	160.23	133.39
华东	149.89		165.75	155.18
华南	144.47	144.90	125.85	143.10
西北	196.85		192.81	194.83
西南		146.69		146.69
总计	142.14	158.51	157.04	146.97

图 1-72 数据透视表

在建立数据透视表过程中第三步最容易被忽略，对于数值型字段我们大多数情况采用求和的计算方式，对于文本类型大多数情况都采用计数的方式，所以采用透视表默认的统计方式也可以满足大多数使用场景。但有时我们也需要统计最大值或平均值，如果遗漏了第三步就会导致错误。另一种情况是对于数据类型为数值的订单编号，如果需要统计订单数量而采用了透视表的默认求和的计算方式显然是不对的，所以在完成字段拖动后要检查核对“值”的计算方式。

2. 数据透视表筛选

有时数据量较多时，需要筛选数据，数据透视表也提供了筛选功能。

（1）插入筛选器

在“数据透视表字段”对话框中将筛选字段拖动至“筛选”区域，在透视表的左上角就会出现一个筛选器，选中对应的选项，透视表就会显示筛选结果，如图 1-73 所示。

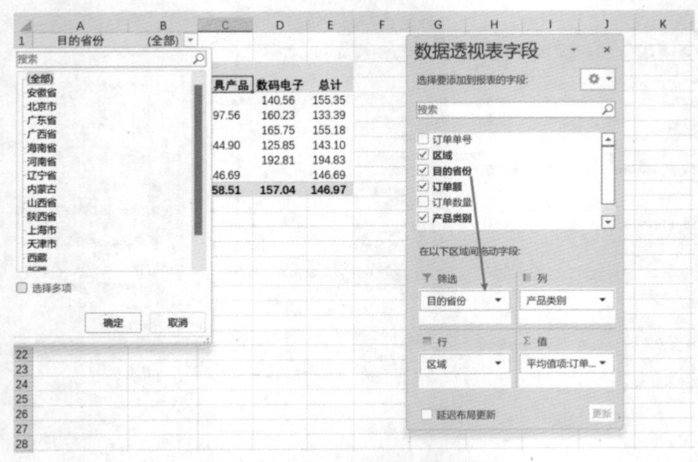

图 1-73 数据透视表添加筛选

（2）切片器

切片器也可以实现透视表筛选功能，不过需要单独添加，选中数据透视表区域任意一个单元格，在功能区中单击“数据透视表分析”选项卡，在“筛选”组单击“插入切片器”按钮，在弹出的菜单中选中筛选字段，选中“目的省份”就建立了目的省份的切片器，在“目的省份”对话框中选择对应选项可以对数据透视表进行筛选，如图 1-74 所示。

图 1-74　数据透视表添加切片器

添加切片器时需要注意的是在 Excel 中切片器是透视表独有的，“插入切片器”按钮处于“数据透视表分析”菜单栏下，所以添加切片器前需要选中透视表区域，这样在功能区中才会显示“数据透视表分析”菜单栏。

Excel 中透视表数据也可以作为插入图表的数据源，如果通过切片器切换透视表的数据，那么基于透视表数据制作的图表也会发生变化，所以切片器也可以作为动态图表的筛选器，进而通过数据透视表实现动态图表以及数据可视化看板，制作方法会在后面章节详细介绍。

数据透视表是 Excel 性价比最高的技能之一，只要通过简单的操作即可实现很多统计和分析功能，其主要功能与 SUMIFS 函数和 COUNTIFS 函数一致，都是将明细数据转化为统计数据，在学习和办公中可结合函数一起应用，两者在不同的应用场景各有优势。如果分析主体较为稳定，使用函数较为方便，保留公式可以做到一劳永逸。如果分析主体经常变化，例如分析员工的业绩时员工频繁入离职，如果使用公式，需要非常复杂的函数才能将所有人工号列出来，而使用透视表只要刷新一下就可以了。同时数据透视表相比于公式更适合处理较为紧急的工作，所以根据使用场景判断使用函数还是透视表可实现 Excel 办公效率最大化。

1.5 图表基础 »»

1.5.1 图表

1. 图表概述

图表是可直观展示统计信息的图形结构，是一种可将数据形象直观展示的可视化手段。图表可以让使用者快速地理解数据报告，一份严谨专业的图表还可以提升报告的可信度。

除用于管理和处理数据外，Excel 还可以用于制作专业的数据图表。Excel 是制作数据图表性价比最高的办公软件，可通过便捷的设置完成图表内所有元素的修饰，且全部通过可视化按钮操作，无须输入任何代码。

如图 1-75 所示，在 Excel 页面单击功能区的“插入”选项卡，可以看到“图表”组中不同类型的图表按钮，单击对应的图表按钮就可选择需要的图表。

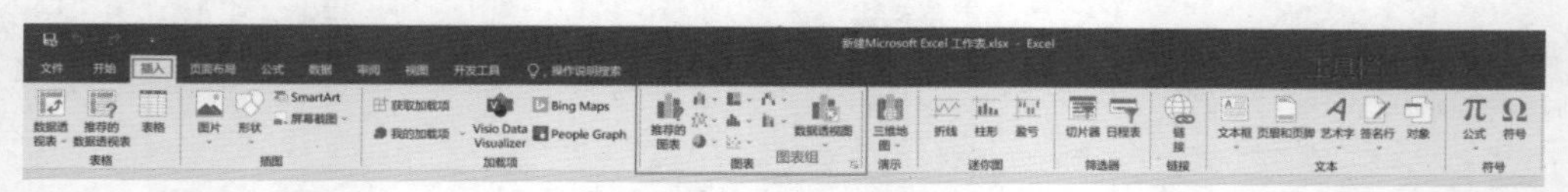

图 1-75　在功能区插入图表

2. 建立图表

要了解如何建立图表，首先我们需要了解一套完整的图表制作过程包括哪些步骤。图表是数据报告中的重要组成，图表的制作过程实际上也是一个数据分析过程。具体步骤如下：

（1）检查数据明细：这一步需要保证数据完整性和准确性。

（2）数据处理：对数据进行清洗、筛选、合并、计算以及转换，使其符合数据分析的需求。

（3）数据分析：明确分析目的，采用适合的模型和正确分析方法，提取有价值信息。

（4）选择图表：明确数据关系，选择合适的图表。

（5）制作图表：准备图表数据，插入图表，设计图表，核对图表数据准确性。

数据报告中，明细数据是没有分析意义的，我们不会将“部门都有哪些人”或“上月销售了哪些商品”放入报告中，而是将明细数据转化为统计汇总数据，如“商品销售额分布”“各部门平均年龄”“子公司人均成本”等展示到报告中。如图 1-76 所示，是将区域销售量汇总通过柱形图展示。实际上明细转为汇总数据的过程就是将我们认为重要的有价值的数据指标汇总起来，一般将数据指标分为两大类，分别是用于聚合统计的度量值和用于体现特征属性的维度。

- **度量值**：指可以被聚合汇总的统计值，是聚合运算（计数、求和、平均值、最大值等）的结果。度量值的数据类型一定是数值，例如区域销售量就是度量值。另外度量值也可单独作为某个指标的度量，例如总的销售量也是度量值。

- **维度**：指某一对象的描述性属性或特征，可以理解成分类标签。维度是解释事物或现象的角度。维度数据类型一般是字符串和日期，例如区域就是维度。

汇总数据就是由维度和度量值组成的，汇总数据可以解释为针对数据按照某个维度进行度量汇总成度量值。例如销售量这个指标，可以按照产品（产品 1 销量、产品 2 销量）进行汇总分析，也可以按照时间序列（年月日销量）以及按照区域（华南销售量、华北销售量）等。这些汇总数据中，销量是度量值，产品、时间序列和区域是维度。图表的作用就是将汇总数据直观地展示出来，在 Excel 中选中图表右键单击，在快捷菜单中选择“选择数据”在“选择数据源”对话框中就可以查看图表是如何引用图表数据的，在左侧的“图例项（系列）”框中引用的是汇总数据中的度量值，右侧的“水平（分类）轴标签”框中引用了维度数据，单击“编辑”按钮还可以重新选择数据源区域，如图 1-77 所示。

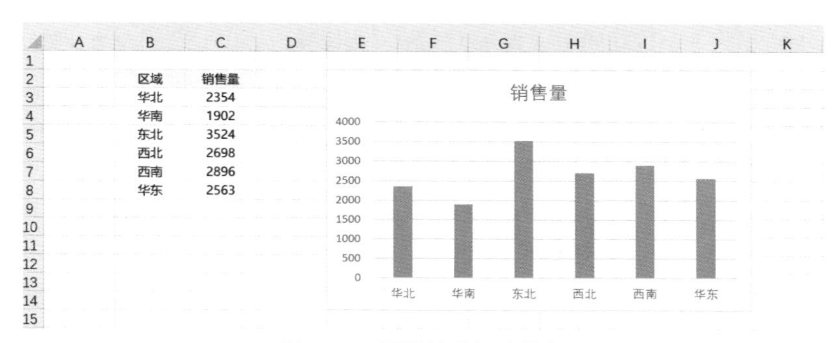

图 1-76 区域销量汇总数据

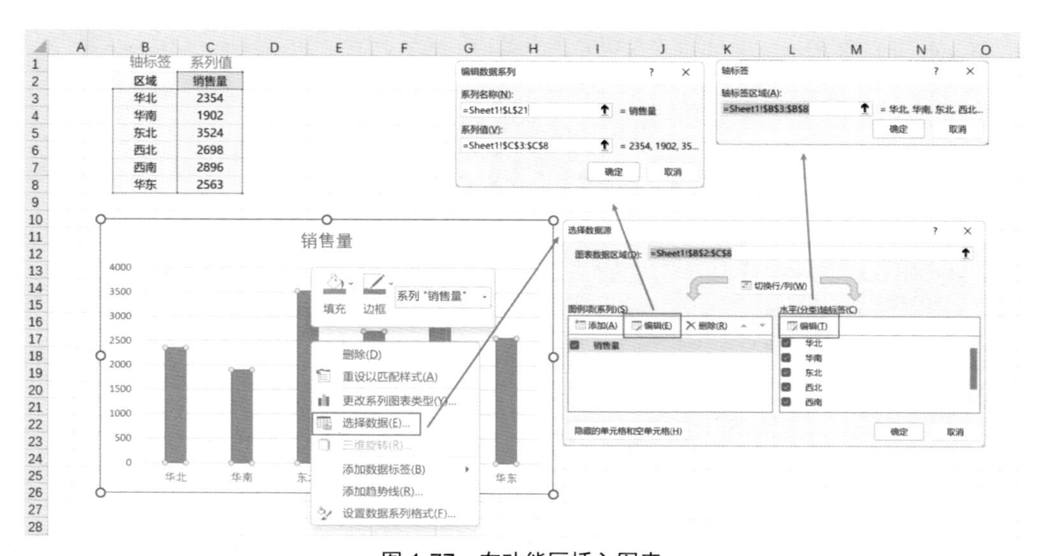

图 1-77 在功能区插入图表

Excel 对图表数据源引用的数据也有分类，用于标识系列图形的是“系列值”，对应汇总数据的度量值。用于展示不同分类的是“轴标签”，对应汇总数据的维度。

图表数据中有一个系列值和一个轴标签是最为常见的格式，根据系列值和轴标签数量的不同，还可以有不同的格式组合，如表 1-8 所示。度量值和维度的数量也会影响分析意义，只有一个度量值，是对某个指标总的度量，例如汇总公司总人数，而只有一个维度是没有分析意义的。如果维度太多或者度量值太多的汇总数据跟明细数据（明细数据可以理解为包含所有维度和度量值的数据）更接近，分析价值也降低很多。

表 1-8 系列值和轴标签的格式组合

系列值数量	轴标签数量	例　　子	适合图表	说　　明
1	1	各商品销量、各部门人数	柱形图、条形图、折线图、圆饼图等	最为常见
1	0	总销量、总人数	卡片图	度量某一个指标，常用于数据大屏
1	2	各商品四个季度销量、各部门性别人数分布	堆积柱形图、簇状柱形图等	使用轴坐标和颜色区分系列图形
2	1	各商品销量和销售额、各部门人数和人均工资	组合图	一般添加次要坐标轴

区分图表数据的系列值和轴标签并不是看数据类型，而是看这个指标是否用于度量图表中图形的尺寸，用于体现图形大小的是系列值，至于轴位置或图例的是轴标签。例如用于展示各区域销量的柱形图，销量是系列值，它决定了柱形（系列图形）的高度，区域是轴标签，它应用于横坐标轴；用于展示性别占比的圆饼图，占比是系列值，它决定了圆饼的角度大小，性别是轴标签，用于图例。

散点图和气泡图用于表示变量之间是否存在数量关联趋势，所以轴标签要求为连续性数值，如图 1-78 所示。

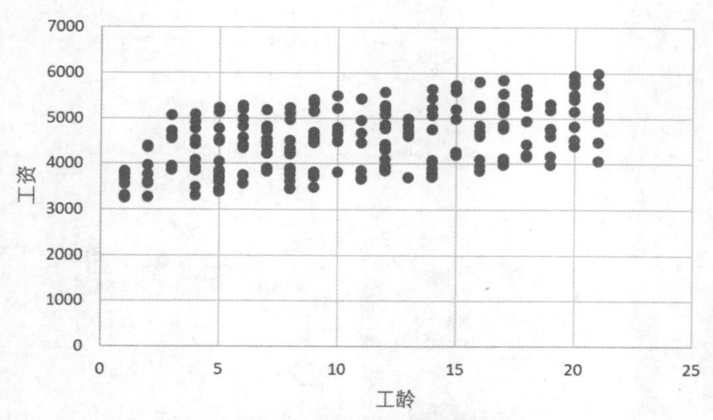

图 1-78 散点图使用数值类型数据作为轴标签

1.5.2 图表选择

图表的作用是展示数据，传递信息，但数据图表的类型众多，需要认真选择。如图 1-79 所示，Excel 提供了 7 大类图表供选择。

1. 基础图表

尽管图表类型众多，但基本图表主要只有以下几种，其他图表都是由这些基础图表衍生出来的。

- **柱形图**：用于展示各项目、类别间的比较，也可以用于展示少数周期的趋势关系。
- **条形图**：用于展示各项目、类别间的比较。
- **饼图**：用于展示部分与整体之间的构成关系。
- **折线图**：用于展示随时间的变化趋势。
- **散点图**：用于展示相关性和分布关系。

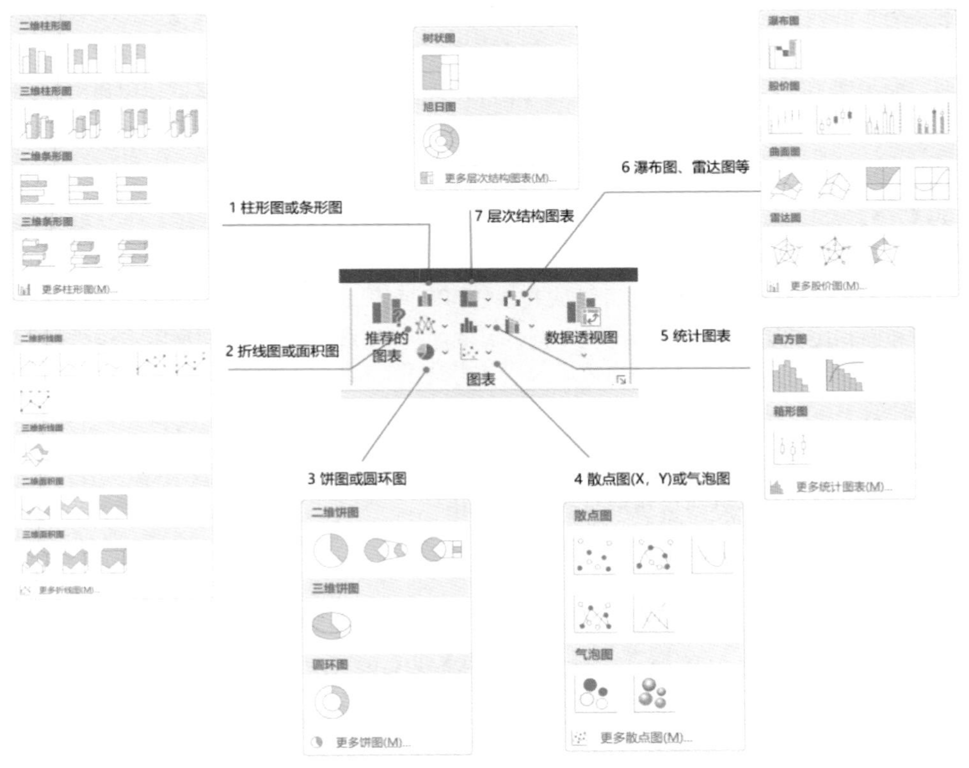

图 1-79　Excel 插入图表类型

2. 通过数据关系选择图表

选择合适的图表是制作图表过程中关键的步骤，只有选择合适的图表才能有效地展示我们的观点并突出重点。图表的选择是有序可循的，那就是图表数据间的关系。一般是指轴标签数据间的关系，大部分数据间关系可以归为如下五种类型：

（1）比较

比较指类目之间差异对比的关系，例如统计商品销售量情况时比较不同商品的销售量。如果数据中只有一个维度指标，使用柱形图、条形图都可用于展示比较关系，轴标签展示维度。如数据中有两个及以上维度指标属于多重对比，可使用簇状柱形或条形图，轴标签和图例分别展示一个维度，也可以使用雷达图。

（2）分布

分布用于展示频次的比较关系，例如展示公司年龄人数分布。展示分布主要有直方图和折线图，如果数据点较少一般使用直方图，数据点较多时使用折线图（如经典的正态分布）。展示两个维度的分布使用散点图和气泡图。

（3）构成

构成指成分与整体的关系，展示每个成分占比在整体中的比例大小，占比越大比例越大，如行政费用构成。构成关系的图表一般是一个完整的形状，是一个整体，使用图例颜色来表示不同的成分，例如构成最常用的圆饼图，是一个完整的圆，通过图例颜色区分不同的扇形成分。如果图表数据中只有一个维度指标可使用圆饼图、圆环图、树状图以及瀑布图。如果图表数据中存在两个及以上的维度，需要展示多重构成关系可使用旭日图，其中一个维度展示比较关系使用数据堆积柱形或条形图，另一个维度展示趋势关系使用堆积面积图或堆积百分比面积图。

（4）趋势

趋势是指事物随着时间发展的动向关系，趋势一般用于展示时间序列的变化，时间序列中的时间可以是年份、季度、月份或其他任何时间形式，例如一年内整体月销量走势。折线图和面积图都可以用于展示时间序列，时间序列类目较少时（例如展示一年内四个季度销售额趋势）也可使用柱形图。

（5）相关性

相关性是用于表示一个项目随着另一个项目发生变化的关系，例如判断工龄与工资存在相关关系。反映相关性可使用散点图和气泡图。

1.5.3 图表元素

在 Excel 中，图表是通过一个容器将众多对象汇总到一起组成的图形组合，插入图表就是插入固定的对象组合。Excel 将这个容器命名为图表区，在图表区内各种对象称为图表元素，它们也都有相应的名称，如图表标题、坐标轴等，它们实际上就是由不同的 Excel 形状制作的，例如图表标题是文本框，网格线是形状中的直线，图例是形状和文本框组合而成的。

图 1-80 是 Excel 图表中常见的图表元素。Excel 默认插入的图表中根据图表类型不同自带一些图表元素，也可以在插入图表后再单独添加。Excel 支持两种添加图表元素的方法，如图 1-81 所示。单击选中图表，再单击图表右上角出现的加号，在弹出的菜单中选中需要添加的图表元素。另外一个方式是选中图表后，在功能区中单击“图表设计”菜单下的“添加图表元素”按钮也会弹出类似的选择菜单。

图 1-80　常见图表元素

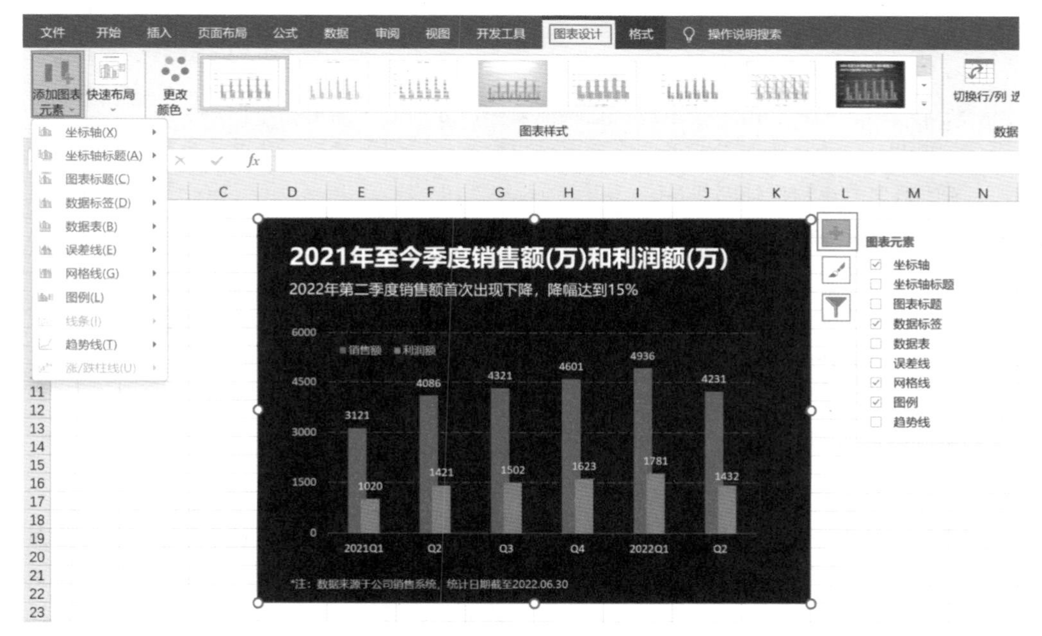

图 1-81　添加图表元素两种方式

1. 常见的图表元素

- **图表区**：包含所有图表元素的容器，添加的图表元素都是在图表区内。
- **绘图区**：为图表必备元素，是数据图形（Excel 中称为数据系列）所在区域。绘图区和图表区很容易混淆，绘图区是包含在图表区的，绘图区可以根据需要调整大小和调整位置。
- **数据系列**：根据图表数据绘制出的图形，位于绘图区中，是图表的主要对象。
- **数据标签**：显示数据系列对应的数据源中的系列值。
- **图表标题**：图表标题是对图表的文字说明，是图表必备元素，Excel 中默认使用数据源标题作为图表标题。在图表修饰中可以删除图表默认添加的图表标题而使用文本框代替，将标题分为主标题和图表说明，主标题对图表的作用和功能进行说明，图表说明对图表内数据进行简要分析。

- **图例**：指示图形代表的数据系列。
- **坐标轴**：包括横坐标轴和纵坐标轴，在组合图中有时需要次坐标轴用于体现不同数据量级的数据。
- **网格线**：分为水平和垂直网格线，网格线一般用于图表辅助功能，如不添加数据标签时可使用横线作为数值大小参考线。

2. 其他图表元素

- **坐标轴标题**：坐标轴标题位于坐标轴区域，用于标识坐标轴名称，一般散点图和气泡图需要添加。
- **数据表**：可以在 X 轴下方新增图表数据表格，因为与数据标签和纵坐标轴信息重叠且占用空间大，一般不添加。

3. 统计类图表元素

统计类图表元素一般不会出现在默认图表中，如需展示须单独添加。

- **误差线**：反映与数据系列中每个数据标记相关的可能误差量的线条。第三章对比条形图使用误差线制作辅助线条。
- **线条**：在折线图和面积图中，可制作数据点和横坐标轴的垂直线或数据点之间的垂直线。第三章使用线条制作菱形走势图。
- **趋势线**：是根据图表数据进行数据拟合，按照回归分析的方法添加一条预测线条。常用于统计类分析，可应用于时间序列展示趋势的图表。
- **涨 / 跌柱线**：在折线图中，连接两个系列同一轴标签下数据点的柱形，常用于展示股票信息。

4. 自定义图表元素

自定义图表元素是插入更容易修饰的文本框和形状等其他 Excel 对象，它们的作用是辅助前面介绍的图表元素实现一些特性功能。如果单击图表区再插入形状或文本框等对象，可直接插入至图表，插入的对象也会随着图表移动而移动。将制作好的对象复制至图表区也可以将对象插入至图表区。

- **形状**：形状主要作用于绘图区，例如作为柱形填充实现圆角矩形功能。
- **文本框**：文本框主要用于图表文字说明，相比标题可以更灵活地调节。

1.5.4 设计图表

Excel 默认插入的图表已经一定程度上能够满足呈现数据的需求，那么为什么还要对图表美化和修饰呢？首先，图表的主要目的是传递数据包含的信息，默认的图表很难突出重点，其次一个美化后的图表也是对数据的重视和对受众的尊重，这样受众也会更加相信图表的准确性和价值。

图表的美化和设计过程可以称为“设计”，Excel 图表是一个将各种类型的元素汇集到一起的对象组合。制作一个完美的数据图表需要一整套完整的设计流程，具体包括五个步骤。

1. 增删图表元素

图表是由图表元素组成的，就如我们听到的声音一样，并不是每个声音都是有用的，有一些默认添加的图表元素是没有必要展示的，称为非必要图表元素，在修饰过程中需要将它们从图表区删除。一般使用“信噪比”形容图表是否简约，比值越大越好，简约的前提是满足数据展示效果需求，比值越大越好并不表示图表元素越少越好。

产生非必要图表元素的原因之一是不同的图表元素的功能有可能重叠，例如数据标签和纵坐标轴都用于展示数值大小，所以一般不推荐两者同时展示，这时就需要根据具体需求确认保留哪类图表元素。另外一种情况是图表元素根据在当前情况下无展示意义，例如删除纵坐标轴后，水平网格线也没有任何的参考意义。

图 1-82 用于展示各区域季度销售额和利润额情况，左侧是 Excel 默认图表，通过坐标轴展示数值范围，横线用于参考，这种展示方式常见于一些杂志的商业图表中，因为一般用于展示 GDP 等指标，精确展示每个数据点的数据标签意义不大。而如果图表的受众是每个区域的总监，他们需要通过数据图表了解本区域销售额和利润额，而不是一个大致范围，显然右侧的图表更满足这样的需求。

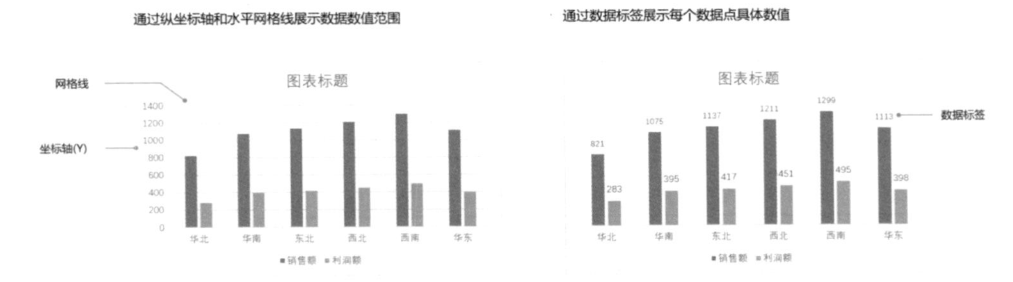

图 1-82　增删图表元素

图表元素的增删取决于元素是否满足当前需求，图表元素的作用可以概括为展示数据和辅助修饰，展示数据是保证图表展示信息的功能，辅助修饰是让图表看起来更加专业，更加直观，如图 1-83 所示。

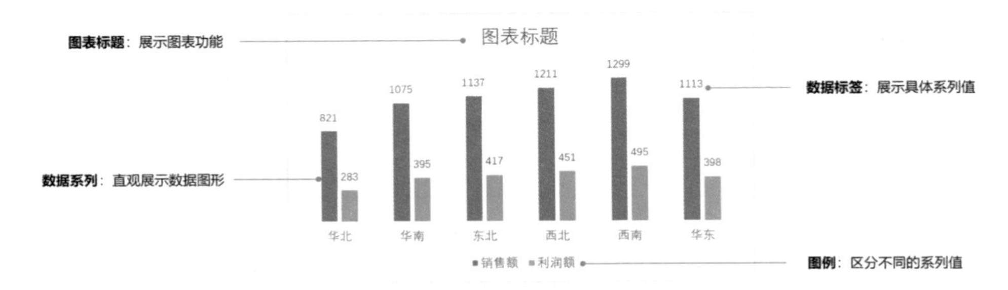

图 1-83　图表元素作用

有时默认的图表元素并不能完全满足展示需求，例如为了使观众快速了解数据，除了添加图表标题外还需要添加“数据说明”图表元素（插入文本框）以及备注展示数据来源和数据统计时间保证严谨性，如图 1-84 所示。

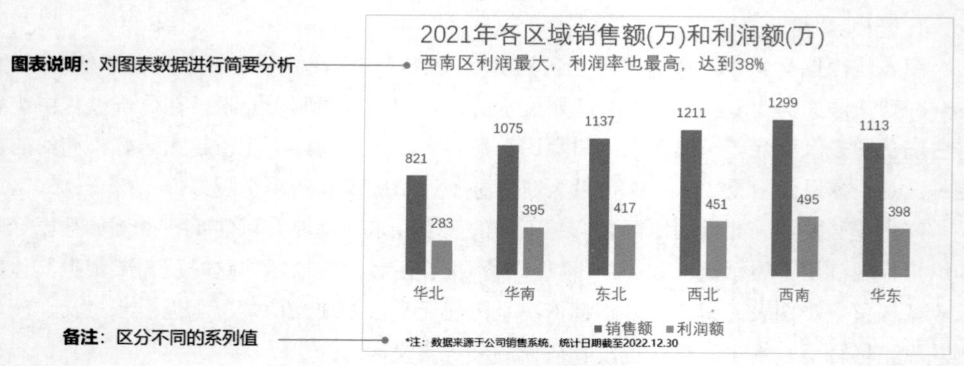

图 1-84 添加图表说明和备注

一个专业的数据图表最重要的是满足传递信息的需求，突出重点，其次是简约和美观。

2. 修饰图表元素

对于保留的图表元素，为达到最佳展示效果也需要一定的修饰。如果按照组成对象区分，图表元素可以分为形状、文本和组合三种类型，如表 1-9 所示。

除了图例和坐标轴外其他图表元素都是由文本或形状组成的，其中形状又可分为线条和非线条，线条的修饰方式包括线条填充（渐变 / 实线 / 颜色 / 透明度 / 宽度）、短画线类型以及首尾箭头类型。非线条形状包括矩形、扇形和折线等，修饰方式主要是填充色和填充形状。文本的修饰主要是字体、颜色、字号、加粗以及倾斜。

表 1-9 图表元素分类

组成对象	图表元素	具体对象	主要修饰方式
文本	图表标题	文本	字体 / 颜色 / 字号
	数据标签	文本	字体 / 颜色 / 字号
	坐标轴标题	文本	字体 / 颜色 / 字号
形状	图表区	矩形	填充色 / 边框
	绘图区	矩形	填充色 / 边框
	数据系列	矩形 / 折线 / 扇形等	填充色 / 填充形状
	网格线	线条	线条填充 / 类型 / 透明度
	误差线	线条	线条填充 / 类型 / 透明度
	线条	线条	线条填充 / 类型 / 透明度
	趋势线	线条	线条填充 / 类型 / 透明度
	涨 / 跌柱线	线条	线条填充 / 类型 / 透明度
混合	图例	形状 + 文本	字体 / 颜色 / 字号
	坐标轴	线条 + 文本	字体 / 颜色 / 字号 + 线条填充 / 透明度

由于图例的形状是由数据系列形状决定的，所以图例的修饰与文本组成的元素修饰方式一样。坐标轴的形状是线条，一般起辅助作用，可适当设置透明度。

如图 1-85 所示，修改簇状柱形图图表元素，其中将数据标签、图例、标题、说明和备注字体、字号以及颜色修改为一致；数据系列修改填充色；图表区修改填充色和设置无边框。

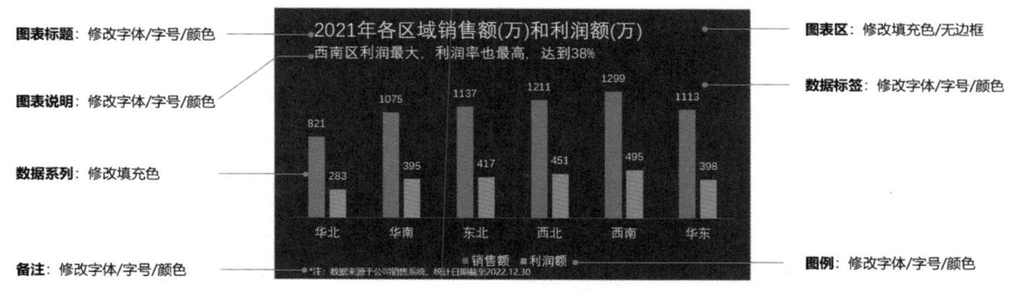

图 1-85 修饰图表元素

3. 布局

图表布局一般在完成图表元素修饰后进行，是对图表区内图表元素进行大小调整和位置排布的过程。

（1）调整大小

调整大小是指对每个图表元素大小进行调节，形状组成的图表元素通过拖动调节大小，文本组成的图表元素通过调节字号调节大小。

图表区作为所有图表元素的容器，它的大小决定整个图表的大小，一般设置长宽比为常用的 4:3 或 16:9。图 1-86 设置图表区长宽比为 4:3。

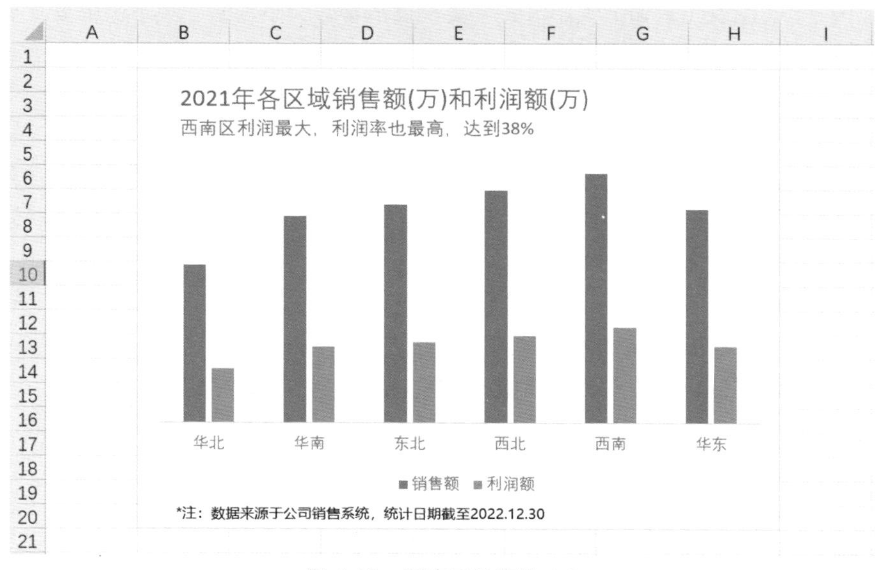

图 1-86 图表区长宽比 4:3

这里涉及两个技巧，第一个是大部分截图软件都会在左上角显示截图的尺寸，可以圈定 Excel 表格区域，设置长宽比为 4:3 的图表，例如在图 1-86 中圈定 B2:H20 单元格，确定这个区域长宽比为 4:3 或接近 4:3，将图表区域设置与 B2:H20 区域一样大。第二个技巧是锚定，是 Excel 的一个小功能，即当选中一个对象（这里的图表）同时按 Alt 键，可以让对象的边缘与最接近的单元格完全契合。掌握了这两个技巧，只要记住符合长宽比例单元格区域就可以快速调整图表区大小。当然也可以直接设置图表大小。

也可以调整图表区内的图表元素大小和位置，以绘图区为例，单击选中绘图区，在绘图区四周出现八个白色圆点，鼠标按住绘图区可以调整绘图区位置，鼠标放置在白点位置拉动可以调整绘图区大小，如图 1-87 所示，调整绘图区。

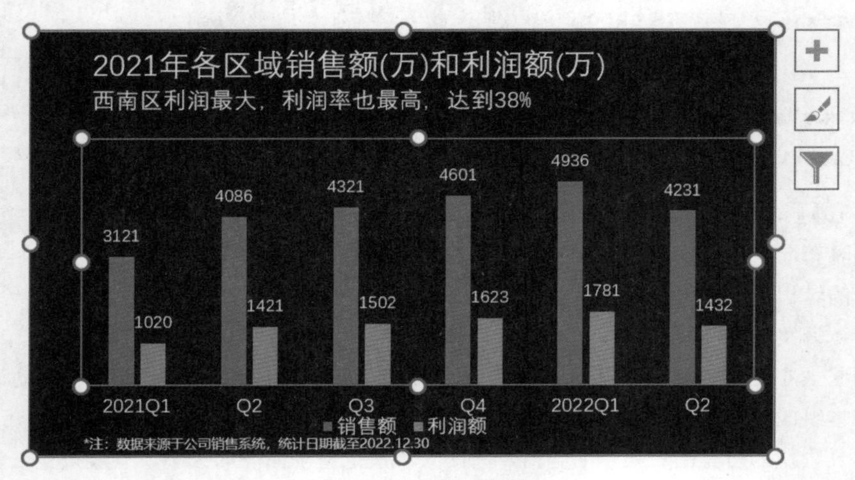

图 1-87 调整绘图区

对于文本类图表元素调节大小方式主要是调节字号大小，文本大小需依据重要性决定，一般分成三类字号大小组合，其中图表标题最大，数据标签、图表说明次之，坐标轴、图例以及备注等其他图表元素字号最小。

（2）位置排布

为保证图表可以将完整信息展示给观众，图表内有几类图表元素是必须添加的，包括图表标题、图表说明、数据系列、备注，以及可选择的元素——图例如图 1-88 所示。不同类型图表的必须图表元素也不太一致。

- 堆叠图形和圆饼图中图例是必须的。
- 条形图中纵坐标轴也是必须的，数据标签和横坐标轴保留一项。
- 折线图和柱形图中，横坐标轴是必须的，数据标签和纵坐标轴保留一项。

如图 1-89 所示，必备图表元素采用竖向分布方式，同时每个图表元素左对齐，这样可以让观众从上至下阅读图表。

图 1-88 图表元素分布

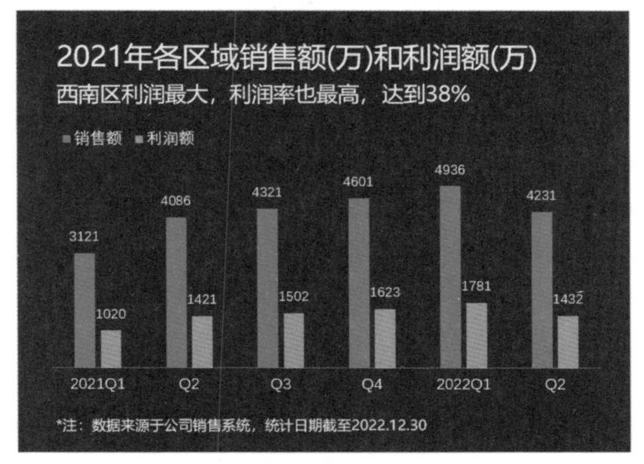

图 1-89 竖向构图的簇状柱形图

4. 配色

图表配色包括字体颜色和图形颜色。字体颜色要求较为简单，主要避免颜色过于突兀，例如深色背景可采用浅灰色（242,242,242）字体，同时尽量保证图表内字体颜色都是一致的，需要突出显示的文本除外。

图形配色主要是图表区背景填充色和绘图区形状的填充色。在一些商业杂志中一般采用纯白色作为背景，一是可以减少观众对图表背景的关注，二是印刷资料整体都是白色，更适合使用白色背景。相比而言，我们在制作数据报告时很少使用纯白色的背景，所以我们在修改图表区填充色时首先参考数据报告中整体的颜色，也可以设置在图表区背景无填充，完全采用数据报告中的背景，保持整体性，例如，如果数据报告使用浅色背景图表区可以使用浅灰色作为背景。

绘图区数据系列的图形配色是整个图表配色的关键，也决定了图表能否“一眼吸引”观众。首先确定图表的色系，选深色调还是浅色调，选择蓝色还是橙色，保证图表整体的协调。如果需要展示对比关系，优先使用位置关系体现，其次通过对比色体现，但一般建议颜色不超过 3 个，例如圆饼图中分类多时要求颜色也多，此时的显示效果较差。

有些公司有固定的配色标准，直接采用配色标准是最为高效的方法。也可以在日常中将配色较好的案例截图下来，通过前面介绍的获取 RGB 的方法将颜色保存。

5. 字体

字体一般可分为衬线字体和无衬线字体两大类，衬线字体的笔画在首尾有额外的装饰元素且笔画粗细不同。相反，无衬线字体所有笔画粗细一致，文字笔画首尾也无修饰元素，如图 1-90 所示。

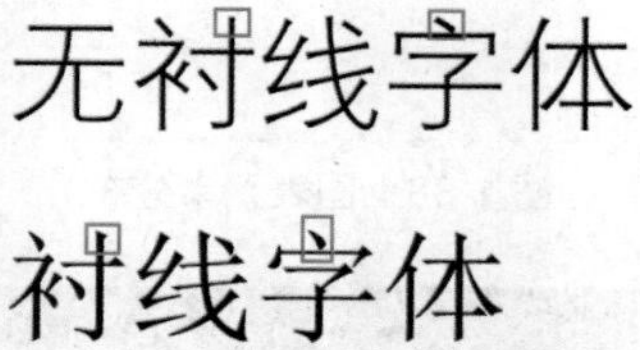

无衬线字体

衬线字体

图 1-90　无衬线字体和衬线字体

常见的衬线字体的名称中带有“宋”字，如宋体、仿宋、思源宋体等。常见的无衬线字体名称中含有“黑”字，如黑体、思源黑体、微软雅黑等。

字体的选择影响由文本对象组成的图表元素，为使图表元素展示更加清晰，一般选用无衬线字体，还有一些字体相关的注意事项如下：

- 优先使用公司统一字体，或数据报告内主字体。
- 不要混搭，一个图表内尽量只使用一种字体。
- 字体版权问题不容忽视。

了解 Excel 图表的基本组成结构可以更好地认识图表，多加练习和尝试是学习图表的最佳方式。首先图表种类是有限的，其次图表修饰主要集中在图表元素的优化，而图表元素也是有限的，并且每个图表元素可以修饰的内容也是有限的。因此只要在学习和工作中反复尝试和练习，很快就会熟悉每个类型图适合的修饰方式，一旦累计足够经验，可以快速地制作一个专业直观的数据图表。接下来笔者抛砖引玉依据图表设计流程完成 30 个常见图表的制作与设计。

第 2 章　Excel 图表制作与设计

“用图表说话”是数据分析的重要步骤之一，相比于文字和数字，通过图形辅助可以让数据得到更加直观的展示，一个专业且直观的图表可以让观众更容易了解汇报的内容。Excel 作为重要的数据分析软件，数据可视化功能也十分强大，其优势主要集中在三个方面：

- Excel 安装和使用率很高，与 PPT 和 Word 有很好的共享性和协同性。
- 0 代码，使用 Excel 制作图表尤其是可视化看板，除在数据处理和统计过程中用到简单的函数功能外，建立和修饰图表都是通过可视化的界面按钮实现的。
- 修饰图表简单快捷，Excel 图表中每个图表元素都是独立的，只需要单击鼠标即可，修改十分方便，且图表元素数量有限，修饰图表元素上手即精通。

经过多个版本的迭代和优化，Excel 2016 的图表制作过程已经十分简单，通过选中数据、插入图表两步就可以建立一个图表。为让图表更加专业和直观，以便更好地满足观众的需求，我们还需要有更多的思考。本章将介绍 30 个常用的数据图表制作过程，数据类型包括柱形图、折线图、饼图以及它们的衍生图表，为大家学习图表抛砖引玉。

为避免反复演示，图表元素一般采用默认的无衬线字体，添加标题、数据说明及备注只在每个类型图表的第一个图表详细介绍。

2.1　柱形图和条形图 ›››

柱形图常用于对比不同类别数据，例如不同商品的销售额、不同学历的人数。柱形图的绘图区由矩形组成，通过矩形的高度体现数值大小，以维度作为横坐标，统计值作为纵坐标。相对应地，如果维度作为纵坐标轴，数值作为横坐标为条形图。两者的功能是一样的，区别在于柱形图是竖矩形，条形图是横矩形，使用场景略微不同。

柱形图和条形图的制作原则有如下几条：

- 对比关系与排序关系相近，在插入条形图和柱形图前，首先需要对数据进行排序，一般按照系列值进行排序，也可以按照轴标签排序。
- 展示系列值的坐标轴必须从 0 开始，否则图形容易误导观众。
- 轴标签较长或分类数目多优先使用条形图。
- 避免使用 3D 效果的柱形图或条形图。

2.1.1　渐变柱形图

渐变柱形图是在默认簇状柱形图基础上，修改纯色填充为渐变填充，功能与簇状柱形图完全一致，通过简单的设置丰富绘图区的颜色，如果数据点较少时（不超过 6 个）可使用渐变填充丰富图表，如图 2-1 所示。

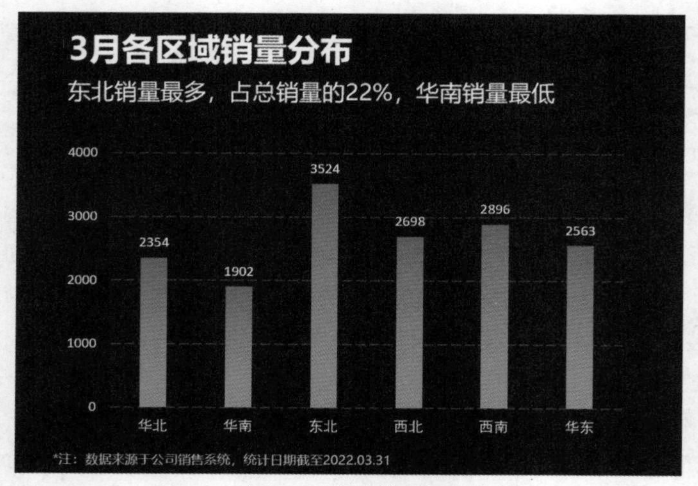

图 2-1　渐变柱形图

1. 插入图表——簇状柱形图

选中区域和销售量两列数据，在功能区中单击“插入”按钮，在图表组中点击「插入柱形或条形图」，选中“簇状柱形图”，如图 2-2 所示。

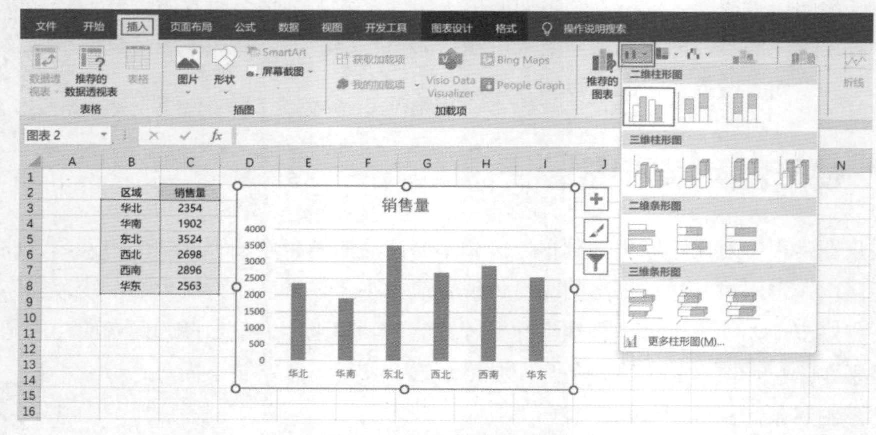

图 2-2　插入簇状柱形图

2. 修改图表区背景

单击“图表区”后图表周围会出现白色的圆点，表示已经选中该图表，右击图表区，在快捷菜单中选择“设置图表区域格式”选项，在“设置图表区格式”对话框中单击“填充与线条”按钮，在“填充”组选择“纯色填充”单选按钮，设置颜色为靛蓝色，“边框”为无边框，如图 2-3 所示。

3. 修改图表元素

渐变柱形图本身数据元素不多，可保留水平网格线和纵坐标，并加以修饰。

（1）修饰水平网格线，右击“水平网格线”，在快捷菜单中选择“设置主要网格线格式”选项，单击“填充与线条”按钮，在“线条”组选择“实线”单选按钮，设置透明度为 80%，设置短画线类型为长画线。

（2）修饰纵坐标轴，右击纵坐标轴，在快捷菜单中选择“设置坐标轴格式”选项，在“单位”组的“大”框中输入 1000，改变纵坐标轴间隙高度，如图 2-4 所示。

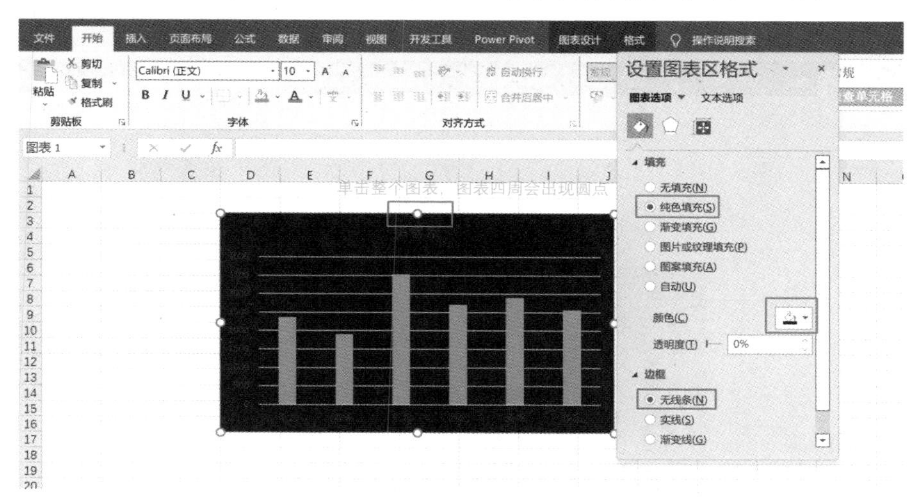

图 2-3　修改图表区背景

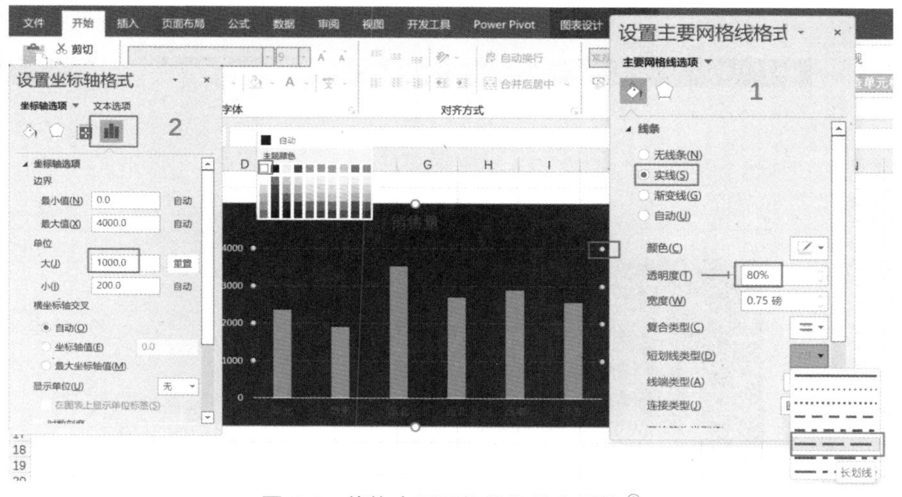

图 2-4　修饰水平网格线和纵坐标轴①

（3）删除标题，右击“标题”后单击删除或者按 Delete 键。

（4）单击“横坐标轴”，设置字体颜色为浅灰色（242,242,242），右击横坐标轴，在快捷菜单中选择“设置坐标轴格式”选项，在“线条”组选择“无线条”单选按钮，如图 2-5 所示。

① 注：依据编辑规范，应为短画线、长画线，但由于本书图片来自软件因此图片中保留短画线、长画线的说法。

4. 修饰绘图区

渐变柱形图主要修改绘图区内的柱形填充。右击柱形，在快捷菜单中选择“设置数据系列格式”选项，在“填充”组选择“渐变填充”单选按钮，单击“渐变光圈”右侧“删除”按钮可以减少渐变颜色。本例保留两个渐变光圈，单击下方的“颜色”按钮，设置左侧光圈为深蓝（0,112,192），右侧光圈为浅蓝色（0,176,240），如图 2-6 所示。

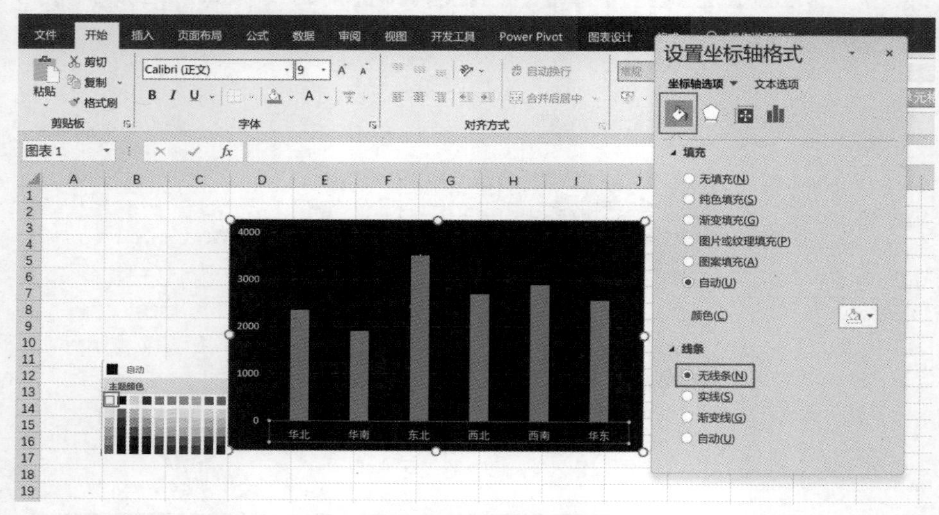

图 2-5　修饰横坐标轴

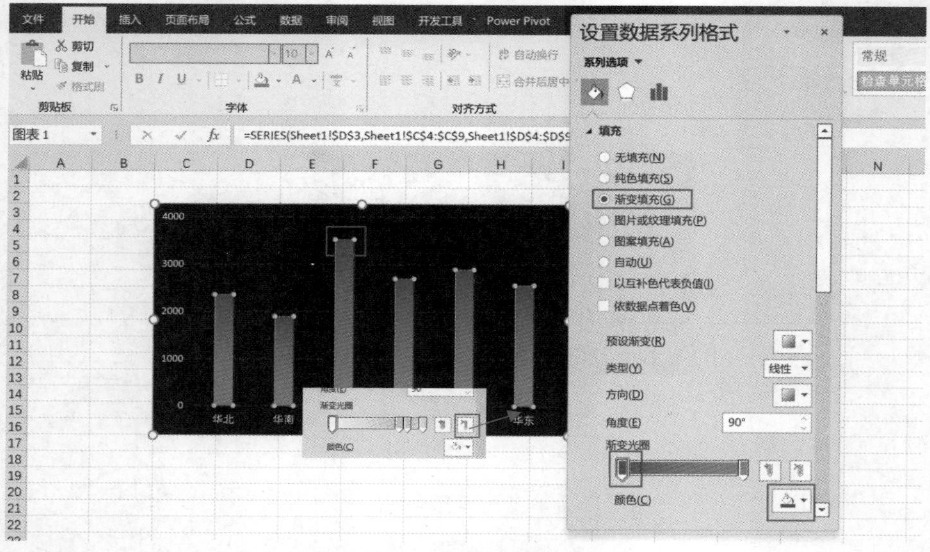

图 2-6　修改柱形填充

5. 添加数据标签和说明

1）添加数据标签

单击柱形，再单击图表右上方侧出现的加号按钮，在快捷菜单中选择“数据标签”

复选框，单击“数据标签”复选框右侧的小三角按钮，在弹出的级联菜单中选择“数据标签外”选项。添加数据标签后，单击数据标签，设置数据标签字体颜色为浅灰色（242,242,242），如图 2-7 所示。

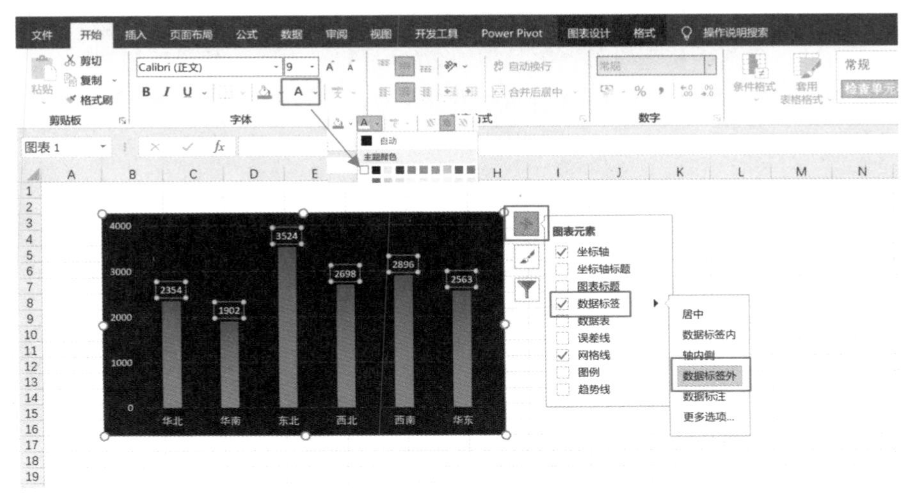

图 2-7　添加数据标签

2）添加文字说明

标准的数据图表说明文字主要包含三部分：标题、数据说明及备注，由于图表自带的图表标题调节灵活度较低，一般删除图表标题而使用文本框替代，如图 2-8 所示。添加文字说明具体步骤如下：

图 2-8　添加图表文字说明

（1）**插入文本框**，在功能区中单击“插入”选项卡，单击“文本”组中的“文本框”按钮，选好后在任意位置单击鼠标左键并拖动。

（2）**录入内容**，在文本框中录入所需文字内容。一般标题和数据说明可以放入同一个文本框中，备注单独放一个文本框。

（3）**设置格式**，录入文字后，右击文本框，在快捷菜单中选择“设置形状格式”选项，在“填充”组中选择“无填充”单选按钮，在“线条”组中选择“无线条”单选按钮。

（4）**设置字体**，首先全选文字，设置“字体”为微软雅黑，“字体颜色”为浅灰色（242,242,242）。再选中标题设置“字号”为 20 并加粗，选中数据说明设置“字号”为 14，选中备注设置“字号”为 8。字体大小并非绝对，可参考图表整体布局和数据报告中的字体大小来调节。

6. 步骤总结

（1）插入簇状柱形图。

（2）删除默认标题，修饰水平网格线、纵坐标轴及横坐标轴。

（3）设置柱形填充，修改填充为渐变填充。

（4）添加数据标签和文字说明。

7. 知识点

- 渐变色是图表修饰的方法之一，渐变填充可避免单一图形过于单调。
- 添加水平网格线和纵坐标图表元素，增加图表充实度。

2.1.2 带平均线柱形图

带平均线柱形图是在基本柱形图中添加一条平均线供参考。这条线实际是通过添加折线图实现的，系列值平均值的折线即是直线，带平均线柱形图可以认为是包含折线图和柱形图的组合图。如图 2-9 所示。

带平均线柱形图中折线的系列值不一定是平均值，可以是目标值、任务值等。

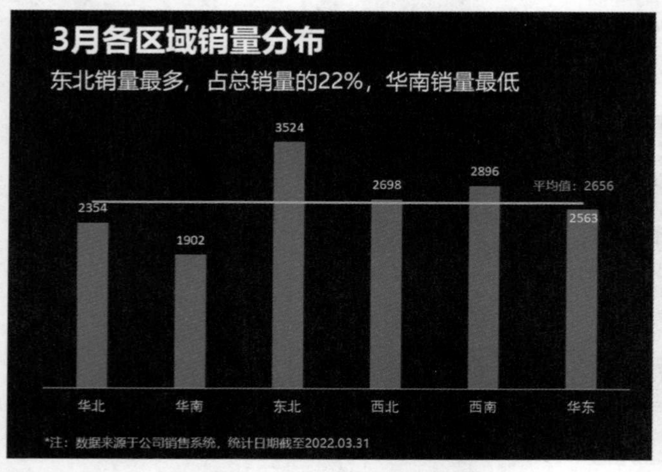

图 2-9 带平均线柱形图

1. 插入图表——簇状柱形图

辅助列均值等于销量列的平均值，计算平均值可使用 AVERAGE 函数。AVERAGE

1. 插入图表——簇状柱形图

选中商品和销量两列数据，在功能区中单击“插入”选项卡，在图表组中单击“插入柱形或条形图”按钮，在下拉菜单的“二维柱形图”组中选中“簇状柱形图”选项，如图 2-17 所示。

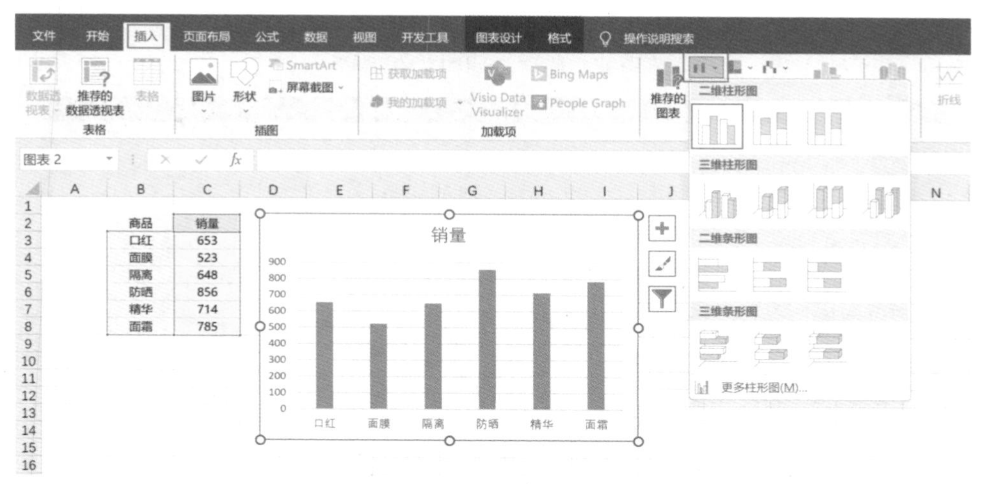

图 2-17　插入簇状柱形图

2. 修改图表区背景

设置“填充”为纯色填充，颜色为靛蓝色 (26,30,67)，“边框”为无线条，结果如图 2-18 所示。

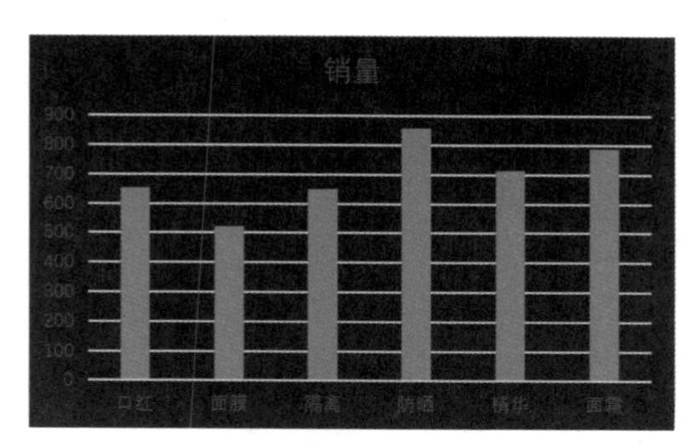

图 2-18　修改图表背景结果

3. 修改图表元素

渐变圆角柱形图需要保留横、纵坐标轴，分别用于展示分类和系列值范围，其他为非必要图表元素。

（1）修饰横坐标轴，右击“横坐标轴”，设置字体颜色为浅灰色（242,242,242），在快捷菜单中选择“设置坐标轴格式”选项，在“线条”中选择“无线条”单选按钮。

（2）修饰纵坐标轴，本例中的数据标签通过添加文本框实现，为给数据标签提供更多空间，可适当将纵坐标轴的最大值调高一些，右击“纵坐标轴”，在快捷菜单中选择“设置坐标轴格式”选项，在“坐标轴选项”中设置边界最小值为 0，最大值为 1200（销量列最大值的 1.5 倍左右），设置单位的大值为 200（调整水平网格线间隔大小），最后设置字体颜色为浅灰色（242,242,242），如图 2-19 所示。

（3）修饰水平网格线，右击“水平网格线”，在快捷菜单中选择“设置网格线格式”选项，在“线条”中选择“实线”单选按钮，颜色为浅灰色（242,242,242），透明度为 80%，宽度为 0.5 磅，短画线类型为长画线，如图 2-20 所示。

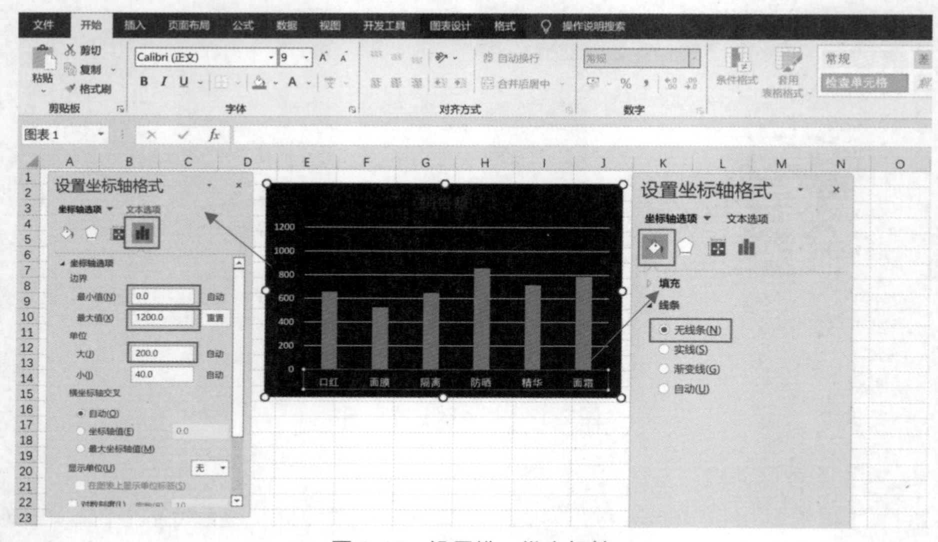

图 2-19　设置横、纵坐标轴

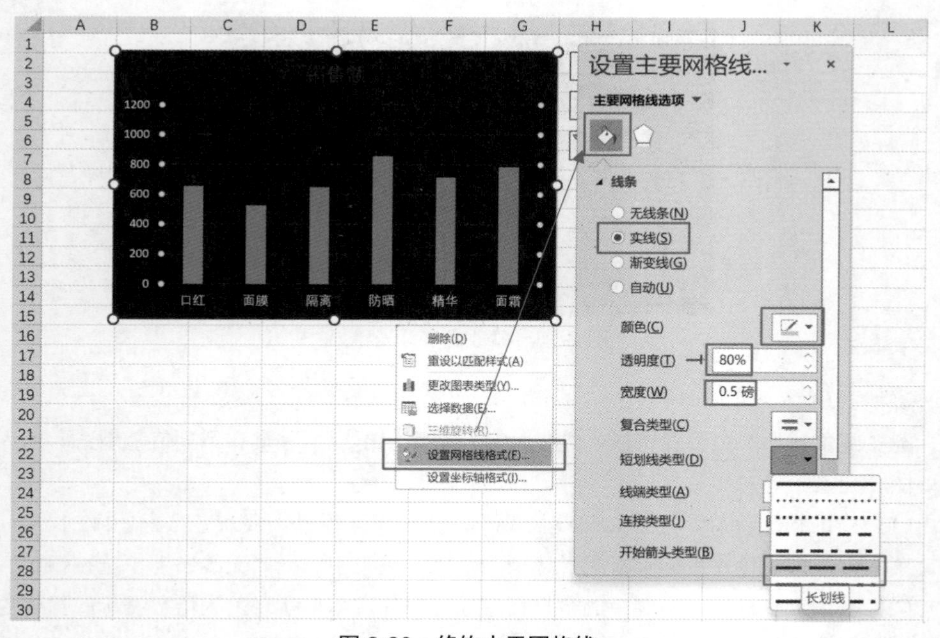

图 2-20　修饰水平网格线

（4）删除非必要图表元素，右击“标题”，在快捷菜单中选择“删除”选项或按 Delete 键。

4. 修饰绘图区

Excel 默认柱形图里面的矩形都是直角的，要实现圆角矩形需要粘贴圆角矩形的形状，Excel 也提供插入形状的功能，那么为什么不直接用形状制作图表呢？主要有两个原因，第一是制作图表后未来修改数据时图表自动比会发生变化，第二是需要手动计算每个矩形的高度，不如直接插入图表方便。

前面已经明确圆角矩形是以默认柱形图为基础图表，再将圆角矩形粘贴至柱形图上来制作的。首先建立圆角矩形，在功能区中单击“插入”选项卡，单击“插图”组中的“形状”按钮。在矩形组中选中“矩形：圆角”选项，选好后在任意位置按住鼠标左键并拖动插入一个圆角矩形，如图 2-21 所示。

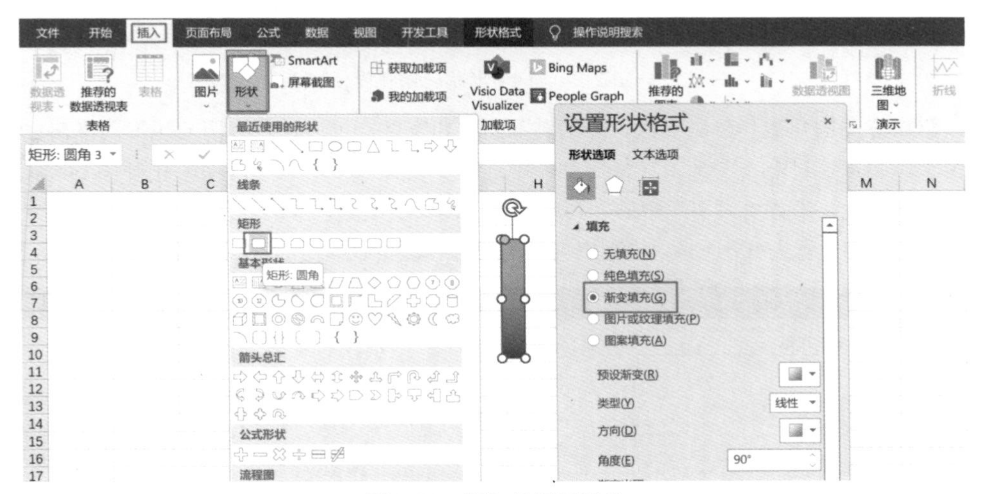

图 2-21　添加并设置形状

设置渐变圆角矩形，默认渐变填充有四种颜色，一般删除两个，使用两个颜色。右击圆角矩形，在快捷菜单中选择“设置形状格式”选项，在“填充”中选择“渐变填充”单选按钮，在“线条”中选择“无线条”单选按钮。单击最右侧的“删除渐变光圈”按钮删除中间两个渐变光圈，保留最左和最右的渐变光圈，如图 2-22 所示。

接下来是修改两个光圈配色，首先设置左侧光圈（矩形的上半部分），设置颜色为蓝绿色（0,243,255），然后以同样的方式设置右侧光圈（矩形的下半部分）颜色为深蓝色（0,77,167），如图 2-23 所示。

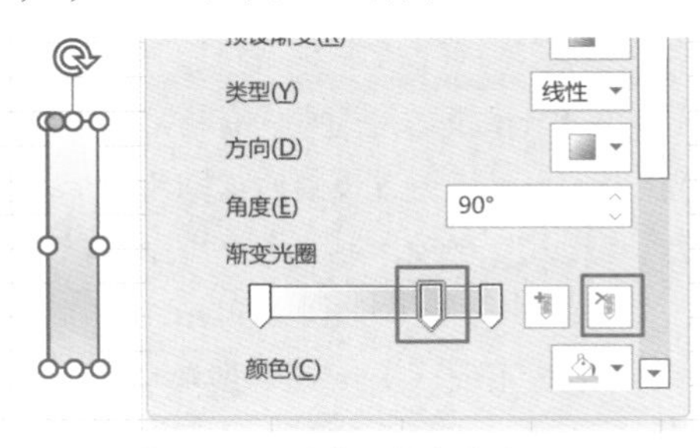

图 2-22　删除形状渐变光圈

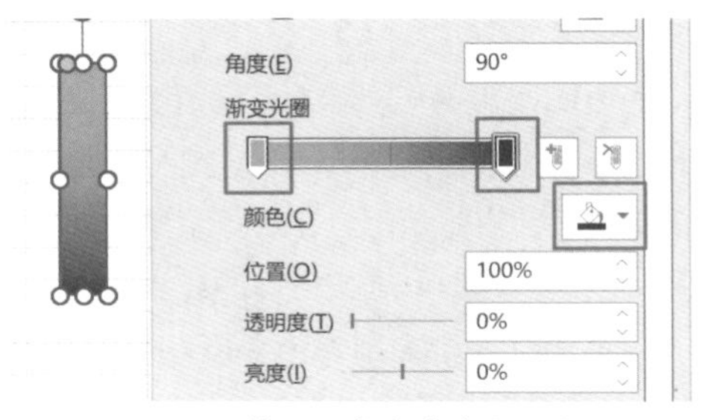

图 2-23　修改形状渐变光圈配色

设置圆角弧度，单击圆角矩形后头部会出现一个橙色的圆点，向右拉拽可增加圆角弧度，向左则降低圆角弧度，本例设计的圆角图表向右将弧度拉到最大，如图 2-24 所示。

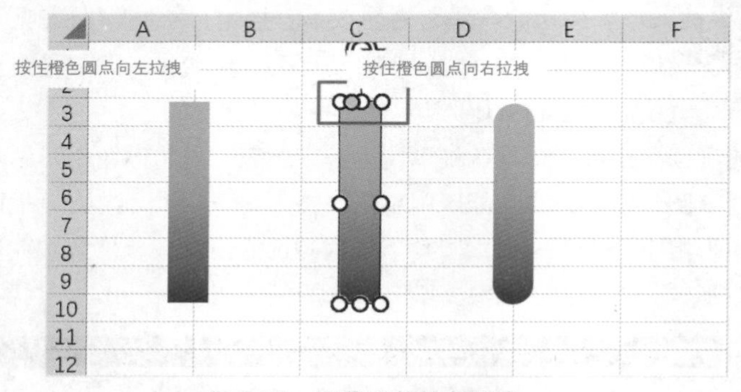

图 2-24　调节形状转角弧度

将做好的圆角矩形复制 5 次，分别调节高度和宽度，可通过拉拽圆角矩形周围白色圆点调节，也可通过右击图形，在快捷菜单中选择“设置形状格式”选项，并对大小与属性进行精确设置。设置“大小”中的“高度”等于图表绘图区柱形的高度，“宽度”设置方式相同，本例都设置为 0.2 厘米，设置宽度时需要将“锁定纵横比”取消，如图 2-25 所示。

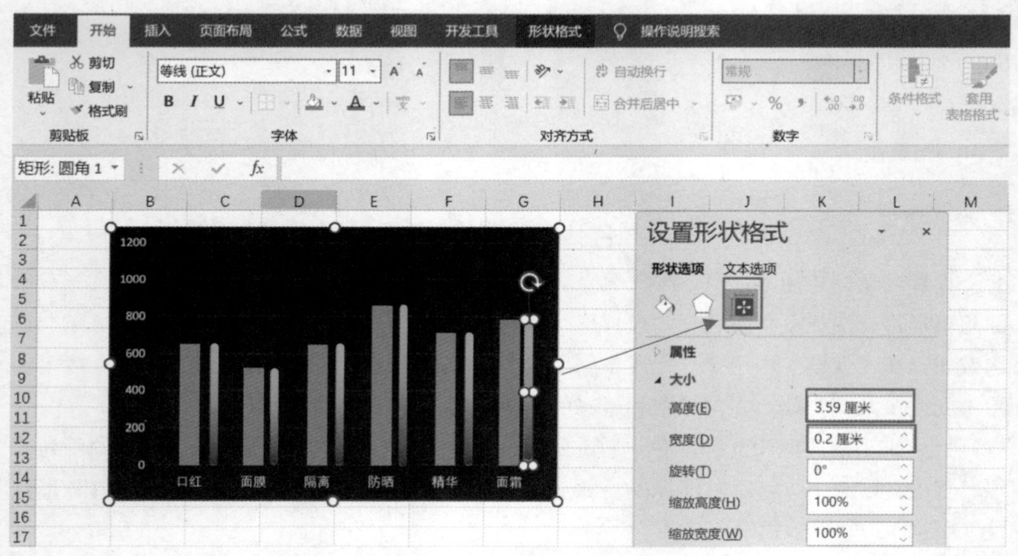

图 2-25　调节形状大小

复制圆角矩形，单击两次两个图表中的同高柱形（第一次单击是选中所有柱形，第二次是选中单个柱形），按 Ctrl+V 键将圆角矩形粘贴至柱形。也可以通过设置添加圆角矩形，复制形状后，右击矩形、在快捷菜单中选择“设置数据点格式”选项，在“填充”中选择“图片或纹理填充”单选按钮，并在“图片源”组单击“剪切板”按钮，如图 2-26 所示。

本例有 6 个类别，需要复制粘贴 6 次。每个分类粘贴完成后单击“系列选项”，设置“间隙宽度”为最大 500%。

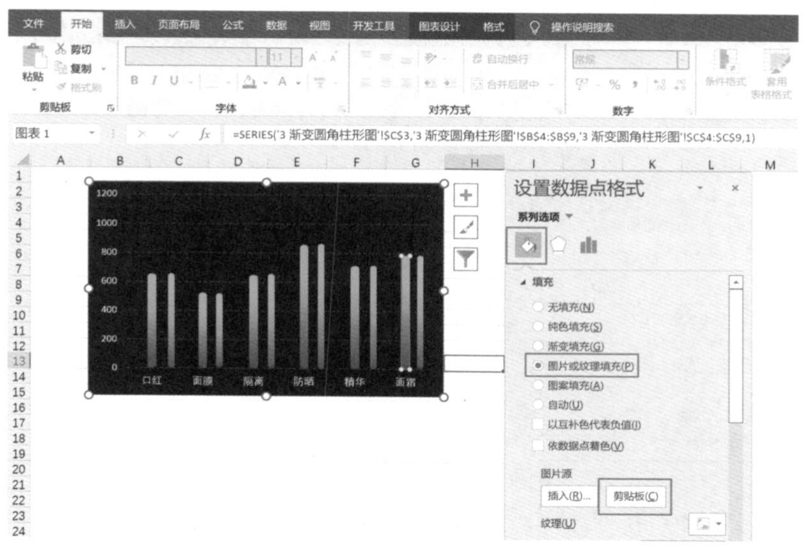

图 2-26 设置柱形填充形状

5. 添加数据标签和说明

本节设计的图表柱形是圆角的，为保证整体协调性可将数据标签背景也设置成圆角。

（1）添加数据标签，单击柱形图，在右侧的加号中选中“数据标签”复选框添加数据标签，单击任意一个添加好的“数据标签”，设置字体颜色为灰色（242,242,242），如图 2-27 所示。

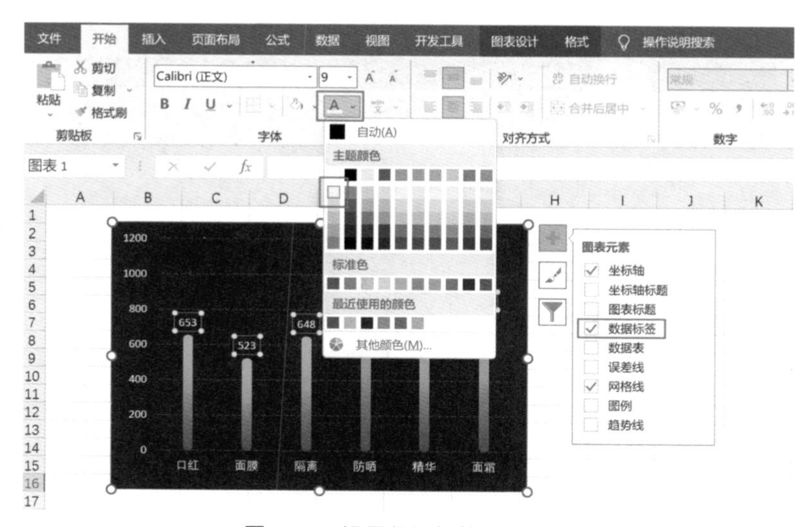

图 2-27 设置数据标签字体颜色

（2）添加数据标签背景，首先添加辅助形状，与修饰绘图区部分方法一样，单击“插入”选项卡，单击“插图”组中的“形状”按钮，在“矩形”组中选择“矩形：圆角”选项。设置“设置形状格式”，在“填充”中选择“纯色填充”单选按钮，设置透明度为 80%，线条为无线条，如图 2-28 所示。

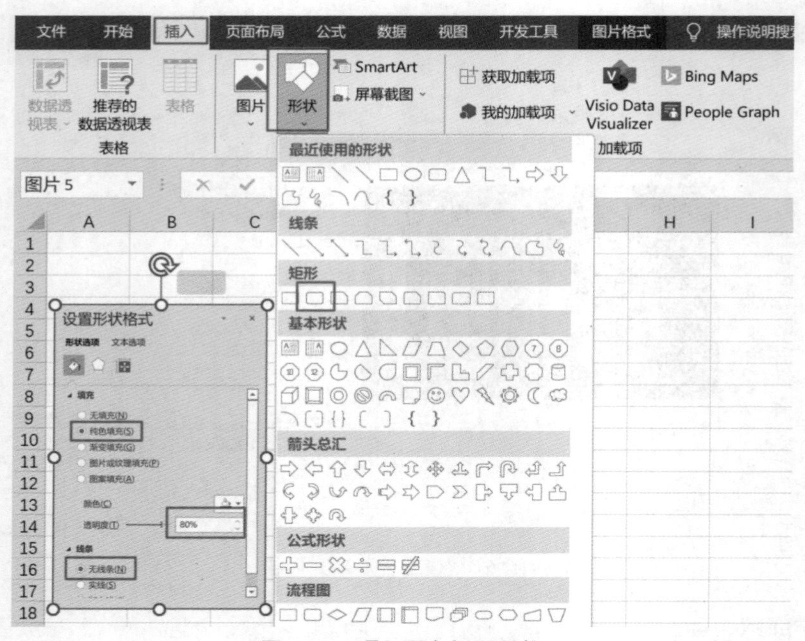

图 2-28　添加圆角矩形形状

（3）添加数据标签引线，在功能区单击“插入”选项卡，在“插图”组单击“形状”按钮，在“线条”组选择“直线”选项。右击直线，在快捷菜单中选择“设置形状格式”选项，在“线条”中选择“实线”单选按钮，设置“开始箭头类型”为圆形箭头，如果圆角位于尾部，可设置“结尾箭头类型”为圆形箭头，保证直线最上部分是一个圆点，如图 2-29 所示。

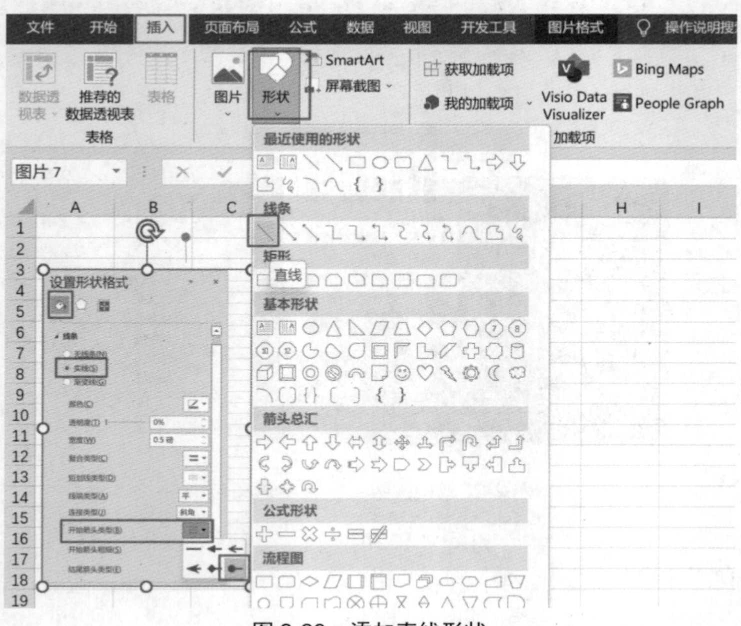

图 2-29　添加直线形状

将上述制作的图形复制 5 次，拖动至数据标签位置。

（4）图表文字说明的具体方法可参考 2.1.1 节的渐变柱形图第 5 步。

6. 步骤总结

（1）插入簇状柱形图。

（2）建立圆角矩形，设置形状为渐变填充。

（3）修饰横、纵坐标轴和水平网格线，删除标题。

（4）将圆角矩形复制到柱形。

（5）添加数据标签，并设置圆角背景和圆角引线，添加图表文字说明。

7. 知识点

Excel 的柱形图的矩形默认是方正的矩形，如果需要圆角等其他图形时，需要将制作好的图形复制粘贴到柱形。

2.1.4　标注柱形图

在 Excel 图表中还有一种样式类似标注的数据标签——数据标注，可以更加直观地展示数据标签。本节介绍在标注柱形图中对柱形添加不同的填充色，同时使用纵坐标轴和水平网格线用于参考，充分展示对比效果，不适合于“郑重”报告。一般建议柱形图采用统一填充色，同时数据标签（数据标注）与纵坐标轴无须同时展示，如图 2-30 所示。

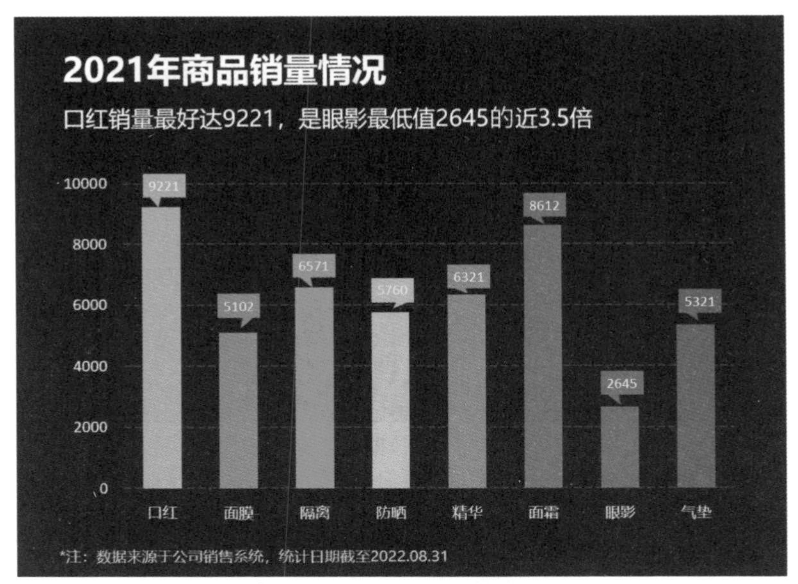

图 2-30　标注柱形图

1. 插入图表——簇状柱形图

选中月份和销量两列数据，在功能区中单击“插入”选项卡，在“图表”组中单击“插入柱形或条形图”按钮，选择“簇状柱形图”选项，如图 2-31 所示。

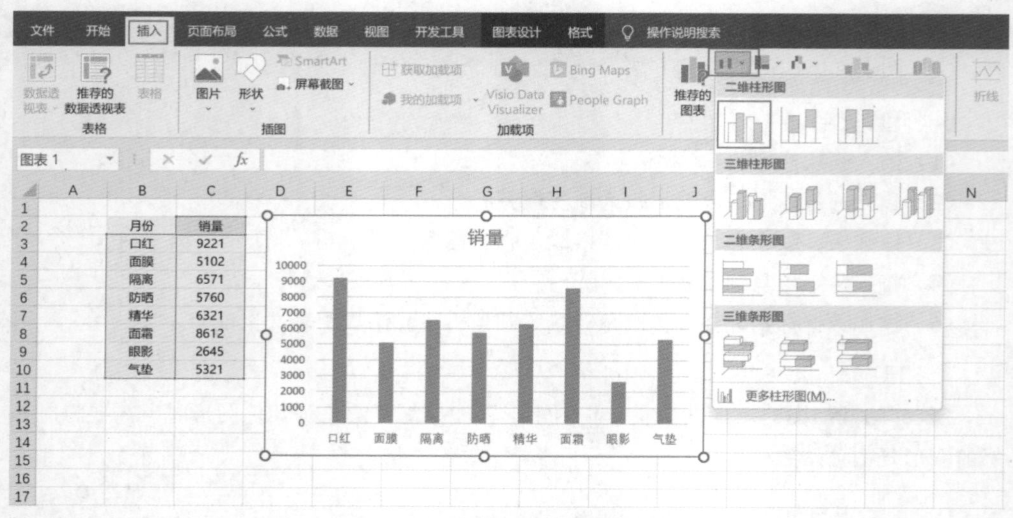

图 2-31　插入簇状柱形图

2. 修改图表区背景

右击“图表区”，在快捷菜单中选择“设置图表区域格式”选项，单击“填充与线条”选项卡，在“填充”组中选择“纯色填充”单选按钮，设置颜色为靛蓝色（26,30,67），设置“边框”为无线条，如图 2-32 所示。

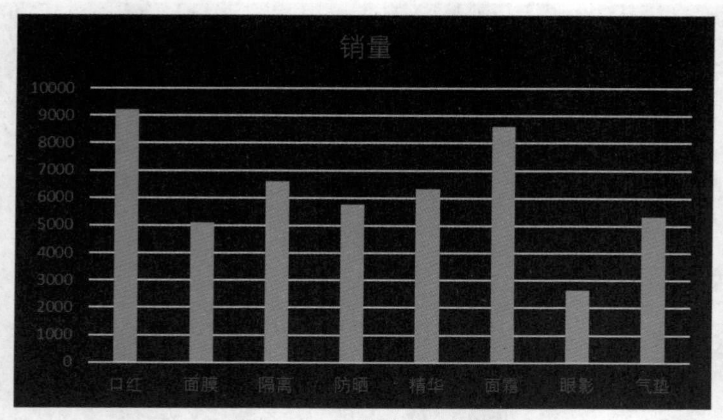

图 2-32　修改图表区背景

3. 修改图表元素

本例设计的标注柱形图保留水平网格线和纵坐标轴展示系列值参考范围。

（1）修饰纵坐标轴，右击“纵坐标轴”，在快捷菜单中选择“坐标轴选项”选项，设置“单位”组中“大”为 2000（改变纵坐标轴间隙高度），设置字体颜色为浅灰色（242,242,242），如图 2-33 所示。

（2）修饰水平网格线，右击“水平网格线”，在快捷菜单中选择“设置主要网格线格式”选项，单击“填充与线条”选项卡，在“线条”组中选择“实线”单选按钮，设置颜色为浅灰色（242,242,242），透明度为 80%，短画线类型为长画线，如图 2-34 所示。

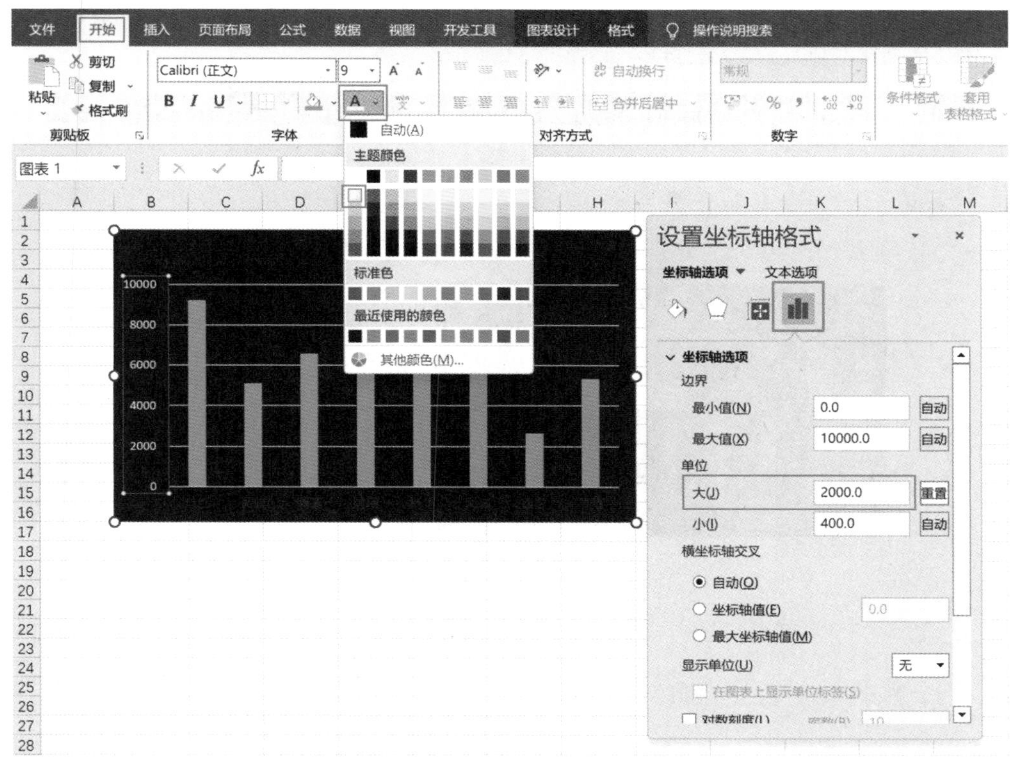

图 2-33　修饰纵坐标轴

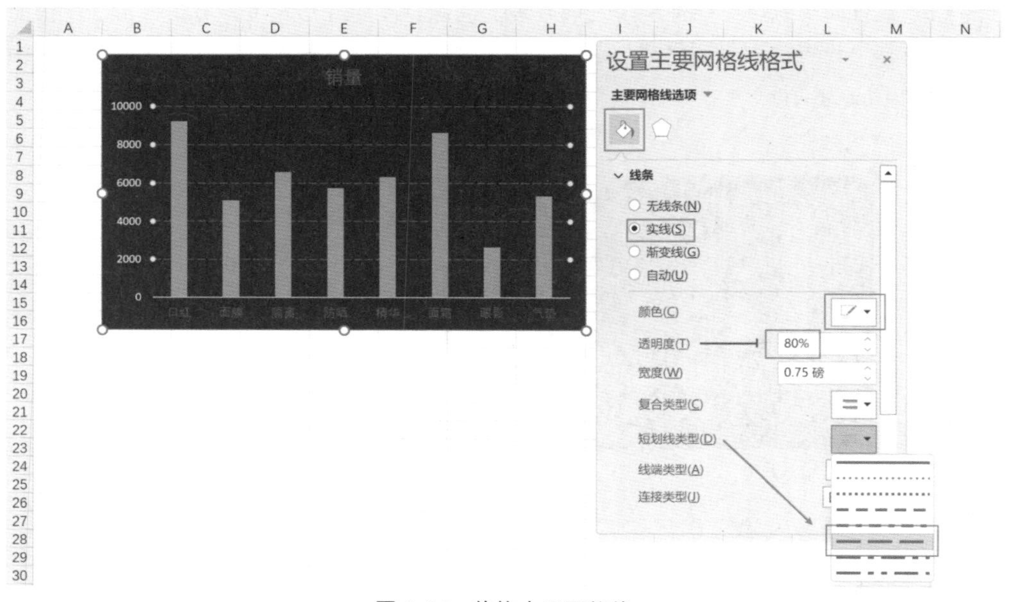

图 2-34　修饰水平网格线

（3）修饰横坐标轴，右击“横坐标轴”，在快捷菜单中选择“设置坐标轴格式”选项，单击“线条”组的“实线”单选按钮，设置透明度为 60%，宽度为 0.5 磅，最后设置字体颜色为浅灰色（242,242,242），如图 2-35 所示。

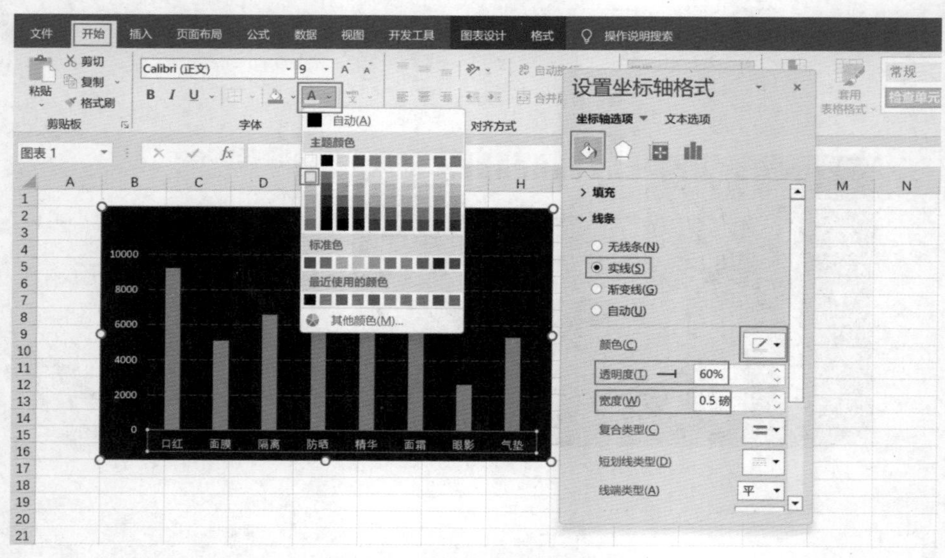

图 2-35　修饰横坐标轴

（4）删除标题，右击“标题”选择“删除”或者按 Delete 键。

4. 修饰绘图区

标注柱形图绘图区主要由柱形组成，修饰方法包括设置间隙宽度和填充色。

（1）设置间隙宽度，保证柱形之间合理的间隙宽度和柱形宽度，右击柱形，在快捷菜单中选择“设置数据系列格式”选项，单击“系列选项”按钮，设置“间隙宽度”为 100%，如图 2-36 所示。

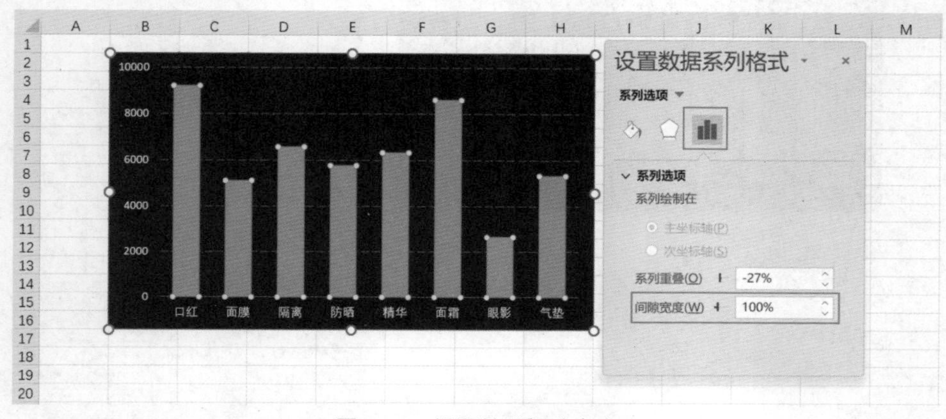

图 2-36　设置柱形间隙宽度

（2）设置柱形填充色，右击柱形，在快捷菜单中选择“设置数据系列格式”选项，单击“填充与线条”按钮，单击“填充”组的“纯色填充”单选按钮，修改颜色可设置柱形填充颜色。单击一次柱形是选中所有柱形，这时切换填充色可以对所有柱形全部切换，再单击其中一个柱形即选中该柱形，即可单独设置该柱形的填充色。多彩条形图需要每个柱形的颜色不同，所以需要对每个柱形单独设置颜色。

本例中柱形填充色依次为青绿色（123,189,213）、青色（73,160,152）、橙色（231,107,76）、黄色（255,192,0）、浅蓝色（0,151,224）、深蓝色（0,112,192）、浅紫色（74,91,209）、深紫色（70,76,172），如图 2-37 所示。

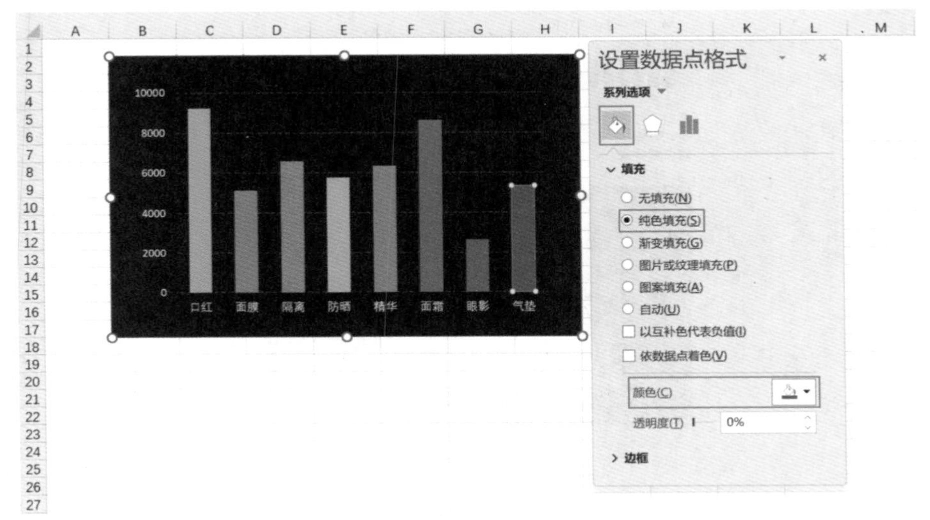

图 2-37　修改柱形填充色

5. 添加数据标注和说明

数据标注可以看作添加带形状背景的数据标签，如绘图元素较少的情况下可使用数据标注以丰富图表。

（1）添加数据标注，单击“图表区”，在右侧出现的“+”中选择“数据标签”复选框，单击“数据标签”右侧的小三角，选择“数据标注”选项，如图 2-38 所示。

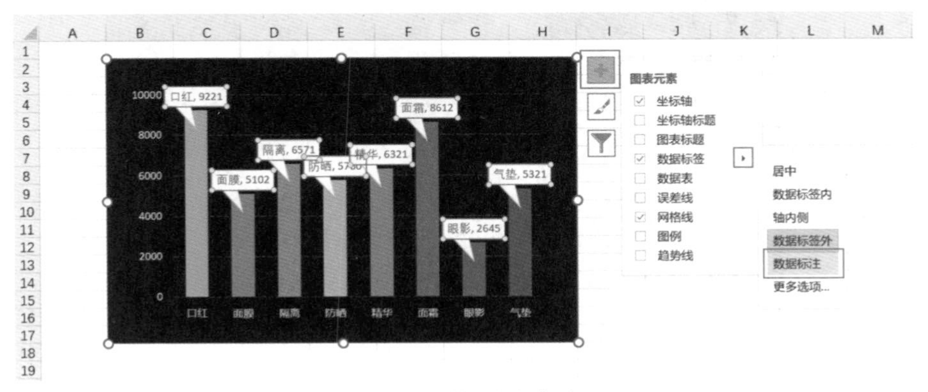

图 2-38　添加数据标注

（2）修饰数据标注，单击“数据标注”，设置字体颜色为浅灰色（242,242,242），右击“数据标注”，在快捷菜单中选择“设置数据标签格式”选项，单击“填充与线条”选项卡，单击“填充”中的“纯色填充”单选按钮，设置颜色为对应柱形颜色，边框为无线条。在“标签选项”下，取消选择“显示引导线”，只保留“值”复选框，如图 2-39 所示。

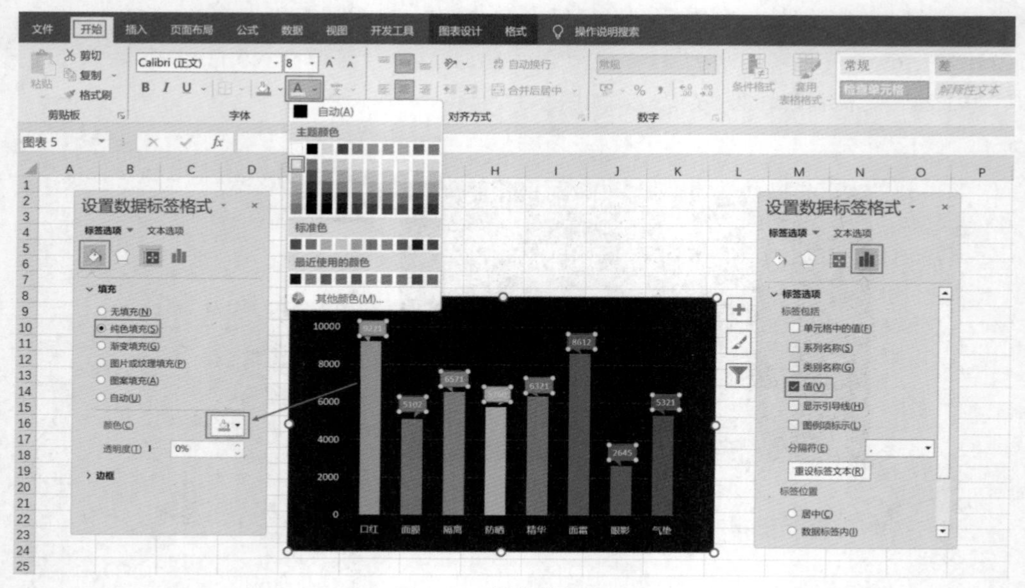

图 2-39 修饰数据标注

选中一个数据标注时，标注区域四周出现多个白色圆点和一个橙色圆点，通过鼠标拉拽橙色圆点可调节标注矩形大小，如图 2-40 所示。

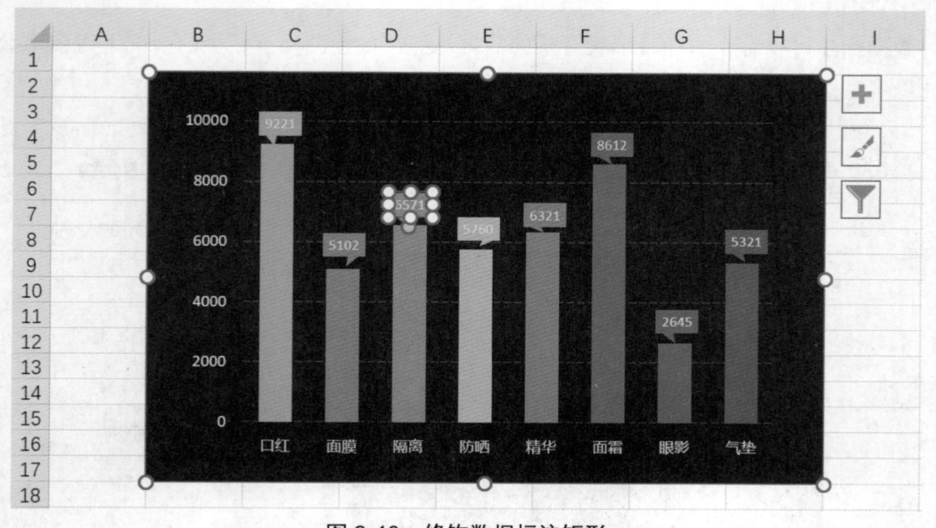

图 2-40 修饰数据标注矩形

（3）图表文字说明的具体方法可参考 2.1.1 节的渐变柱形图。

6. 步骤总结

（1）插入簇状柱形图。

（2）修饰横纵坐标轴、水平网格线，删除标题。

（3）修改每个柱形填充颜色。

（4）添加数据标注。

（5）添加图表文字说明。

7. 知识点

- 单击一次柱形可以选中所有柱形，再单击一次柱形可选中该柱形（通过柱形周围白点判断），可以对柱形单独设置样式，例如修改填充颜色、线条等。
- 数据标注与数据标签功能一致，添加的方式也相同，添加数据标注会自动增加矩形和三角形组成的图形组合作为数据标注的背景。

2.1.5 层叠柱形图

层叠柱形图是由簇状柱形图衍生出来的，通过改变两个柱形的系列重叠，使两列柱形重叠。层叠柱形图一般用于展示同一个轴标签下两个系列值的数据，每个系列值对应不同颜色的柱形。例如图 2-41 的销售分析中展示每个月的销售额和利润额，人力资源分析中不同部门在近两年的人工成本。

图 2-41 层叠柱形图

1. 插入图表——簇状柱形图

选中季度、销售额和利润额 3 列数据，在功能区中单击“插入”选项卡，在图表组中单击“插入柱形或条形图”按钮，选择“簇状柱形图”选项，如图 2-42 所示。

2. 修改图表区背景

右击“图表区”，在快捷菜单中选择“设置图表区域格式”选项，单击“填充与线条”按钮，在“填充”组中选择“纯色填充”单选按钮，设置颜色为靛蓝色（26,30,67），设置边框为无线条，结果如图 2-43 所示。

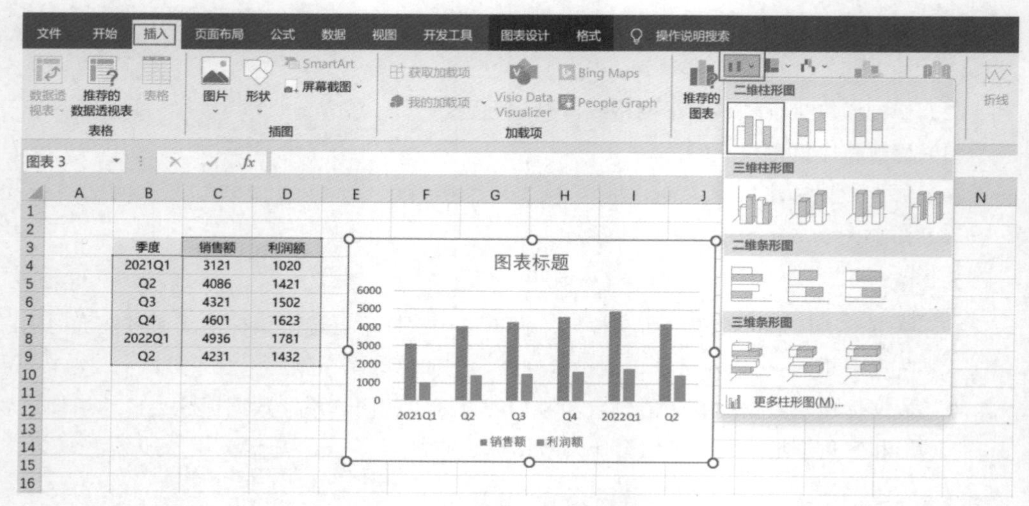

图 2-42　插入簇状柱形图

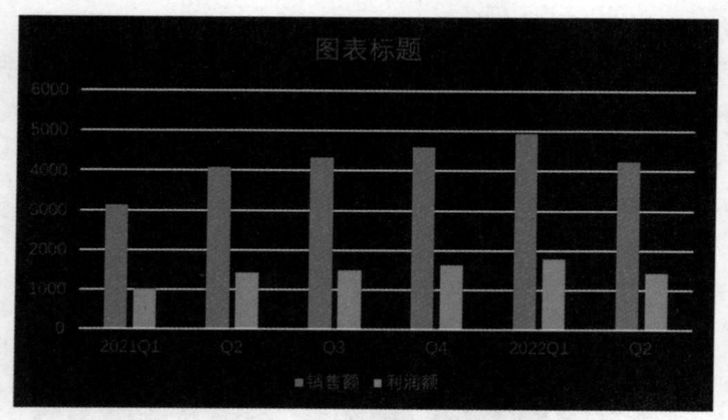

图 2-43　修改图表区背景

3. 修改图表元素

层叠柱形图本身是由两列柱形层叠的图形，数据图内容较多，需要更多的空间保持图表简约使受众更加关注数据，同时为有效利用空间可使用文本框作为图例直接插入图表区中，其他元素都可以删除。

（1）删除非必要元素，右击“标题”，在快捷菜单中选择“删除”选项或者按 Delete 键，同样删除“纵坐标轴”和“水平网格线”以及“图例”。

（2）修饰横坐标轴，单击“横坐标轴”，设置字体颜色为浅灰色（242,242,242），右击横坐标轴，在快捷菜单中选择“设置坐标轴格式”选项，单击“填充与线条”按钮，在“线条”组选择“实线”单选按钮，设置颜色为浅灰色（242,242,242），透明度为 80%，如图 2-44 所示。

4. 修饰绘图区

层叠柱形图的绘图区都由矩形形状组成，所以修饰内容主要是柱形重叠和填充色。

（1）设置系列重叠，在柱形图和条形图中系列重叠用于控制不同列柱形（数据系列）的重叠程度，取值范围是 -100%~100%，-100% 表示两列柱形距离最大，100% 表示两列柱形完全重合。在设计图表时，需根据具体情况多尝试系列重叠值以达到最佳呈现效果。本例中销售额与利润额有包含关系，可适当对两列柱形添加重叠效果。

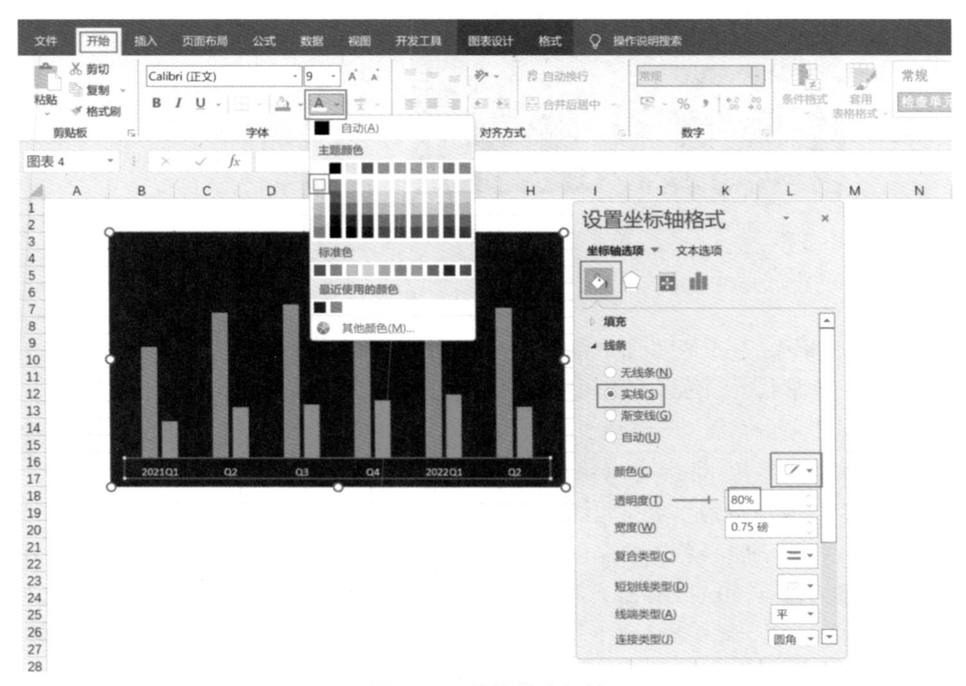

图 2-44　修饰横坐标轴

右击柱形，在快捷菜单中选择“设置数据系列格式”选项，在“系列选项”中，设置“系列重叠”为 30%，如图 2-45 所示。

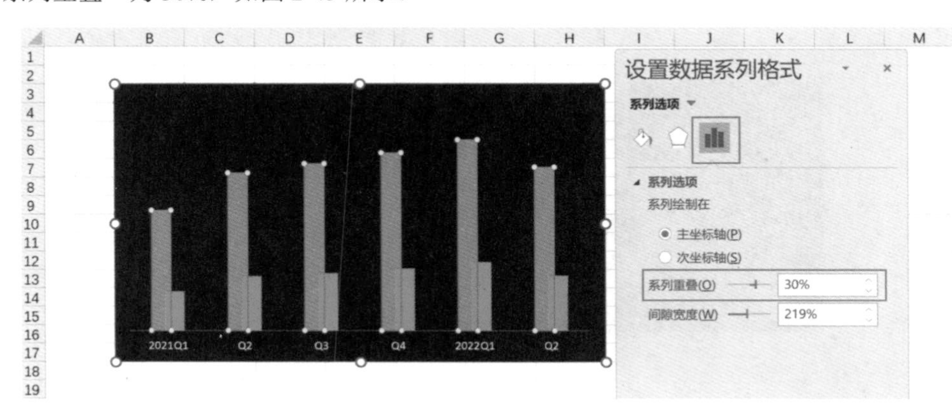

图 2-45　设置柱形系列重叠

（2）设置柱形颜色，右击柱形，在快捷菜单中选择“设置数据系列格式”选项，在“填充”中选择“纯色填充”单选按钮，设置销售额（蓝色高柱形）颜色和利润额（橙色矮柱形）颜色分别为蓝色（0,112,192）和红色（231,78,105），如图 2-46 所示。

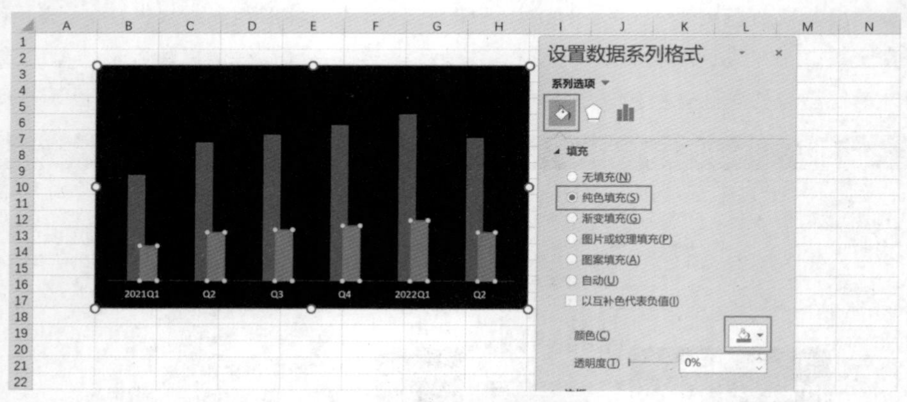

图 2-46 设置柱形填充色

（3）添加图例，层叠柱形图中数据图占比较大，插入修饰文本框替代图表元素中的图例，通过文本框线条颜色区分不同值的柱形。

在功能区中单击“插入”选项卡，在“文本”组中单击“文本框”按钮，建立一个空白文本框，输入销售额和利润额（系列值的名称）。右击文本框，在快捷菜单中选择“设置形状格式”选项，单击“填充与线条”按钮，在“填充”组选择“纯色填充”单选按钮，设置颜色同图表背景色为靛蓝色（26,30,67），设置线条为实线，线条颜色对应柱形颜色，销售额为蓝色（0,112,192），利润额为红色（231,78,105）。最后设置字体颜色为浅灰色（242,242,242），调节字体大小与数据图适合，本例设字号为 8，如图 2-47 所示。

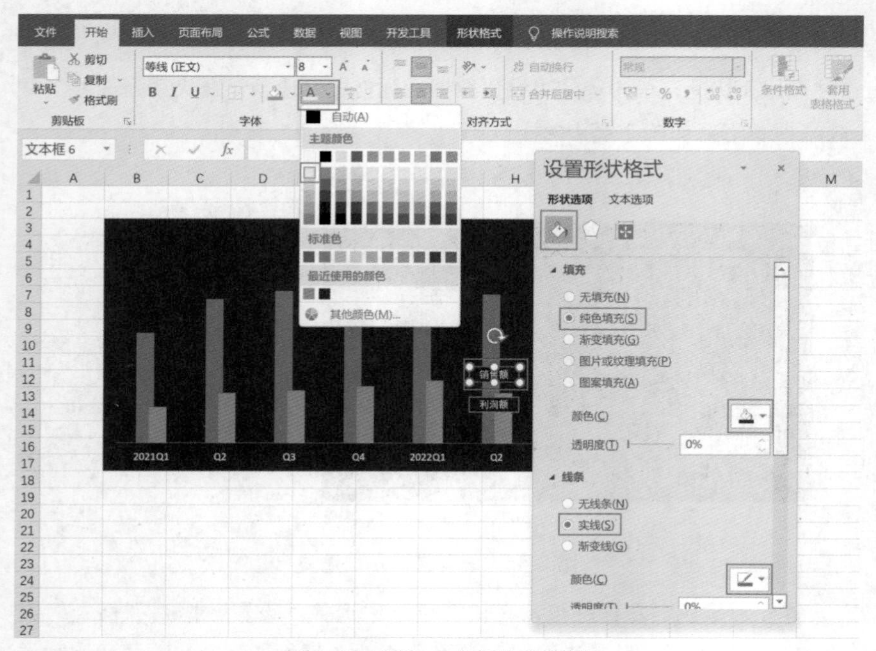

图 2-47 添加文本框作为图例

5. 添加数据标签和说明

数据标签和图表文字说明可参考 2.1.1 节的渐变柱形图。

6. 步骤总结

（1）插入簇状柱形图。

（2）删除纵坐标轴、水平网格线、图例，修饰横坐标轴。

（3）修饰图表，修改两列柱形填充色。

（4）添加文本框作为图例。

（5）添加数据标签和文字说明。

7. 知识点

Excel 图表内的图表元素也是由基础对象（形状 / 文本框）组成的，所以图表辅助元素不一定只能使用图表元素，文本框、形状等对象也可以用于修饰图表，本节使用文本框替代图表元素图例。

2.1.6 蝴蝶图

蝴蝶图又叫旋风图，主要用于展示类别对比数据。样式上，蝴蝶图将两个条形从中间位分隔，使对比效果更加直观。在商业分析和产品测试中，A/B TEST 实验是重要的分析方法之一，使用蝴蝶图可以很好地展示 A/B 两种模式的效果。蝴蝶图与层叠柱形图功能类似，所以适用于层叠柱形图的数据一般也适用于蝴蝶图，但是两者也略有不同，层叠柱形图偏注重包含关系，如销售额和利润额；蝴蝶图更侧重展示对比关系，例如不同年份不同商品的销售情况，如图 2-48 所示。

基于默认柱形图制作的蝴蝶图需要添加占位列。占位列也叫辅助列，虽然作为图表数据源的一部分，但无须在图表中显示，只在图表中占位，在后期修饰中通过设置无填充加以隐藏。

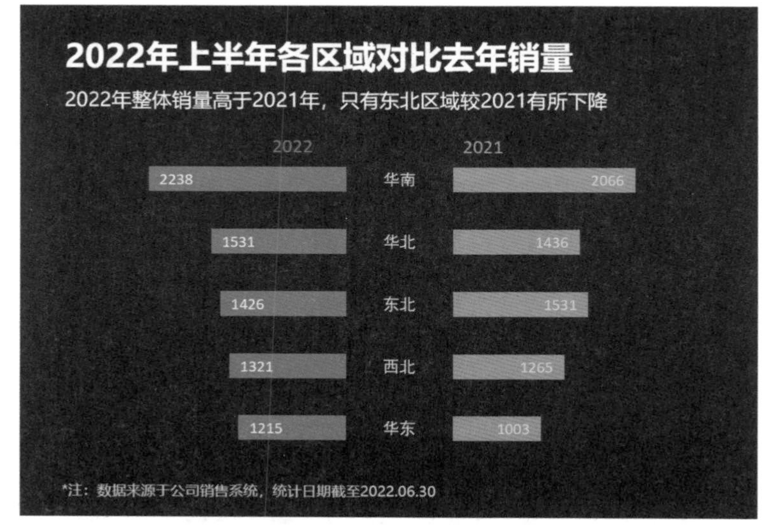

图 2-48 蝴蝶图

1. 插入图表——堆积条形图

通过数据得知，蝴蝶图需要两个占位列，第一个占位列大小等于第一个系列值的最大值与最小值之和减去对应的系列值（本例中 2022 年销量最大值为 2238，最小值为 1215），例如东北对应的占位 1 列的数值计算过程为 2238+1215−1426=2027。占位 2 列的数值是固定的，等于第一个系列值的最小值。最后，图表数据按照 2022 年销量升序排序。

选中全部 5 列数据，在功能区中单击“插入”选项卡，在图表组中单击“插入柱形或条形图”按钮，选择“堆积条形图”选项，如图 2-49 所示。

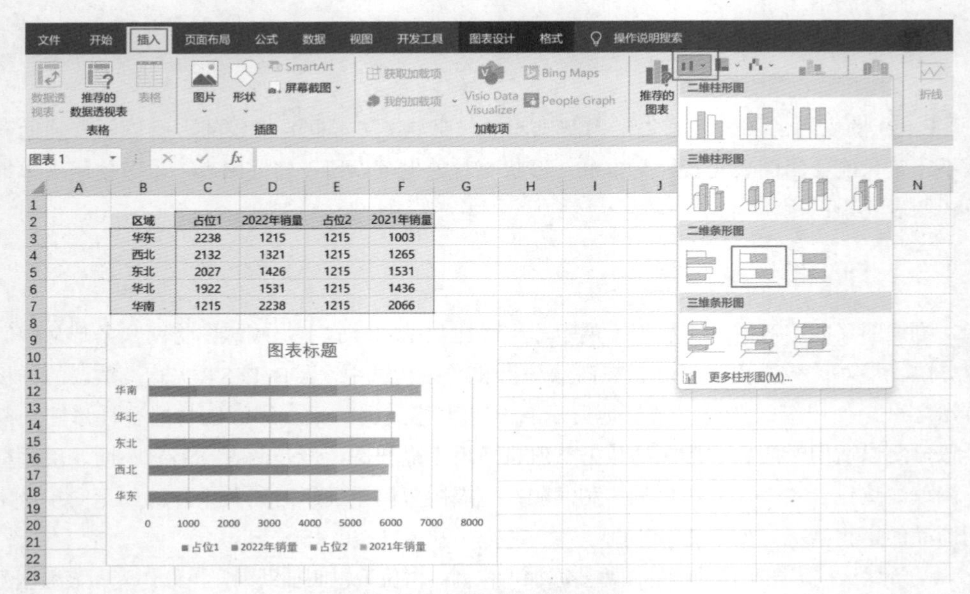

区域	占位1	2022年销量	占位2	2021年销量
华东	2238	1215	1215	1003
西北	2132	1321	1215	1265
东北	2027	1426	1215	1531
华北	1922	1531	1215	1436
华南	1215	2238	1215	2066

图 2-49　插入堆积条形图

2. 修改图表区背景

右击“图表区”，在快捷菜单中选择“设置图表区域格式”选项，单击“填充与线条”按钮，在“填充”组中选择“纯色填充”单选按钮，设置颜色为靛蓝色（26,30,67），设置边框为无线条，结果如图 2-50 所示。

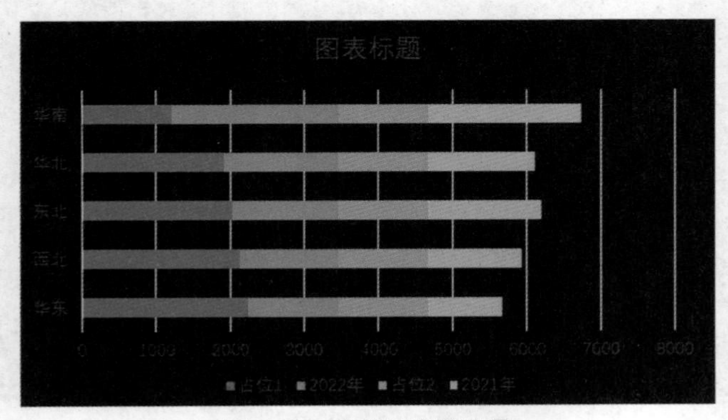

图 2-50　修改图表区背景

第二个是重复的次数，例如 REPT("A",2)="AA"。本节使用 REPT 函数指定 "|" 重复次数，即以 "|" 的作为第一个参数，包含“占比”列的公式作为第二个参数，占比越大则 "|" 重复次数越多，条形就越长，如图 2-58 所示。

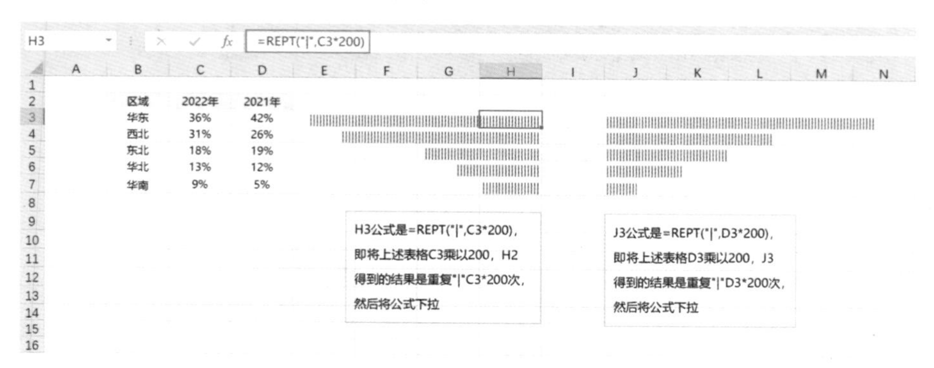

图 2-58 插入 REPT 函数

选中单元格，设置字体为“STENCIL”，这样足够数量的 "|"（通过按住 Shift 及 Enter 键的上一个按键输入）就可将每个竖线的间隙填充，形成一个填充形状的条形，如图 2-59 所示。

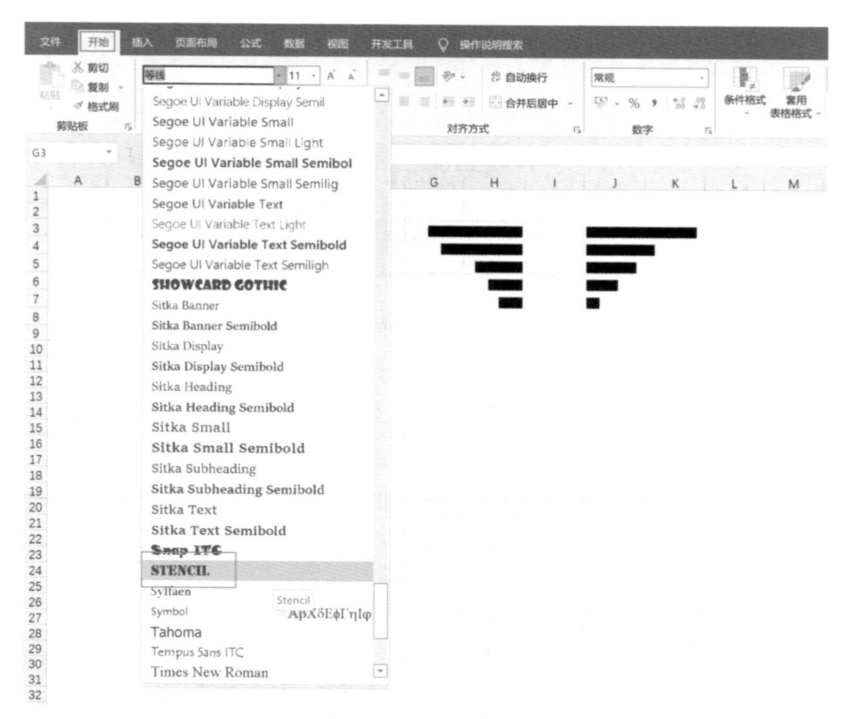

图 2-59 更改字体

2. 修改配色和背景

因为字符串是输入在单元格内的，所以本节介绍的蝴蝶图的图表区实际是 Excel 单元格区域，而绘图区是单元格内容，所以通过设置单元格填充颜色设置图表背景，通过设置单元格字体颜色设置条形颜色。如图 2-60 所示，选中单元格区域，设置填充颜色为靛蓝色（26,30,67），左侧字体颜色为蓝色（0,112,192），右侧为红色（231,78,105）。

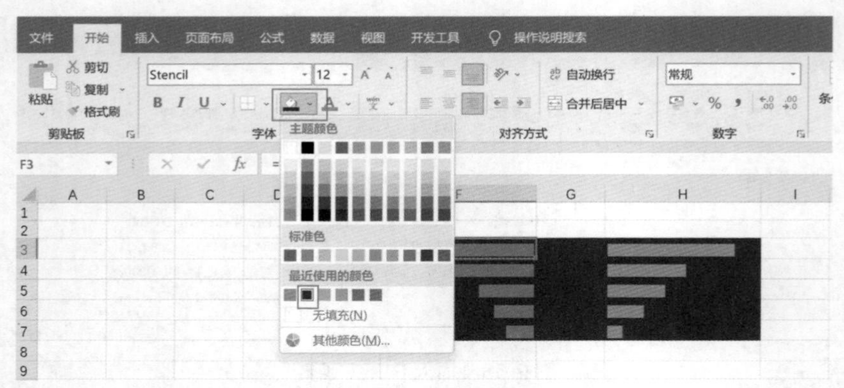

图 2-60　设置背景

3. 添加数据标签和说明

由于本例的图表是基于表格实现的，数据标签也可以通过在单元格内直接输入或使用公式引用数据源单元格实现，将类别标签输入到两个条形中间，如图 2-61 所示。

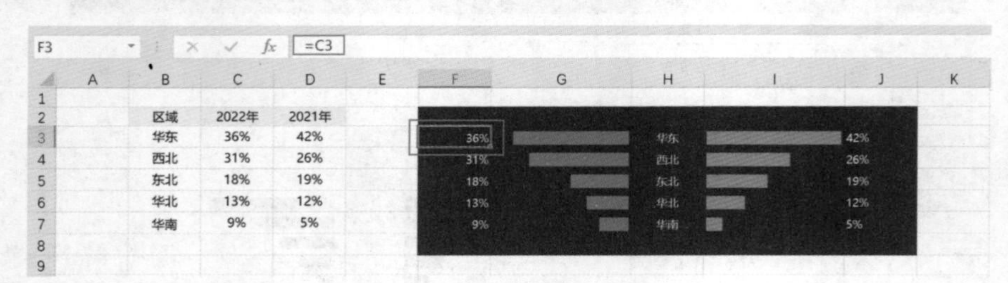

图 2-61　插入数据标签

然后适当地调节单元格行高和列宽，选中单元格区域，在功能区中单击“开始”选项卡，在“单元格”组中单击“格式”按钮，设置图表单元格区域“行高”为 16，两列条形所在列的“列宽”为 17，如图 2-62 所示。

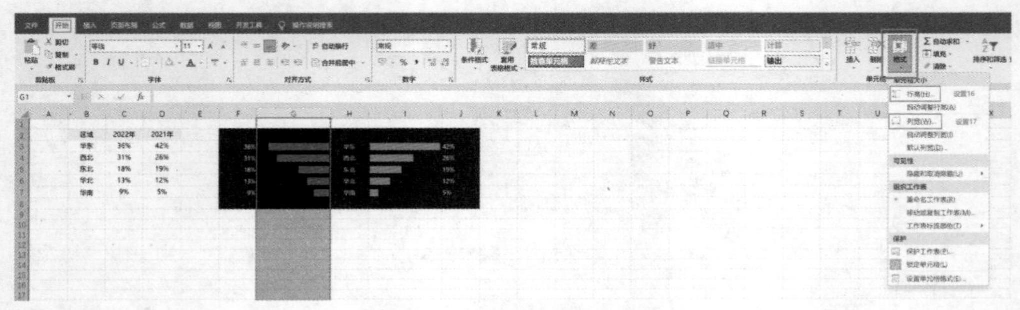

图 2-62　调整单元格格式

最后添加图表文字说明，具体方法可参考 2.1.1 节。

4. 步骤总结

（1）插入 REPT 函数公式。

（2）调整单元格配色和背景。

（3）添加数据标签和文字说明。

5. 知识点

使用不同的字体，内容呈现的效果不尽相同，在“|”足够宽且距离足够小的情况下，会形成矩形，“|”的数量就决定了条形的长度。

2.1.8 数值百分比条形图

在汇报总结内容时，相比于只展示达成量的数据，同时展示达成量和同环比的图表更加合理。例如某公司去年的利润达到了五千万元，听起来很多，但是实际上这是一个集团公司，去年利润同比下降了 35%，所以去年的业绩不是很理想。本节介绍通过堆积条形图实现同时展示数值和百分比的数据图表——数值百分比条形图，如图 2-63 所示。

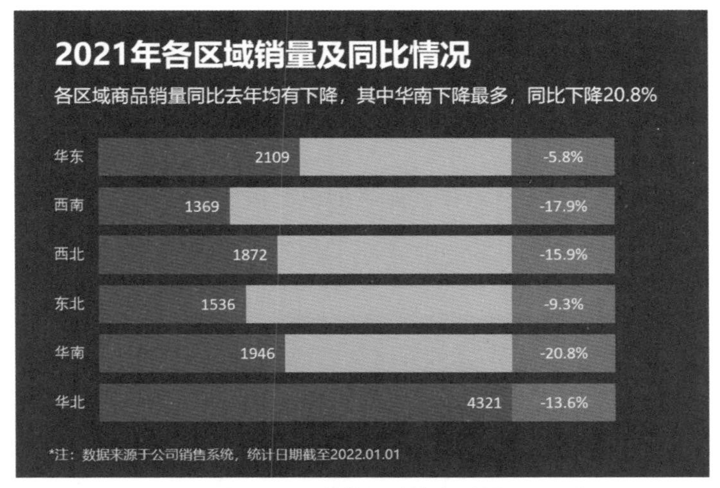

图 2-63 数值百分比条形图

1. 插入图表——堆积条形图

数据说明：数值百分比条形图由 3 列条形组成，其中两列是辅助列，只起辅助作用，无实际意义。第一个辅助列是占位列，在条形图中，数值的大小决定条形图中的矩形的长度，所以为了让前两列条形等长，需要设置一个占位列，其数值等于数值列最大值减去对应数据数值，图 2-64 中 D6 值等于销量列的最大值减去 C5 值，即 4321−1536=2785。第二个辅助列的作用是展示百分比，条形长度无意义，数值大小一致即可，本例中设置数值大小等于数值列最大值的 1/4，即 4321/4=1080。

选中销量、占位 1 和占位 2 三列数据（无须将同比去年插入条形图中），在功能区中单击“插入”选项卡，在“图表”组中单击“插入柱形或条形图”按钮，选择“堆积条形图”选项，如图 2-64 所示。

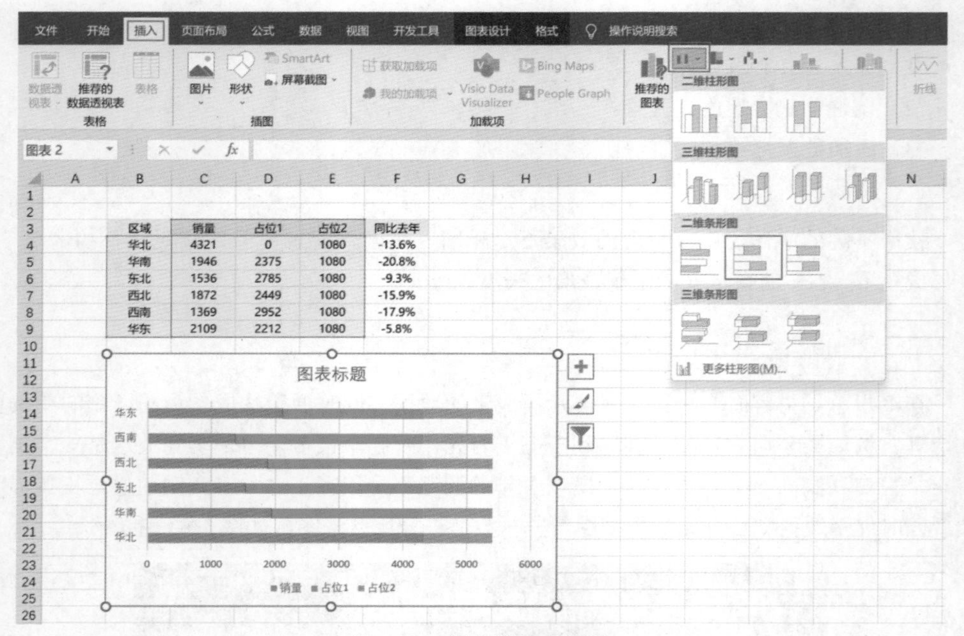

图 2-64 插入堆积条形图

2. 修改图表区背景

右击堆积条形图“图表区”，在快捷菜单中选择“设置图表区域格式”选项，单击“填充与线条”按钮，在“填充”选择“纯色填充”单选按钮，设置颜色为靛蓝色（26,30,67），设置边框为无线条，结果如图 2-65 所示。

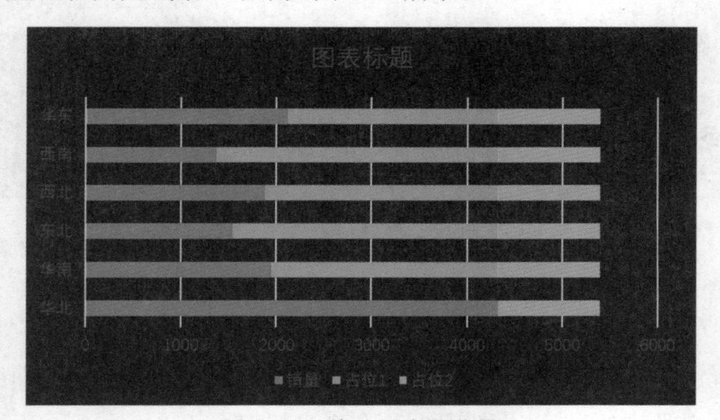

图 2-65 修改图表区背景

3. 修改图表元素

由于数值百分比条形图中的绘图区条形图在整个图表区中占比较大，所以无须过多图表元素，只保留展示区域的纵坐标轴即可，其他默认图表元素都可以删除。

（1）删除非必要图表元素，右击“标题”，在快捷菜单中选择“删除”选项或者按 Delete 键，同样删除水平网格线、图例、横坐标，结果如图 2-66 所示。

图 2-66 删除图表元素

（2）修饰纵坐标轴，单击纵坐标轴，设置字体颜色为浅灰色（242,242,242），右击纵坐标轴，在快捷菜单中选择“设置坐标轴格式”选项，单击“填充与线条”按钮，在“线条”组中选择无线条单选按钮，如图 2-67 所示。

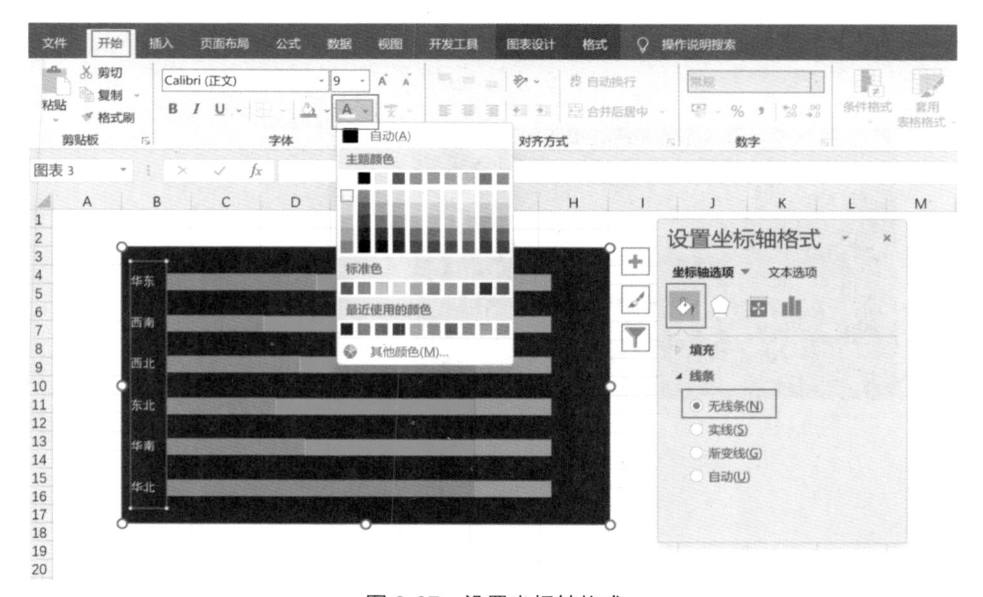

图 2-67 设置坐标轴格式

4. 修饰绘图区

（1）设置间隙宽度，条形图默认间隙较大，一般建议条形或柱形间隙宽度应小于条形或柱形宽度，Excel 可以通过设置间隙宽度调整间隙。右击条形图，在快捷菜单中选择“设置数据系列格式”选项，单击“系列选项”按钮，设置“间隙宽度”为 30%，如图 2-68 所示。

（2）调整条形颜色，数值百分比条形图中共三列条形，其中第一列呈现数值，第二列用于辅助，第三列用于展示百分比，所以需要三列不同的填充颜色加以区分。选中一列条形数据系列，右击，在快捷菜单中选择“设置数据系列格式”选项，单击“填充与线条”按钮，在“填充”组中选择“纯色填充”单选按钮，设置颜色依次为深蓝色（9,56,126）、浅蓝色（130,173,215）、暗红色（155,61,79），如图 2-69 所示。

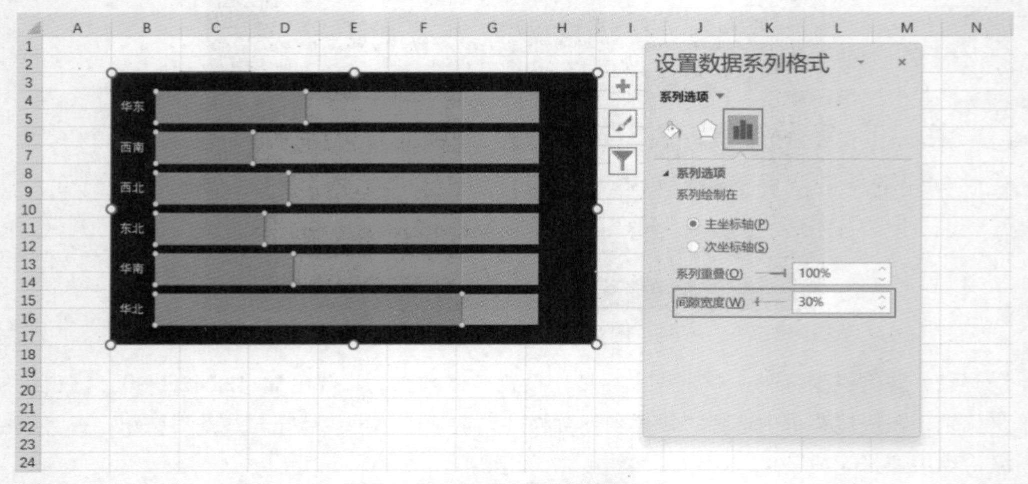

图 2-68　修改条形图间隙宽度

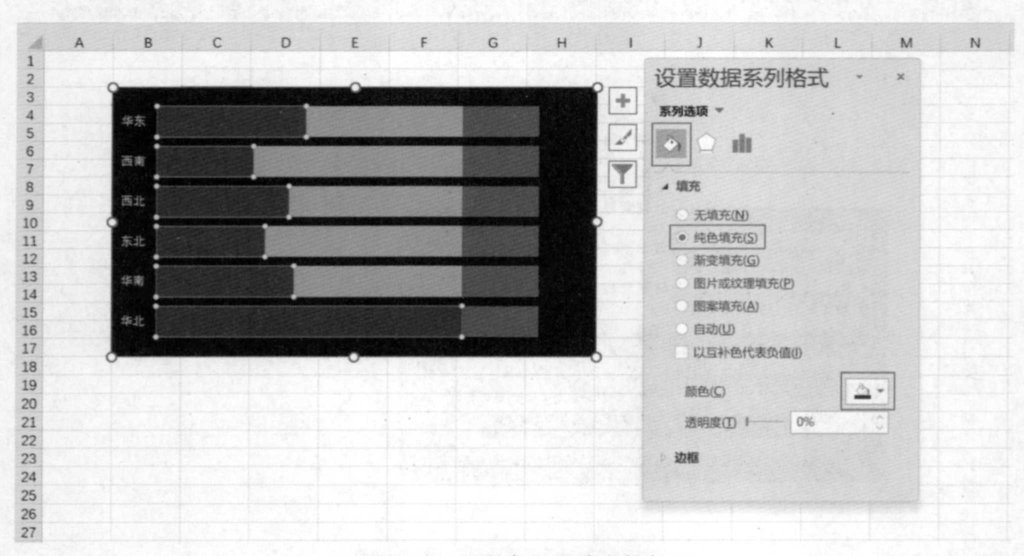

图 2-69　调整条形图填充颜色

5. 添加数据标签和说明

数值百分比条形图是展示数值和百分比的数据图表，数值和百分比都需要通过数据标签展示，但百分比数据并不在图表的数据源内，所以需要通过添加“单元格中的值”方式添加数据标签，这种方法在前面蝴蝶图中也介绍过。

（1）添加数值数据标签，选中第一列条形，单击在“图表区”右侧出现的加号，选择“数据标签”复选框，并单击“数据标签”右侧的三角形，选择“数据标签内”选项，这样，数值的数据标签就添加完成了。选中刚添加的数据标签，设置字体颜色为浅灰色（242,242,242），如图 2-70 所示。

（2）添加百分比的数据标签，由于第三列数据是无意义的辅助值，所以需要重新指定第三列“数据标签”的取值区域。第一步与添加数值的数据标签的方法一样，选中第三列条形，设置标签位置设置为“居中”。右击“数据标签”，在快捷菜单中选择“数据标签格式”选项，单击“标签选项”按钮，在“标签包括”组中，首先选择“单元格中的值”复选框，在弹出的对话框中，单击“选择数据标签区域”右侧向上的箭头，选中“同比去年”数据列，单击“确定”按钮，然后取消选中“值”和“显示引导线”的选项，这样，第三列“数据标签”的值改成了“同比去年”的百分比数值，如图 2-71 所示。

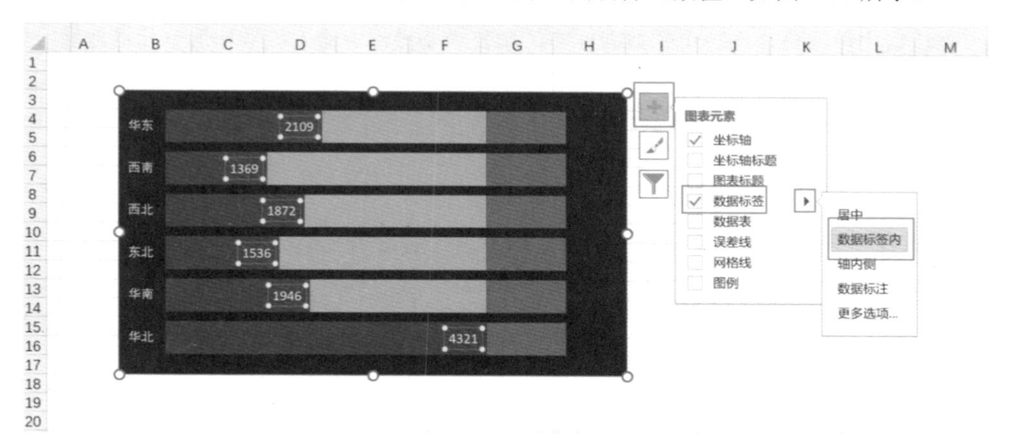

图 2-70　添加条形图数据标签

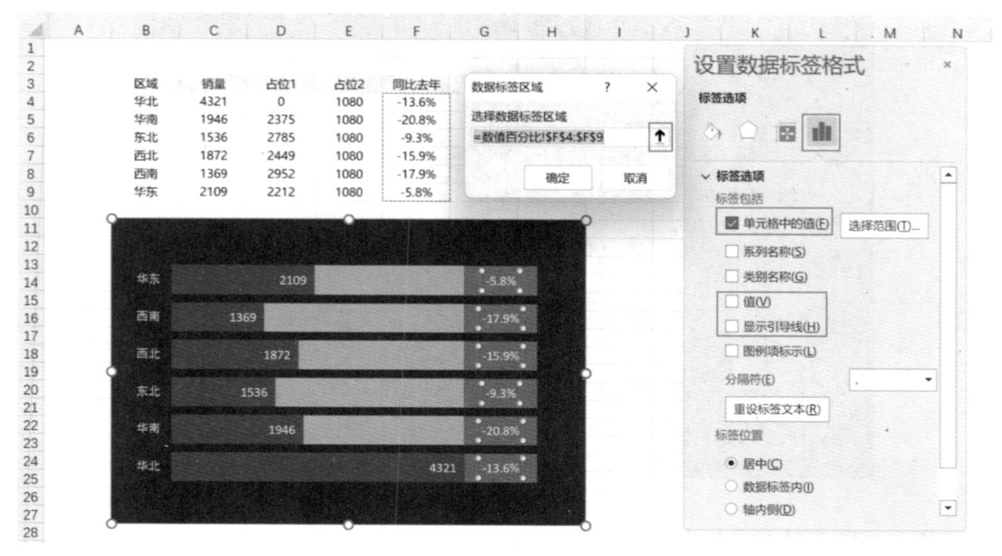

图 2-71　指定数据标签范围

（3）数据标签和图表文字说明可参考本 2.1.1 节。

6. 步骤总结

（1）建立辅助列，插入堆积条形图。

（2）调整条形间隙和堆积条形填充颜色。

（3）添加数据标签和文字说明。

7. 知识点

- 快速添加辅助列是 Excel 制作图表的优势之一。辅助数据一般无意义，可通过设置辅助数据的数据系列填充为无填充，将其隐藏。
- 在 Excel 中，数据标签与文本框功能是一致的，主要用于展示数值。可以通过设置单元格中的值重新指定数据标签的取值范围。另外一种更加灵活的方式是直接引用单元格，选中单个数据标签，在公式编辑栏中输入等号加上单元格地址（如“Sheet1!$C$2”）即可指定该数据标签内容等于单元格内容，如单元格内容发生变化，数据标签内容也会同步变化。

2.1.9 对比柱形图

对比柱形图是数据分析中常用图表，一般用于对比同一个维度下不同时间周期的情况，例如同一商品不同年份中的销量对比。Excel 默认的簇状柱形图只体现了两个销量完成情况，如果需要知道差距还需要单独计算。本节分享可直观展示不同维度差值的对比柱形图，如图 2-72 所示。

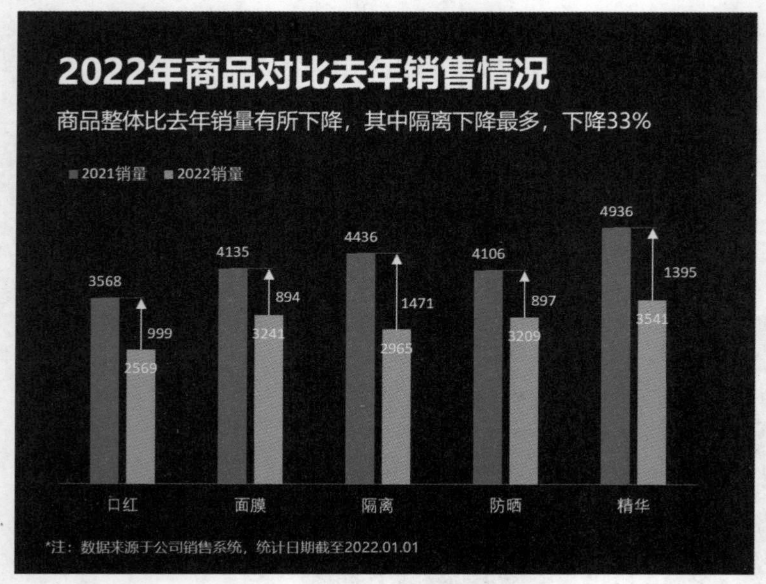

图 2-72　对比柱形图

1. 插入图表——簇状柱形图

数据源说明：差值列数值等于 2021 年销量减去 2022 年销量。

选中商品、2021 销量、2022 销量三列数据，在功能区中单击“插入”选项卡，在图表组中单击“插入柱形或条形图”，选择“簇状柱形图”选项，如图 2-73 所示。

2. 修改图表区背景

设置“填充”为纯色填充，修改“颜色”为靛蓝色（26,30,67），“边框”为无线条，结果如图 2-74 所示。

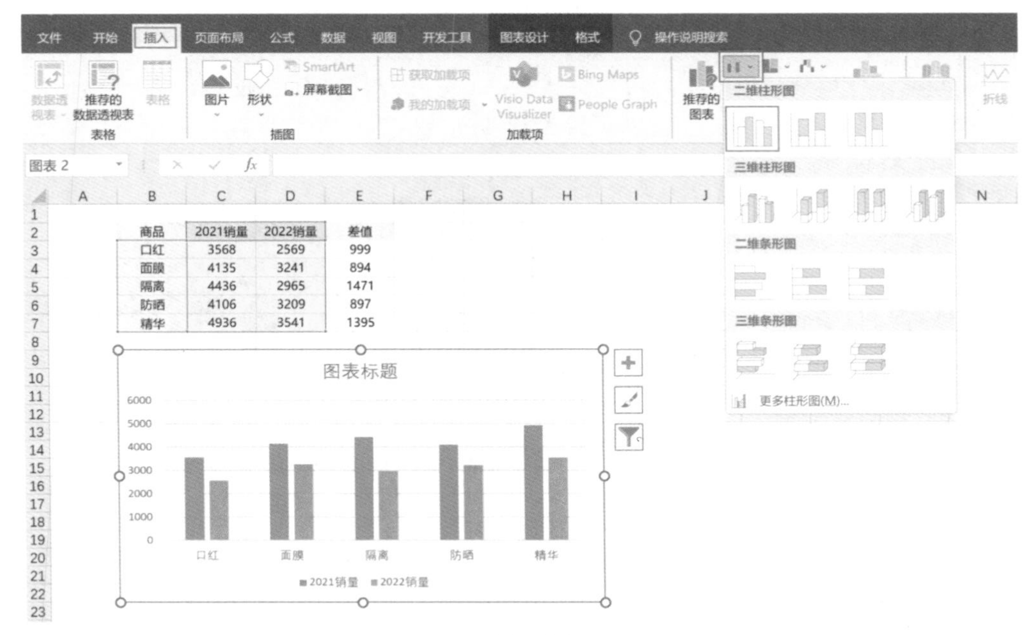

图 2-73　插入簇状柱形图

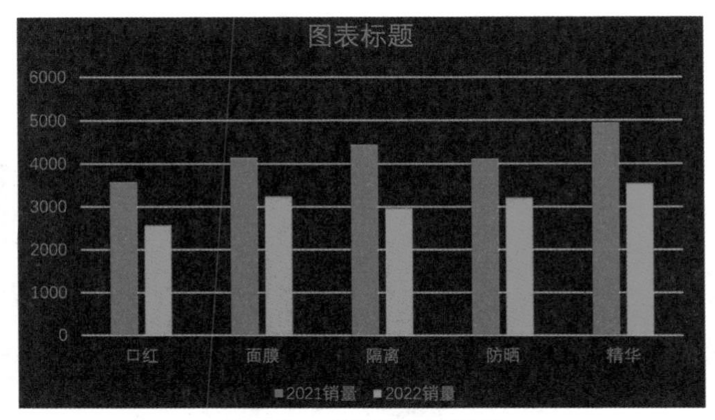

图 2-74　修改图表区背景

3. 修改图表元素

对比柱形图，本例需要在较矮的柱形上方添加一条带向上箭头的竖线，在较高的柱形上方添加一条横线。竖线通过添加图表元素误差线实现，横线通过添加辅助折线的标记实现。

1）添加带箭头竖线

单击“图表区”，在功能区中单击“图表设计”选项卡，单击“添加图表元素”按钮，在下拉菜单中选择“误差线”选项，在弹出的菜单栏中选择“其他误差线选项”选项，在弹出的“添加误差线”对话框中选择“2022 销量”选项，单击“确定”按钮，如图 2-75 所示。

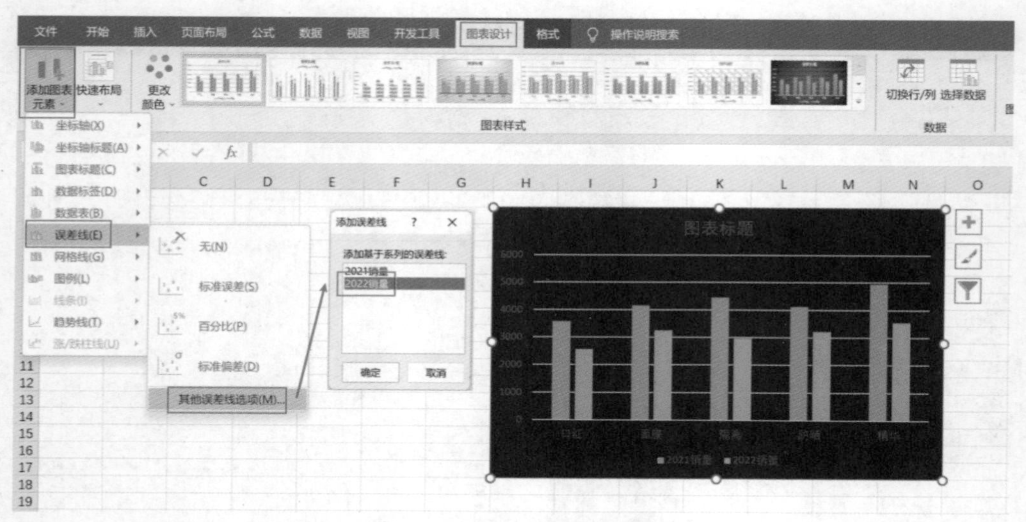

图 2-75　添加柱形图误差线

通过添加柱形图误差线在较矮的柱形添加了竖线，效果如图 2-76 所示，我们还需要进一步修饰以实现带有向上箭头的效果。右击“误差线”，在快捷菜单中选择“设置错误栏格式”选项，单击“误差线选项”，单击“方向”组中的“正偏差”单选按钮，单击“末端样式”组中的“无线端”单选按钮，以隐藏误差线末端的横线，单击“误差量”组中的“自定义”单选按钮，并单击“指定值”按钮，在“自定义错误栏”对话框中设置“正错误值”为数据源的“差值”列，如图 2-77 所示。

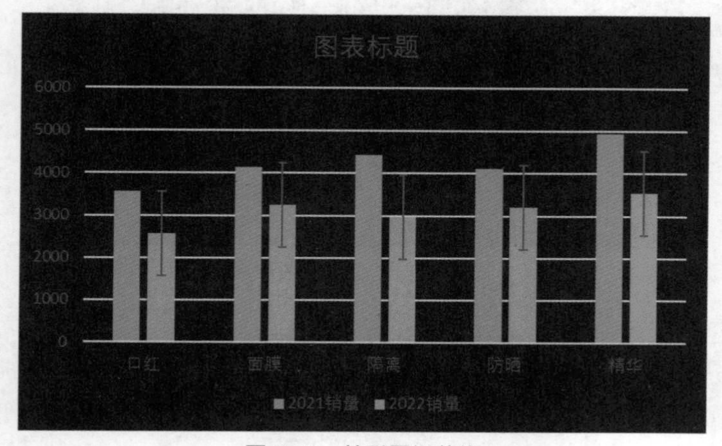

图 2-76　柱形图误差线

最后设置误差线颜色，单击“填充与线条”，设置“线条”为实线，“颜色”为浅灰色（242,242,242），设置“结尾箭头类型”为箭头，如图 2-78 所示，这样就得到了箭头向上的竖线。

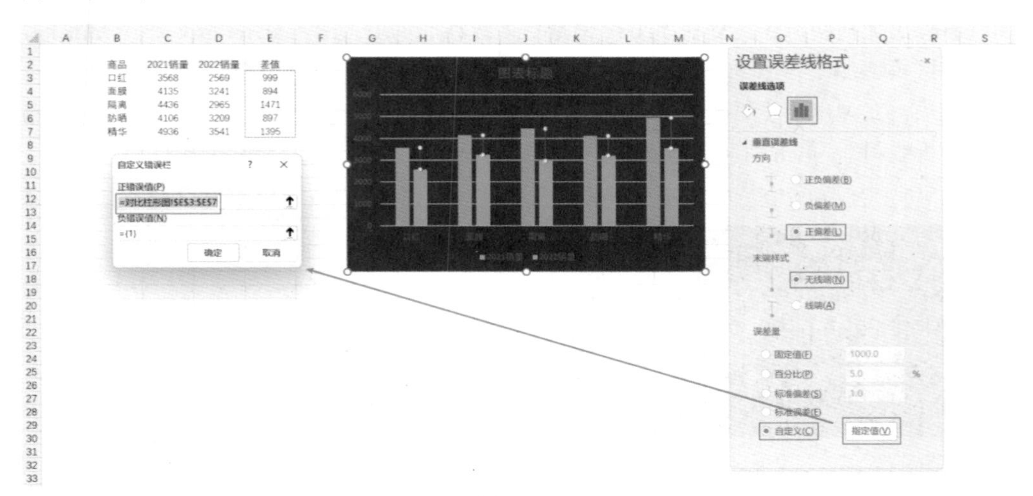

图 2-77　选择误差值数据区域

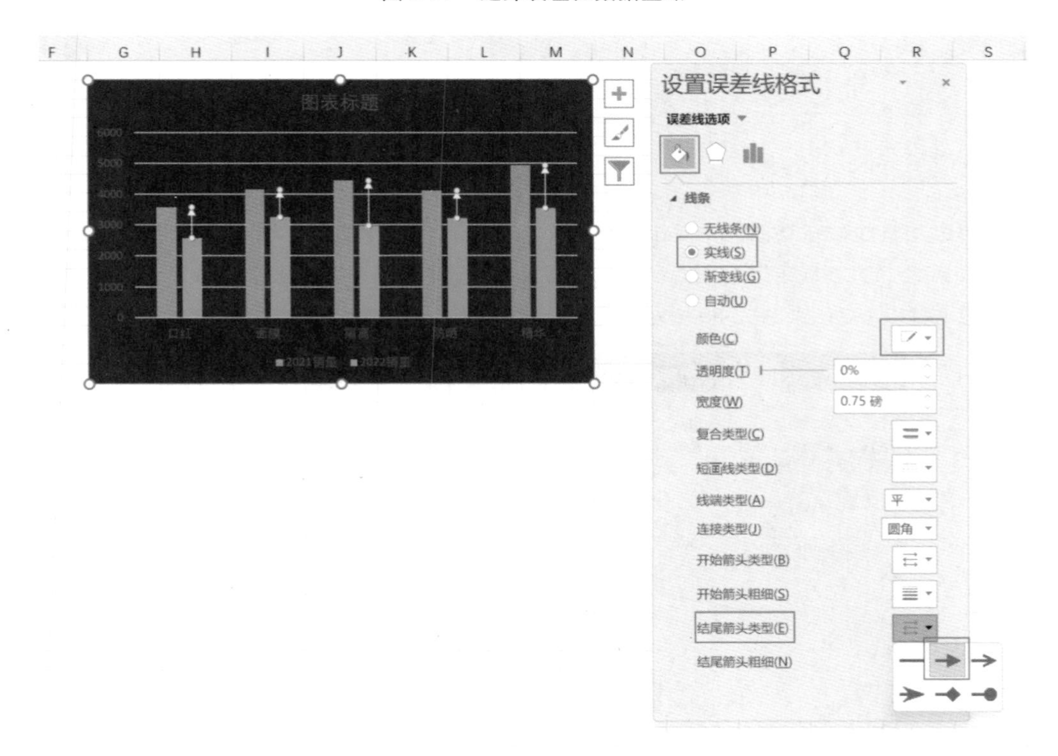

图 2-78　修饰误差线

2）添加横线

对比柱形图，本例还需要添加一个与较高柱形平行的横线。可以使用折线图中的标记横线来实现类似的效果，但如果标记的横线较长，整个标记也会很大，就显得“喧宾夺主”，所以可在添加标记的基础上，使用直线形状替代默认的数据标记。

首先添加辅助折线，复制“2021 销量”列数据，单击“图表区”，按 Ctrl+V 键粘贴，在图表区再增加一列 2021 销量数据。右击“绘图区”在快捷菜单选择“更改系列图表类型”选项，在弹出的“更改图表类型”对话框内设置 2021 销量系列图表类型为“带数据标记的折线图”，单击“确定”按钮，如图 2-79 所示。

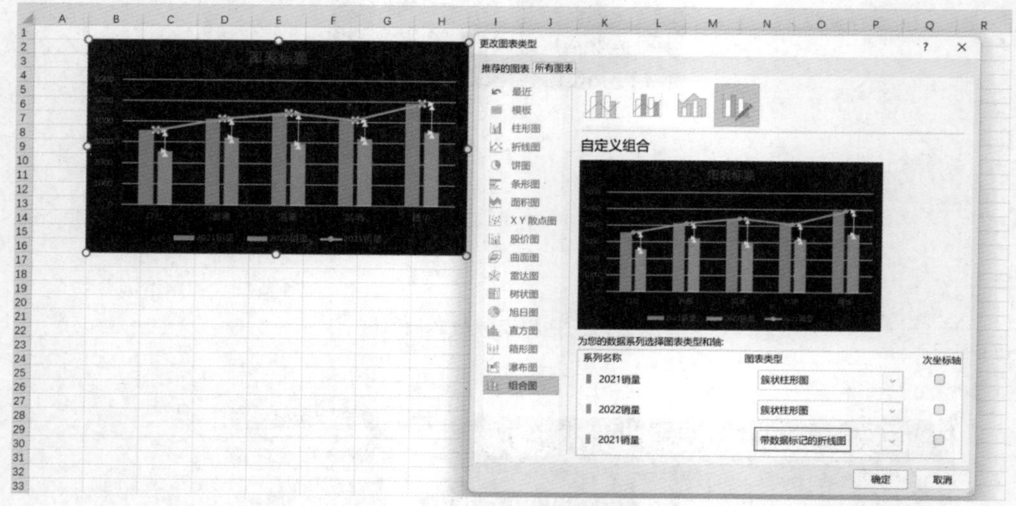

图 2-79　更改图表类型

再添加直线，在功能区中单击“插入”选项卡，单击“插图”组中的“形状”按钮，选择线条组中的“直线”选项，在添加时按住 Shift 键可保持直线水平，并设置直线颜色为蓝色 (0,112,192)，如图 2-80 所示。

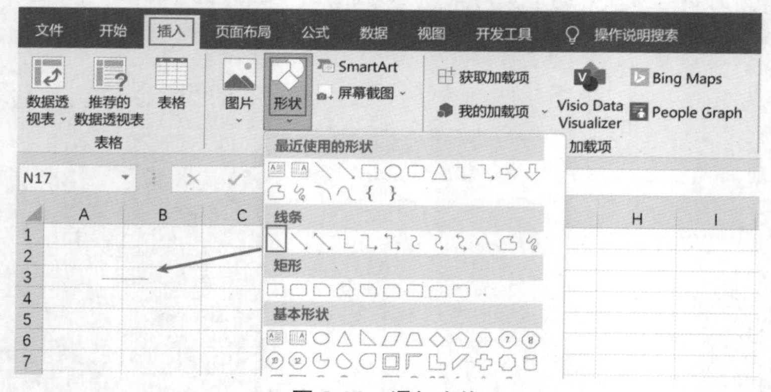

图 2-80　添加直线

然后复制直线，单击折线上的圆点，即“数据标记”，按 Ctrl+V 键粘贴，这样数据标记的形状就被替换为横线且与较高的矩形同高。

最后将折线隐藏，右击折线，在快捷菜单选择“设置数据系列格式”选项，单击“填充与线条”按钮，单击“线条”组的“无线条”单选按钮，如图 2-81 所示，横线添加完成。

3）删除非必要图表元素

对比条形图的绘图区较为丰富，所以无须过多元素，保留横坐标轴、图例即可。右击“图表标题”，在快捷菜单中选择“删除”选项或者按 Delete 键，同样删除“水平网格线”和“纵坐标轴”，单击选中 2021 销量折线对应的“图例”，按 Delete 键删除，并将剩余“图例”拖动至左上角，并设置“字体颜色”为浅灰色（242,242,242），结果如图 2-82 所示。

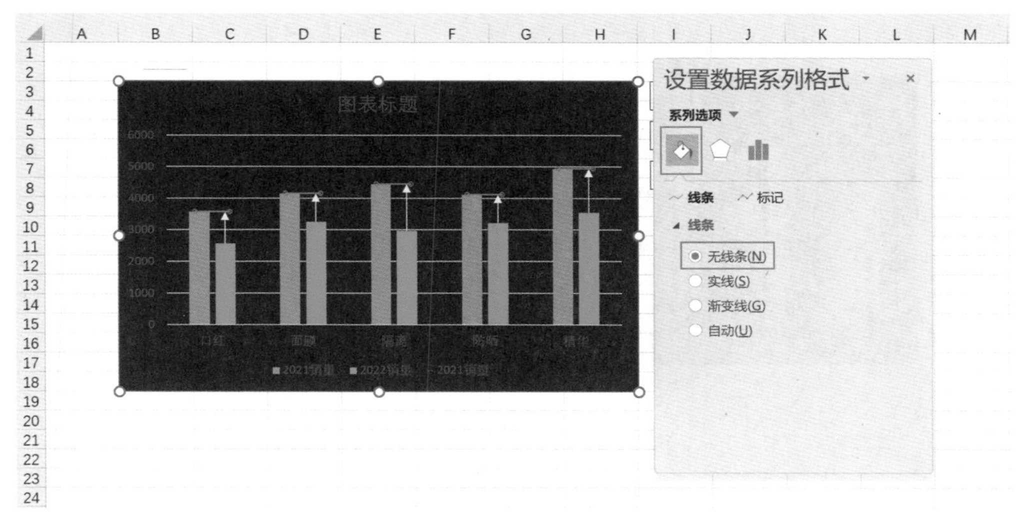

图 2-81　隐藏折线

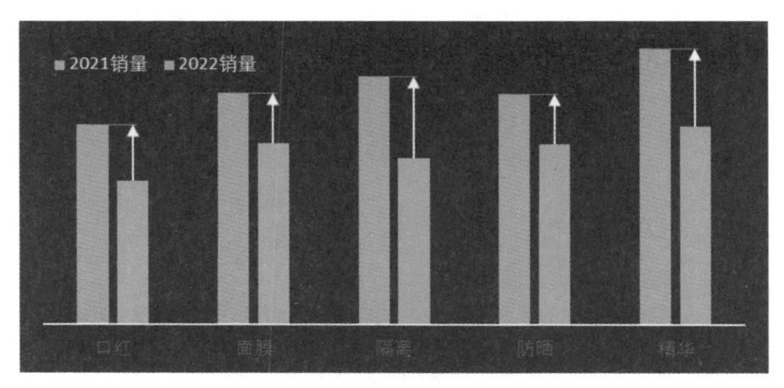

图 2-82　设置图例

4）修饰横坐标轴

右击“横坐标轴”，在快捷菜单中选择“设置坐标轴格式”选项，单击“填充与线条”按钮，设置“线条”为实线，颜色为浅灰色（242,242,242），“透明度”为 60%，“宽度为”0.5 磅，并设置“字体颜色”为浅灰色（242,242,242），如图 2-83 所示。

4. 修饰绘图区

对比柱形图绘图区主要的修饰方式是设置柱形填充，右击“绘图区”左侧较高矩形，在快捷菜单中选择“设置数据系列格式”选项，单击“填充与线条”按钮，单击“填充”

组中的“纯色填充”单选按钮，设置“颜色”为蓝色（0,112,192），同样设置右侧矩形，设置填充“颜色”为浅蓝色（130,173,215），结果如图 2-84 所示。

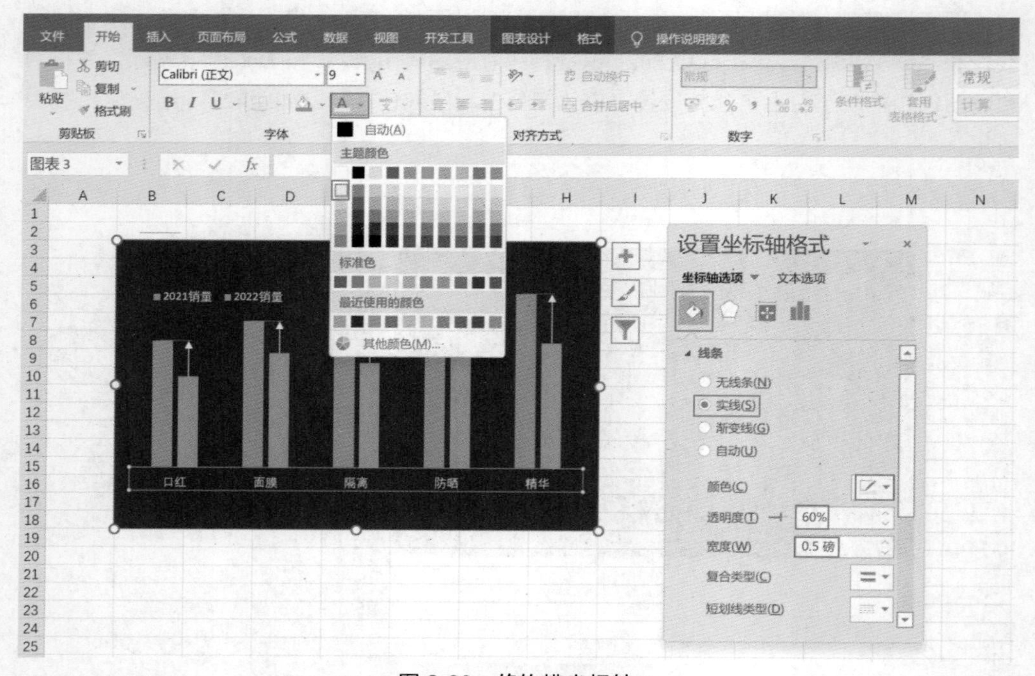

图 2-83 修饰横坐标轴

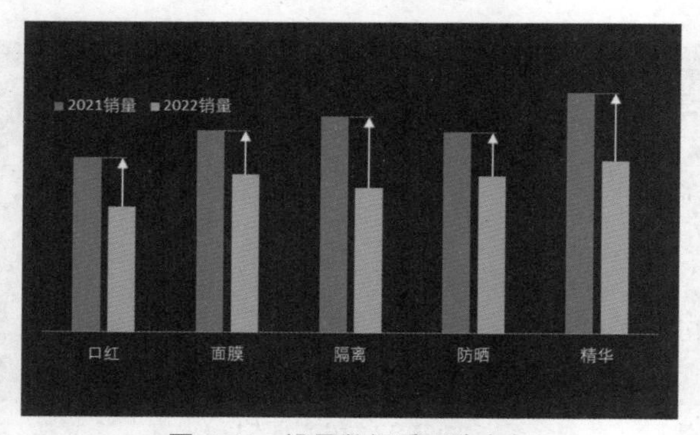

图 2-84 设置数据系列填充色

5. 添加数据标签和说明

单击“图表区”，单击图表区右上角加号，选择“数据标签”复选框，单击右侧的三角还可以设置数据标签位置。这样三个数据系列数据标签就都添加了，但是这里有两个是“2021 年销量”数据，这就需要将其中一个指定为“差值”列数据，添加方法可参考 2.1.8 介绍的数值百分比条形图中添加百分比数据标签的过程，如图 2-85 和图 2-86 所示。

设置好差值数据标签后，将数据标签的字体颜色统一设置为浅灰色（242,242,242），并设置左侧数据标签位置为“数据标签外”，右侧矩形的数据标签位置为“数据标签内”，而差值的数据标签位置则需要一个一个调节，单击一下该数据系列可以选中整个系列，再单击一次即可选中对应的数据标签，选中数据标签后可对其自由调节，通过拖动移至最佳位置，结果如图 2-87 所示。

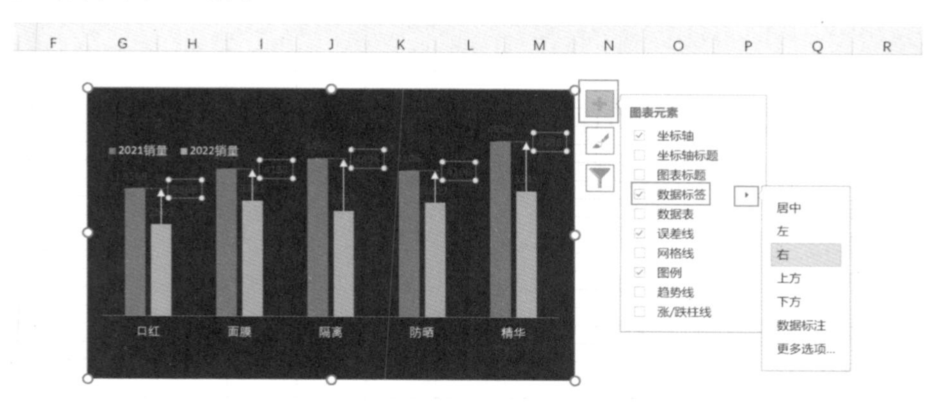

图 2-85　柱形图添加数据标签

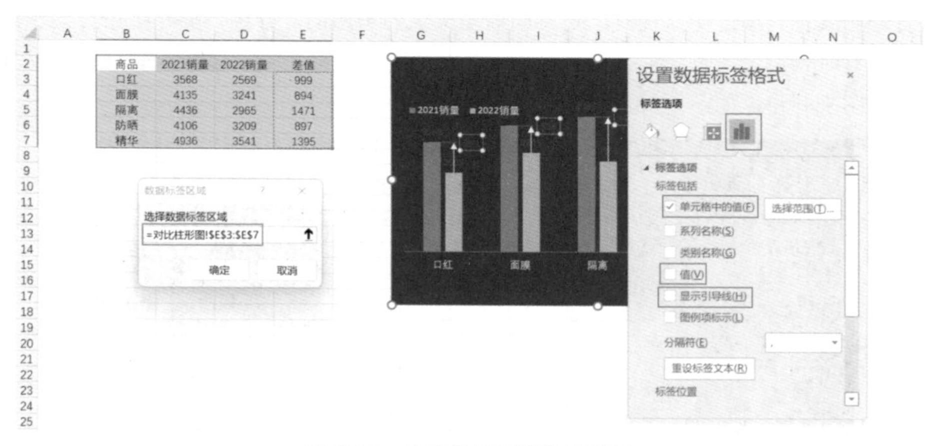

图 2-86　指定数据标签数据范围

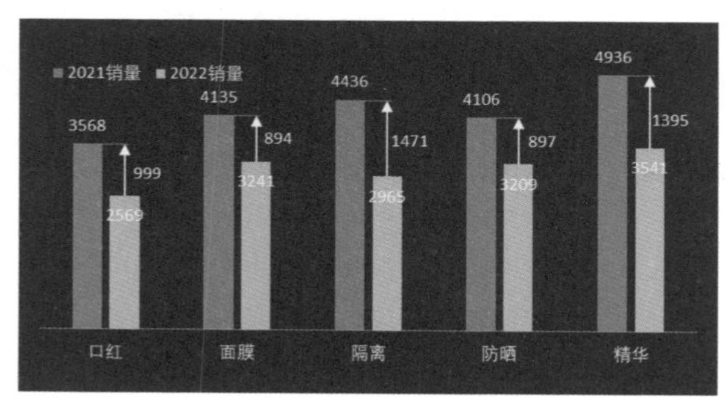

图 2-87　对比柱形图添加数据标签

图表文字说明可参考 2.1.1 节的渐变柱形图。

6. 步骤总结

（1）插入簇状柱形图。

（2）通过误差线添加竖线，通过折线图数据标记添加横线。

（3）添加自定义数据标签和文字说明。

7. 知识点

- 折线图的数据标记也可以根据需求粘贴自定义形状。
- 通过添加和修饰误差线图表元素作为图表的辅助元素。

2.1.10 甘特图

甘特图是日常办公中最为常用的一种数据图表，它可以清晰地展现项目的完成情况以及相关工作进展，让观众可以快速了解项目进度，可以说是项目管理的必备图表。甘特图还可以应用于个人计划中，例如学习 Excel 过程，可以拆分成 Excel 入门、函数、透视表、图表、进阶等阶段，对每个学习阶段添加开始时间、计划完成天数、完成进度等，基于这些数据建立甘特图，在复盘时可以快速把握学习进度，进一步优化学习计划。

甘特图又称为横道图，样式上是不同纵坐标上的条形图，开始日期和结束日期作为横坐标，项目时长决定条形长度，项目名称作为纵坐标轴区分不同的项目。甘特图可以基于堆积条形图来制作，如图 2-88 所示。

图 2-88 甘特图

1. 插入图表——堆积条形图

数据源说明：首先将开始日期的数据类型改为数值，同时注意数据源是按照开始日期升序排序的，完成度是指项目的完成比率，进行天数等于项目天数乘以完成度。

选中“开始日期”“项目天数”两列数据，在功能区单击“插入”选项卡，在图表组中单击“插入柱形或条形图”按钮，选择“堆积条形图”选项，如图 2-89 所示。

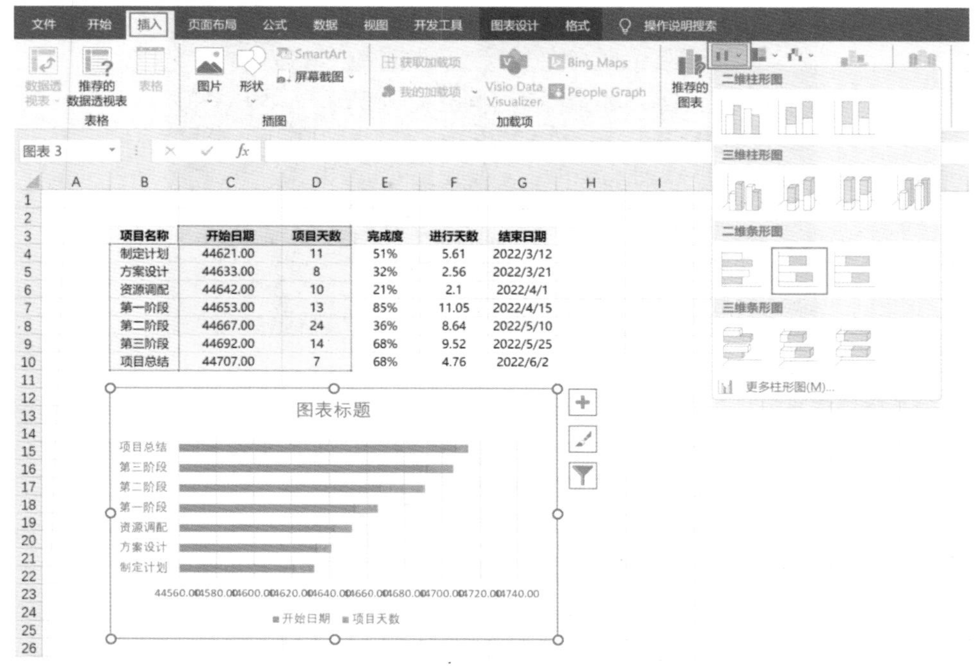

项目名称	开始日期	项目天数	完成度	进行天数	结束日期
制定计划	44621.00	11	51%	5.61	2022/3/12
方案设计	44633.00	8	32%	2.56	2022/3/21
资源调配	44642.00	10	21%	2.1	2022/4/1
第一阶段	44653.00	13	85%	11.05	2022/4/15
第二阶段	44667.00	24	36%	8.64	2022/5/10
第三阶段	44692.00	14	68%	9.52	2022/5/25
项目总结	44707.00	7	68%	4.76	2022/6/2

图 2-89　插入堆积条形图

2. 修改图表区背景

右击“图表区”，在快捷菜单中选择“设置图表区域格式”选项，单击“填充与线条”按钮，单击“填充”组中的“纯色填充”单选按钮，修改颜色为靛蓝色（26,30,67），设置边框为无线条，结果如图 2-90 所示。

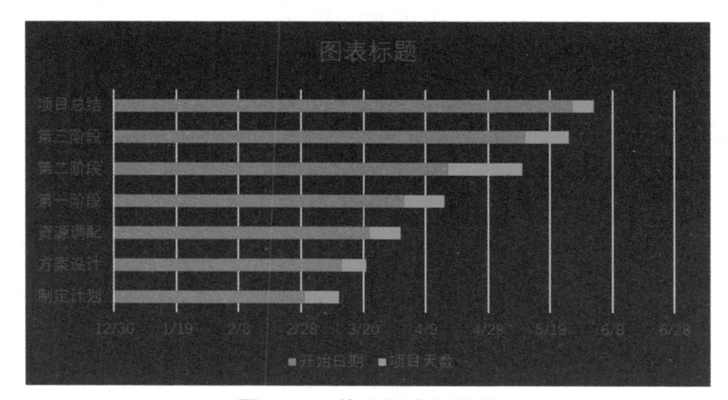

图 2-90　修改图表区背景

3. 修改图表元素

甘特图需要保留必要的横坐标轴与纵坐标轴，以及垂直网格线作为时间间隔。

（1）删除非必要图表元素，右击“图表标题”，在快捷菜单中选择“删除”选项或者按 Delete 键，同样删除“图例”，结果如图 2-91 所示。

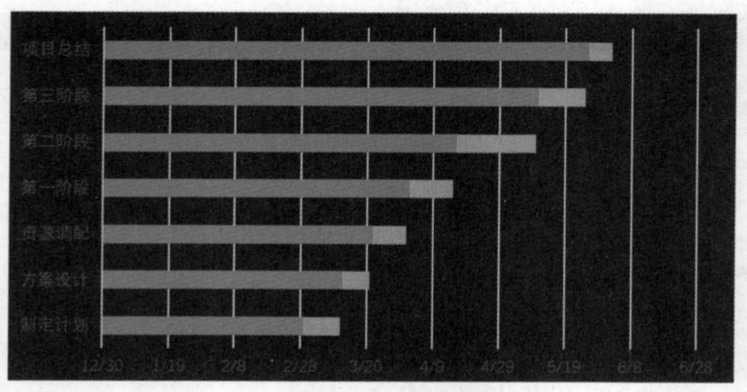

图 2-91　删除非必要元素

（2）修饰横坐标轴，右击“横坐标轴”，设置字体颜色为浅灰色（242,242,242），在快捷菜单中选择“设置坐标轴格式”选项，单击“坐标轴选项”按钮，设置“最小值”等于第一个项目的开始日期，“最大值”等于最后一个项目的结束日期，设置“单位”组中“大”为 15，这里的单位是指日期间隔，也是垂直网格线之间的距离，需要根据第一个项目开始日期和最后项目的结束日期大小来调整。设置单位后最大值也会变为 44726，因为最大值减去最小值一定是单位的整数倍，如图 2-92 所示。

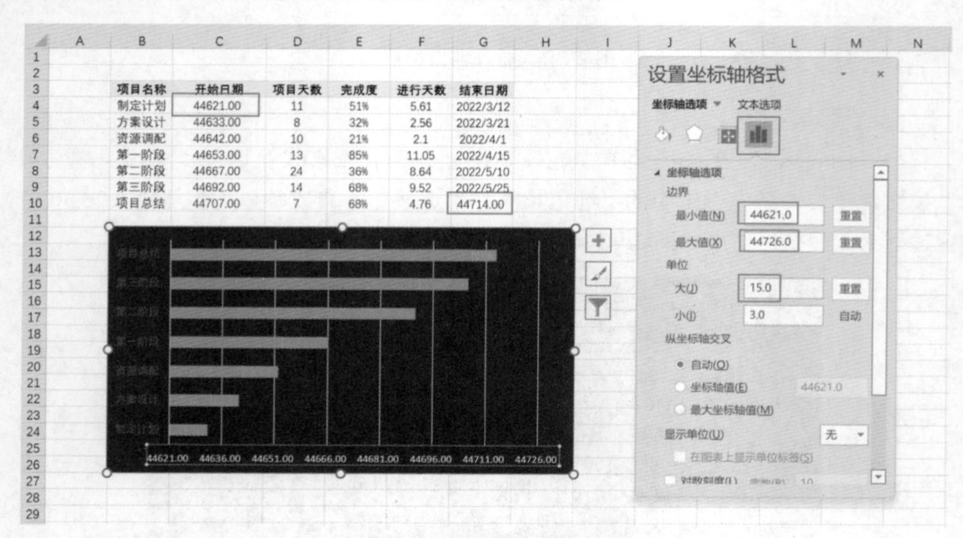

图 2-92　设置横坐标轴

选中数据源“开始日期”列，并右击，在快捷菜单中选择“设置单元格格式”选项，在“数字”选项卡中“分类”组选择“自定义”选项，在“类型”中输入“m/d”，将开始日期恢复日期样式，如图 2-93 所示。

（3）设置纵坐标轴，右击“纵坐标轴”，设置字体颜色为浅灰色（242,242,242），在快捷菜单中选择“设置坐标轴格式”选项，单击“填充与线条”按钮，选择“线条”组中的“无线条”单选按钮，在“坐标轴选项”组中选择“逆序类别”复选框，横坐标轴日期就会转移至绘图区上方，如图 2-94 所示。

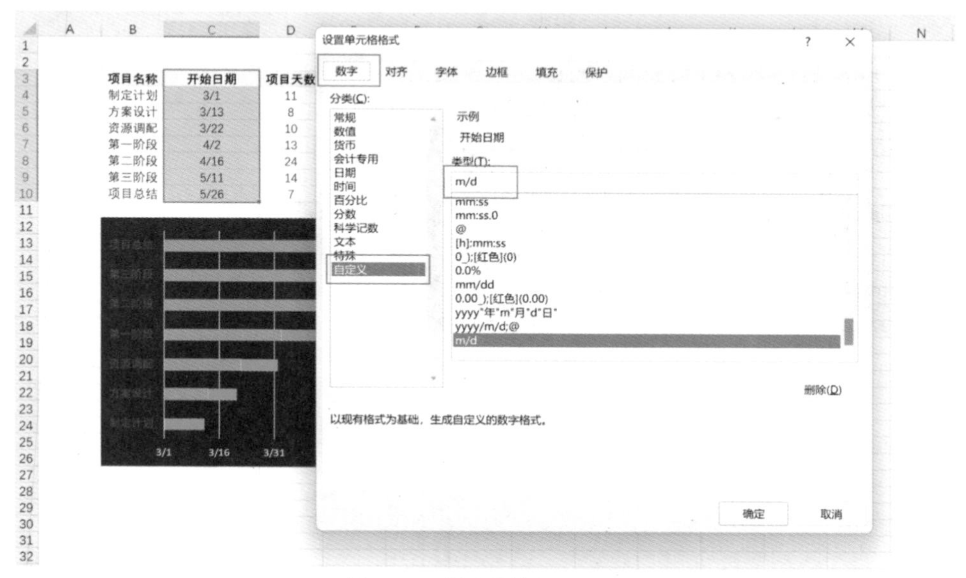

图 2-93　设置日期数据格式

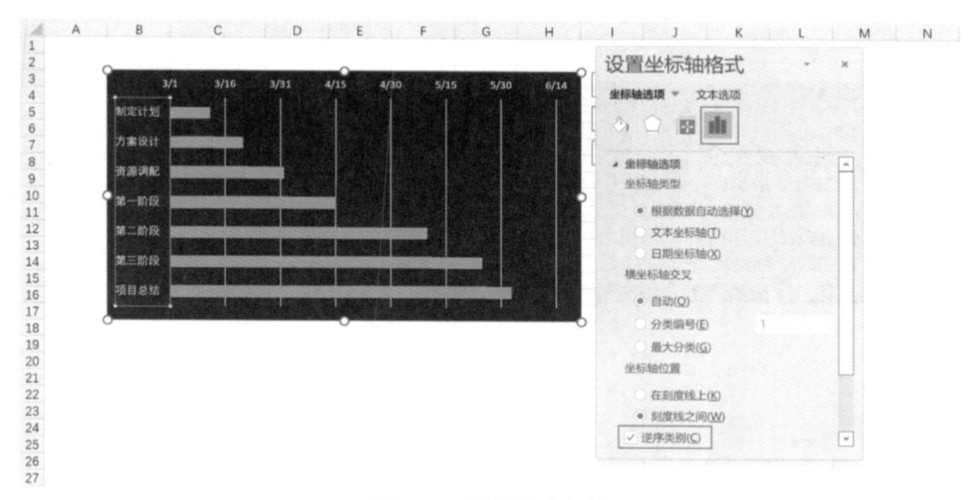

图 2-94　设置纵坐标轴

（4）修饰垂直网格线，右击“垂直网格线”，在快捷菜单中选择“设置网格线格式”选项，单击“填充与线条”按钮，选择“线条”组的“实线”单选按钮，设置颜色为浅灰色（242,242,242），透明度为 60%，宽度为 0.5 磅，短画线类型为长画线，如图 2-95 所示。

4. 修饰绘图区

（1）添加完成进度条形，单击左侧蓝色条形，单击图表右上角的加号选择“误差线”复选框，并单击“误差线”右侧的三角形按钮，选择“更多选项”，单击“误差线选项”按钮，选择“方向”组中的“正偏差”单选按钮，选择“末端样式”组中的“无线端”单选按钮，如图 2-96 所示。

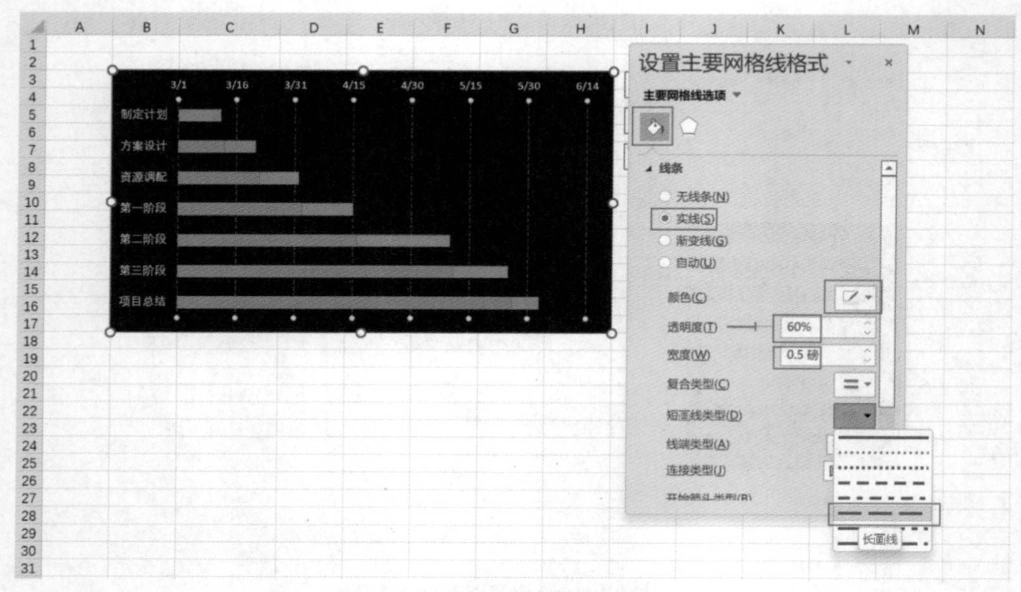

图 2-95　修饰垂直网格线

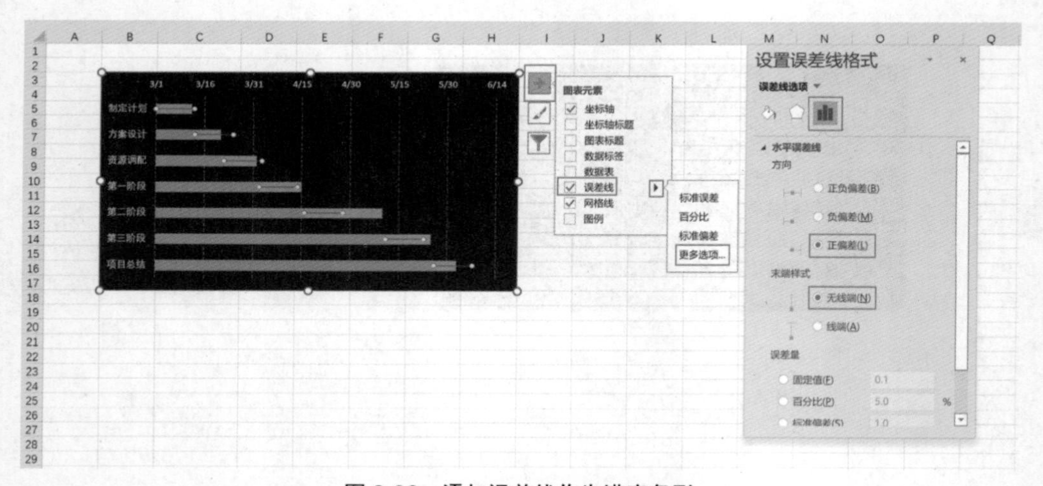

图 2-96　添加误差线作为进度条形

在选择“误差量”组中的“自定义”单选按钮，并单击“指定值”按钮，在“自定义错误栏”对话框中选择“正错误值”范围为数据源的“进行天数”列，如图 2-97 所示。

单击“填充与线条”按钮，单击“线条”组中的“实线”单选按钮，设置颜色为浅蓝色（0,176,240），并适当调节，设置宽度为 10 磅，这里的宽度是根据条形的宽度来设置的，使误差线的宽度与条形宽度一致，如图 2-98 所示。

（2）设置条形颜色，左侧默认添加的蓝色条形列是使用开始日期做的辅助列，无须显示，右击条形，在快捷菜单中选择“设置数据系列格式”选项，单击“填充与线条”按钮，选择“填充”组中的“无填充”单选按钮，同时设置完成天数的条形为纯色填充，颜

色为深蓝色 (0,112,192)，如图 2-99 所示。

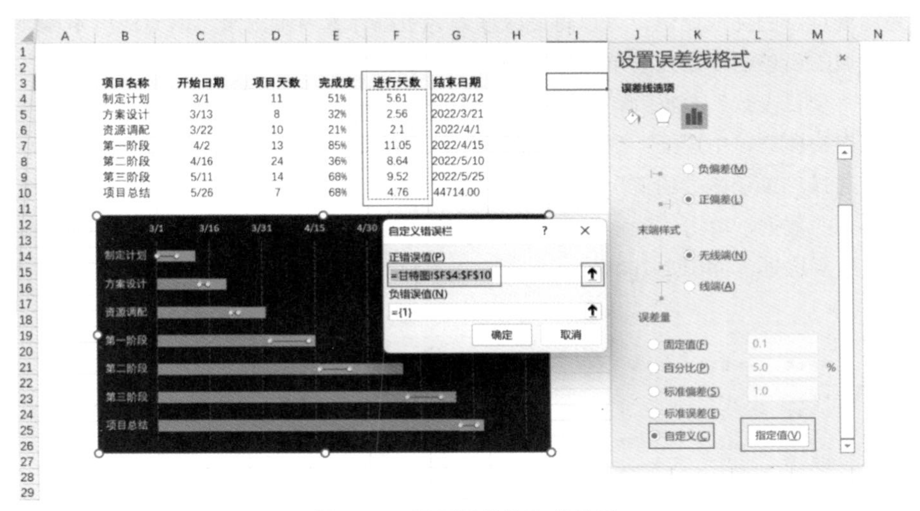

项目名称	开始日期	项目天数	完成度	进行天数	结束日期
制定计划	3/1	11	51%	5.61	2022/3/12
方案设计	3/13	8	32%	2.56	2022/3/21
资源调配	3/22	10	21%	2.1	2022/4/1
第一阶段	4/2	13	85%	11.05	2022/4/15
第二阶段	4/16	24	36%	8.64	2022/5/10
第三阶段	5/11	14	68%	9.52	2022/5/25
项目总结	5/26	7	68%	4.76	44714.00

图 2-97　设置误差线取值范围

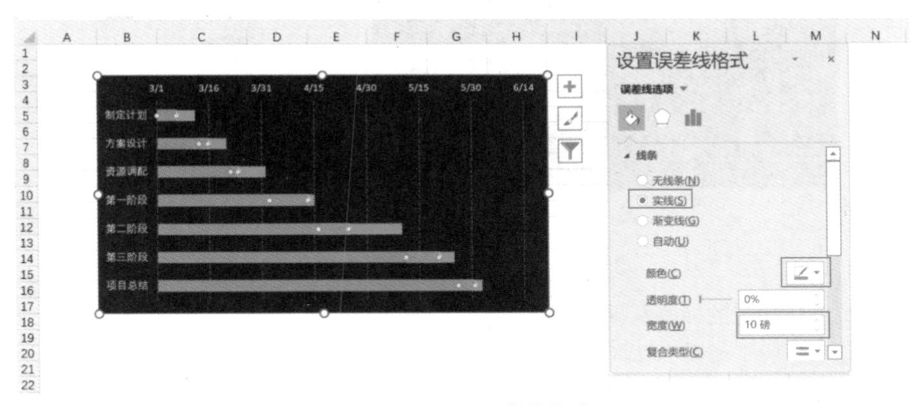

图 2-98　设置误差线格式

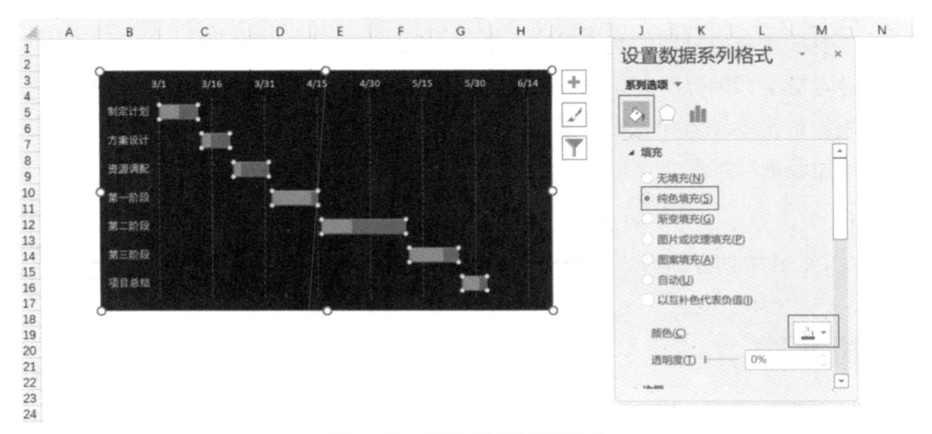

图 2-99　设置数据系列格式

5. 添加数据标签和说明

为体现项目的完成比例，可以将完成度作为数据标签显示出来，但完成度不在图表的数据源区域，所以需要通过“单元格中的值”设置。

单击“项目天数”数据列，添加数据标签并设置标签位置为居中，添加完成后右击数据标签，在快捷菜单中选择“数据标签格式”选项，单击“标签选项”按钮，在“标签包括”组中选择“单元格中的值”复选框，单击弹出的对话框中数据标签区域的向上的箭头选中区域列的数据，单击“确定”按钮，然后取消选中“标签包括”组中的“值”和“显示引导线”复选框，如图 2-100 所示。

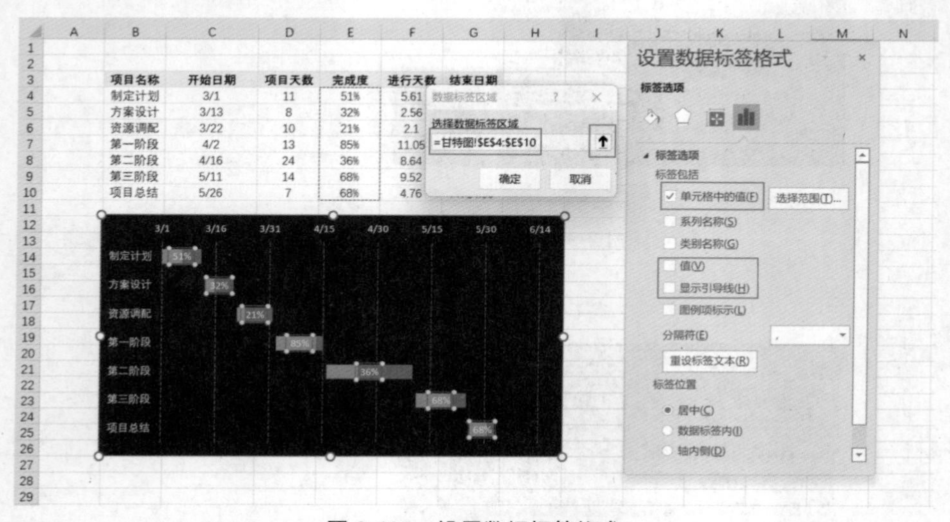

图 2-100 设置数据标签格式

因为是重新指定的标签数据源，所以数据标签也可以展示每个项目进度的关键词，例如第一阶段都完成了哪些具体的工作。

图表文字说明可参考 2.1.1 节的渐变柱形图。

6. 步骤总结

（1）改变项目开始日期的数据类型为数字，添加堆积条形图。

（2）设置横坐标轴范围和纵坐标轴逆序列。

（3）添加正误差作为完成部分条形，修饰绘图区。

（4）添加数据标签和文字说明。

7. 知识点

日期在 Excel 中的存储方式是数值，可作为图表中的维度，也可作为统计值。

2.2 折线图 ›››

折线图一般用于体现时间序列数据走势，例如股票行情一般使用折线图来展示。

Excel 默认的折线图一般都是一条线，绘图区占整个图表区面积比例不大，所以在修饰过程中一般会在默认图表的基础上增加纵坐标轴、数据标签、数据标记等元素丰富图表内容，增加图表效果。

2.2.1　平滑折线图

一列数据是时间周期，一列数据是统计值，这是折线图数据源最常见的形式，但图表区内元素较少，图表整体较空，但是如果横坐标时间序列数据较多又会导致较难分辨，因此适当增加辅助元素可让图表更加直观，如图 2-101 所示。

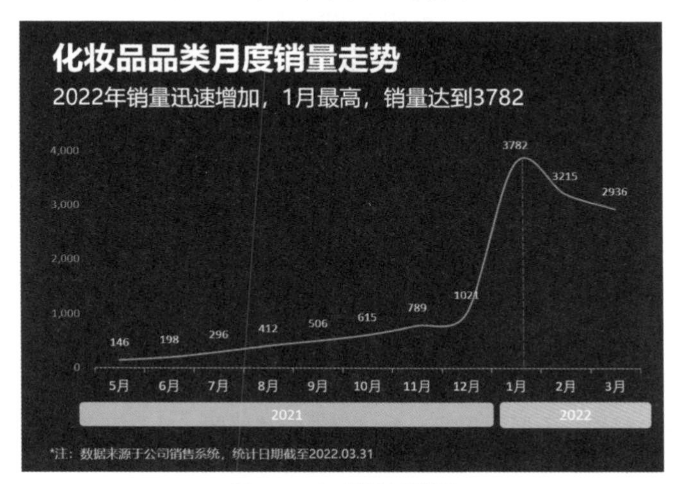

图 2-101　平滑折线图

1. 插入图表——折线图

选中月份和销量两列数据，在功能区中单击“插入”选项卡，在图表组中单击“插入折线图或面积图”按钮，选中“折线图”选项，如图 2-102 所示。

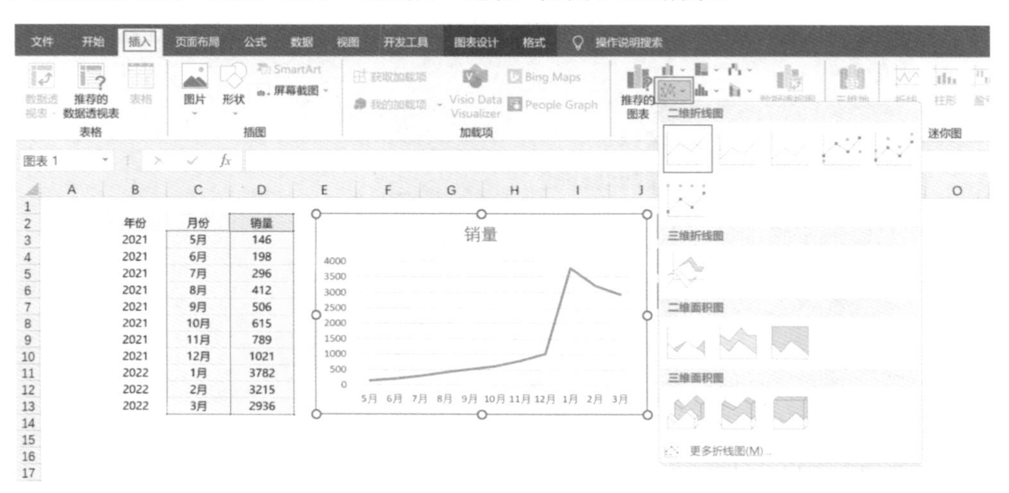

图 2-102　插入折线图

2. 修改图表区背景

右击“图表区”，在快捷菜单中选择“设置图表区域格式”选项，单击“填充与线条”按钮，在“填充”组中选择“纯色填充”单选按钮，修改颜色为靛蓝色（26,30,67），设置边框为无线条，如图 2-103 所示。

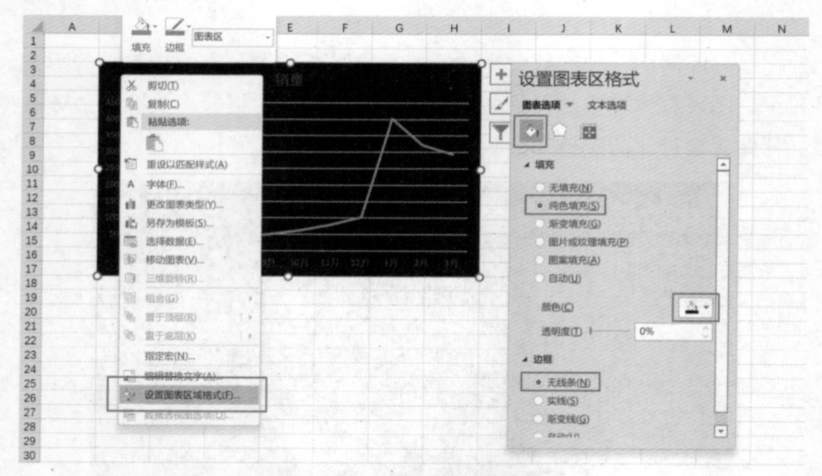

图 2-103　修改图表区背景

3. 修改图表元素

本例保留纵坐标轴用于展示折线系列值范围，其他图表元素可删除。

（1）修饰横坐标轴，单击“横坐标轴”，设置字体颜色为浅灰色（242,242,242），右击“横坐标轴”，在快捷菜单中选择“设置坐标轴格式”选项，单击“填充与线条”按钮，单击“线条”组中的“实线”单选按钮，设置颜色为浅灰色（217,217,217）。还可添加一个刻度线增加时间序列辨识度，方法为在“刻度线”组中设置“主刻度线类型”为外部，如图 2-104 所示。

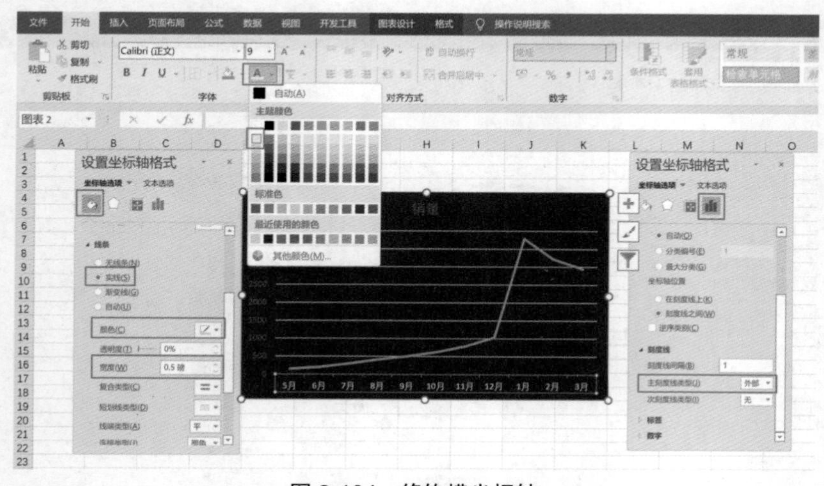

图 2-104　修饰横坐标轴

（2）修饰纵坐标轴，单击“纵坐标轴”，设置字体颜色为橙色（230,107,76），右击纵坐标轴在快捷菜单中选择“设置坐标轴格式”选项，单击“坐标轴选项”按钮，设置“边界”组中“最大值”为 4000，“单位”组中“大”为 1000。设置数字组“类别”为数字，“小数位数”为 0，选中“使用千分位分隔符”复选框，即每千位添加一个“,”作为分隔符，方便用户读取数值，如图 2-105 所示。

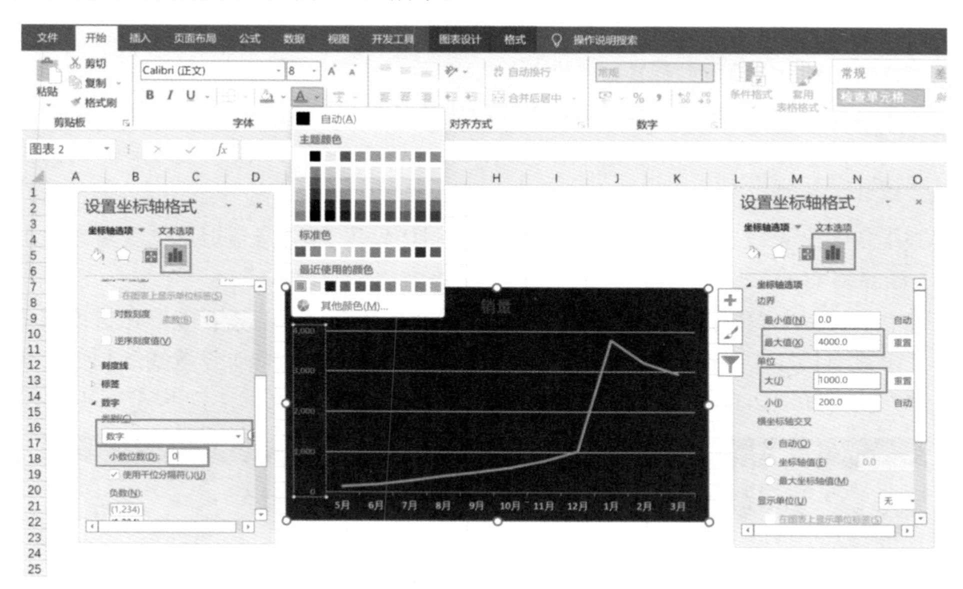

图 2-105　修饰纵坐标轴

（3）删除非必要图表元素，右击“标题”在快捷菜单中选择“删除”或按 Delete 键，删除“水平网格线”也使用相同的操作。

4. 修饰绘图区

观察数据，发现数据增长趋势较为明显时，可设置平滑线展示趋势。右击折线，在快捷菜单中选择“设置数据系列格式”选项，单击“填充与线条”按钮，在“线条”组选择“实线”单选按钮，设置颜色为橙色（230,107,76），宽度为 1 磅，如图 2-106 所示。

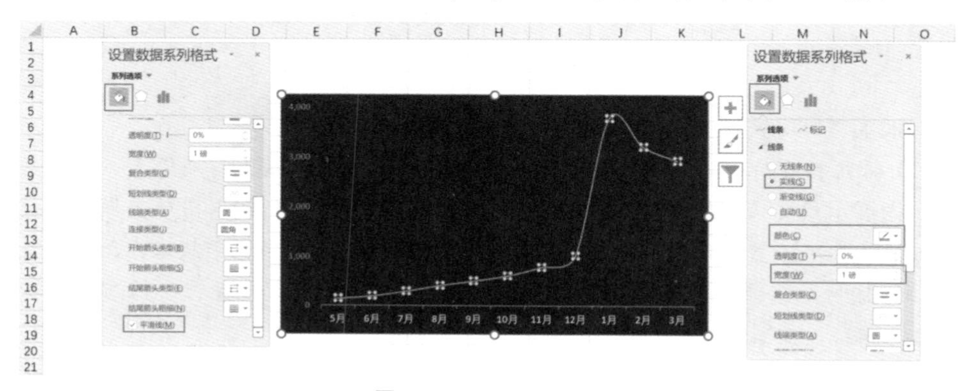

图 2-106　设置平滑线

使用 Excel 制作平滑线非常简单，只要在“填充与线条”菜单下将“平滑线”复选框选中即可。Excel 只支持对折线设置平滑，对面积图不支持设置平滑。如果需要设置平滑面积图，可将平滑折线图和面积图组成组合图，使用平滑的折线覆盖面积图的边缘，通过调节折线的宽度调节两者的重合边缘。

在第 1 步插入图表中只选择了后两列数据——月份和销量，第一列的年份数据没有被添加到图表中，因此，可单独添加圆角矩形来体现年份数据。同时为了突出最高点，可以增加一条竖直线，连接数据标签和横轴。

首先添加 2021 年圆角矩形，在功能区单击“插入”选项卡，在“插图”组中单击“形状”按钮选择“圆角矩形”选项，右击添加好的圆角矩形，在快捷菜单中选择“设置形状格式”选项，单击“填充与线条”按钮，设置“填充”为青绿色（102,221,203），设置“线条”为无线条，在形状内输入 2021。同样设置 2022 圆角矩形“填充”为金色（245,195,83）。

在“形状”中添加直线，因为是辅助线，设置虚线即可。右击直线，在快捷菜单中选择“设置形状格式”选项，设置“短画线类型”为长画线，同时设置线条颜色为橙色(230,107,76)，如图 2-107 所示。

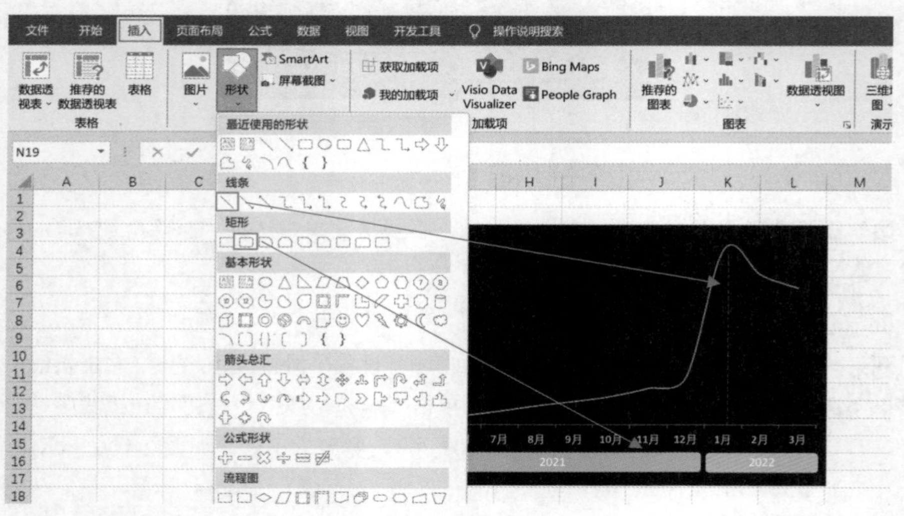

图 2-107　添加形状

5. 添加数据标签和说明

（1）添加数据标签，本例使用纵坐标轴展示系列值数值范围，所以无须添加数据标签。为展示最高点数值，可在最高点添加数据标签。单击折线，再单击最高点位置的折线，最高点位置数据点四周出现四个白色圆点代表此时为选中状态，再单击图表区右侧的加号，选择“数据标签”复选框。点击“数据标签”，设置字体颜色为灰色（242,242,242），如图 2-108 所示。

（2）添加文字说明，在功能区中单击“插入”选项卡，单击“文本框”插入一个空白的文本框。右击文本框，在快捷菜单中选择“设置形状格式”选项，在“填充”组选择

“无填充”单选按钮，在“线条”组选择“无线条”单选按钮。输入图表标题、图表说明及备注（备注可单独添加一个文本框），设置字体颜色为浅灰色（242,242,242），由于折线图绘图区内的形状较少，标题文字可适当调大，本例将图表标题字号设置为 20，说明文字字号设置为 14，备注字号设置为 9，如图 2-109 所示。

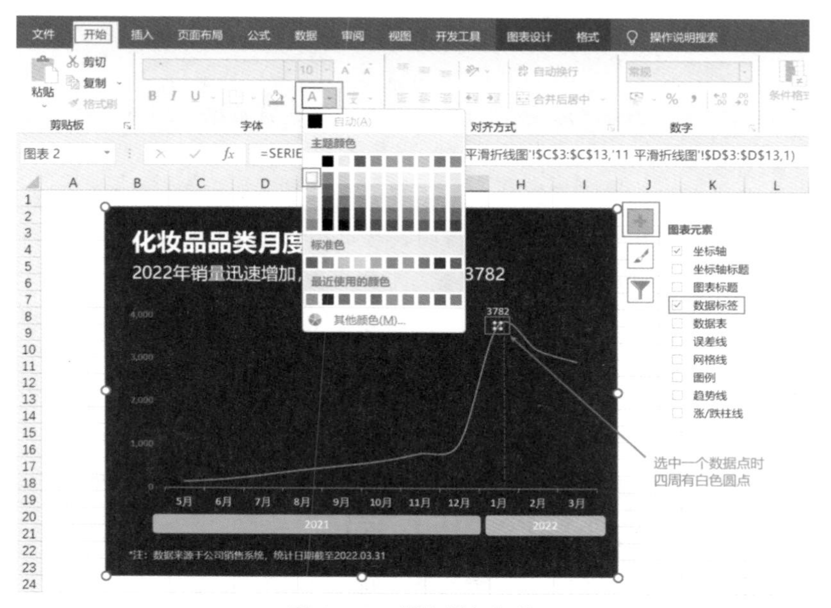

图 2-108　添加数据标签

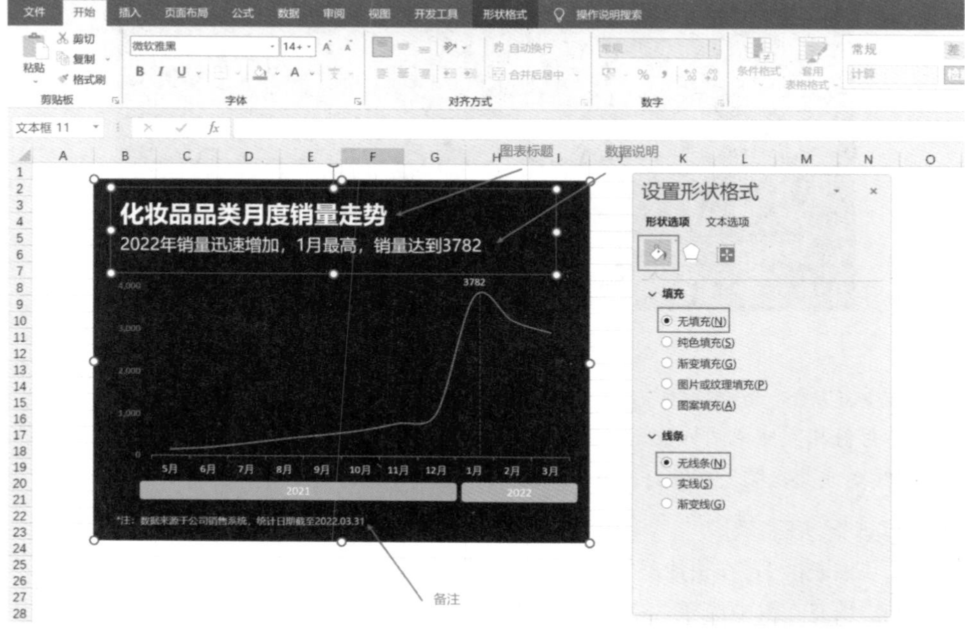

图 2-109　添加文字说明

6. 步骤总结

（1）插入折线图。

（2）修饰折线，设置平滑线。

（3）建立年份圆角矩形，辅助竖直线。

（4）添加数据标签和文字说明。

7. 知识点

- Excel 支持将折线图的折线设置为平滑线，在设置数据系列对话框中选择“平滑线”复选框即可修改折线为平滑线。
- 添加自定义形状作为图表的辅助图表元素，是 Excel 制作和美化图表的常用方法。复制制作好的形状后，单击图表区再按 Ctrl+V 键可将形状复制到图表区，将图表区复制或者拖动至其他位置，形状也会被复制和移动。

2.2.2 菱形走势图

菱形走势图借助垂直线呈类似窄条柱形的样式，与柱形图功能相近，同时也可以用于展示趋势关系，如图 2-110 所示。

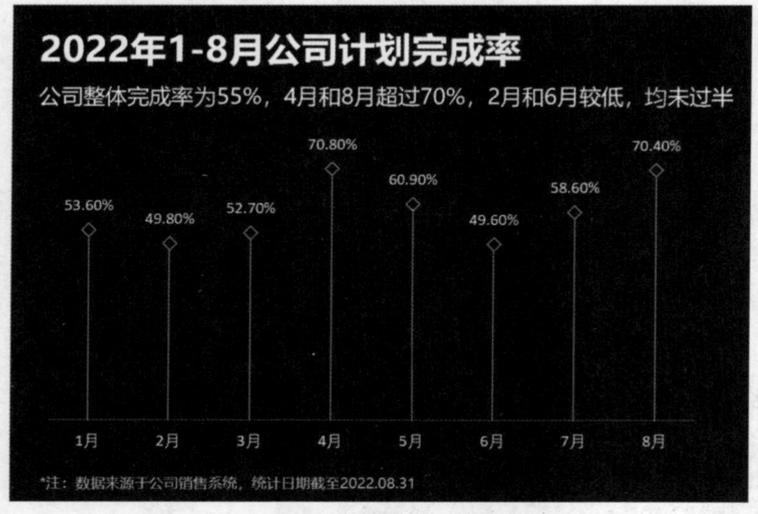

图 2-110　菱形走势图

1. 插入图表——折线图

选中月份和完成率两列数据，在功能区中单击“插入”选项卡，在“图表”组中单击“插入折线图或面积图”按钮，选择“折线图”选项，如图 2-111 所示。

2. 修改图表区背景

右击“图表区”，在快捷菜单中选择“设置图表区域格式”选项，单击“填充与线条”按钮，在“填充”组中选择“纯色填充”单选按钮，修改颜色为靛蓝色（26,30,67），设置边框为无线条，如图 2-112 所示。

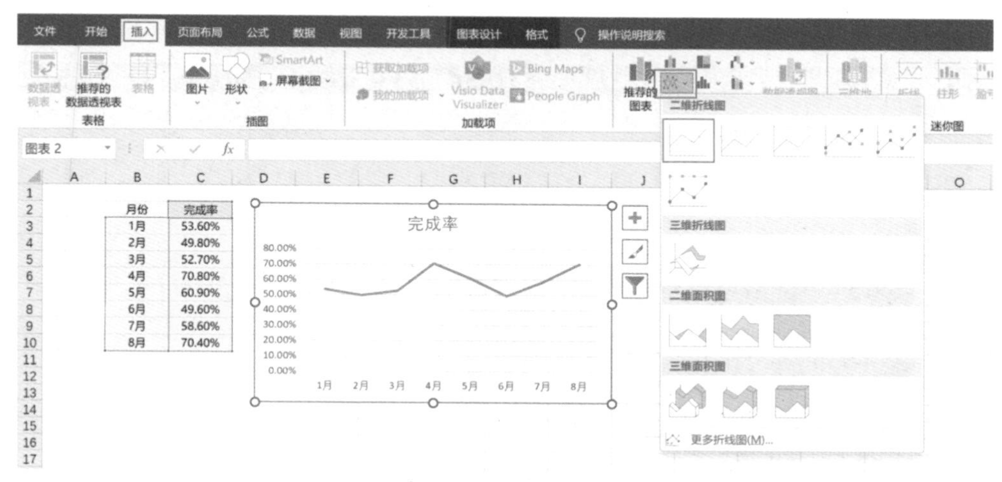

图 2-111　插入折线图

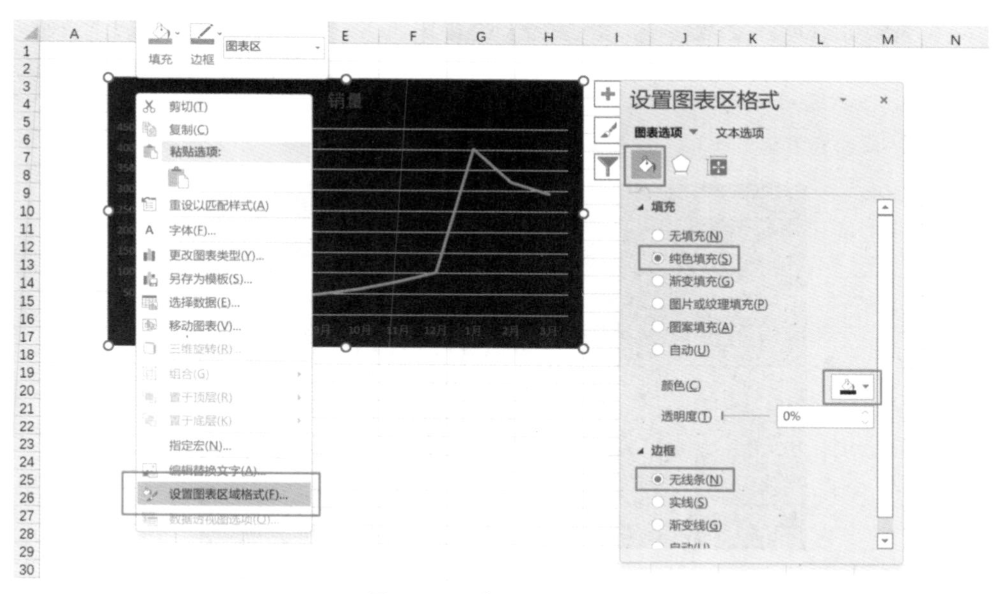

图 2-112　修改图表区背景

3. 修改图表元素

菱形走势图使用数据标签展示数据，所以无须纵坐标轴，只需保留横坐标轴，其他图表都可删除。

（1）修饰横坐标轴，单击横坐标轴，设置字体颜色为浅灰色（242,242,242），右击横坐标轴，在快捷菜单中选择“设置坐标轴格式”选项，单击“填充与线条”按钮，在“线条”组中选择“实线”单选按钮，设置颜色为浅灰色（217,217,217），宽度为 0.5 磅，透明度为 60%，如图 2-113 所示。

（2）删除非必要图表元素，右击标题选择“删除”选项或按 Delete 键，对水平网格线和纵坐标也使用同样方法删除，结果如图 2-114 所示。

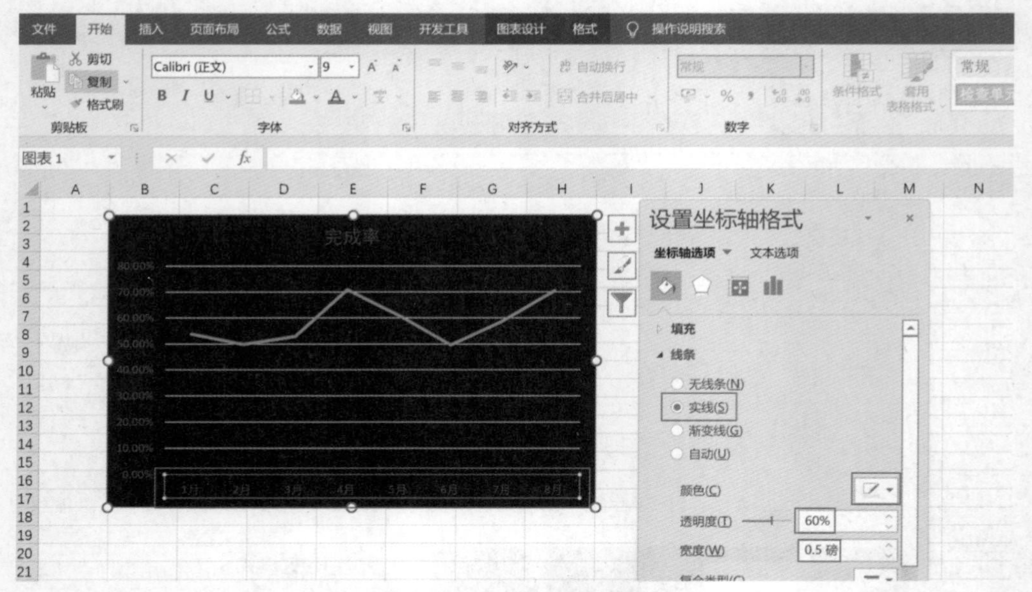

图 2-113　修饰横坐标轴

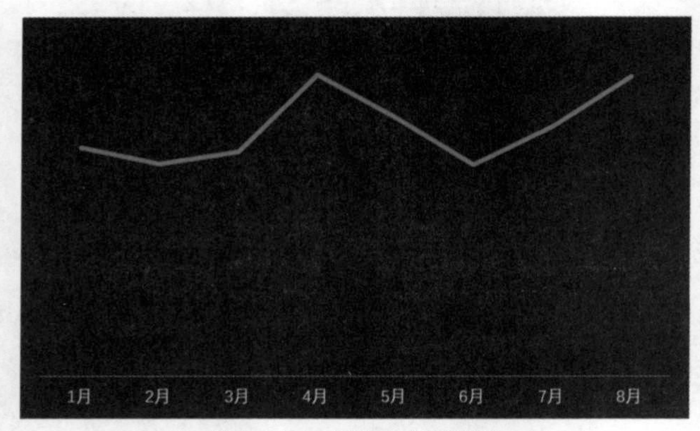

图 2-114　删除非必要元素

4. 修饰绘图区

菱形走势图是基于折线图实现的，绘图区主要由头部的菱形和下方的直线组成，其中菱形是折线图的标记，直线是图表元素线条，都是需要在默认图表基础上额外添加的，还需要将折线隐藏。

（1）添加菱形——折线标记，右击折线，在快捷菜单中选择“设置数据系列格式”选项，单击“填充与线条”按钮，单击“标记”按钮，在“标记选项”组中选择“内置”单选按钮，设置类型为菱形，大小需根据图表区大小调节，本例设为 5。

（2）设置菱形标记，单击“标记”按钮，单击“填充与线条”按钮，在“填充”组中选择“纯色填充”单选按钮，颜色同背景色为靛蓝色（26,30,67），设置边框为实线，边框颜色为红色（231,78,105），这样就得到菱形形状，如图 2-115 所示。

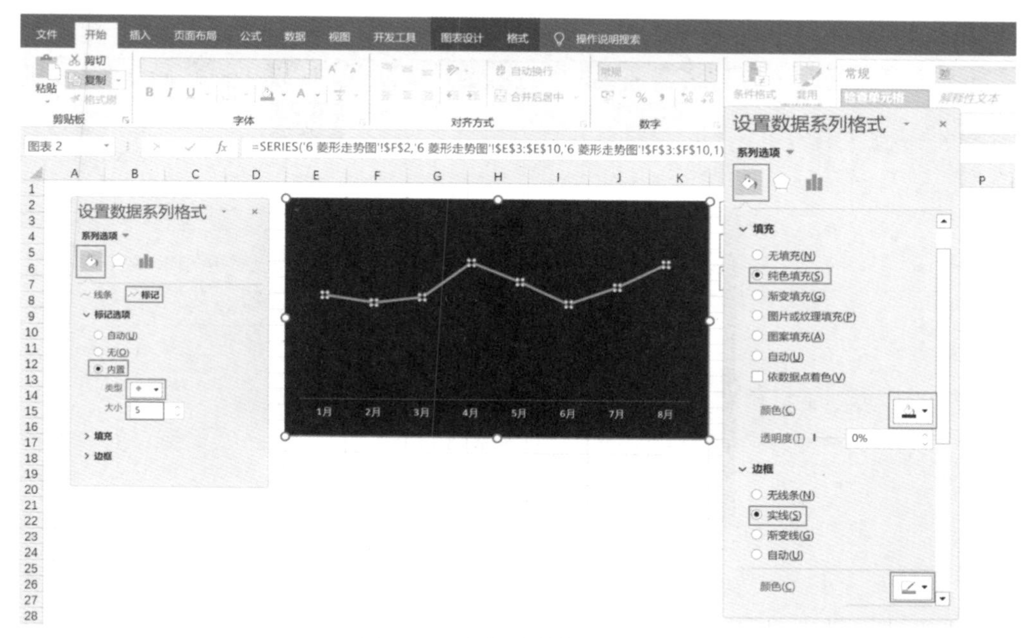

图 2-115 添加和修饰折线标记

（3）隐藏折线，右击折线，在快捷菜单中选择“设置数据系列格式”选项，单击“填充与线条”按钮，在“线条”组中选择“无线条”单选按钮，如图 2-116 所示。

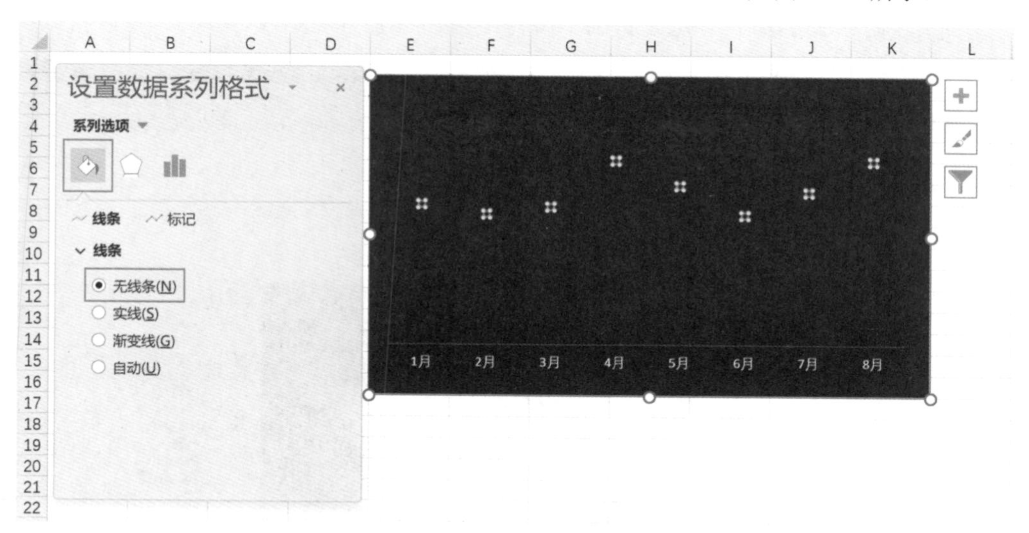

图 2-116 设置折线为无线条

（4）添加垂直线，添加的垂直线可以将横轴和标记连接一起，展示效果与柱形相近。单击图表区，在功能区单击“图表设计”选项卡，单击“添加图表元素”按钮，依次选择“线条”选项和右侧级联菜单中的“垂直线”选项，最后需要设置垂直线颜色同标记颜色一致，右击垂直线，在快捷菜单中选择“设置垂直线格式”选项，设置颜色为红色（231,78,105），如图 2-117 所示。

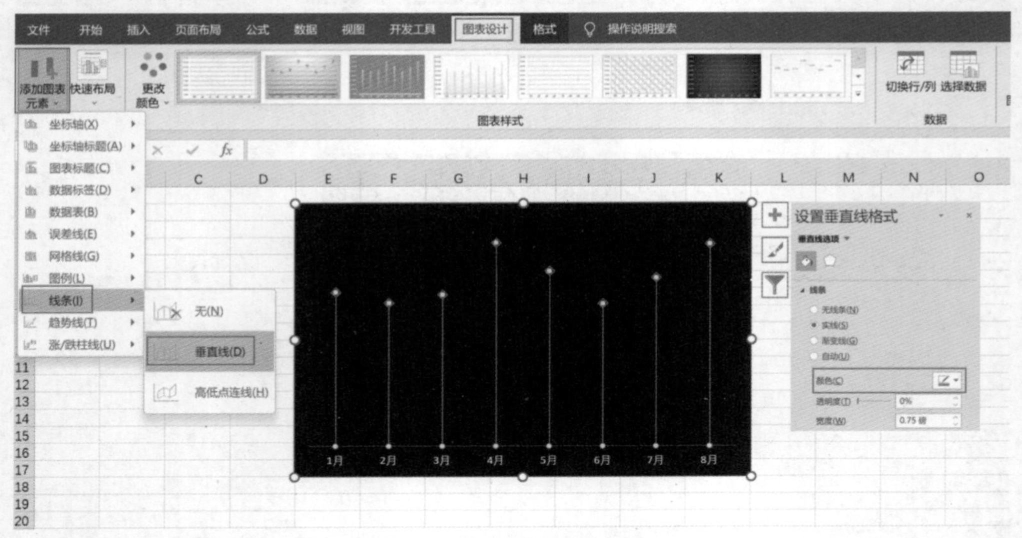

图 2-117 设置垂直线

5. 添加数据标签和说明

单击图表区，单击图表区右侧的加号，选择“数据标签”复选框，添加数据标签，如图 2-118 所示。单击数据标签，设置数据标签字体颜色为灰色（242,242,242）。

图表说明添加方法可参考 2.2.1 节的平滑折线图的添加方法。

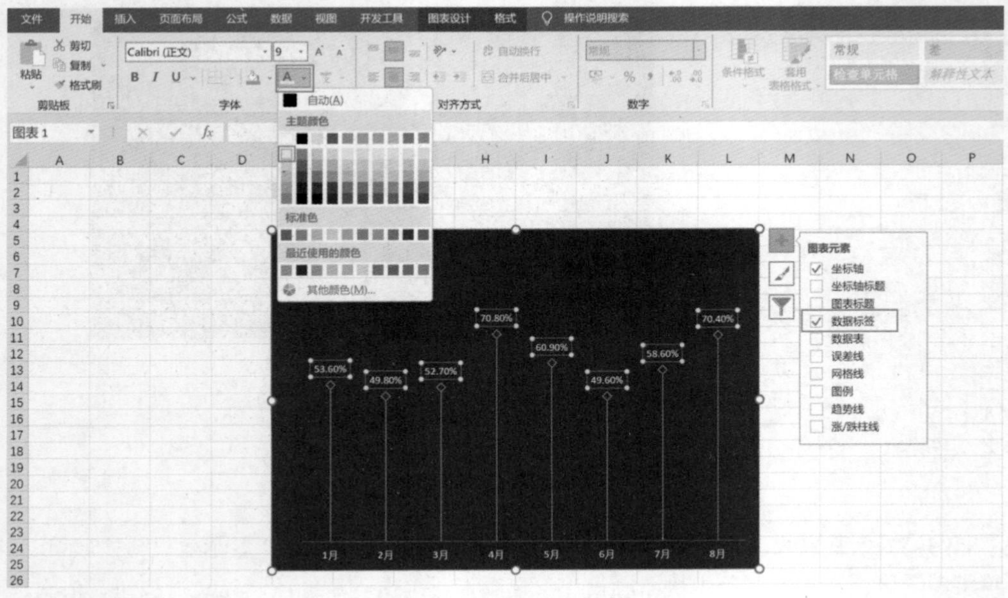

图 2-118 添加数据标签

6. 步骤总结

（1）插入折线图。

（2）修饰折线，给折线添加标记，并设置折线为无线条，设置标记为菱形。

（3）添加垂直线。

（4）添加数据标签和文字说明。

7. 知识点

- 可添加折线图并设置标记，标记可设置为不同形状，也可以通过复制粘贴设置自定义图片和形状。
- 单击功能区中添加图表元素按钮可以添加当前图表所有支持的图表元素，包含在图表右侧加号中不能添加的和不经常使用的，如趋势线、误差线等图表元素。
- 使用 Excel 制作图表时，添加图表元素是重要的方式。在日常应用中，我们可灵活地使用不同的图表元素美化图表，以达到最佳呈现效果。

2.2.3 对比折线图

对比折线图用于展示不同的系列值在相同时间周期的走势关系，如图 2-119 所示。一般建议折线不超过 3 条，否则会导致绘图区凌乱，观众不容易分辨数据。

图 2-119　对比折线图

1. 插入图表——折线图

选中全部 3 列数据，单击功能区中“插入”选项卡，在图表组中单击“插入柱形或条形图”按钮选择“折线图”选项，如图 2-120 所示。

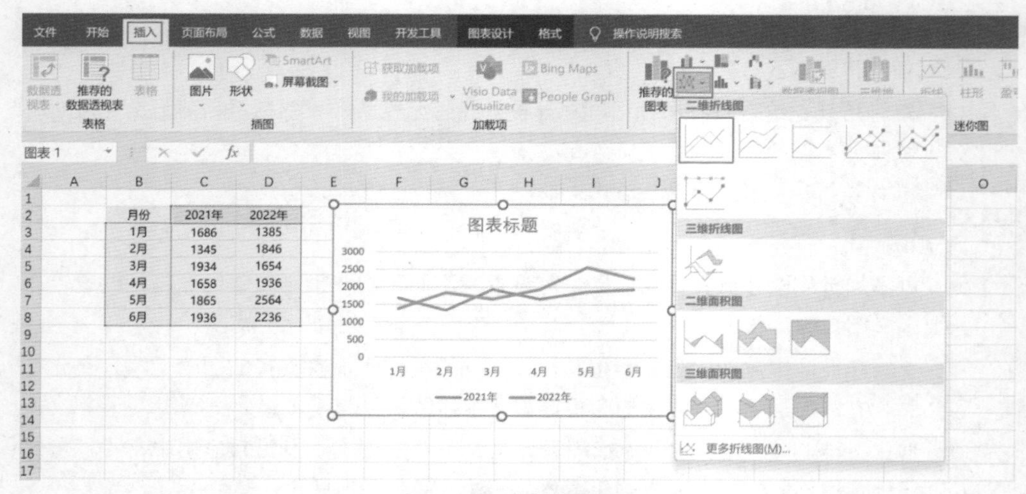

图 2-120　插入折线图

2. 修改图表区背景

设置填充为纯色填充，修改颜色为靛蓝色（26,30,67），设置边框为无线条，结果如图 2-121 所示。

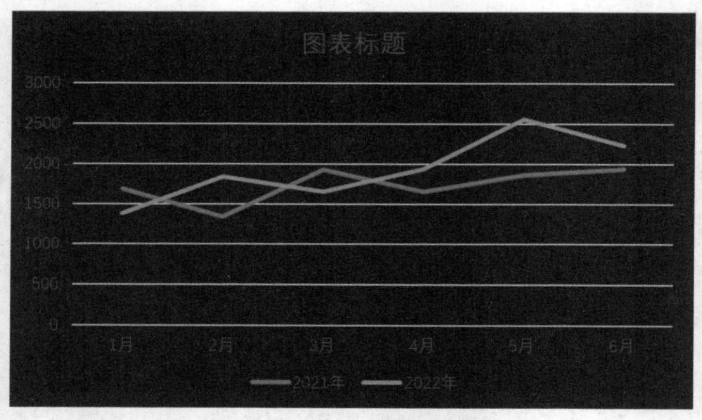

图 2-121　修改图表区背景

3. 修改图表元素

本例由两条折线组成，所以需要保留图例用以区分不同的类别，横坐标轴用于体现时间序列，纵坐标轴用于体现序列值范围，同时还可以使用水平网格线作为系列值大小的参考线，标题可用更加灵活的文本框设置。其他元素为非必要图表元素。

（1）修饰横坐标轴，单击“横坐标轴”，设置字体颜色为浅灰色（242,242,242），右击横坐标轴，在快捷菜单中选择“设置坐标轴格式”选项，单击“填充与线条”按钮，选择“线条”组中的“无线条”单选按钮，如图 2-122 所示。

（2）修饰纵坐标轴，单击“纵坐标轴”，设置字体颜色为浅灰色（242,242,242），右击纵坐标轴，在快捷菜单中选择“设置坐标轴格式”选项，单击“坐标轴选项”“单位”

单击“数据标签”按钮右侧的三角形可设置数据标签的位置，例如设置上方或者下方，是对同一系列进行统一设置。例如本例，2022 年数据大多数高于 2021 年数据，可设置 2022 年的数据标签在上方，2021 的数据标签在下方，但是 2021 年 3 月份数据高于 2022 年 3 月份数据，所以 3 月份的数据标签就会发生重叠。

数据的组成形式千变万化，有时使用统一设置的数据标签会导致数据标签重叠，所以有时需要以手动拖动的方式调整数据标签的位置。以 2021 年 3 月的数据标签（1654）为例，对其单击一次会选中 2021 年所有数据标签，再单击一次就反选中了 1654，鼠标选中并拖动该数据标签，这样就可以根据需要任意调整数据标签的位置，如图 2-130 所示。

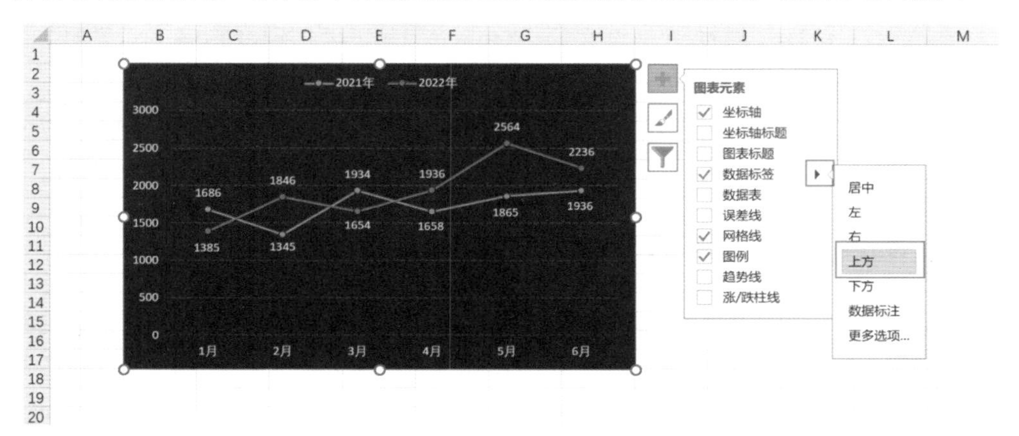

图 2-130　调整数据标签的位置

当两组对比数据的交叉程度较高，就需要添加数据标签背景色来增加不同类别数据标签的辨识度。在“设置数据标签格式”对话框中单击“填充与线条”按钮，在“填充”组中选择“纯色填充”单选按钮，设置颜色同折线颜色，设置边框为无边框，如图 2-131 所示。在前面介绍的渐变柱形图也使用了同样的方式修饰数据标注。

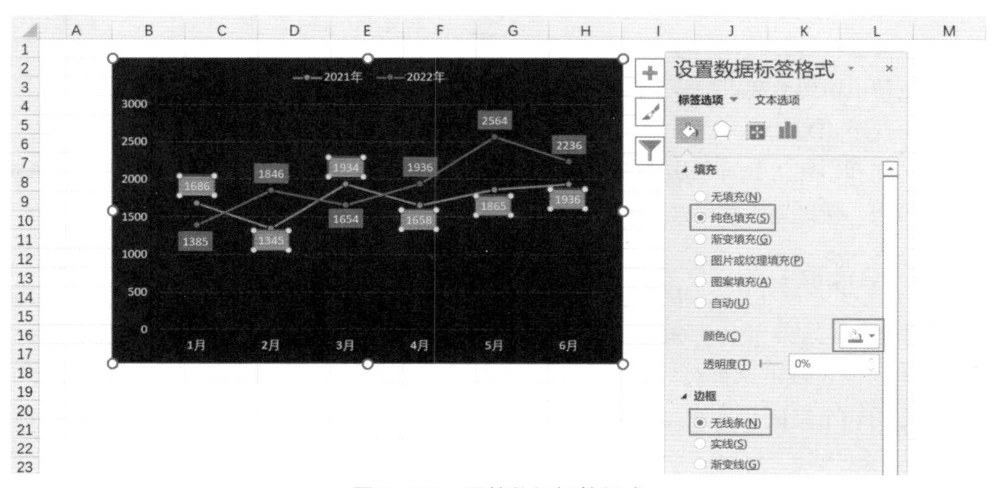

图 2-131　调整数据标签格式

6. 步骤总结

（1）插入折线图。

（2）删除标题。

（3）修饰折线和数据标记。

（4）添加数据标签和文字说明。

7. 知识点

- 设置折线图标记边框与背景颜色相同，可让每个标记呈现出与折线断开的效果，进而增加每个数值的辨识度，整体图表也不会过于生硬。
- 为数据标签添加背景色或设置不同字体颜色可用于区分不同的类别，以增加不同类别数据标签辨识度。
- 为更好地协调图表布局，几乎每个图表元素位置都需要调节，通过拖动鼠标的方式可以更加灵活地调节和修改位置。

2.3 圆饼图和圆环图 ›››

饼图用于展示构成关系数据，每个类别通过扇形角度大小体现数据大小，通过填充色进行分组。例如销售报告中不同销售部门业绩贡献占比，人力资源中体现性别分布占比等都可以通过饼图展示。

圆饼图中央是一个镂空的圆的图表称为圆环图，圆环图与圆饼图功能是一样的，样式上是圆饼图中间增加了一个空白圆，圆环图可以在空白圆增加一个数据标签。例如展示男女比例分布时，可以在中间增加一个总人数的数据标签，这种方式在 BI 看板中经常被用到。

圆饼图和圆环图制作原则：

- 分类项目一般不建议超过 5 项。
- 使用数据标签替代图例功能。
- 避免使用饼图分离。
- 避免使用 3D 效果。

圆环图和饼图可修饰的图表元素并不多，但可通过调节每个圆环块或者扇形的颜色实现衍生图表，例如南丁格尔玫瑰图，玉玦图等。

2.3.1 单值圆环图

在周期性总结汇报中，重要指标（例如北极星指标）完成率是汇报的重要内容之一，一个适当的图表可以更直观地展示完成度。本节介绍的单值圆环图即可用于展示整体完成度，它由一个完成百分比文本框和圆环组成，常应用于数据可视化看板中，如图 2-132 所示。

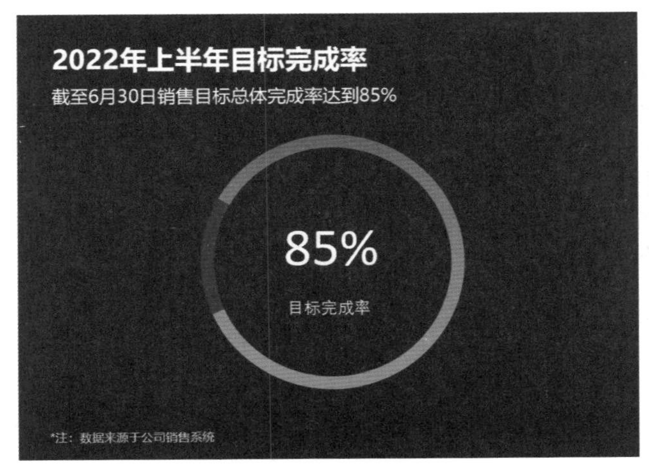

图 2-132 单值圆环图

1. 插入图表——圆环图

数据源说明：占位值等于 1- 完成率，与完成率相加等于 100%，合成一个完整的圆环。本例中完成率为 85%，占位值等于 1-85%=15%。

选中两列数据，在功能区中单击“插入”选项卡，在图表组中单击“插入饼图或圆环图”按钮，选择“圆环图”选项，如图 2-133 所示。

图 2-133 插入圆环图

2. 修改图表区背景

右击圆环图图表区，在快捷菜单中选择“设置图表区域格式”选项，单击“填充与线条”按钮，在“填充”组中选择“纯色填充”单选按钮，修改颜色为靛蓝色（26,30,67），设置边框为无线条，如图 2-134 所示。

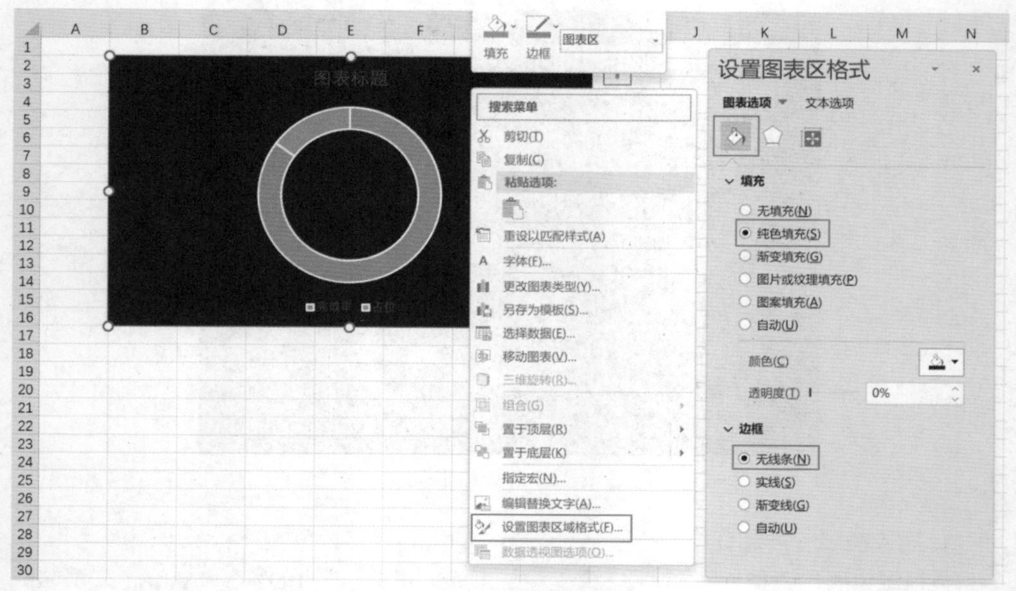

图 2-134　修改图表区背景

3. 修改图表元素

单值图只需要一个数据标签和圆环，其他图表元素皆可删除，右击标题删除或按 Delete 键，同样删除图例，结果如图 2-135 所示。

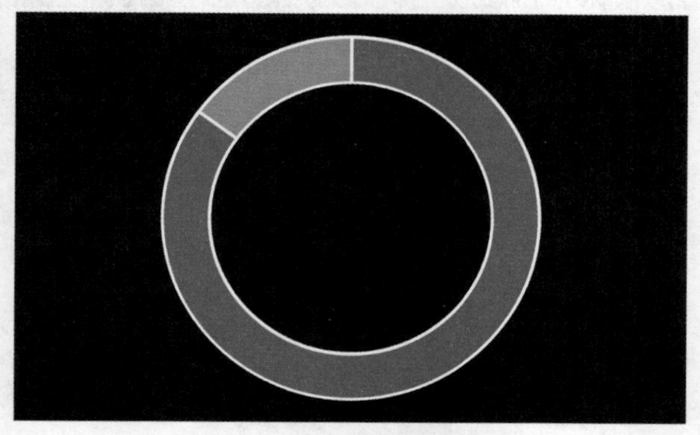

图 2-135　删除非必要图表元素

4. 修饰绘图区

对圆环或饼图的修饰主要有两个方向，即圆环大小和每个圆环块（数据点）的填充。

（1）调节圆环大小，调节“圆环图圆环大小”可调节圆环的粗细，调节“第一扇区起始角度”可以调节圆环块开始角度，建议多尝试，对比图表变化，找到最佳呈现效果。本例将圆环大小设置为 90%，调节开始角度为 300°，让占位圆环块处于左侧，使得完成率和未完成率左右对称形成对比。

右击圆环，在快捷菜单中选择“设置数据系列格式”选项，单击“标签”按钮，设置

“第一扇区起始角度”为 300°，设置“圆环图圆环大小”为 90%，如图 2-136 所示。

（2）修改填充色，修改配色让图表颜色符合报告整体配色，设置渐变色可以体现完成的渐进过程，但是渐变色也不宜过多，2 到 3 个即可。

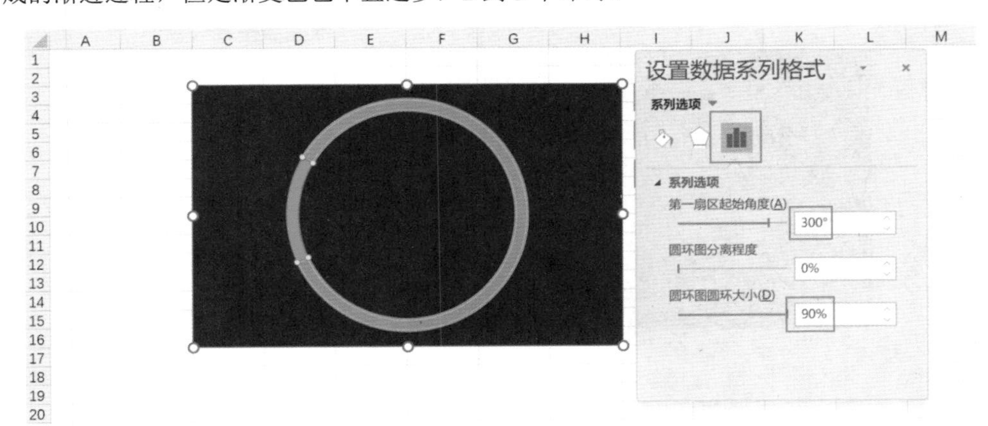

图 2-136 删除非必要图表元素

右击圆环，在快捷菜单中选择“设置数据系列格式”选项，单击“填充与线条”按钮，在“边框”组中选择“无线条”单选按钮。再单击圆环较大的圆环块，在“填充”组中选择“渐变填充”单选按钮，单击“渐变光圈”右侧红色按钮可以删除渐变光圈，单击渐变光圈中的光圈滑块可以设置对应颜色，左右侧颜色分别设置为紫色（112,48,160）和红色（231,78,105），如图 2-137 所示。

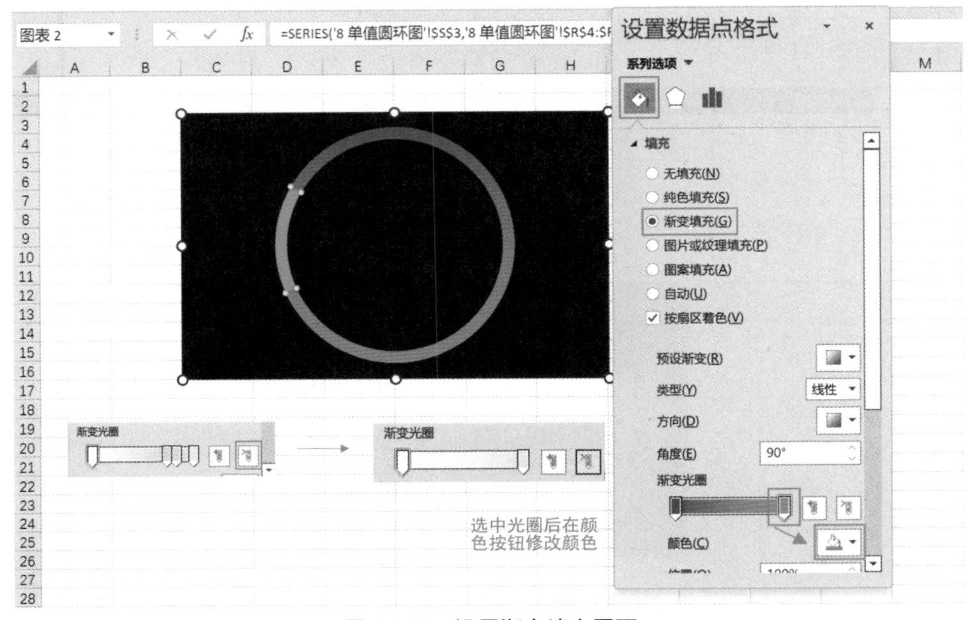

图 2-137 设置渐变填充圆环

占位圆环块起辅助作用，无展示数据的需要，可使用与背景色相近的填充色或设置填充透明度为较高值。单击一下圆环，再单击一下未完成率圆环块，设置填充为纯色填充，颜色为浅灰色（242,242,242），透明度为 90%，如图 2-138 所示。

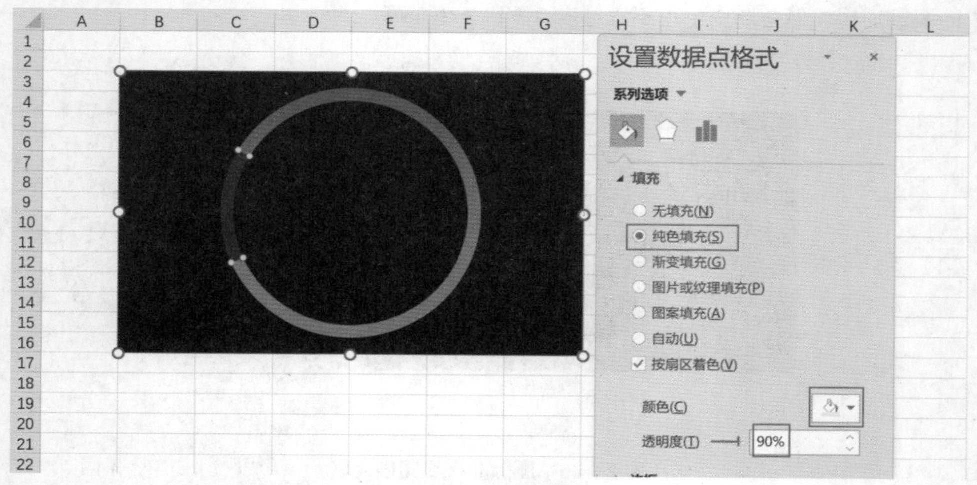

图 2-138　设置辅助圆环填充

5. 添加数据标签和说明

（1）添加数据标签，选中图表区，在功能区中单击“插入”选项卡，在文本组单击“文本框”按钮插入文本框，在文本框中输入 85%，右击文本框，在快捷菜单中选择“设置形状格式”选项，单击“填充与线条”按钮，设置填充为无填充，线条为无线条，设置字体颜色为浅灰色（242,242,242），字号为 36。同样再次插入目标完成率文本框，设置字号为 11，如图 2-139 所示。

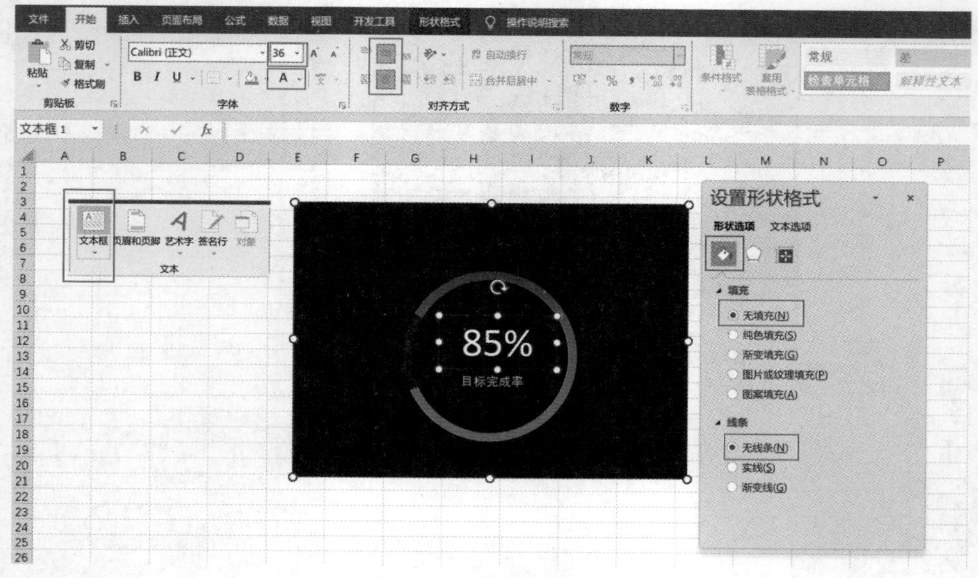

图 2-139　添加数据标签

（2）添加文字说明，在功能区中单击“插入”选项卡，单击文本框插入一个空白的文本框。右击文本框，在快捷菜单中选择“设置形状格式”选项，设置填充为无填充，线条为无线条。最后插入说明文字，设置字体颜色为浅灰色（242,242,242），选中标题设置字号为 20，图表说明字号为 12，备注可单独添加一个文本框，字号为 8，如图 2-140 所示。

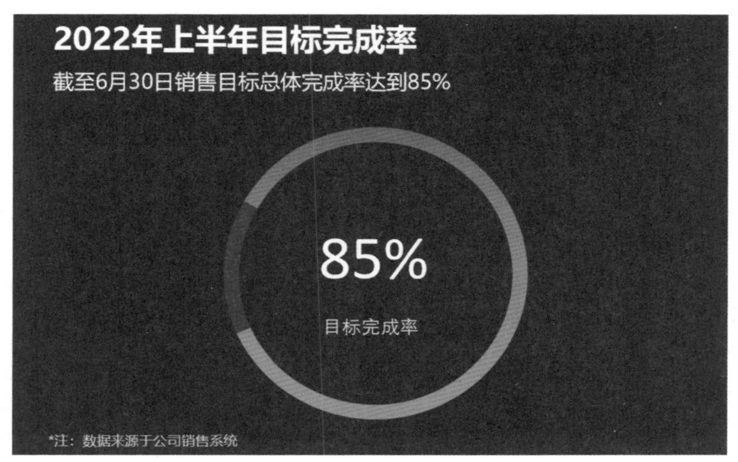

图 2-140　添加文字说明

6. 步骤总结

（1）插入圆环图。

（2）修饰圆环图，调整开始角度和圆环大小，修改完成率，设置圆环填充为渐变色填充。

（3）添加自定义数据标签和文字说明。

7. 知识点

- 圆环图可以在空心圆内增加文本框作为数据标签用于展示数值。
- 圆环图圆环大小可以通过圆环宽度设置，两者成反比关系，圆环百分比越大，宽度越小。
- 设置圆环角度可以让圆环旋转。

2.3.2　水球图

2.3.1 节介绍了单值圆环图，用于体现完成率，本节继续介绍一种与其功能相近，同样可以用于展示完成度的图表——水球图。

水球图从形状上看是一个圆形，实际上为保证图形比例准确性，是通过柱形图来制作的。

1. 插入图表——簇状柱形图

数据源说明：辅助值是固定的，值为 100%。同时需要注意图表数据源是两列，如果数据源是两行，需要在“图表设计”菜单下单击“切换行 / 列”按钮。

图 2-141　水球图

选中两列数据，在功能区中单击“插入”选项卡，在图表组中单击“插入柱形或条形图”按钮，选择“簇状柱形图”选项，如图 2-142 所示。

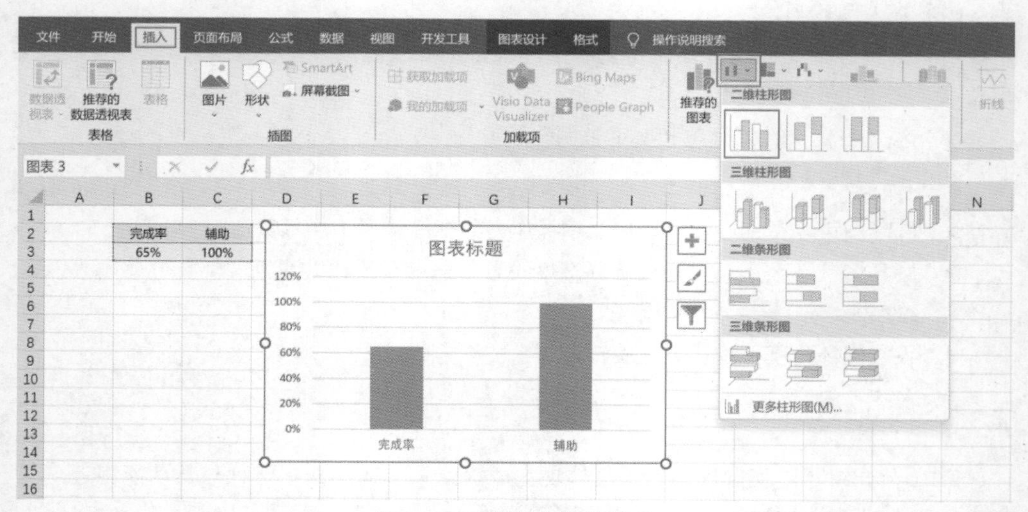

图 2-142　插入簇状柱形图

2. 修改图表区背景

设置填充为纯色填充，修改颜色为靛蓝色（26,30,67），边框为无线条，结果如图 2-143 所示。

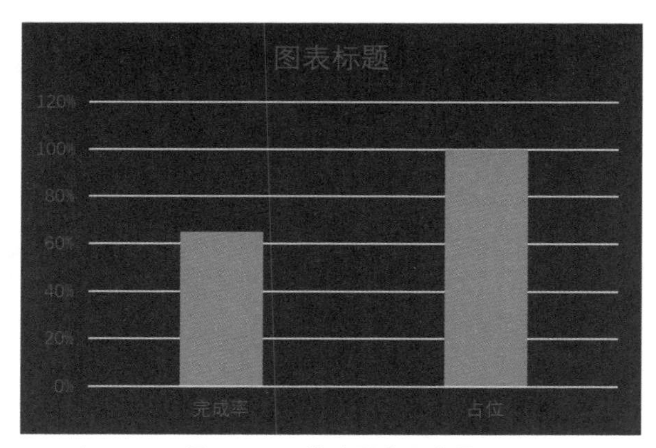

图 2-143　修改图表区背景

3. 修改图表元素

水球图只需要一个数据标签和圆形，其他图表元素皆可删除，在删除纵坐标轴前需要先设置最大值为 1，作为满圆的状态。

（1）设置纵坐标轴范围，右击纵坐标轴，在快捷菜单中选择“设置坐标轴格式”选项，单击“坐标轴选项”按钮，设置“边界”组中“最小值”为 0（有时默认值就是 0，但是也需要手动修改为 0，否则最小值可能随着数据变化），“最大值”为 1，如图 2-144 所示。

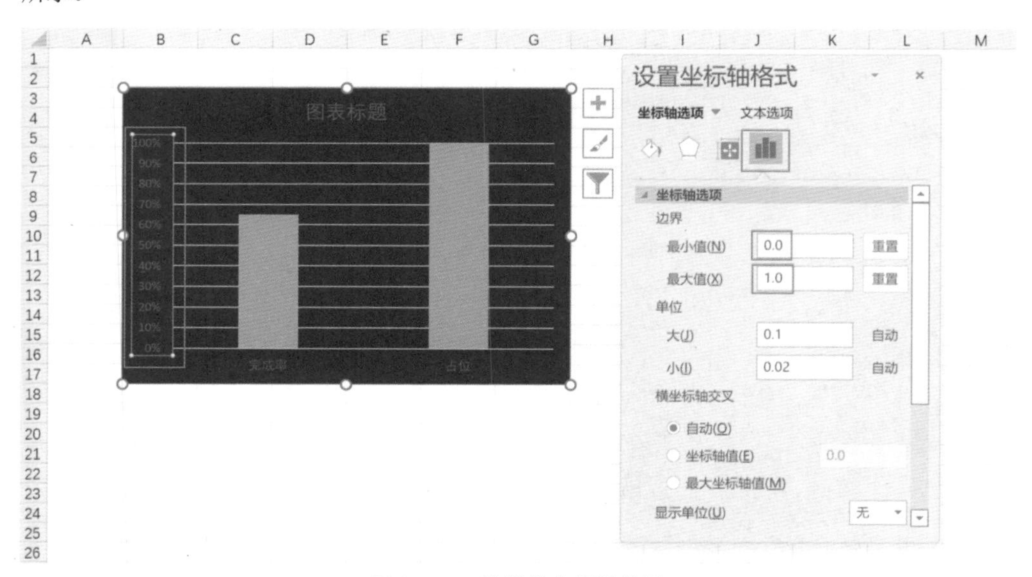

图 2-144　设置纵坐标轴范围

（2）删除非必要图表元素，右击标题删除或按 Delete 键，同样删除纵坐标轴、横坐标轴、网格线，结果如图 2-145 所示。

图 2-145　删除非必要图表元素

4. 修饰绘图区

水球图是基于柱形图插入圆形实现的。首先插入需要的圆形和圆环，在功能区单击“插入”选项卡，单击“形状”按钮，在基本形状组选择“椭圆”选项，同时按住 Shift 键插入圆形可建立正圆，如本例需要建立三个圆，也可复制两次，如图 2-146 所示。

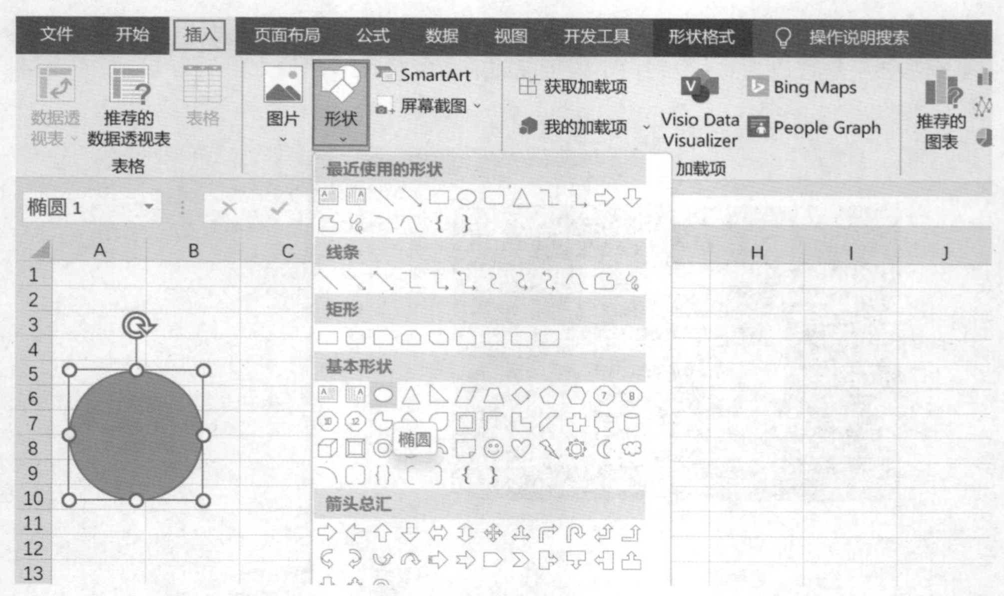

图 2-146　插入椭圆形状

右击建立好的圆形，在快捷菜单中选择“设置形状格式”选项，设置其中一个填充为纯色填充，颜色为蓝色（0,112,192），线条为无线条，称为填充圆。设置另外两个圆的填充为无填充，线条为实线，颜色为蓝色（0,112,192），称为空心圆，如图 2-147 所示。

接下来是将制作好的形状复制到柱形图中。首先复制填充圆，单击柱形图表区，再单击一下较矮柱形即可选中它，按 Ctrl+C 键粘贴，或者右击填充圆，在快捷菜单中选择“设置数据点格式”选项，单击“填充与线条”按钮，设置填充为图片或纹理填充，并单击“剪贴板”按钮，这样就将柱形图的矩形形状改成圆形状。再复制其中一个空心圆，粘贴至较高柱形，如图 2-148 所示。

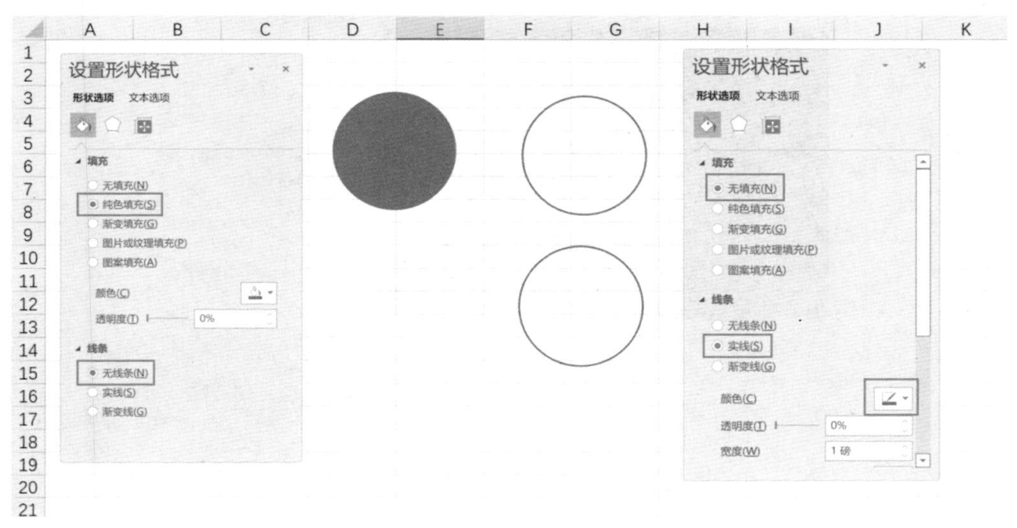

图 2-147　设置形状圆

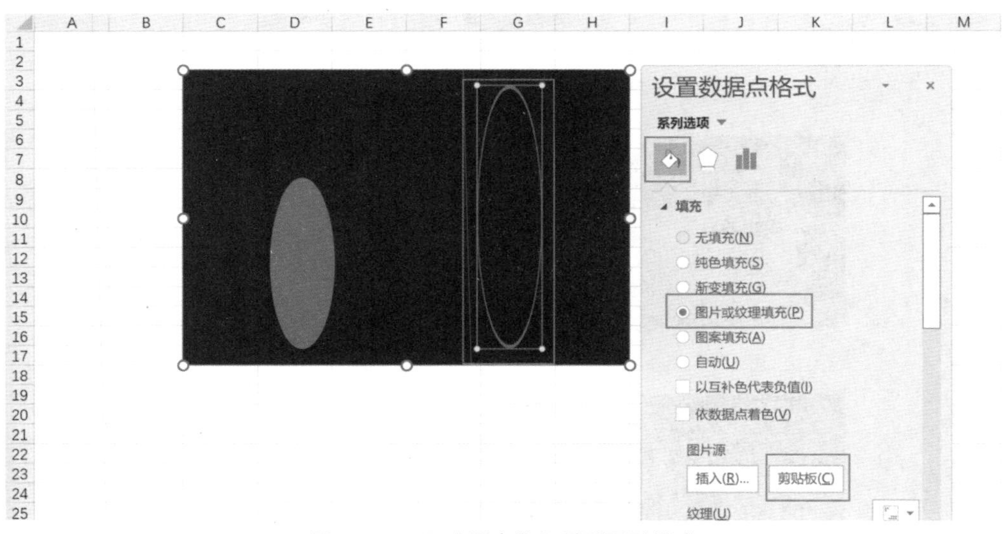

图 2-148　更改图表数据系列图形样式

填充圆用于展示完成率，需根据百分比数值大小截取圆，在“填充与线条”菜单下选中“层叠并缩放”单选按钮，空心圆是作为完整圆体现 100% 的完成率，所以无须设置层叠方式，如图 2-149 所示。

Excel 图片或纹理层叠方式一共有三种，另外两种是伸展和层叠，作用分别是按照比例拉伸形状和叠加形状，建议读者都单击一下这两个单选按钮对比其作用和区别。

最后一步是将两个圆重叠，点击系列选项设置“系列重叠”的值为 100%，“间隙宽度”的值为 0%，如图 2-150 所示。

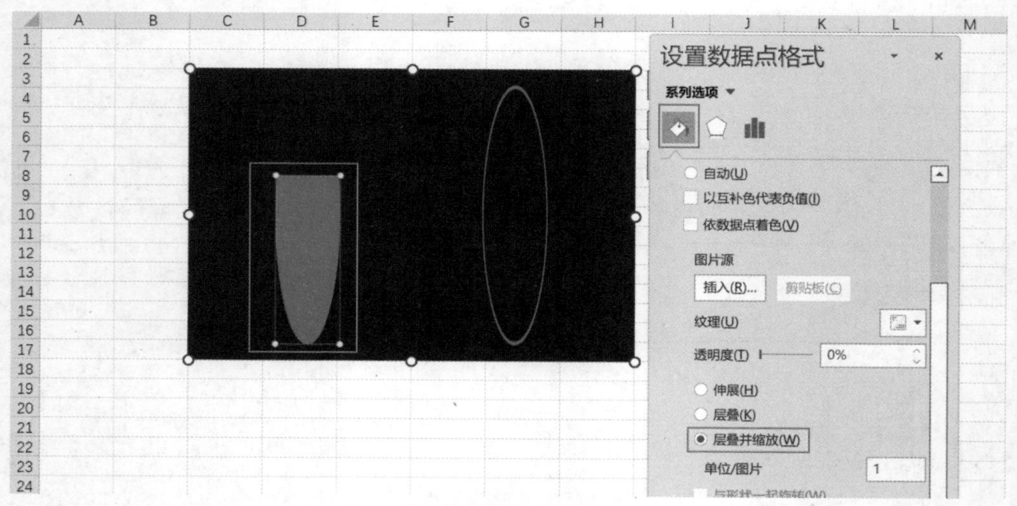

图 2-149 设置填充形状层叠方式

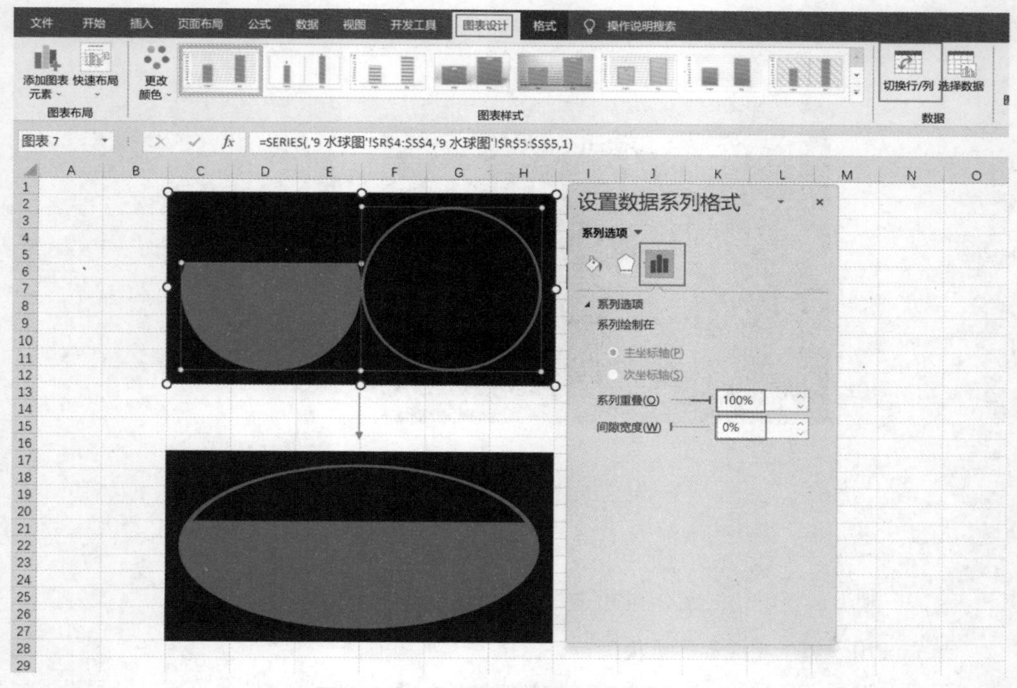

图 2-150 完成率和辅助数据系列合并

如果两个圆没有重叠到一起，可能是行列关系错误，可以选中图表，在功能区单击“图表设计”选项卡，再单击“切换行 / 列”按钮即可转换行列关系。

水球图与其他图表有一点不同的是需要调整图表区大小，即长和宽的值，设置图表区为长宽相等的正方形，这样水球图的圆才是一个正圆。右击图表区，在快捷菜单中选择

“设置图表区域格式”选项，单击“大小与属性”按钮，设置高度和宽度大小一致，本例设为 6.5 厘米。最后将第三个空心圆复制到图表区内，并调节空心圆大小将绘图区包围，如图 2-151 所示。

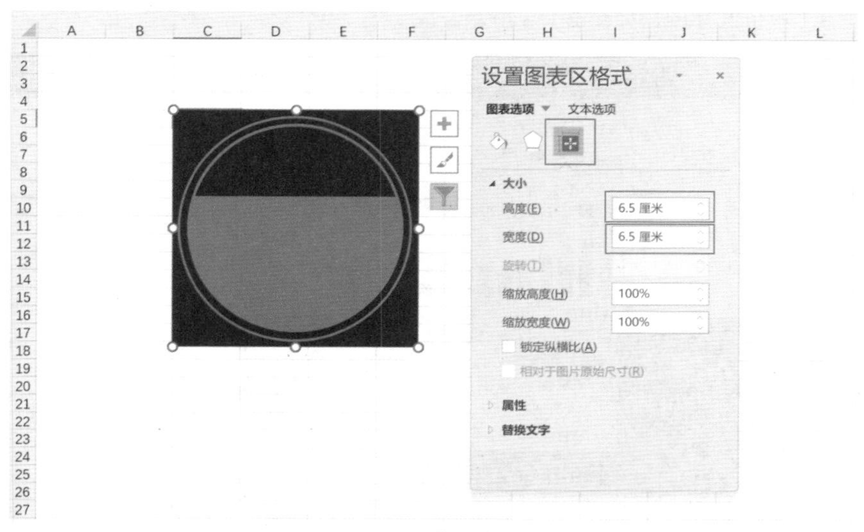

图 2-151　调节图表区大小

5. 添加数据标签和说明

水球图可较为灵活地设置和修改文本框作为数据标签。首先插入数值文本框，输入完成率 65%，设置形状格式填充为无填充，线条为无线条，设置字体颜色为浅灰色 (242,242,242)，字号为 40，如图 2-152 所示。

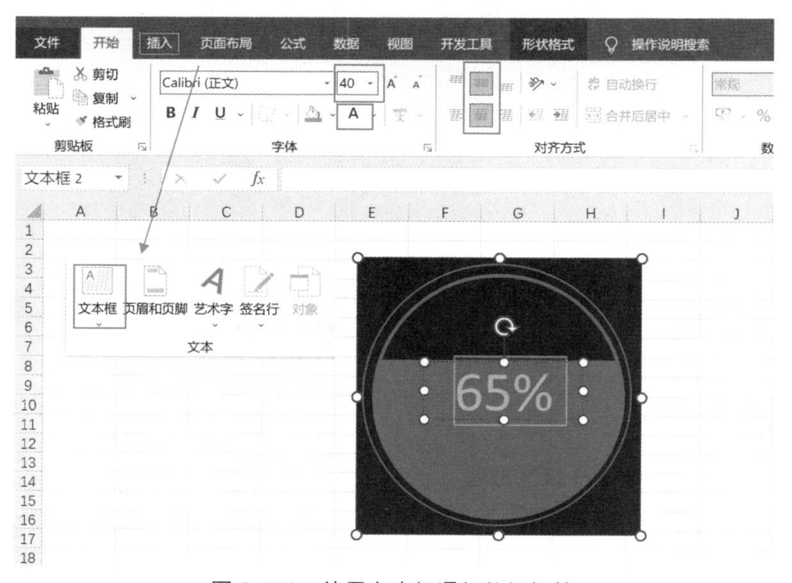

图 2-152　使用文本框添加数据标签

由于图表区是水球图一部分，不能将图表区作为整个图表的背景，可以将一个单元格区域作为背景，本例以 B3:I24 单元格作为背景区域，设置该区域单元格填充色为靛蓝色（26,30,67）。最后在单元格区域内添加文本框作为图表说明，图表说明的具体制作方法可以参考 2.3.1 单值圆环图，如图 2-153 所示。

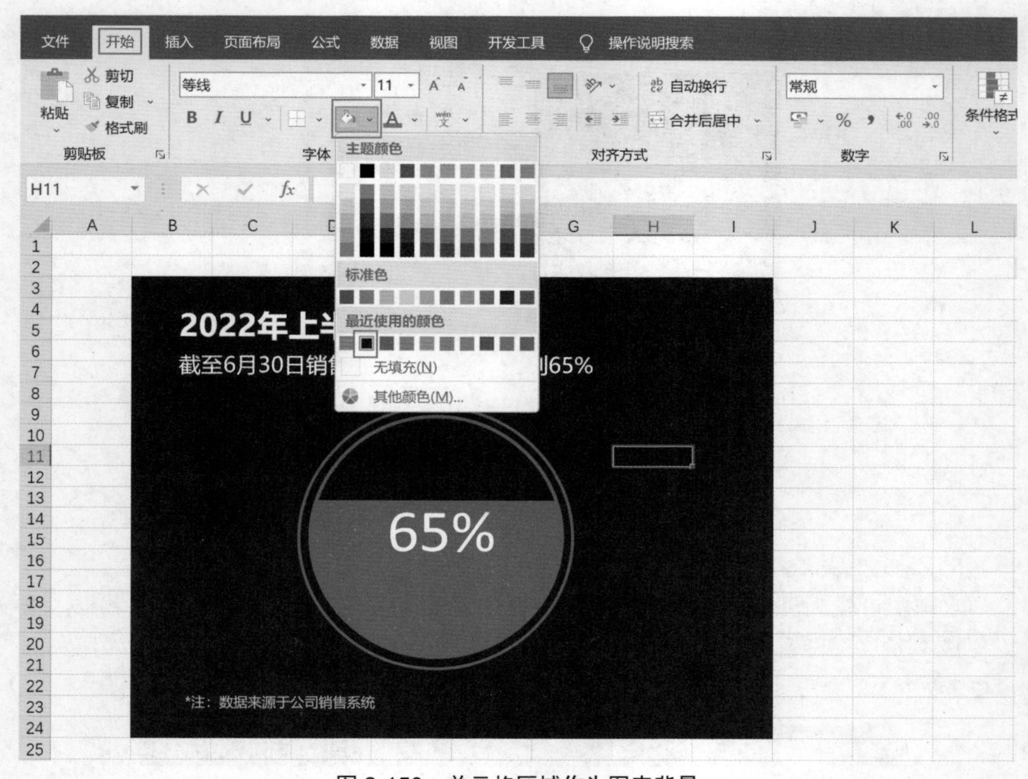

图 2-153　单元格区域作为图表背景

6. 步骤总结

（1）插入簇状柱形图。

（2）删除标题、纵坐标轴、横坐标轴、网格线。

（3）建立三个圆形，复制粘贴对应柱形，设置系列重叠和间隙宽度。

（4）添加自定义数据标签和文字说明。

7. 知识点

- Excel 绘图区中数据系列可以重新指定样式，通过直接复制粘贴形状或更改填充为图片或纹理填充实现。
- 柱形图或条形图中，调节系列重叠和间隙宽度可以改变柱形数据系列间的距离和柱形宽度。
- 在图表设计菜单下单击“切换行 / 列”按钮可以转换图表数据源的行列关系。

2.3.3　波浪水球图

波浪水球图样式与 2.3.2 节介绍的水球图整体上是一样的，区别在于波浪水球图的分界线是波浪，看起来像是水波，如图 2-154 所示。波浪水球图的制作过程与水球图的制作过程也大体一致，主要区别是插入柱形图的形状，同时有一个步骤需要借助 PPT 的剪切功能。

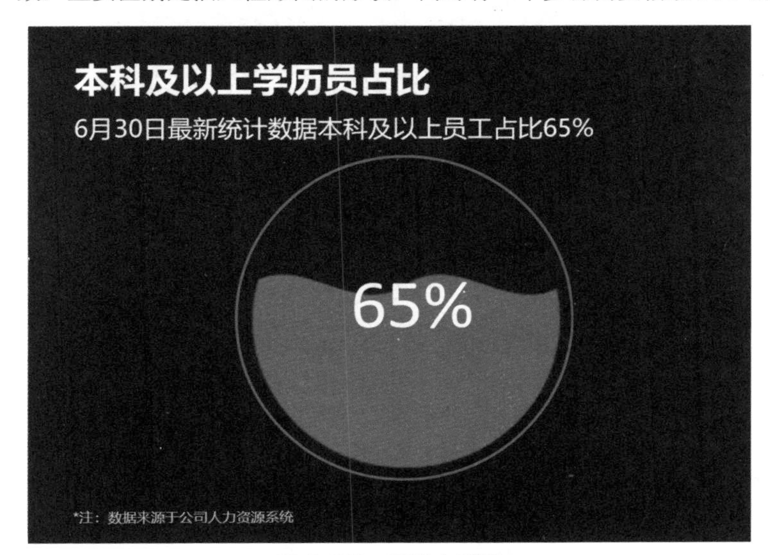

图 2-154　波浪水球图

1. 插入图表——簇状柱形图

数据源说明：占位数值是固定的值，值为 100%。

选中两列数据，在功能区中单击“插入”选项卡，在图表组中单击“插入柱形或条形图”按钮，选择“簇状柱形图”选项，如图 2-155 所示。

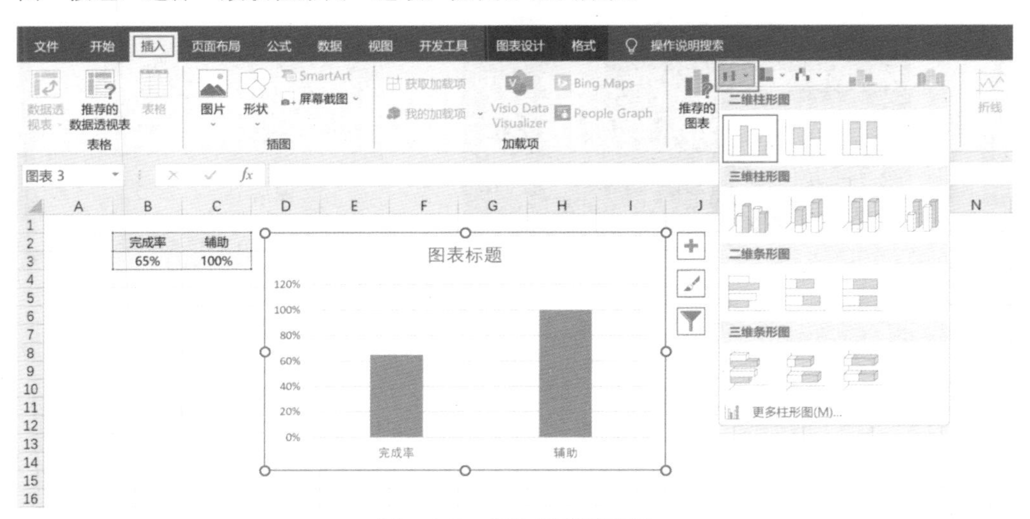

图 2-155　插入簇状柱形图

2. 修改图表区背景

设置填充为纯色填充，修改颜色为靛蓝色（26,30,67），设置边框为无线条，结果如图 2-156 所示。

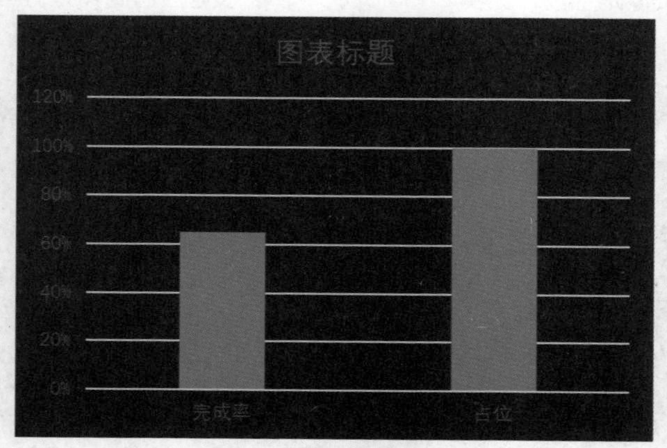

图 2-156 修改图表区背景

3. 修改图表元素

波浪水球图同样只需要一个数据标签和圆形，其他图表元素皆可删除，并在删除纵坐标轴前需要先设置最大值为 1，作为满圆的状态。

（1）设置纵坐标轴，右击纵坐标轴，在快捷菜单中选择“设置坐标轴格式”选项，单击“坐标轴选项”按钮，设置“最小值”为 0，“最大值”为 1，如图 2-157 所示。

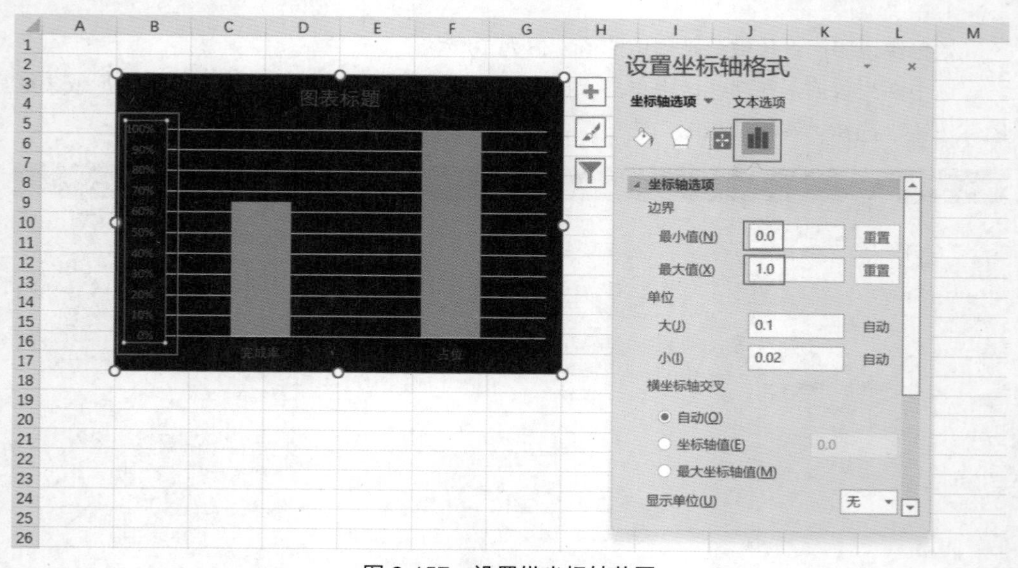

图 2-157 设置纵坐标轴范围

（2）删除非必要图表元素，右击标题删除或按 Delete 键，同样删除纵坐标轴、横坐标轴、网格线，结果如图 2-158 所示。

图 2-158　删除非必要图表元素

4. 修饰绘图区

2.3.2 节介绍的水球图是将一个层叠的填充圆和一个空心圆合并组成的组合图形。波浪水球图使用波形与空心圆组合，借用波形的上部形成波浪状，但波形的下部分如果与一个圆合并很难与整体空心圆适配，所以需要一个中间是空心圆的正方形，将整体空心圆以外的部分遮住。

（1）建立空心圆正方形，新建一个空白 PPT，在功能区单击“插入”选项卡，在“插图”组中单击“形状”按钮，在“基本形状”组中选择“椭圆”选项，插入时按住 Shift 键建立一个标准圆；在“矩形”组中选择“矩形”选项，按住 Shift 键建立一个正方形，如图 2-159 所示。

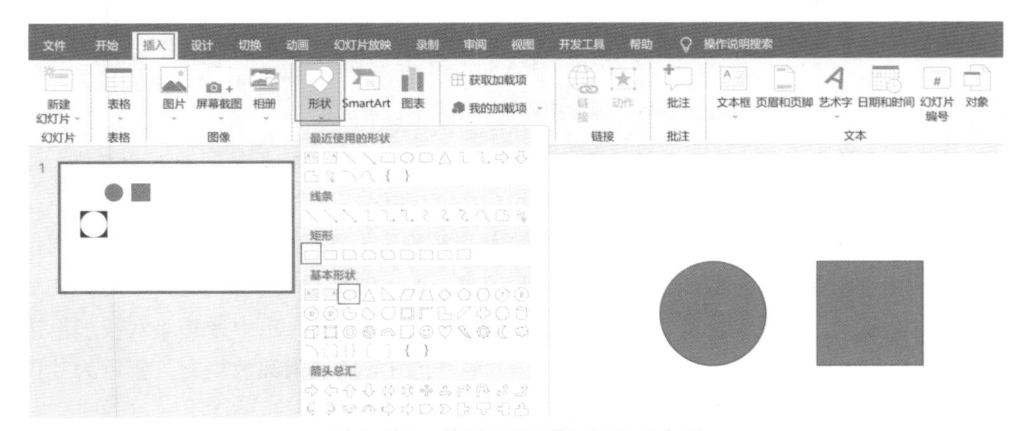

图 2-159　使用 PPT 添加圆和正方形

右击圆形和正方形，在快捷菜单中选择“设置形状格式”选项，单击“大小与属性”按钮，设置“高度”和“宽度”等于一个值，本例设为 2.7 厘米，如图 2-160 所示。

将圆复制到正方形处，使两个形状中心点完全重合，同时选中两个形状，单击功能区的“形状格式”选项卡，单击“合并形状”按钮，选择“剪除”选项，这样就得到一个内部是空心圆的正方形，并将图形填充和线条颜色都设置为与背景色一致的靛蓝色（26,30,67），如图 2-161 所示。

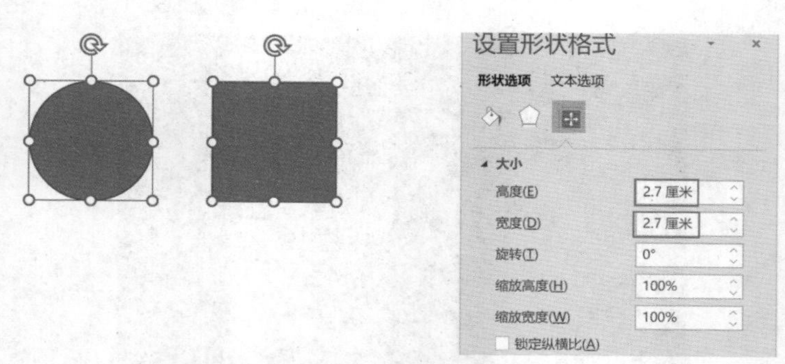

图 2-160 设置形状大小

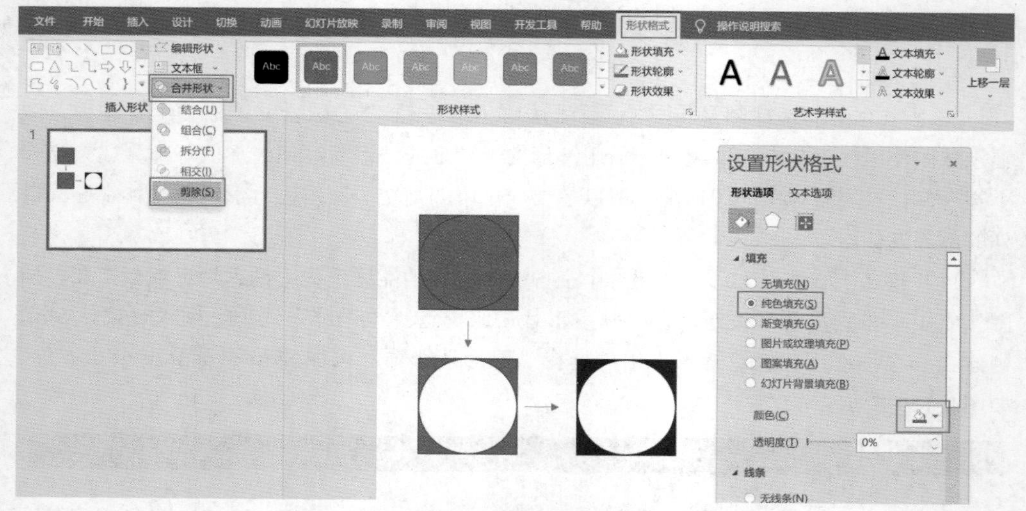

图 2-161 建立空心圆与正方形组合形状

波浪水球图的外框就建立好了，通过这种方式设置的外框可将不是圆的部分遮挡，以实现整体是一个圆的效果，空心部分还可以将完成率形状显示出来。

（2）插入波浪圆形状，波浪圆形状也是由两个图形组合而成的，使用 Excel 即可制作该形状。由于非圆部分使用上面添加的正方形遮挡，所以波浪图下方采用矩形即可。在功能区单击“插入”选项卡，单击“形状”按钮，在“星与旗帜”组中选择“双波形”选项，在“矩形”组中选择“矩形”选项，并设置两个图形填充为纯色填充，颜色为蓝色（0,112,192），并设置线条为无线条，如图 2-162 所示。

选中两个图形，设置两个图形宽度一致，本例设为 1.8 厘米。再右击两个图形，在快捷菜单中选择“组合”选项，将两个图形组合到一起，最后拉拽双波形，使其下部波浪被矩形刚好覆盖，这样完成率形状就完成了，如图 2-163 所示。

（3）复制形状，与前面介绍的水球图一样，首先复制双波图组合形状，单击柱形图表区，再单击一下较矮柱形即可选中较矮柱形，按 Ctrl+C 键粘贴，或者右击柱形，在快捷菜单中选择“设置数据点格式”选项，单击“填充与线条”按钮，在“填充”组中选择“图片或纹理填充”单选按钮，并单击“剪贴板”按钮，这样就将双波图组合形状复制到柱形图表中。将空心圆与正方形也复制到较高柱形，（因为图形使用的配色与背景色相同，此处看不出来图形），如图 2-164 所示。

与水球图不同，波浪水球图的两个柱形的层叠方式采用默认的方式即可，无须修改。

最后设置两个柱形重叠方式，设置“系列重叠”值为 100%，“间隙宽度”值为 0%，如图 2-165 所示。

图 2-162　添加双波形和矩形形状

图 2-163　组合双波形和矩形形状

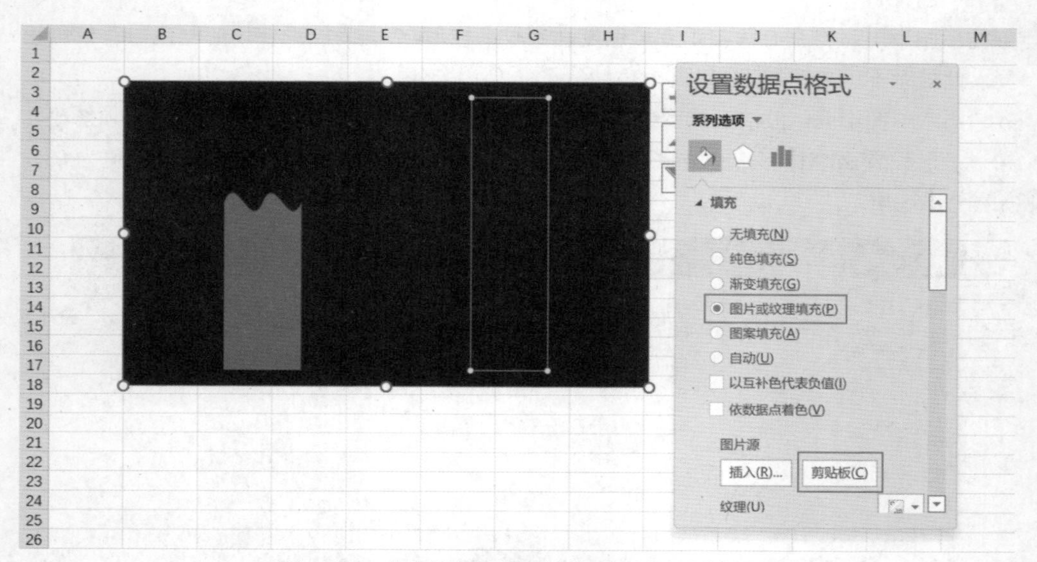

图 2-164 复制粘贴双波形和矩形形状至图表区

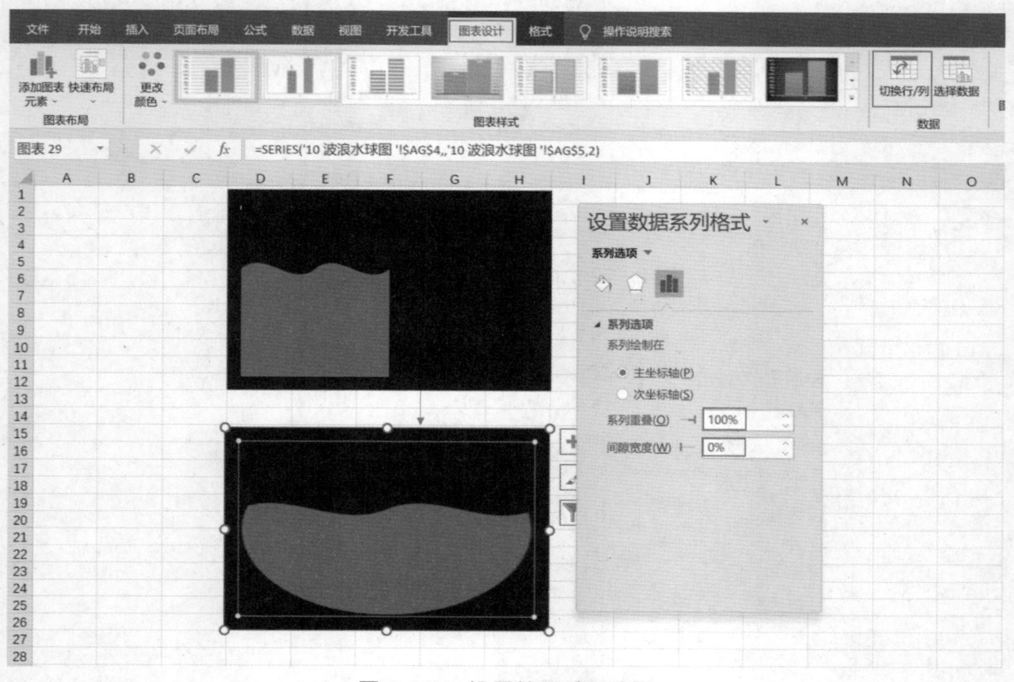

图 2-165 设置柱形系列重叠

与水球图一样，波浪水球图需要将图表区的长度和宽度调整至一致，设置图表区为长宽相等的正方形。右击图表区，在快捷菜单中选择“设置图表区域格式”选项，单击“大小与属性”按钮，设置高度和宽度为同一个值，本例设为 7 厘米，并将第三个空心圆复制到周围，结果如图 2-166 所示。

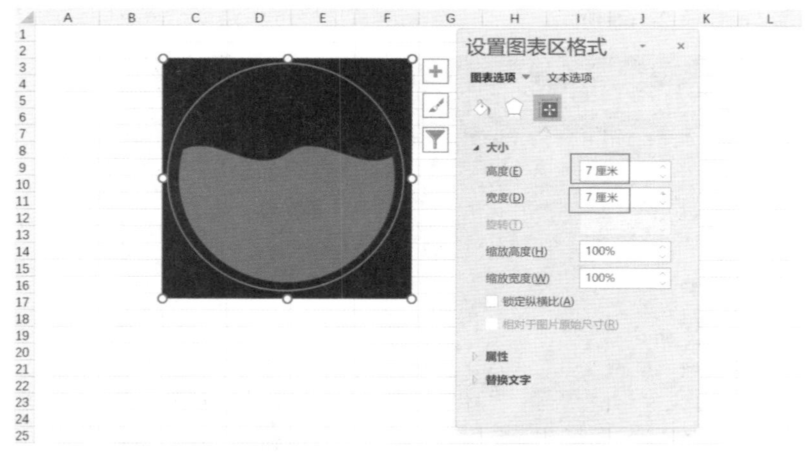

图 2-166　设置图表区大小

5. 添加数据标签和说明

插入文本框，输入完成率 65%，设置形状格式为无填充和无线条，设置字体颜色为浅灰色（242,242,242），字号为 40，结果如图 2-167 所示。

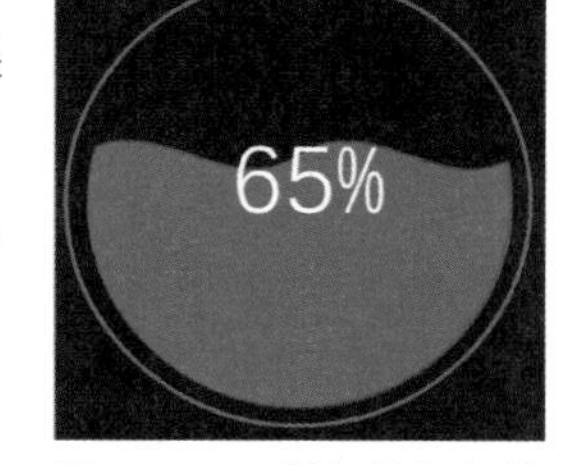

图 2-167　添加数据标签

波浪水球图图表背景和文字说明的设置方式与水球图一致，具体方法可参考水球图制作方法。

6. 步骤总结

（1）插入簇状柱形图。

（2）删除标题、纵坐标轴、横坐标轴、网格线。

（3）使用 PPT 建立内部是空心圆的正方形，使用 Excel 建立一个波浪形状，将两个形状复制至柱形图中的数据系列。

（4）设置系列重叠和间隙宽度。

（5）添加自定义数据标签和文字说明。

7. 知识点

- 借助 PPT 图形剪切功能可以创建一个空心图形。
- 在柱形图中插入形状时，首先借助柱形图的精确等比例分隔的功能，再插入需要的图形形状。
- 添加辅助形状是 Excel 制作图表常用方法，可以制作很多复杂的图表，在制作过程中需不断地尝试和对比。

2.3.4　玉玦图

玉玦图由多层半圆环组成，看起来像一块玉玦，因此命名为玉玦图，其功能与柱形和条形图类似，都主要应用于不同类别的数值对比，而玉玦图是圆形，更加适用于系列值是百分比的情况，如图 2-168 所示。

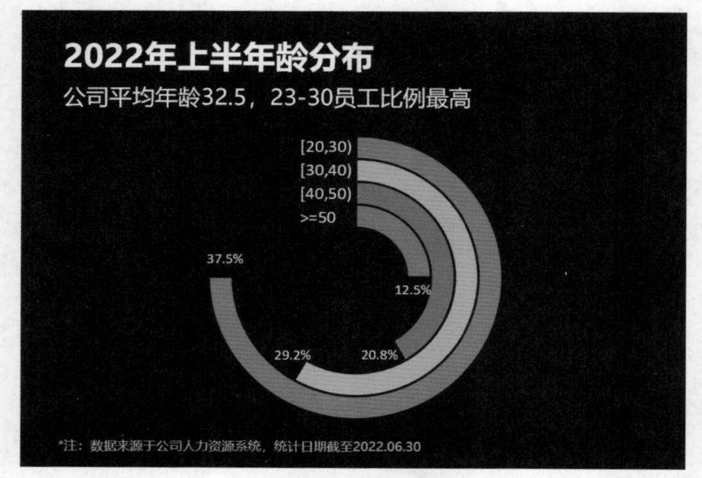

图 2-168　玉玦图

1. 插入图表——圆环图

数据源说明：占位数值等于最大值加最小值减去对应的占比，例如 [40,50) 年龄段的占位值计算方法是 12.5%+37.5%−20.8%=29.2%，这样设置的目的是让最大的块环占比最为接近整个圆环。数据源按照占比值升序排序。

选中全部三列数据，在功能区中单击“插入”选项卡，在图表组中单击“插入饼图或圆环图”选项，选择“圆环图”选项，如图 2-169 所示。

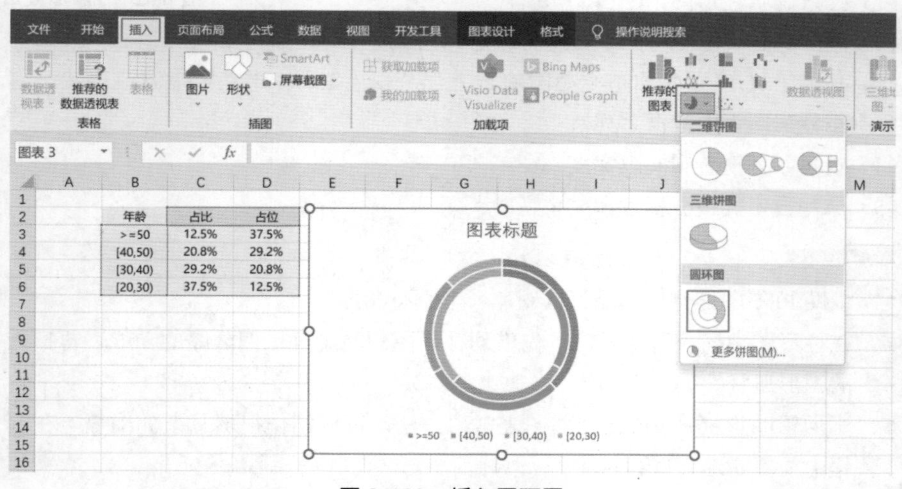

图 2-169　插入圆环图

2. 修改图表区背景

设置图表区背景填充为纯色填充，修改颜色为靛蓝色（26,30,67），设置边框为无线条，结果如图 2-170 所示。

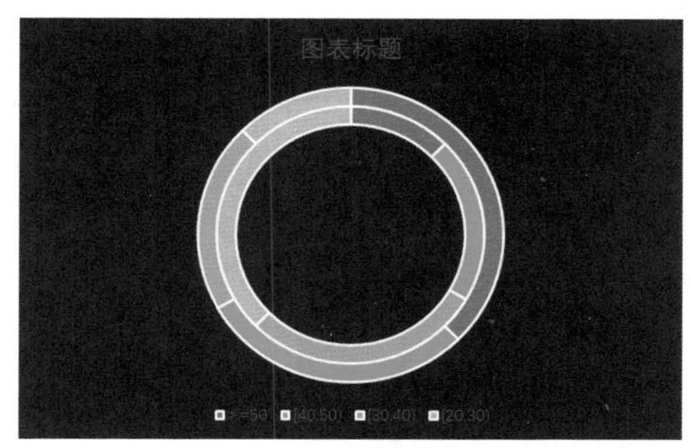

图 2-170　修改图表区背景

3. 修改图表元素

玉玦图主要由数据标签和每层玦环组成，玦环在绘图区创建，其他默认生成的图表元素皆可删除。右击标题删除或按 Delete 键，同样删除图例，结果如图 2-171 所示。

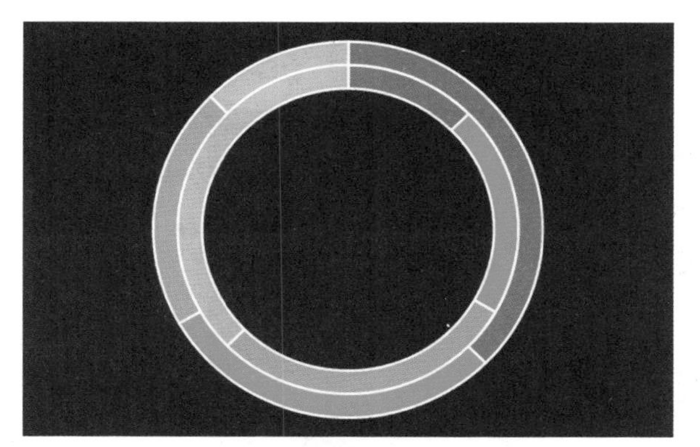

图 2-171　删除圆环图标题和图例

4. 修饰绘图区

修饰玉玦图绘图区主要是设置圆块填充色和隐藏占位圆环。

（1）转换行列关系。圆环图以列作为图例项目，所以依据数据源得到两层圆环，我们需要按照每行的占比和占位组成一个完整的圆环，所以需要转换行列关系。单击圆环，在功能区单击“图表设计”选项卡，单击“切换行 / 列”按钮完成图表数据源行列关系切换，结果如图 2-172 所示。

（2）设置线条。玉玦图是由不同圆弧，也就是我们前面制作的圆环组成的。为了将每个圆环分隔开，需要在圆环数据系列四周添加填充颜色与背景色一致的线条，通过调节线条的宽度调节分隔距离。

右击最外层圆环（本例有四层圆环，需要单击圆环四次），在快捷菜单中选择“设置数据系列格式”选项，单击“填充与线条”按钮，单击“边框”组中的“实线”单选按钮，设置颜色同背景色靛蓝色（26,30,67），设置宽度为 1 磅，如图 2-173 所示。

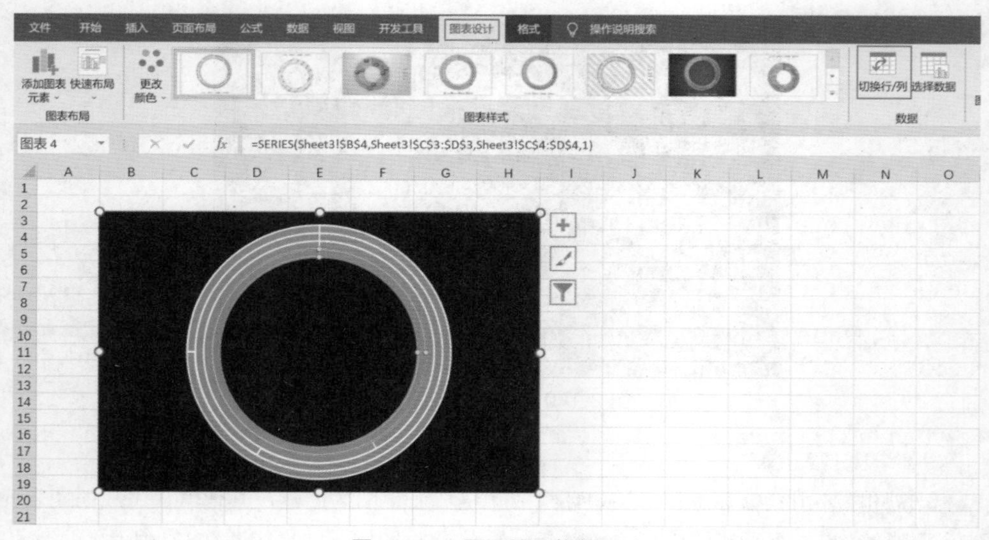

图 2-172 圆环图切换行 / 列

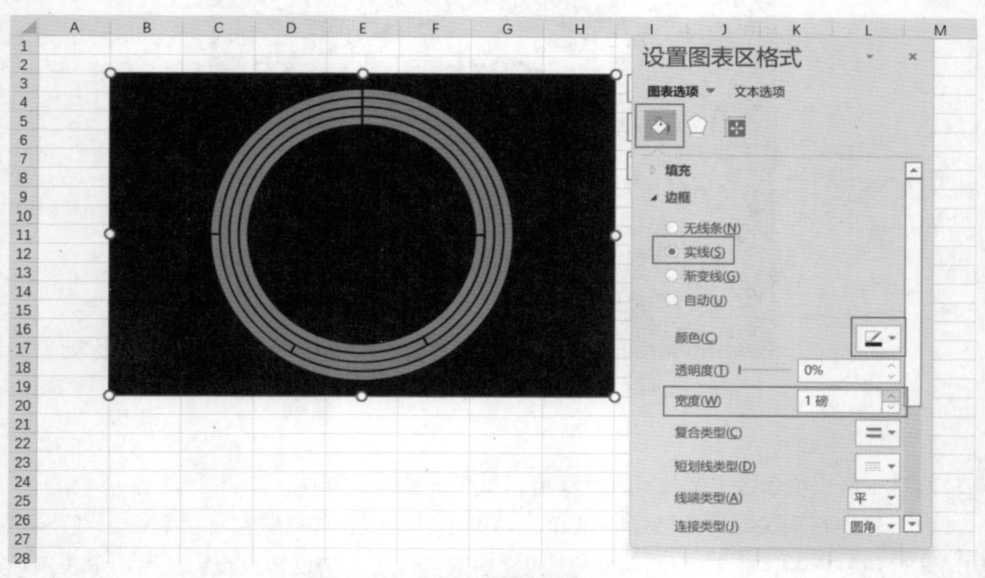

图 2-173 圆环图添加圆环边框线

（3）设置数据系列填充色。需要对每个块环设置填充颜色，其中对占比块环设置不同填充色去区分不同类别，将占位块环设置为无填充将其隐藏起来。设置每个块环也是玉块图的关键和难点，图表数据源中有 4 个占比数值，加上 4 个占位数值共有 8 个数值，也就是 8 个块环。

单击最外一层圆环，再右击最外一层圆环中的蓝色圆弧，在快捷菜单中选择“设置数据系列格式”选项，单击“填充与线条”按钮，设置填充为纯色填充，颜色为红色（231,78,105），再单击最外层圆环中的橙黄色圆弧，设置填充为无填充。这样玉块图最外一层就完成了，对其他三层进行同样的操作，填充色依次为金色（245,195,83）、绿色（17,167,173）、浅蓝色（55,162,218），如图 2-174 所示。

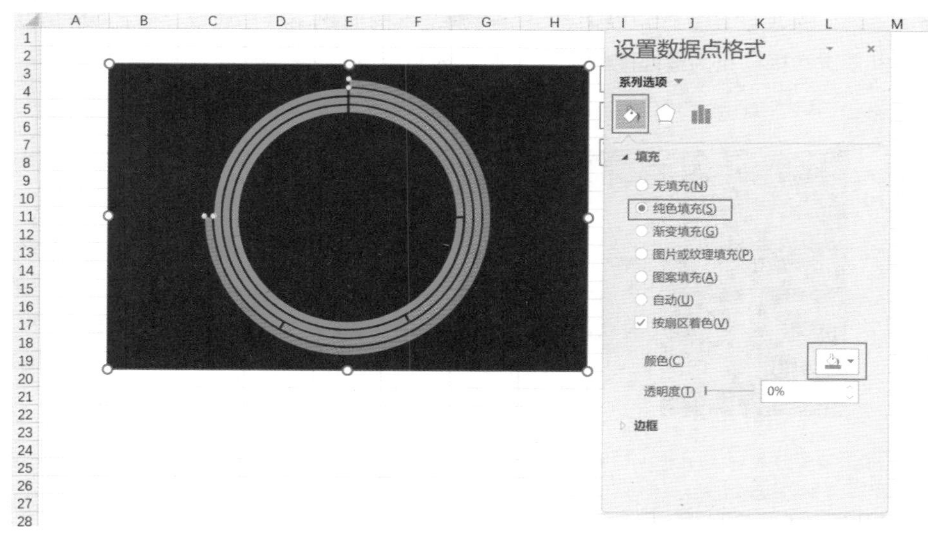

图 2-174　设置玦环填充色

（4）设置圆环大小。在“数据系列格式”菜单下单击“数据选项”按钮，设置“圆环图圆环大小”为 35%，圆环大小可以根据分类类别数适当调节，圆环大小越小，圆环宽度越大，本节有 4 个分类，如果是 5 个分类可设置圆环大小为 40%~50%，如图 2-175 所示。

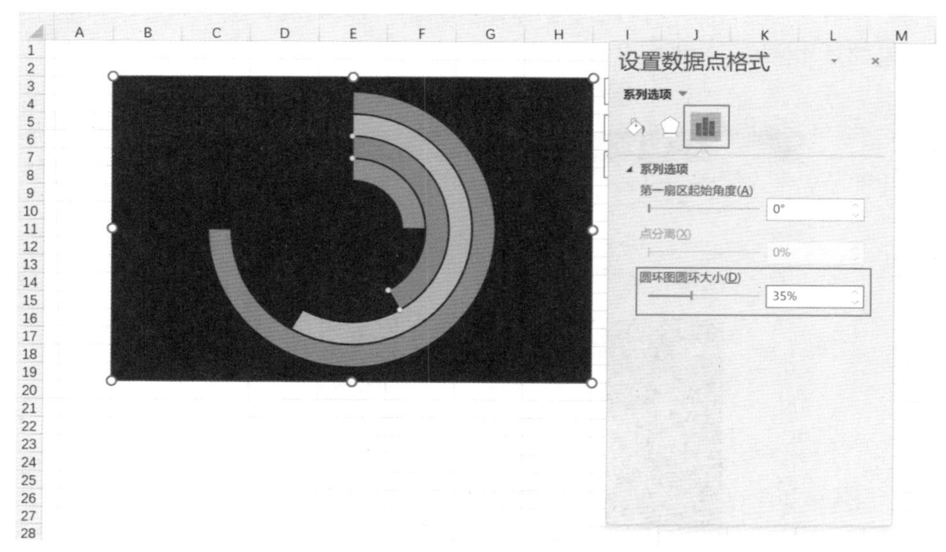

图 2-175　设置圆环大小

5. 添加数据标签和说明

（1）添加纵坐标轴，前面介绍过玉玦图与条形图类似，那么玉玦图也需要与条形图类似的纵坐标轴展示对比维度，本例通过文本框添加文本作为纵坐标轴，在文本框内输入类别，如果类别文本框和圆环的间隙宽度对应不上，可以全选文本，右击，在快捷菜单中选择“段落”选项，设置行距以调整每个类别文本的间距，这里建议将行距设置为固定值，可以多次尝试以找到最匹配的间距，本例设置值为 17 磅，如图 2-176 所示。

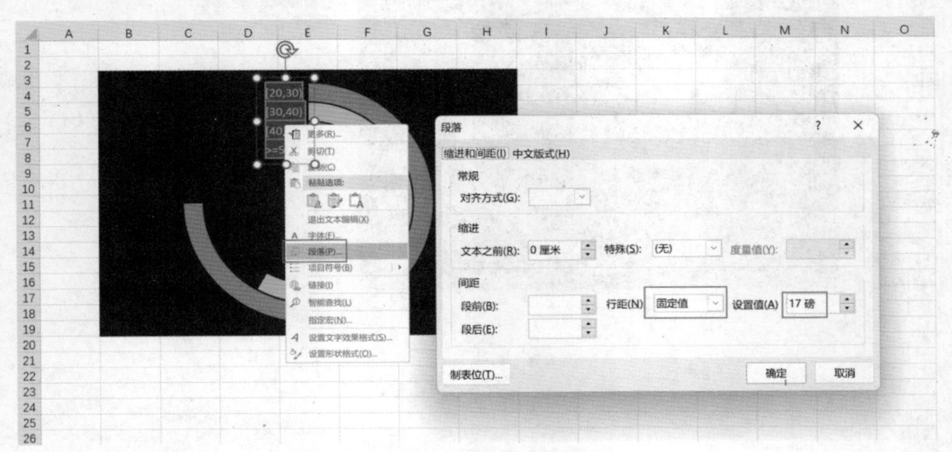

图 2-176　设置文本框间距

（2）添加数据标签。单击图表区，单击右侧加号，在“图表元素”菜单下选择“数据标签”复选框，这时会出现 8 个数值，而玉玦图只需要保留占比的数值，删除占位系列数据标签。双击即可选中对应的数据标签，在选中情况下，数据标签会在周围出现白点，将占位数据标签删除，将占比数据标签字体颜色设置为浅灰色（242,242,242），并拖动至玦环的顶部位置，如果有引线，右击引线删除或者按 Delete 键删除引线，如图 2-177 所示。

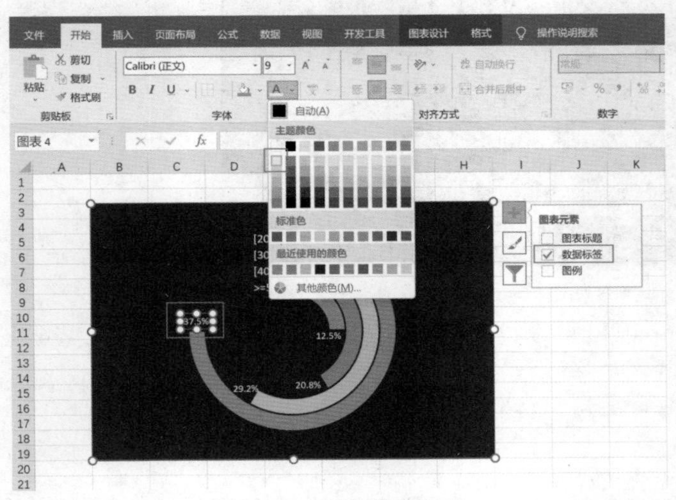

图 2-177　添加数据标签

（3）添加图表文字说明，可参考单值圆环图的图表文字说明添加和修饰方法。

6. 步骤总结

（1）插入圆环图。

（2）删除图例和标题。

（3）设置圆环的玦环线条作为玦环分隔线。

（4）设置每个玦环填充色并隐藏占位系列值。

（5）添加自定义数据标签和文字说明。

7. 知识点

- 通过添加圆环边框将每层圆环分隔。
- 通过设置辅助系列值的填充色为无填充将辅助数据系列形状隐藏。
- 玉玦图中，圆弧长度用于展示数值大小，但是圆弧角度会夸大视觉效果。由于圆弧角度的问题，即便外侧玦环的数值比内侧玦环数值小，也会显得比内测玦环更长，从而对表达效果产生影响。所以插入玉玦图前，需先将图表数据源按照系列值升序处理，进而避免视觉误差。

2.3.5　彩虹条形圆环图

彩虹条形圆环图的每层圆环类似学校每圈跑道，所以又称为跑道图。制作方法和用法与 2.3.4 节介绍的玉玦图相近，如图 2-178 所示。

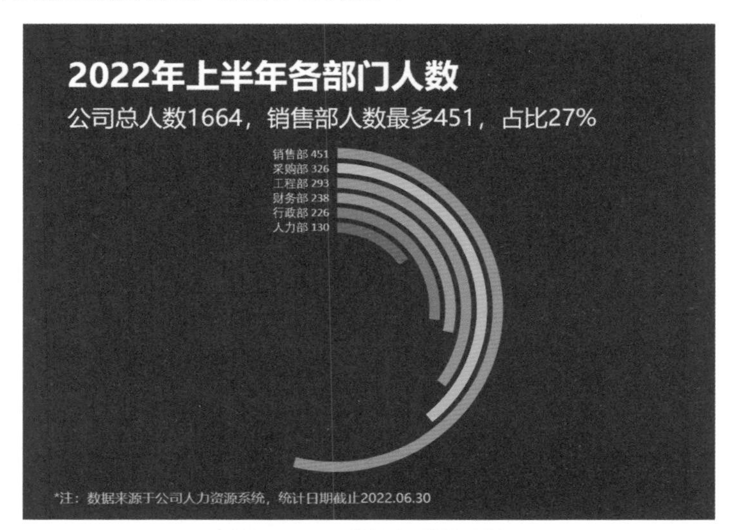

图 2-178　彩虹条形圆环图

1. 插入图表——圆环图

数据源说明：占位数值等于数值列求和乘以 0.5 减去对应的数值，例如人力部的占位值计算方法是（130+226+238+293+326+451）×0.5-130=702。数据源按照人数列升序排序。

选中全部三列数据，在功能区中单击“插入”选项卡，在图表组中单击“插入圆饼图或圆环图”按钮，选择“圆环图”选项，如图 2-179 所示。

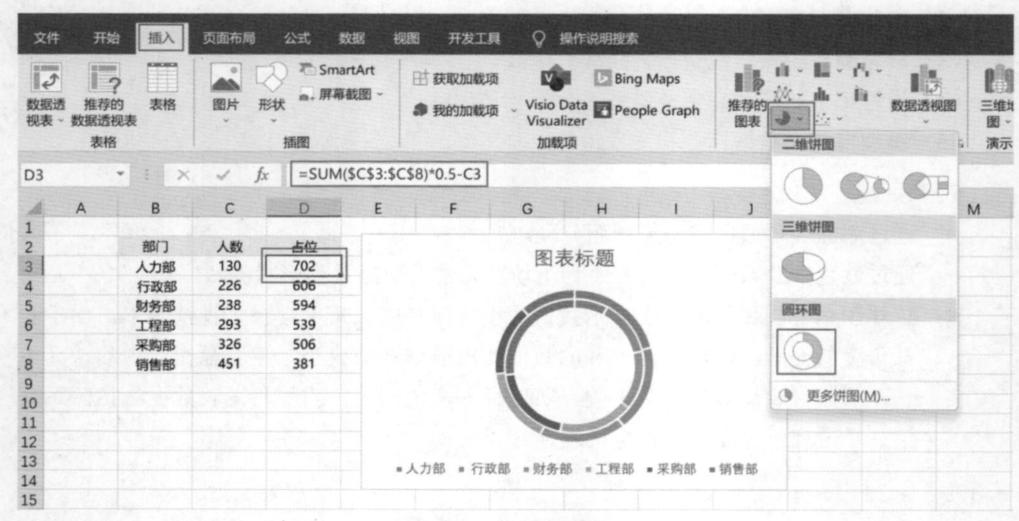

图 2-179　插入圆环图

2. 修改图表区背景

设置图表区背景填充为纯色填充，修改颜色为靛蓝色（26,30,67），设置边框为无线条，结果如图 2-180 所示。

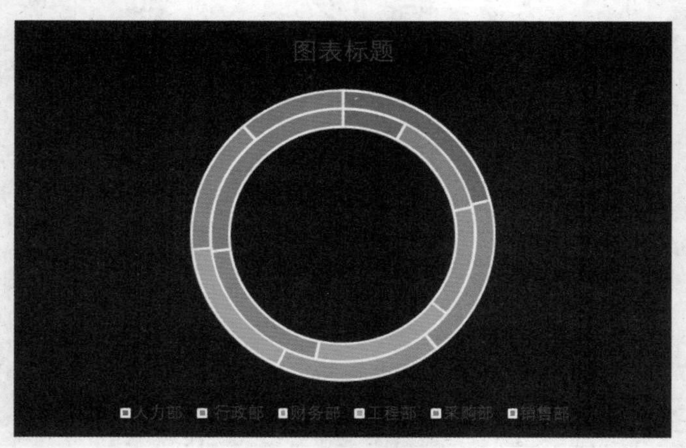

图 2-180　修改图表区背景

3. 修改图表元素

与玉块图一样，彩虹条形圆环图主要由数据标签和绘图区的圆弧组成，其他图表默认的元素都可删除。

右击标题将其删除或按 Delete 键删除，以同样方法删除图例，结果如图 2-181 所示。

4. 修改图表样式

（1）转换行列关系，彩虹条形圆环图与玉块图一样需要转换行列关系。单击圆环，在功能区单击“图表设计”选项卡，在“数据”组中单击“切换行 / 列”按钮，结果如图 2-182 所示。

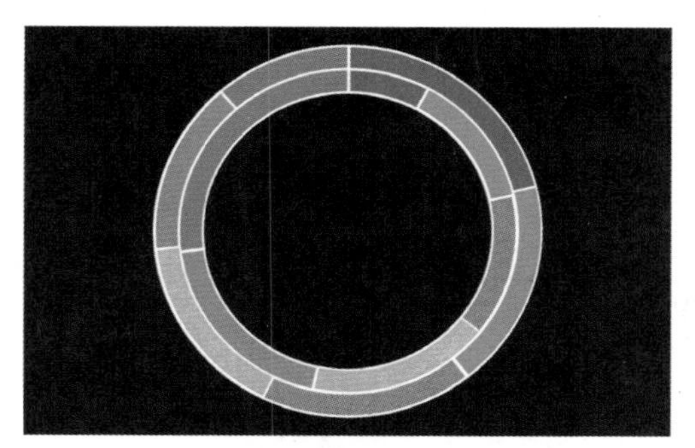

图 2-181　删除圆环图标题和图例

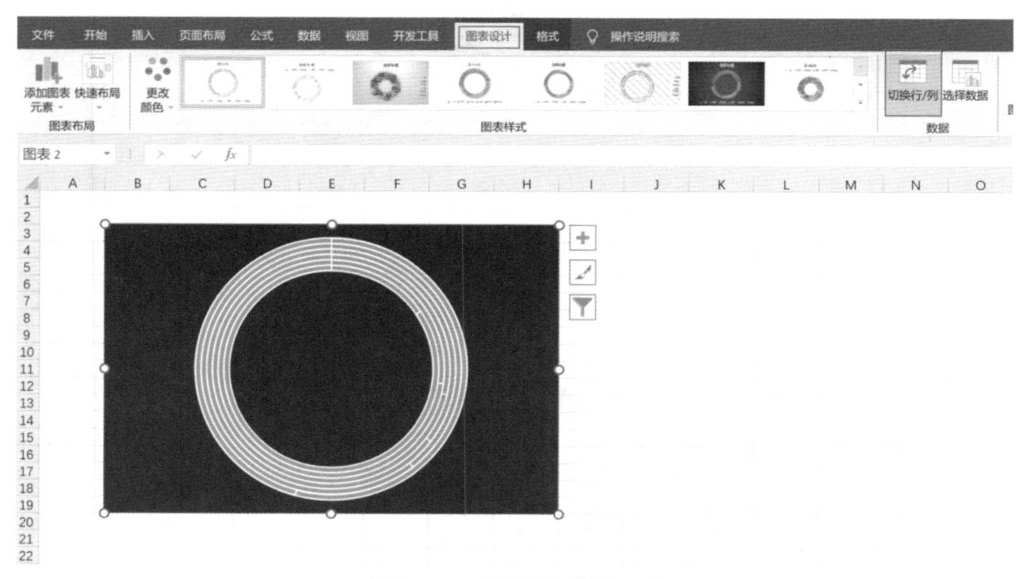

图 2-182　圆环图切换行 / 列

（2）设置圆环大小。改变圆环大小可通过调节圆环的宽度实现，可以根据自己的数据多尝试一些数值，以达到图表的最佳呈现效果，本例的圆环大小值设为 45%。右击圆环，在快捷菜单中选择“设置数据系列格式”选项，单击“系列选项”按钮，设置“圆环图圆环大小”为 45%，如图 2-183 所示。

（3）设置线条，通过添加线条来区分每层圆环。右击最外层圆环，在快捷菜单中选择“设置数据系列格式”选项，单击“填充与线条”按钮，在“边框”组中选择“实线”单选按钮，颜色同背景色靛蓝色（26,30,67），宽度为 3 磅。每层圆环都需要这样设置线条，本例有 6 层圆环就需要设置 6 次，如图 2-184 所示。

（4）设置圆环填充。单击最外层圆环，圆环周围会出现白色圆点，再右击其中的蓝色圆弧，在快捷菜单中选择“设置数据系列格式”选项，单击“填充与线条”按钮，在“填充”组中选择“纯色填充”单选按钮，颜色为红色（231,78,105），再单击最外层圆环的橙黄色圆弧，同样设置为无填充，如图 2-185 所示。这样彩虹条形圆环图的一层填充就完成了，对其他 5 层也进行同样的操作，填充色依次为金色（245,195,83）、绿色（17,167,173）、浅蓝色（55,162,218）、深蓝色（0,112,192）、紫色（112,48,160），结果如图 2-186 所示。

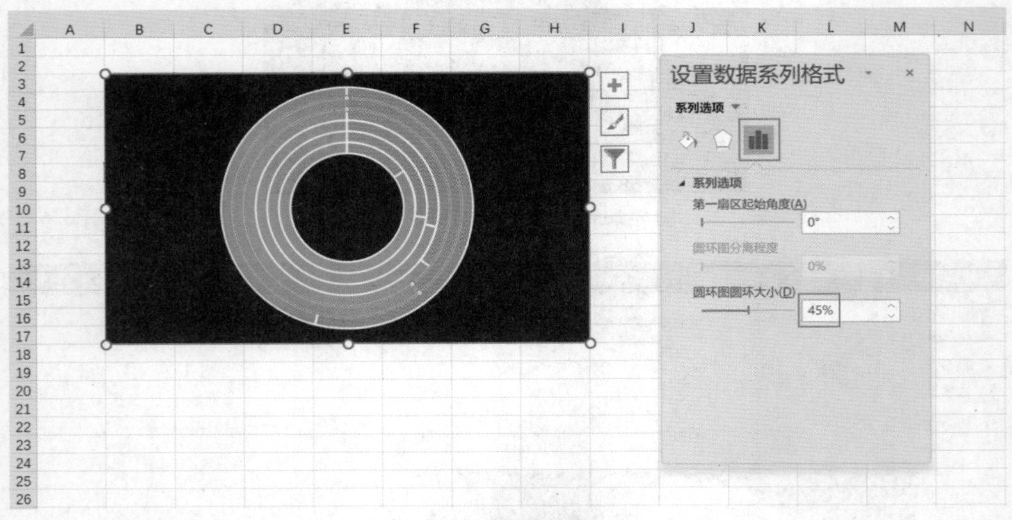

图 2-183　设置圆环大小

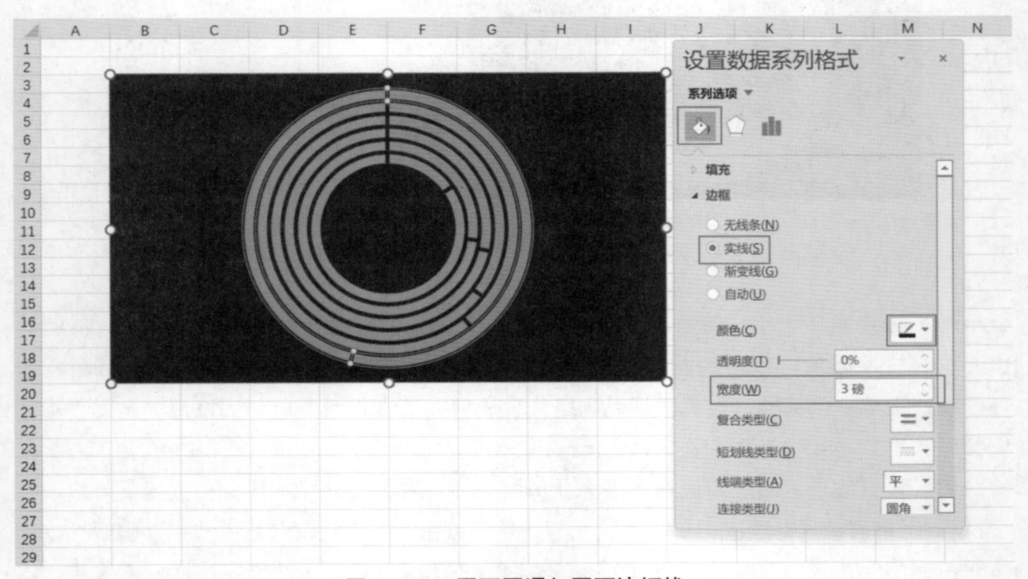

图 2-184　圆环图添加圆环边框线

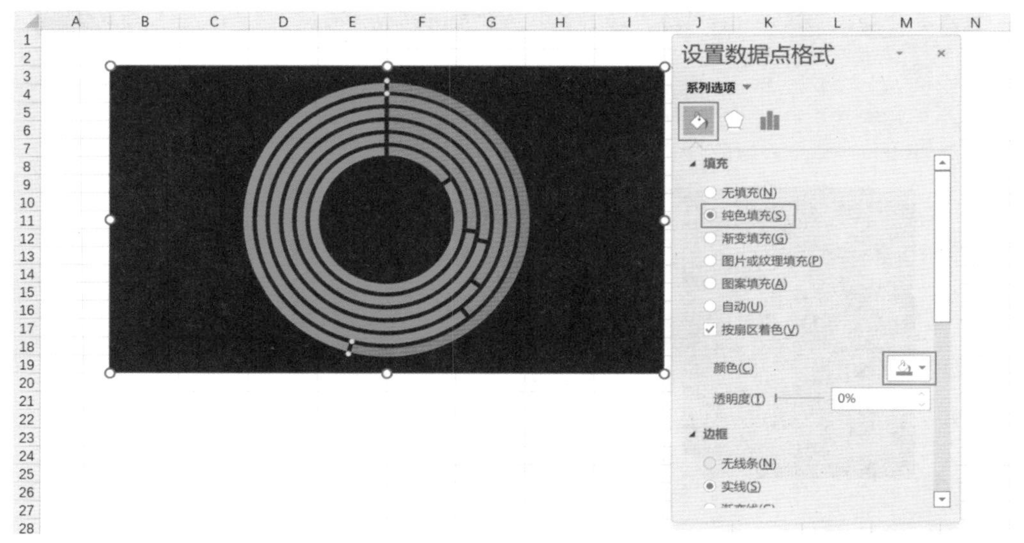

图 2-185　设置圆弧填充色

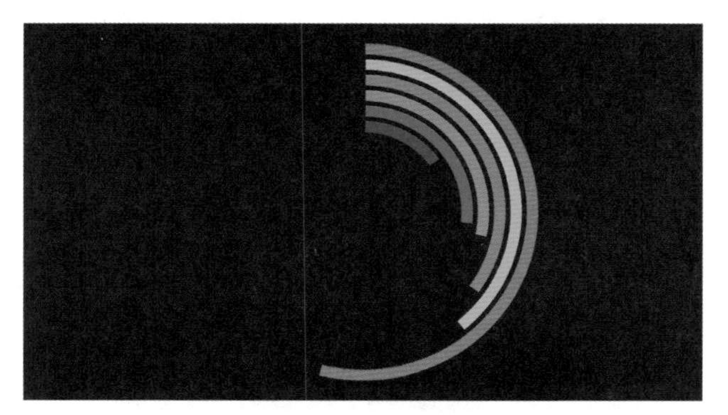

图 2-186　圆弧填充色

5. 添加数据标签和说明

前面介绍过的玉玦图需要使用文本框制作类似条形图的纵坐标，彩虹条形圆环图也需要类似的纵坐标轴展示对比维度。这里我们通过文本框添加文本作为纵坐标，在文本框内输入每个类别名称，如果类别文本框宽度和圆环的间隙宽度对应不上，可以全选并右击文本，在快捷菜单中选择“段落”选项，设置行距以调整每个类别文本的间距。建议设置“行距”为“固定值”，可以多次尝试以找到最匹配的间距，本例设置值为 11 磅，如果因行间距很小导致文字之间间距很小，可以调节文本框内文字的字体、字号以达到最佳效果，本例设置字号为 8，如图 2-187 所示。

彩虹条形圆环图每个圆环间距较小，这里可以将每个分类数值直接放入到文本框中展示，不需要再添加图表的数据标签，结果如图 2-188 所示。

添加图表文字说明，可参考单值圆环图的图表说明添加和修饰方法。

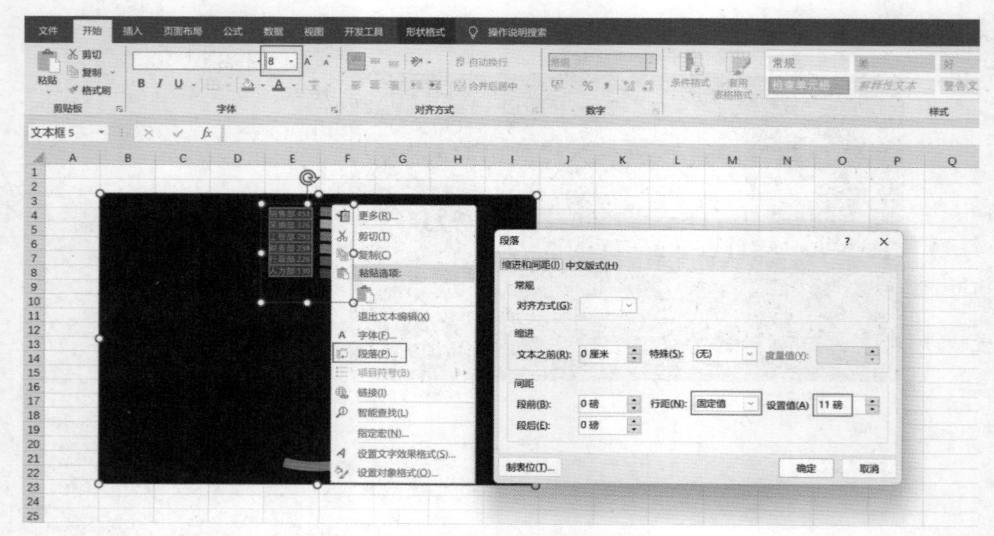

图 2-187　设置文本框行距和字号

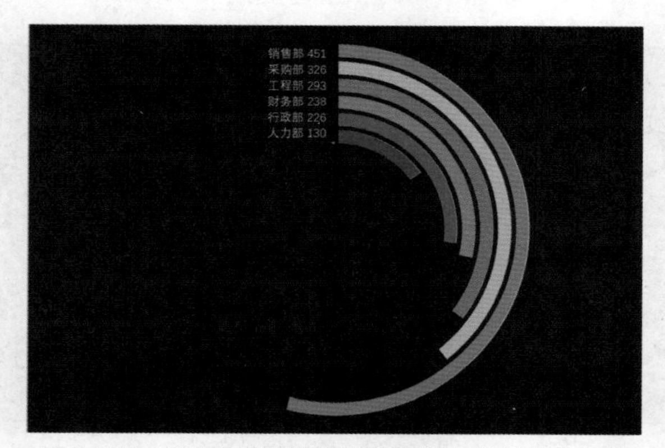

图 2-188　彩虹条形圆环图数据标签包含类别和数值

6. 步骤总结

（1）插入圆环图。

（2）删除图例和标题。

（3）设置圆环图弧线条和填充。

（4）添加自定义数据标签和数据说明。

7. 知识点

- 数据标签的作用是展示图表的系列数值，通过图表元素按钮添加的数据标签是几个文本框组成的组合，方便统一管理和设置，但是灵活度较低。相比而言，直接插入文本框修改文本内容和修改文本样式更加灵活，且效果与图表元素中的数据标签完全一致。
- 彩虹条形圆环图相对于玉玦图更适合展示分类项较多的数据。

2.3.6 南丁格尔玫瑰圆饼图

南丁格尔玫瑰图发明人弗罗伦斯·南丁格尔是一名护士，她为了让数据给人留下更深刻的印象，发明出这种鸡冠花样式的图表，用以展示军医院季节性的死亡率。本书分享 3 种使用 Excel 实现南丁格尔玫瑰图的方法，对应 Excel 制作图表的不同方式。

南丁格尔玫瑰图既可用于展示构成关系，又可以用于展示对比关系。标准的南丁格尔玫瑰图样式上与圆饼接近，由半径不同的扇形组成，但是本质上更像极坐标标化的柱状图，它们都是通过半径反映系列数值大小，而饼图是通过扇形的弧度来体现系列的数值大小。由于圆的面积与半径二次方的关系，所以南丁格尔玫瑰图在视觉上会将数据差异放大，所以适合展示数据差异小的分组数据，但不适用于对数据准确性要求高的可视化报告。

2.3.6 节介绍使用 Excel 制作基于圆环图实现的南丁格尔玫瑰圆饼图，对比标准的南丁格尔玫瑰图，它是通过扇形的弧度体现数值的大小，同时数值越大圆环层越多（半径与数值成正比例但非等比例），两种对比效果叠加在视觉上放大数据差异，如图 2-189 所示。

1. 插入图表——圆环图

数据说明：本节介绍的南丁格尔玫瑰圆饼图是由圆环堆叠而成，数据源按照数值降序排序，数值越大的类别对应的圆环越多，即最小数值的类别对应最少的圆环数量。一般设置最小数值的类别包含 2 个圆环，如本例中人力部在 6 个部门中占比最小，那么人力部就对应 2 个圆环，其他类别的圆环数量递增，因此本例一共需要 7 层圆环。由于一列数值只能添加一层圆环，本例需要 7 层，那么就需要将人力部数据复制 6 次与原始数据一起作为图表数据源。Excel 同时支持复制粘贴数据源的方式，即先以人数占比数据作为数据源，再复制人数占比数据并将数据粘贴建立的图表中，粘贴 6 次形成 7 层圆环。

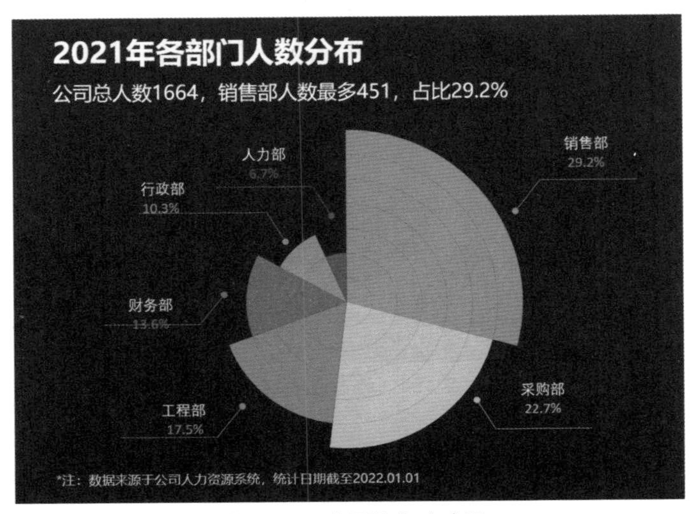

图 2-189 南丁格尔玫瑰图

选中全部 8 列数据，单击功能区“插入”选项卡，在图表组中单击“插入圆饼图或圆环图”按钮，选择“圆环图”选项，如图 2-190 所示。

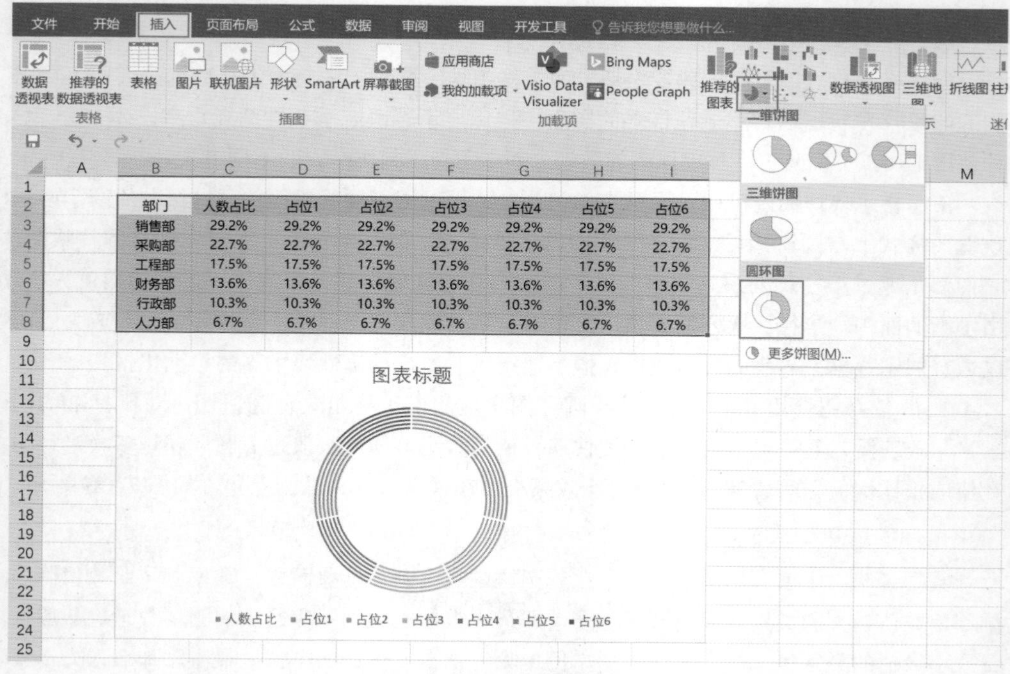

部门	人数占比	占位1	占位2	占位3	占位4	占位5	占位6
销售部	29.2%	29.2%	29.2%	29.2%	29.2%	29.2%	29.2%
采购部	22.7%	22.7%	22.7%	22.7%	22.7%	22.7%	22.7%
工程部	17.5%	17.5%	17.5%	17.5%	17.5%	17.5%	17.5%
财务部	13.6%	13.6%	13.6%	13.6%	13.6%	13.6%	13.6%
行政部	10.3%	10.3%	10.3%	10.3%	10.3%	10.3%	10.3%
人力部	6.7%	6.7%	6.7%	6.7%	6.7%	6.7%	6.7%

图 2-190 插入圆环图

2. 修改图表区背景

设置填充为纯色填充，修改颜色为靛蓝色（26,30,67），设置边框为无线条，结果如图 2-191 所示。

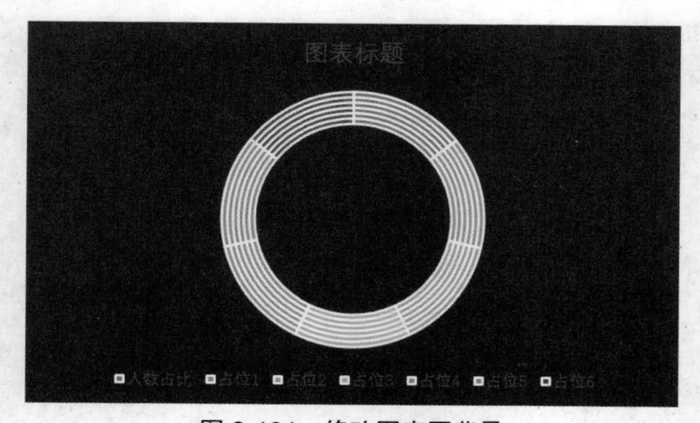

图 2-191 修改图表区背景

3. 修改图表元素

南丁格尔玫瑰圆饼图主要由绘图区、引线和数据标签组成，引线和数据标签需要很高的灵活度，所以通过插入形状和文本框实现。其他默认添加的图表元素都可删除，结果如图 2-192 所示。

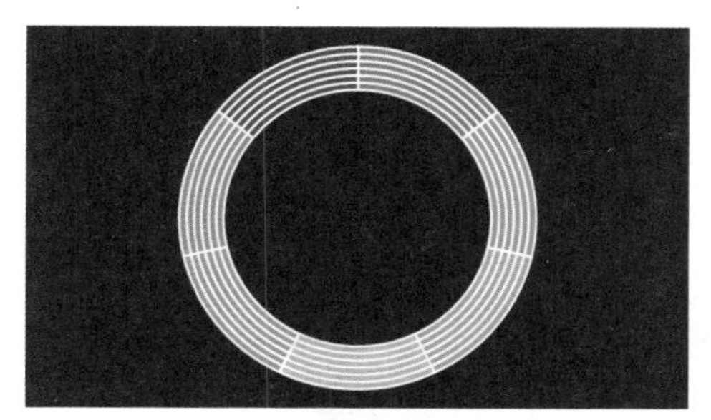

图 2-192　删除标题和图例

4. 修饰绘图区

虽然叫作圆饼图，实际南丁格尔玫瑰圆饼图是由多层圆环拼接而成的，数值最大的分类拥有最多的圆环数，需要将数值小的分类的部分扇形圆环隐藏。

（1）设置圆环大小。将圆环大小设置为 0% 就可以得到由圆环堆叠出的饼图，再基于饼图逐层修改圆环配色。右击圆环，在快捷菜单中选择“设置数据系列格式”选项，单击“系列选项”中的第 3 个按钮，修改“圆环图圆环大小”为 0%，如图 2-193 所示。

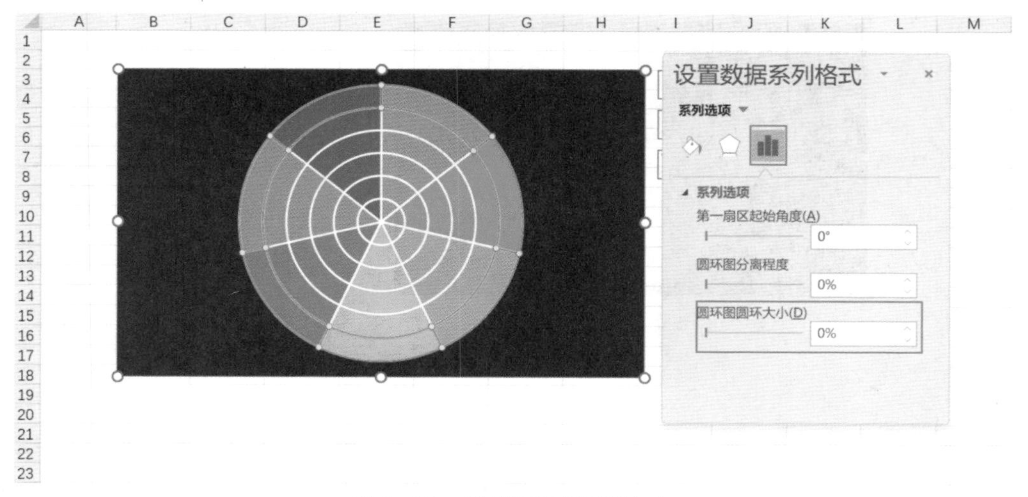

图 2-193　设置圆环图圆环大小

（2）转换行列。观察默认生成的多层圆环图，可以发现每个扇形大小都是一致的，说明圆环中的扇形比例是按照行来分布的，而我们需要依据列（不同类别）来体现分布。单击圆环，在功能区单击“图表设计”选项卡，在“数据”组中单击“切换行 / 列”按钮，如图 2-194 所示。

（3）设置线条，将默认添加的线条设置为无线条。右击圆环，在快捷菜单中选择“设置数据系列格式”选项，在“系列选项”中单击第一个按钮，在“边框”组中选择“无线条”单选按钮，由于每层圆环都有线条，所以所有层的圆环都需要设置一次，结果如图 2-195 所示。

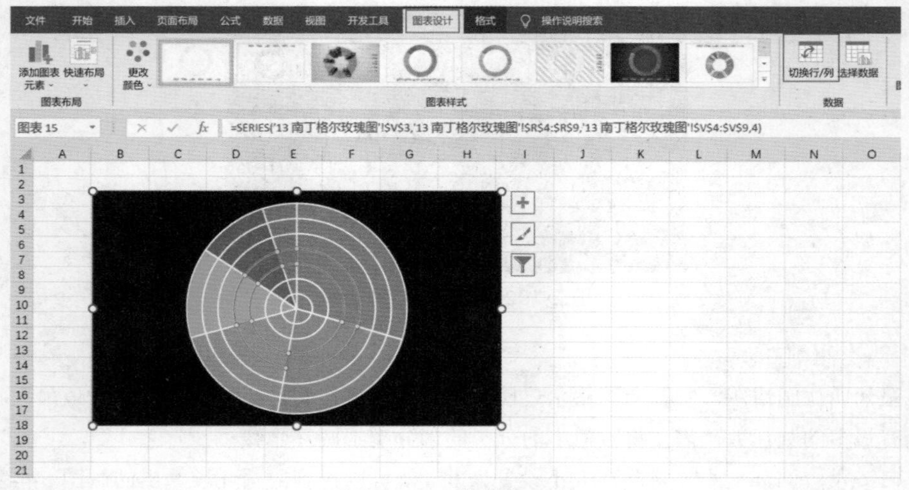

图 2-194　转换行 / 列

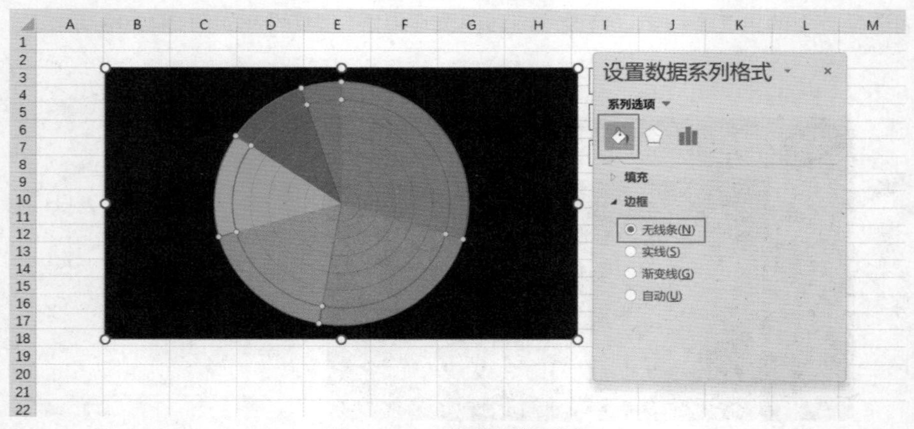

图 2-195　设置圆饼图线条

（4）设置填充。南丁格尔玫瑰圆饼图的填充是每层递减，即每层逐渐增加无填充圆弧的数量，如图 2-196 所示，占比最多的销售部无须设置无填充，占比第二的采购部的最外一层填充设置为无填充，占比第三的工程部最外两层填充设置为无填充，依此类推。

单击圆环，圆环周围会出现白色圆点，再右击对应圆弧，在快捷菜单中选择“设置数据系列格式”选项，单击“填充与线条”按钮，在“填充”组中选择“无填充”单选按钮。

对每个分类设置好无填充后，需要设置每层的圆环的颜色，本例配色选择彩虹色系，每个分类一种颜色，填充色依次为红色（231,78,105）、金色（245,195,83）、绿色（17,167,173）、浅蓝色（55,162,218）、深蓝色（0,112,192）、紫色（112,48,160），结果如图 2-197 所示。

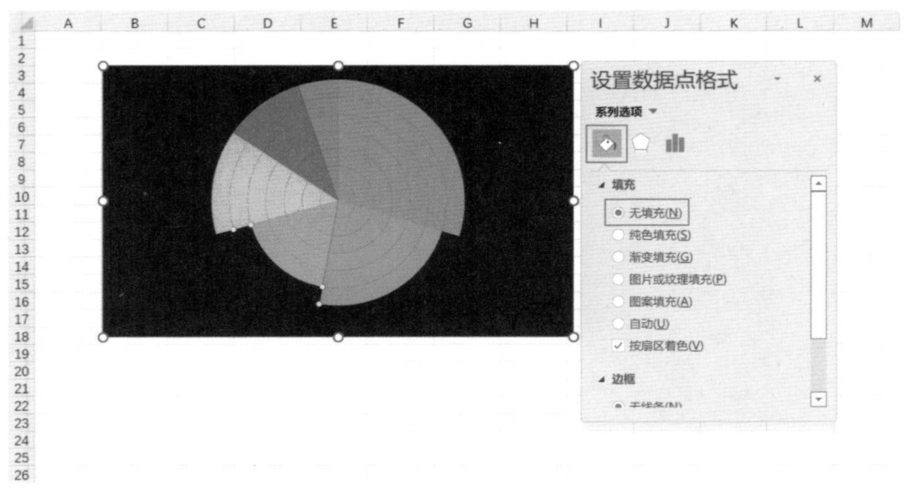

图 2-196　设置圆环填充为无填充

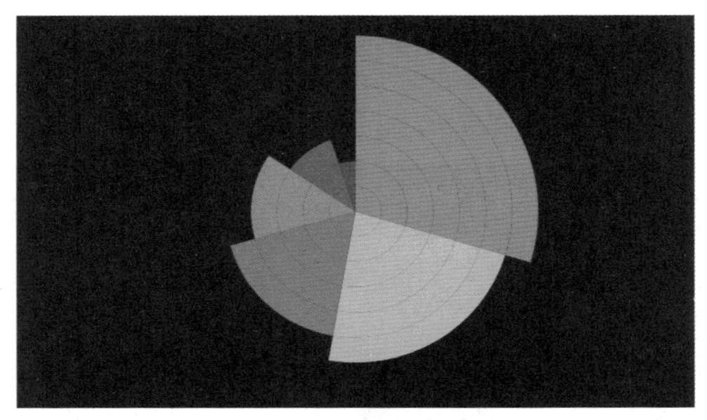

图 2-197　设置圆环图圆弧填充色

5. 添加数据标签和说明

（1）添加数据标签。南丁格尔玫瑰图需要多个数据标签，数据标签直接体现数值的大小，所以为了让观众能够更容易区分不同类别的数据标签，可添加数据引线将数据标签和对应的扇形连接起来。本例采用插入线条形状制作数据引线，插入文本框制作数据标签。

在功能区中单击“插入”选项卡，单击“形状”按钮，在“线条”组中选择“直线”选项，建立两条直线，一个水平（在空白处拖曳时，同时按住 Shift 键），另外一个倾斜。两条直线插入完成后，按住 Ctrl 键将两条直线同时选中，右击直线组合，在快捷菜单中选择“组合”选项，这样两条直线就形成一个形状组合，双击选中斜直线，设置“结尾箭头类型”为圆点，如果圆点是与水平直线交界处，则设置“开头箭头类型”为圆点，这样就完成了一个类别的数据引线，如图 2-198 所示。本例中有 6 种类别，就需要再建立 5 个直线组合形状，并更改直线颜色为对应类别颜色，例如销售部的引线颜色为红色。

图 2-198　使用形状制作数据引线

制作好引线后，在功能区中单击“插入”选项卡，单击“插入文本框”按钮插入文本框，作为数据标签，插入系列值和分类名称，并设置文本框为无填充和无线条。

为了增加辨识度，可将数据标签内的字体颜色设置为与对应的扇形填充颜色一致，制作好的数据引线和标签如图 2-199 所示。

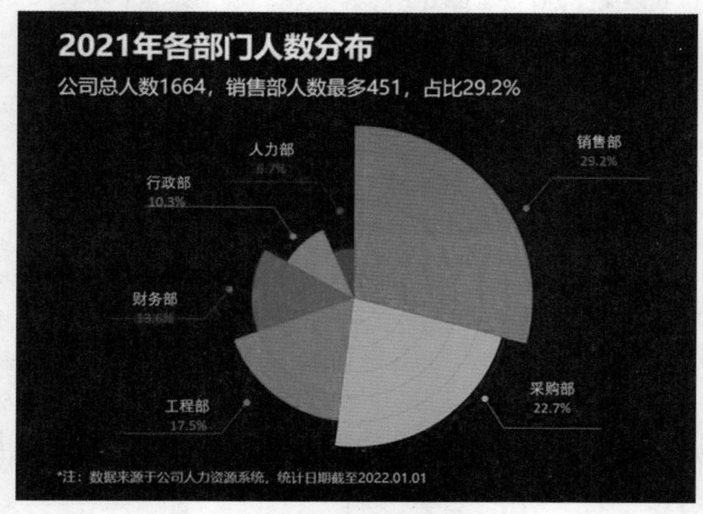

图 2-199　添加文本框作为数据标签

（2）添加图表文字说明，可参考单值圆环图图表说明添加和修饰方法。

6. 步骤总结

（1）建立辅助图表数据区域，插入圆环图，设置圆环图圆环大小并转换行列。

（2）删除标题和图例。

（3）设置圆环图中的圆弧填充和线条。

（4）添加自定义数据标签、数据引线和数据说明。

7. 知识点

- 南丁格尔玫瑰圆饼图实际是由圆环图实现的，通过逐层设置无填充隐藏圆环块的数量。
- 标准南丁格尔玫瑰图和本节介绍的南丁格尔玫瑰圆饼图都在视觉上将数据类别之间的差异放大，不适用于对数据精确度要求高的情况。

2.3.7 南丁格尔玫瑰圆环图

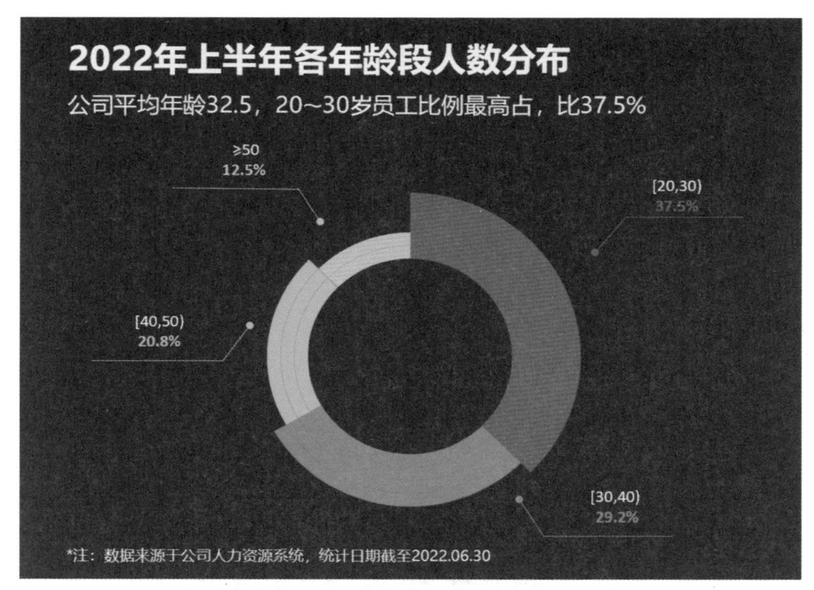

图 2-200 南丁格尔玫瑰圆环图

前面制作的南丁格尔玫瑰图中心是填充的，形状上类似于饼图。本小节介绍的是使用 Excel 制作南丁格尔玫瑰图的第二种方法。该图形形状上更类似圆环，制作方法上设置的圆环大小不一样，因为同样也是借鉴南丁格尔玫瑰图衍生出来的图表，称为南丁格尔玫瑰圆环图。

南丁格尔玫瑰圆环图的形状类似圆环，中心是空的，所以在体现分布百分比时，可在中心区域增加一个总和的数值，以丰富图表功能。

1. 插入图表——圆环图

数据说明：首先将数据按照人数占比降序排序。然后，与上节介绍的南丁格尔玫瑰圆饼图一样，有几个类别就需要建立几个占位列，本例中有 4 个类别，需要 4 个占位列。另外的一种方法是选中年龄和人数占比两列数据建立圆环图，复制人数占比粘贴至圆环，执行 4 次。

选中全部 6 列数据，在功能区中单击“插入”选项卡，在图表组中单击“插入圆饼图或圆环图”按钮，选择“圆环图”选项，如图 2-201 所示。

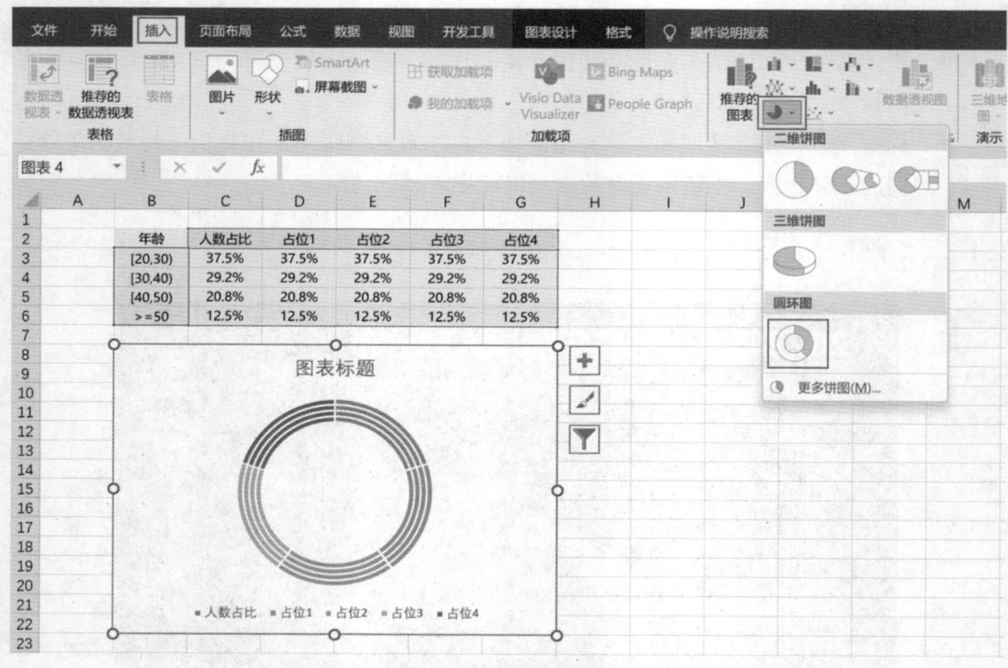

图 2-201 插入圆环图

2. 修改图表区背景

设置填充为纯色填充，修改颜色为靛蓝色（26,30,67），设置边框为无线条，结果如图 2-202 所示。

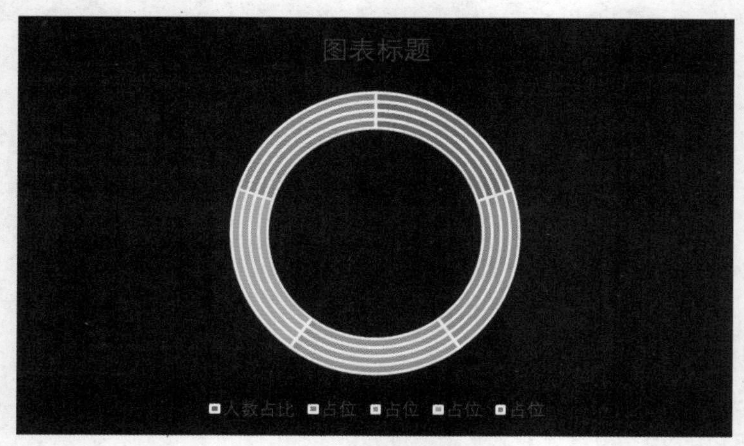

图 2-202 修改图表区背景

3. 修改图表元素

右击标题将其删除或按 Delete 键删除，以同样方法删除图例，结果如图 2-203 所示。

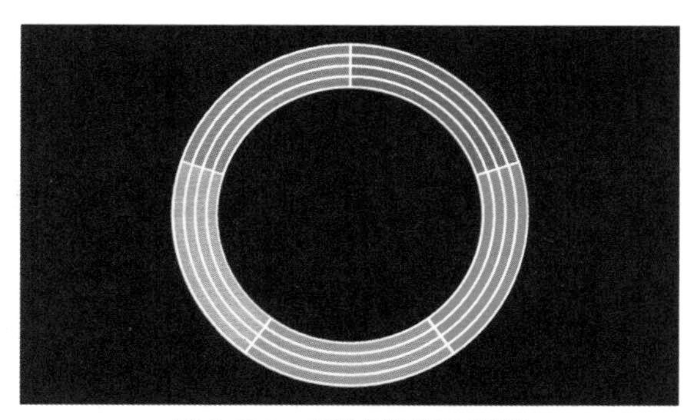

图 2-203　删除圆标题和图例

4. 修饰绘图区

（1）设置圆环大小。圆环图圆环大小值需根据类别数量调节，为保证圆环有足够的宽度，类别越多圆环图圆环大小就越应调小，本例中有 4 个类别，圆环图圆环大小 60%。右击圆环，在快捷菜单中选择“设置数据系列格式”选项，单击“系列选项”下的第 3 个按钮，设置“圆环图圆环大小”值为 60%，如图 2-204 所示。

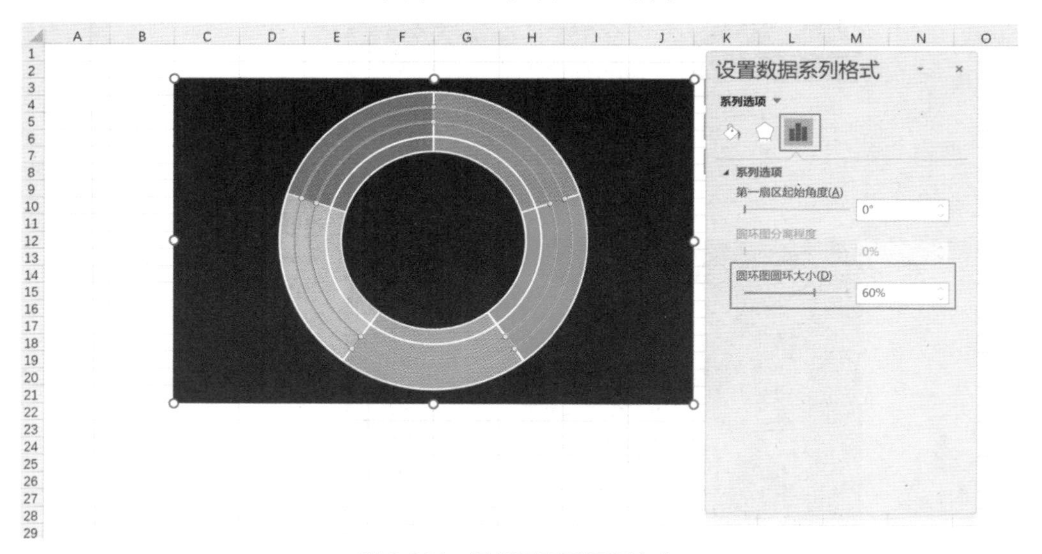

图 2-204　设置圆环图圆环大小

（2）转换行列。单击圆环，在功能区中单击“图表设计”选项卡，单击“切换行 / 列”按钮。

（3）隐藏线条。右击每层圆环，在快捷菜单中选择“设置数据系列格式”选项，单击“填充与线条”按钮，在“边框”组中选择“无线条”单选按钮，5 层圆环都需将线条隐藏，如图 2-206 所示。即使将线条全部设置为无线条，在圆环四周还是有一条黑色的线条，是 Excel 为了区分同颜色同形状图形而生成的。也可以设置线条为实线，颜色设置同圆环填充色，这样就可以将间隔线遮住，如图 2-206 所示。

（4）设置填充。每层逐渐增加无填充圆弧的数量，如图 2-207 所示，占比最多的 [20,30）无须设置无填充，占比第二的 [40,50）的最外一层填充设置为无填充，占比第三的 [30,40）最外两层填充设置为无填充，依此类推。

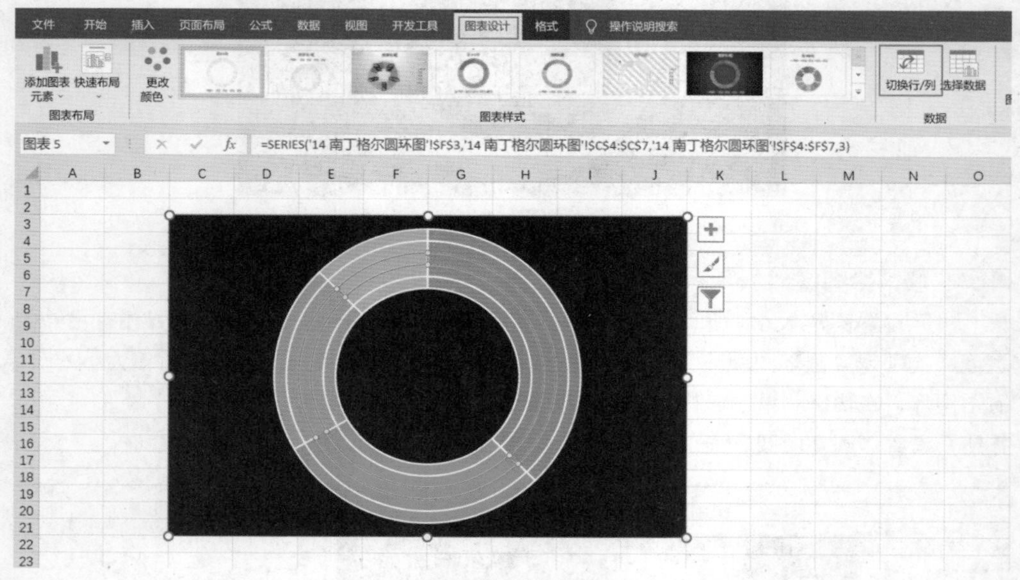

图 2-205　转换行 / 列

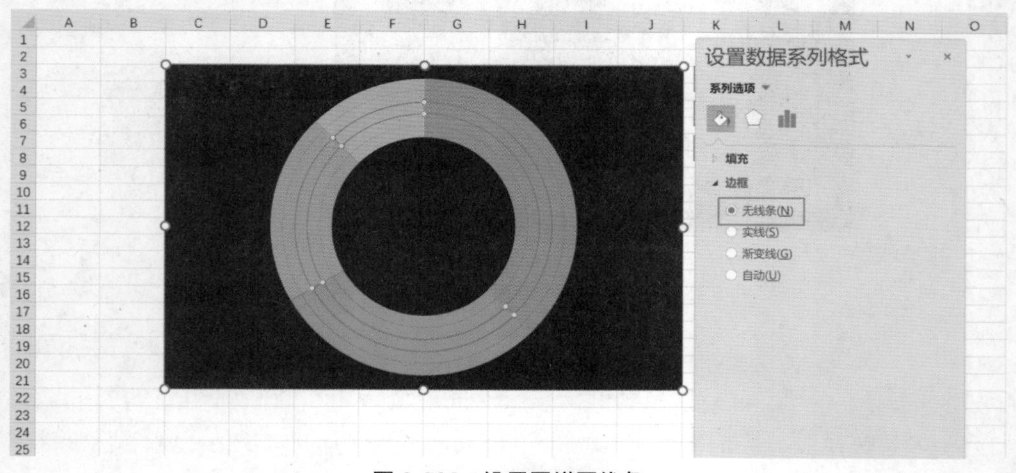

图 2-206　设置圆饼图线条

单击最外层圆环，圆环周围会出现白色圆点，再右击对应圆弧，在快捷菜单中选择“设置图表区域格式”选项，单击“填充与线条”按钮，在“填充”组选择“无填充”单选按钮，如图 2-207 所示。

对每个分类设置好无填充后，需要设置每层的圆环的颜色，本例配色依然选择彩虹色系，每个分类一种颜色，填充色依次为蓝紫色（81,45,203）、浅紫色（96,115,243）、浅绿色（102,203,221）、金色（245,195,83），如图 2-208 所示。

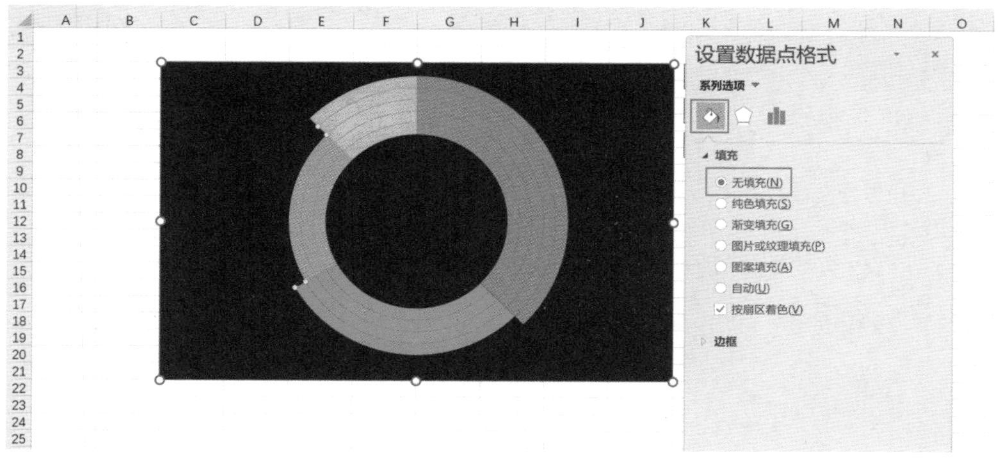

图 2-207　设置最外层圆环为无填充

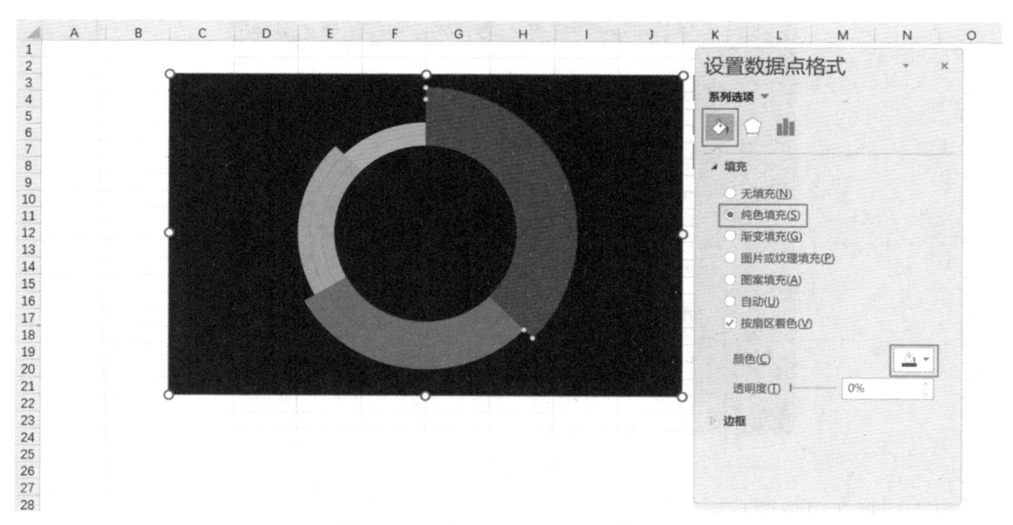

图 2-208　设置圆环图圆弧填充色

5. 添加数据标签和说明

南丁格尔玫瑰圆环图同样采用自定义形状的数据引线和文本框作为数据标签。引线的添加步骤与 2.3.6 中相同，如图 2-209 所示。本例中有 4 种类别，就需要再建立 3 个直线组合形状，并更改直线颜色为对应类别颜色，例如 [20,30）的引线颜色蓝紫色（81,45,203）。

制作好引线后，在功能区中单击“插入”选项卡，单击“插入文本框”按钮插入文本框，作为数据标签，在文本框内输入系列值和分类名称，并设置文本框为无填充和无线条。为了增加辨识度，可将数据标签内的字体颜色设置与对应的扇形填充颜色一致，制作好的数据引线和标签如图 2-210 所示。

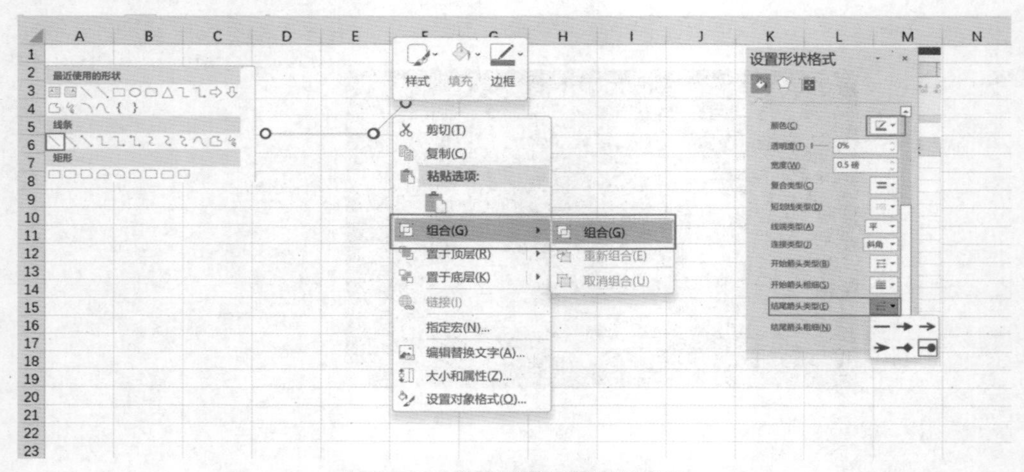

图 2-209 使用形状制作数据引线

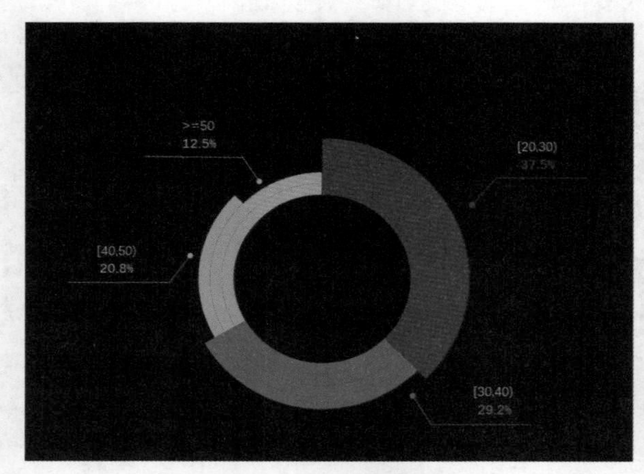

图 2-210 插入文本框作数据标签

添加图表文字说明，可参考单值圆环图图表说明添加和修饰方法。

6. 步骤总结

（1）建立辅助图表数据区域，插入圆环图，设置圆环图圆环大小并转换行列。

（2）删除图例和标题。

（3）设置圆环图中的圆弧填充和线条。

（4）添加自定义数据标签、数据引线和数据说明。

7. 知识点

圆环图圆环大小用于调节圆环图中填充空心圆的大小，取值范围为 0~90%，圆环图圆环大小越大，对应的外层圆环宽度越小，圆环图圆环大小设置为 0 时，圆环内填充空心圆消失，圆环图变成圆饼图。

2.3.8　南丁格尔玫瑰图

前面两节介绍了使用 Excel 制作的两类南丁格尔玫瑰图的衍生图表，其中最为关键的步骤就是设置填充，需要逐层递增无填充圆弧的数量，以及修改每个圆弧的填充色。设置填充色时，需要对每个圆弧都进行操作，4 个类别就是 20 个圆弧，操作量较大，且需要多尝试才能快速选中圆弧，因此制作过程相对较难。那么有没有简单一点的方式呢？

首先我们思考一个这样的问题，使用 Excel 插入的图表是什么？从组成结构来讲其本质就是一个形状组合。那么把整个图表拆解来看，每个图表元素都可以通过插入形状或文本框来实现，以柱形图为例，插入矩形形状作为柱形，并根据数据源数值的大小设置高度，插入文本框作为横坐标轴以及数据标签，这样一个简单的柱形图就完成了。事实上 Excel 底层也是这么实现的，将每个图表需要的元素（数值、坐标轴、矩形、饼形）组合到一起，通过插入图表来自动生成各种元素组合。

既然图表内的元素都是由形状组成的，那么可以通过 Excel 的插入形状尝试“画出”图表。以南丁格尔玫瑰图为例，其核心是不同半径和弧度的扇形组成的，数据标签以及说明都是在插入的文本框中，那么就可以通过插入扇形形状来建立南丁格尔玫瑰图。Excel 可以通过制作饼图生成多个扇形，只要调节一下每个扇形的半径形成了南丁格尔玫瑰图（前面介绍的调节半径的方式是逐层增加外层圆环的无填充的数量）。基于前面的分析，Excel 建立好的圆饼图实际是一些元素组合，那么我们可以将图形组合取消，让他们恢复成基本的样式，再重新组合成为需要的形状。

综上所述，使用图形制作南丁格尔玫瑰图的具体操作步骤是使用 Excel 插入一个圆饼图，再将其元素组合打散，最后调节每个圆环的半径，将元素重新组合，如图 2-211 所示。

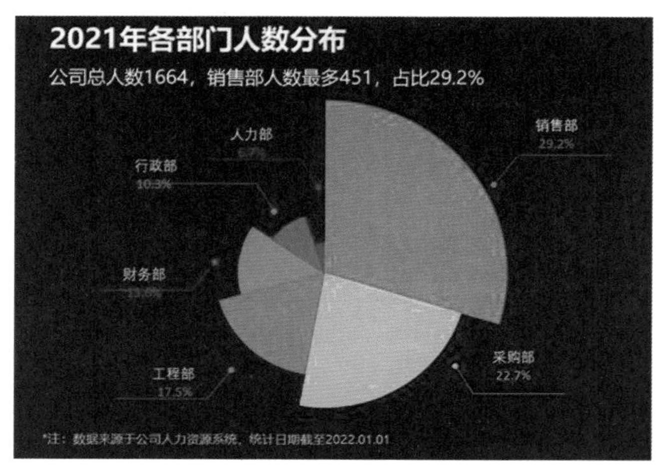

图 2-211　南丁格尔玫瑰图

1. 插入图表——圆饼图

数据说明：与前面介绍的两种制作方式不同，本节使用形状的方法实现，无须添加占位辅助列，将数据源按照人数占比降序排序。

选中 2 列数据，在功能区中单击“插入”选项卡，在图表组中单击“插入圆饼图或圆环图”按钮，选择“圆饼图”选项，如图 2-212 所示。

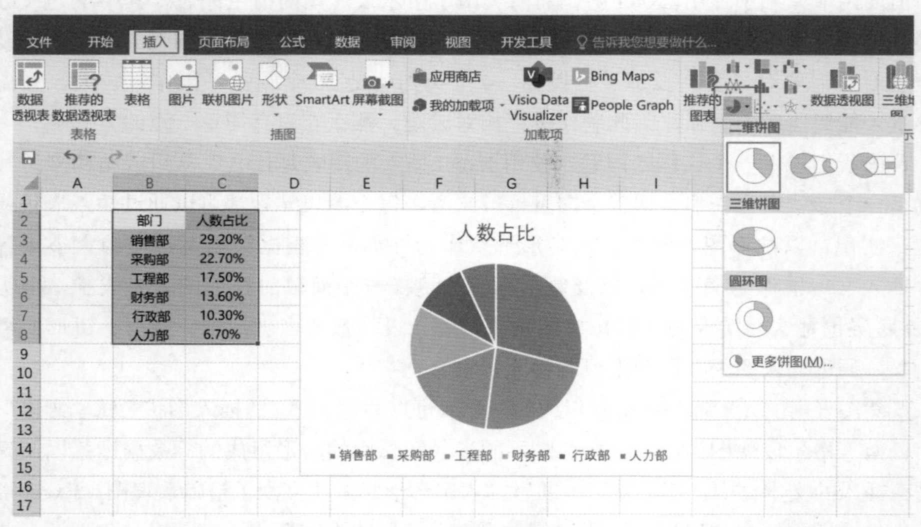

图 2-212　插入圆饼图

2. 修改图表区背景

设置填充为纯色填充，修改颜色为靛蓝色（26,30,67），设置边框为无线条，结果如图 2-213 所示。

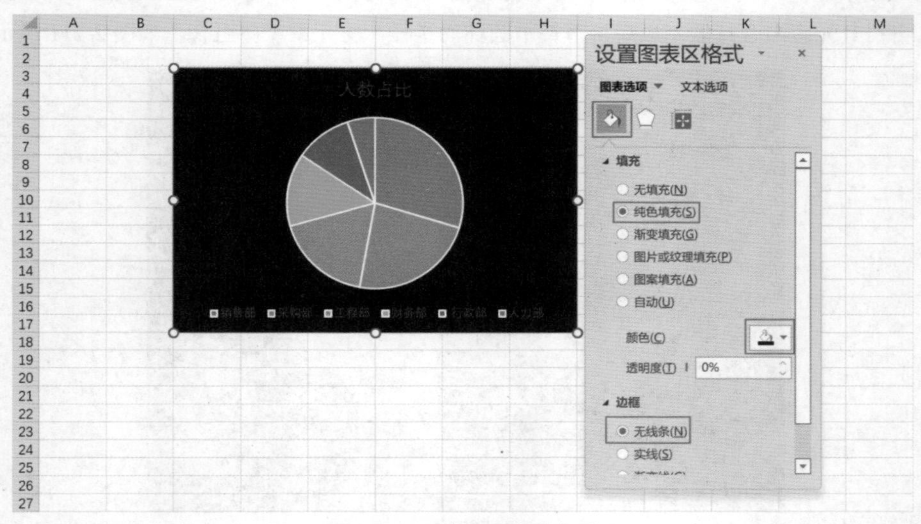

图 2-213　修改图表区背景

3. 修改图表元素

在南丁格尔玫瑰图中图例和默认的标题都无须显示，所以在拆分组合形状之前，将两者删除。右击标题删除或按 Delete 键删除，同样删除图例，结果如图 2-214 所示。

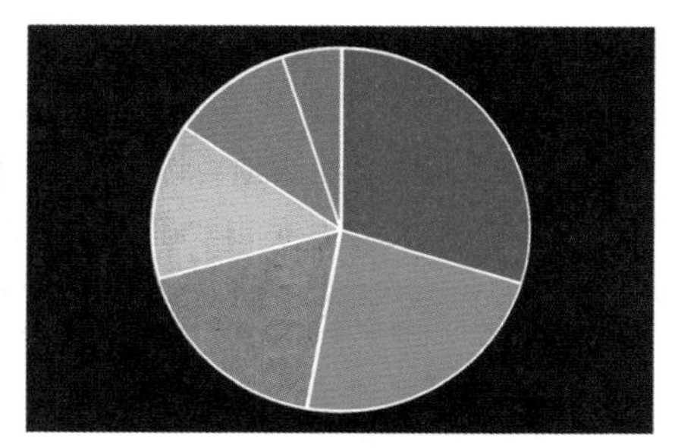

图 2-214　删除圆饼图标题和图例

4. 修饰绘图区

在将圆饼图的图表对象组合拆散之前需要将线条和填充设置好。

（1）设置线条。南丁格尔玫瑰图无须边框修饰，可直接设置为无线条。右击圆饼，在快捷菜单中选择“设置数据系列格式”选项，单击“填充与线条”按钮，在“边框”组中选择“为无线条”单选按钮，如图 2-215 所示。

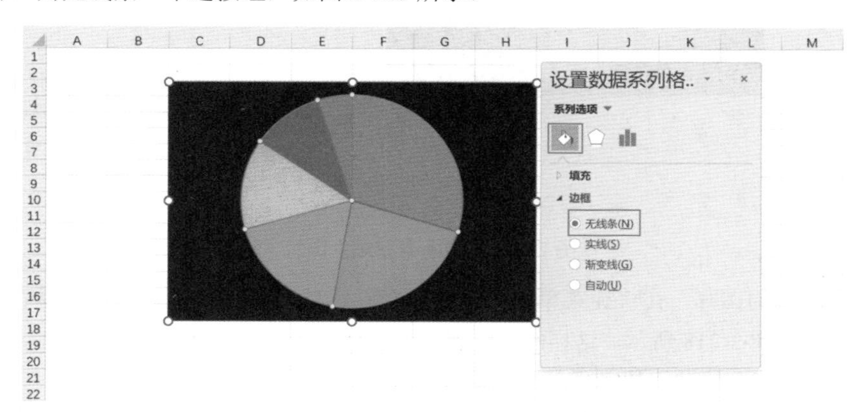

图 2-215　设置圆饼图线条

（2）设置填充。这里的填充色系同 2.3.6 小节的南丁格尔玫瑰图，填充色依次为红色（231,78,105）、金色（245,195,83）、绿色（17,167,173）、浅蓝色（55,162,218）、深蓝色（0,112,192）、紫色（112,48,160），结果如图 2-216 所示。

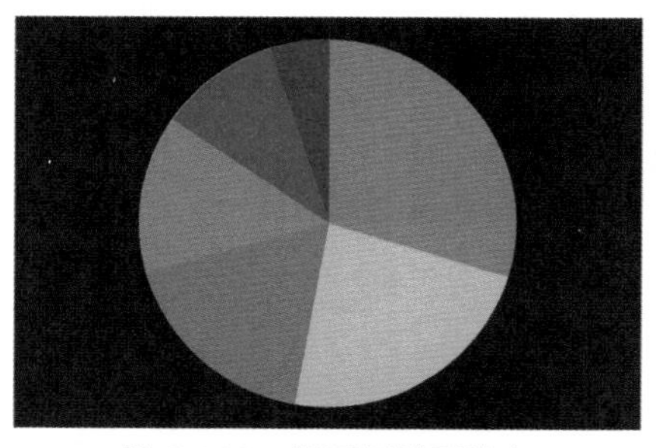

图 2-216　设置圆饼图填充

（3）取消组合图形。在取消组合前首先尽可能拉大图表区，否则在取消组合时各个形状容易错位，不方便布局，图 2-217 中的图表区范围是 C3:H17。单击图表区，按 Ctrl+V 键复制，单击任意一个单元格，在功能区中单击“开始”选项卡，在“剪贴板”组中单击“粘贴”按钮，选择“选择性粘贴”选项。选择“粘贴”单选按钮，在“方式”菜单中选择“图片（增强型图元文件）”选项，单击“确定”按钮，如图 2-217 所示。

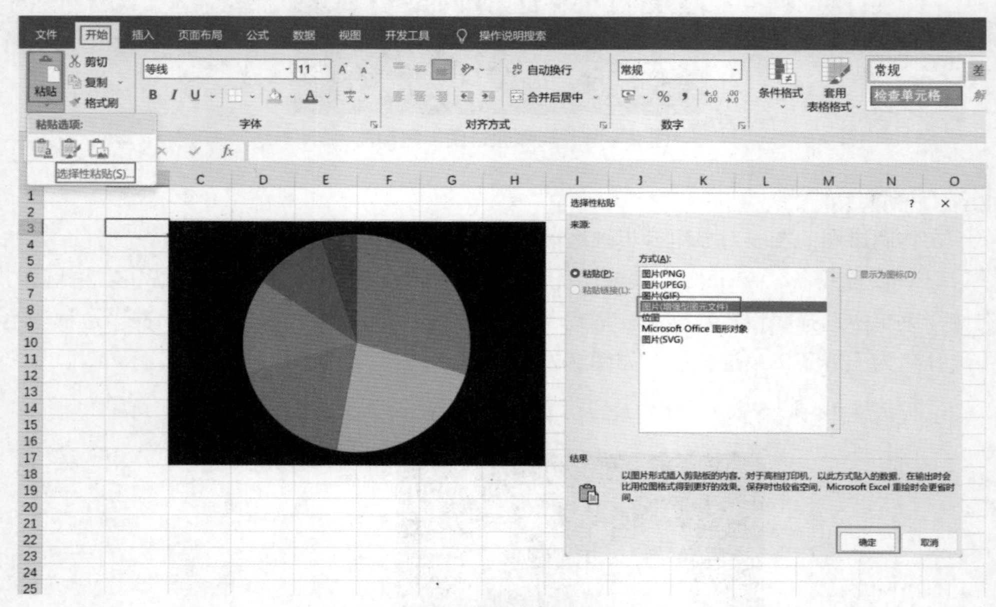

图 2-217　将图表粘贴为图片

右击粘贴的图片，在快捷菜单中选择“组合”选项，在弹出的菜单中选择“取消组合”选项，如图 2-218 所示，这样的操作需要再执行一次，一共执行两次，这样才能将所有的图表元素拆分成独立的形状，结果如图 2-219 所示。

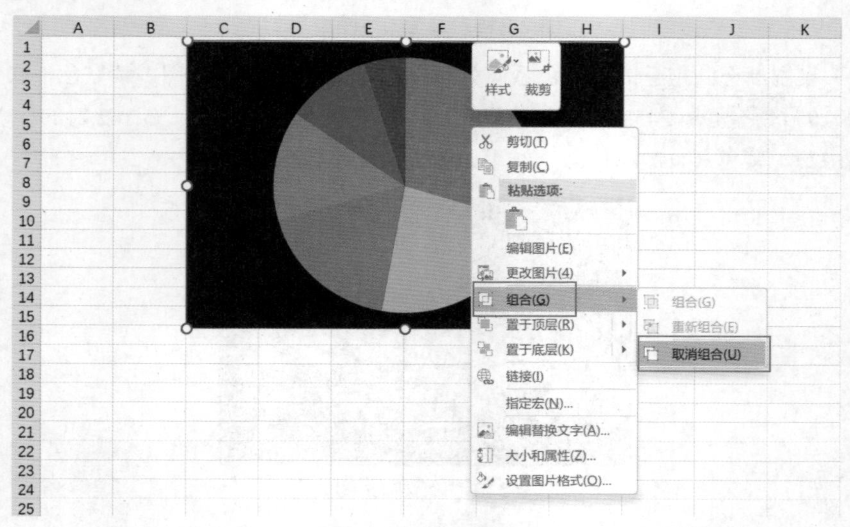

图 2-218　取消组合

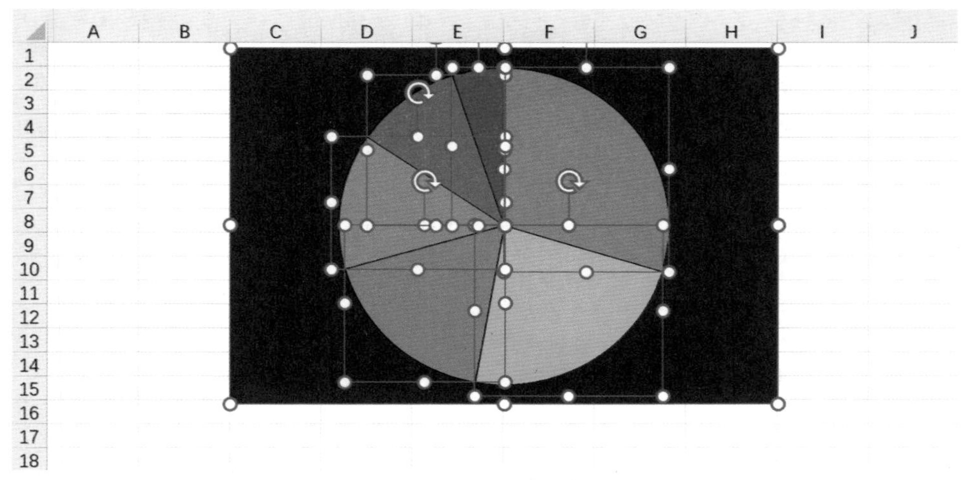

图 2-219 取消组合

（4）调整饼图高度。将圆饼图拆分后，依据系列值调整扇形的大小并重新组合成为南丁格尔玫瑰图。首先需要明确调整的高度，可按比例调整，即最大的扇形比例按照 100% 设置，其他的按照人数占比的比值进行比例调整，如图 2-220 中第三大的扇形按照 18%/29%=60% 调整大小，C7 处的公式为“=B7/$B$5”。

这里以绿色扇形为例，右击扇形，在快捷菜单中选择“设置形状格式”选项，单击“大小与属性”按钮，首先选择“锁定纵横比”复选框，再将“缩放高度”设置为 60%，如图 2-220。对其他扇形也是同样调整“缩放高度”值，本例是 6 种分类，需要设置 5 次。最后全选（按 Ctrl 键单击每个扇形）所有扇形并右击，在快捷菜单中选择“设置形状格式”选项，在“线条”组选择“无线条”单选按钮，如图 2-221 所示。

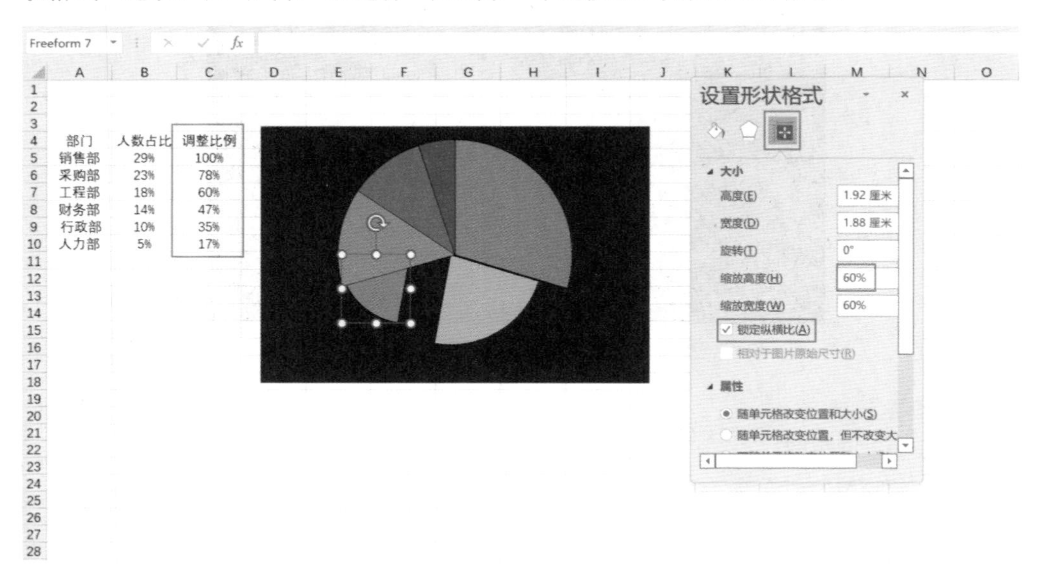

图 2-220 调整扇形高度

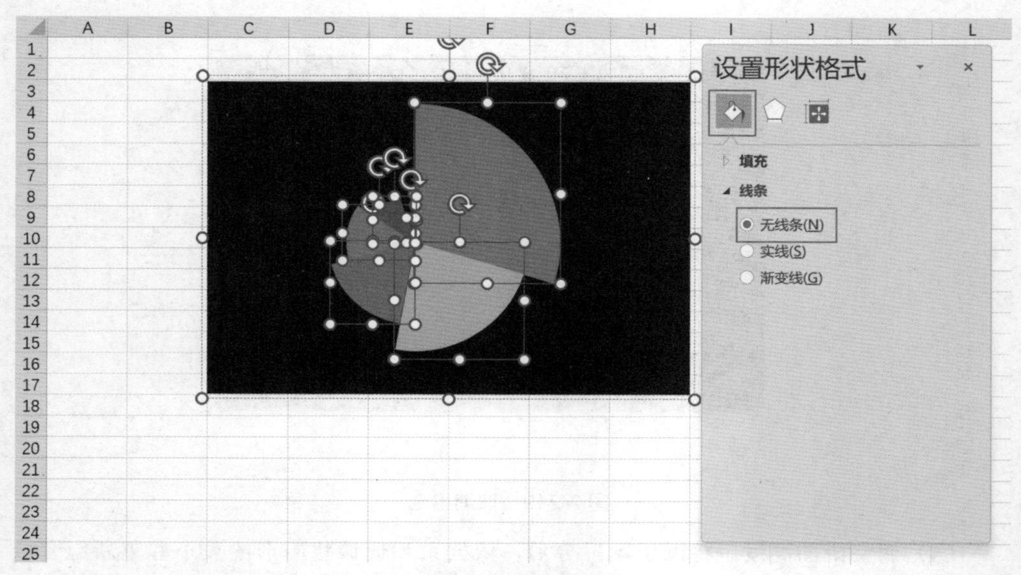

图 2-221　设置扇形无线条

5. 添加数据标签和说明

数据标签和图表说明与前面介绍的南丁格尔玫瑰图添加方式相同，结果如图 2-222 所示。

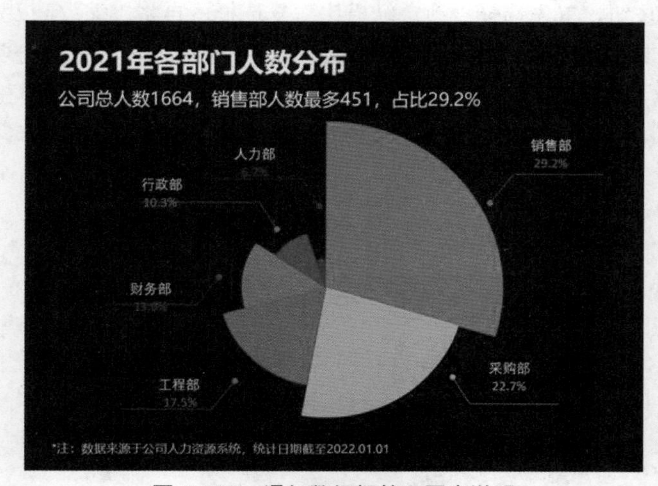

图 2-222　添加数据标签和图表说明

6. 步骤总结

（1）插入圆饼图。

（2）删除图例和标题，设置饼图数据系列为无线条并设置填充颜色。

（3）将图表粘贴为图片，取消组合，修改每个扇形大小。

（4）添加自定义数据标签和数据说明。

7. 知识点

- Excel 图表是由基础形状组成的，可以通过插入形状和文本框，精确调节大小将形状和文本框组合成一个完整的图表。
- Excel 可以将建立好的图表粘贴为图片（增强型图元文件），再对图片取消组合，将图表拆解成独立的形状。

2.3.9 仪表盘图

仪表盘指针图形状类似车辆的仪表盘，用来展示重要数值，与前面介绍的单值圆环图相近，但仪表盘图同时展示出数值范围，使图表看起来更加大气。

仪表盘图由多层圆环组成，最外层圆环将范围指示包围，在里面一层圆环中添加数据标签作为数据范围指示。在多层圆环的最里面一层建立圆饼图，利用扇叶作为指针，如图 2-223 所示。

图 2-223　仪表盘图

1. 插入图表——圆环图和圆饼图

数据源说明：仪表盘图虽然只展示一个数值，但是需要使用的辅助数据较多。

刻度值是仪表盘的指示范围，可根据数据进行调节。

仪表盘作为图表的数据源，形成内侧两层圆环，27 和 90 是圆弧的角度，下面加一个 0 与刻度值错开为了让刻度值作为数据标签时处于每个圆弧的边界，这列数值是固定大小的。

指针角度用于判断指针在圆饼图内的相对角度，公式为“=MAX(0,MIN(H3-50,100))*270/100”。

指针大小是 20，作为指针只需要保留线条就可以，制作最后需要设置大小为 0。

占位只起到占位作用，大小等于“360- 指针 - 指针数值”，三者合并后是一个完整的圆饼。

选中“仪表盘”列数据，在功能区中单击“插入”选项卡，在图表组中单击“插入饼图或圆环图”按钮，选择“圆环图”选项，如图 2-224 所示。

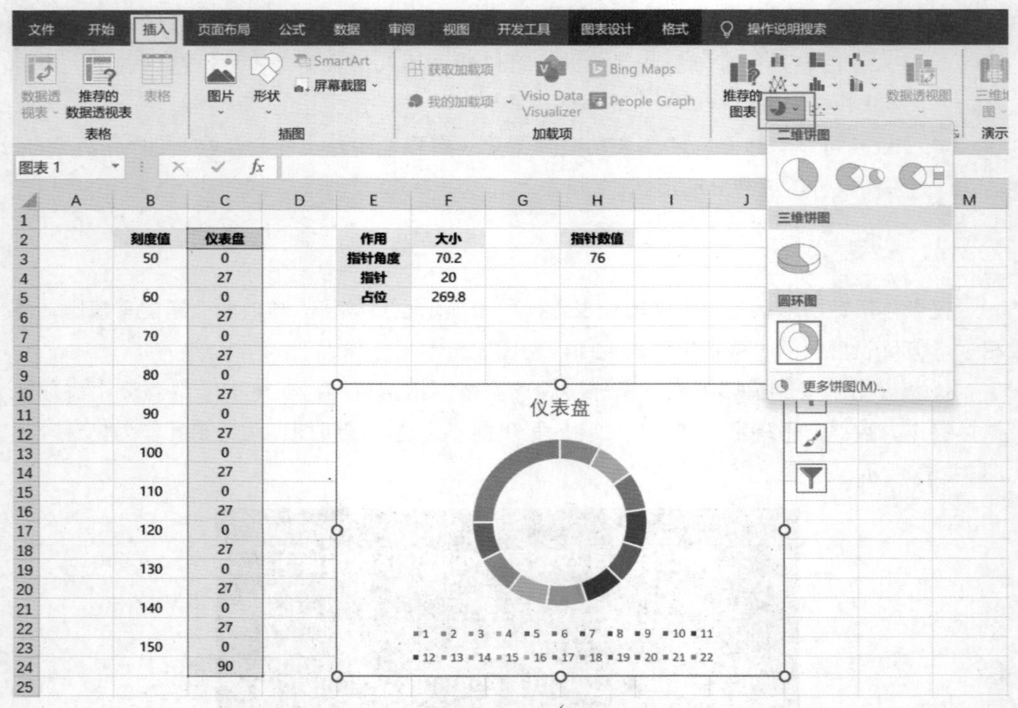

图 2-224 插入圆环图

复制“仪表盘”列数据，单击圆环，按 Ctrl+V 键粘贴两次。复制“大小”列数据，同样粘贴至圆环，结果如图 2-225 所示。

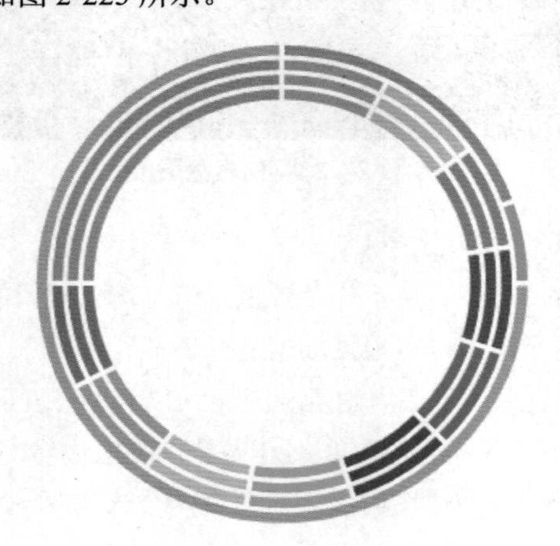

图 2-225 粘贴数据至圆环图

右击圆环，在快捷菜单中选择“更改图表数据类型”选项，在组合图中将三个仪表盘的“次坐标轴”复选框选中，并将大小的“图表类型”切换为“饼图”，如图 2-226 所示。

图 2-226　仪表盘列为次坐标轴

2. 修改图表区背景

设置填充为纯色填充，修改颜色为靛蓝色（26,30,67），设置边框为无线条，结果如图 2-227 所示。

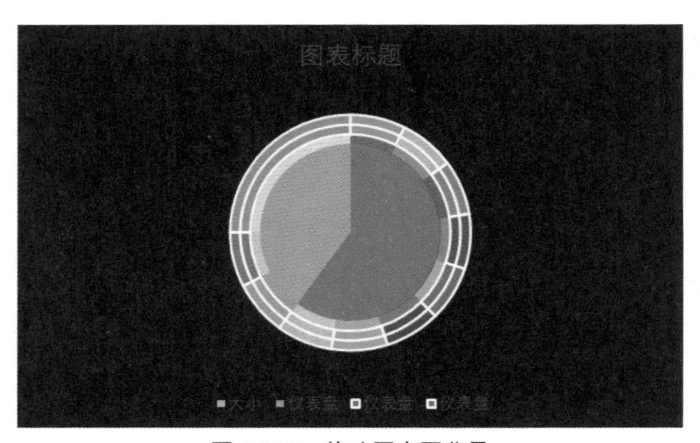

图 2-227　修改图表区背景

3. 修改图表元素

仪表盘图绘图区内容较为丰富所以无须过多元素修饰，对默认添加的标题和图例都可通过右击删除或按 Delete 键删除，结果如图 2-228 所示。

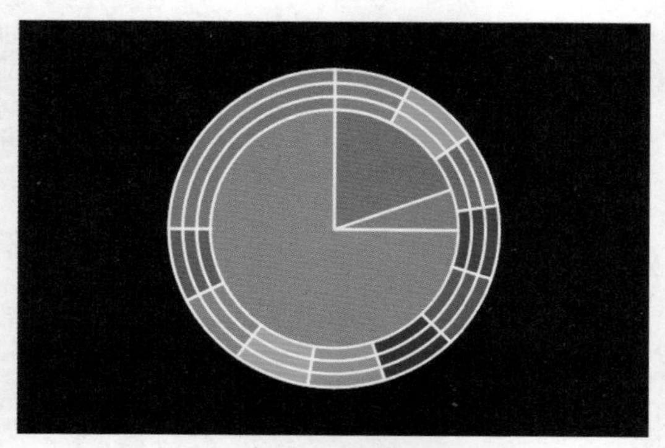

图 2-228 删除非必要图表元素

4. 修饰绘图区

Excel 制作的仪表盘外层有三层圆环图，最外层圆环图作为仪表盘“外壳”，填充颜色一致。中间层圆环图可填充不同颜色作为数值范围提示。内层圆环图用于添加数据标签，无填充。

（1）修饰样式。调节“第一扇区起始角度”可以调节不同分类所处的位置，为了让整个绘图区呈对称样式将第一扇区起始角度设为 225°。调节“圆环大小”，可改变圆环的粗细，圆环图默认的大小是 75%，这里可适当调小，设为 70%。

右键单击最外层圆环，在快捷菜单中选择“设置数据点格式”选项，在“系列选项”中单击第 3 个按钮，设置“第一扇区起始角度”为 225°，“圆环图圆环大小”为 70%，如图 2-229 所示。为保持角度一致，将圆环内圆饼的“第一扇区起始角度”也设置为 225°，设置方法同圆环。

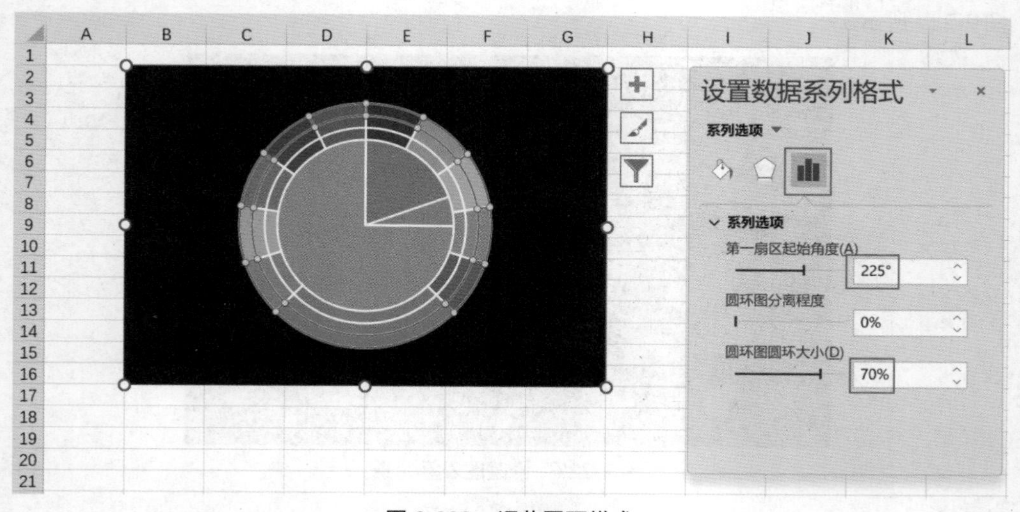

图 2-229 调节圆环样式

（2）修改填充色。对于最外层圆环，设置填充为纯色填充，颜色为深蓝色（0,112,192），设置边框为实线，颜色同背景色靛蓝色（26,30,67），宽度为 0.5 磅。

中间的圆环需要设置不同的填充色，其中 90 度圆弧需要隐藏。设置边框为实线，宽度为 0.5 磅，颜色同背景景色靛蓝色（26,30,67）。设置 90 度圆弧（单击圆环图后再单击一下圆弧即可选中单个圆弧）填充为纯色填充，颜色同背景景色靛蓝色（26,30,67）。再依次设置每个圆弧的颜色，前三个圆弧的颜色依次为绿色（8,126,139），橙黄色（255,197,77），红色（249,76,102）。

右击最内层圆环，在快捷菜单中选择“设置数据点格式”选项，单击“填充与线条”按钮，设置“填充”为纯色填充，颜色同背景景色靛蓝色（26,30,67），设置“边框”为无线条，如图 2-230 所示。

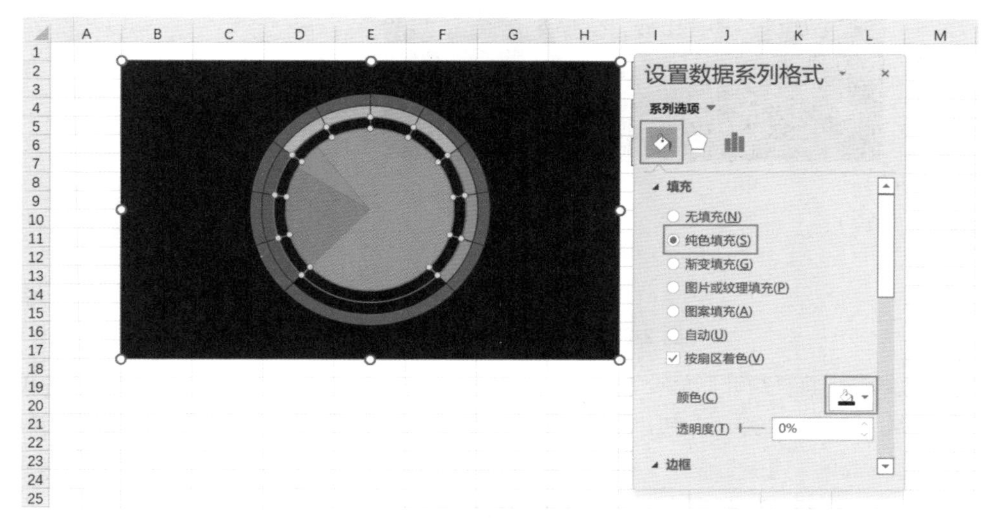

图 2-230 设置圆环填充色

对于圆饼图，首先将圆饼内线条取消，再添加指针。右击圆饼图，在快捷菜单中选择“设置数据点格式”选项，单击“填充与线条”按钮，在“线条”组选择“无线条”单选按钮，如图 2-231 所示。

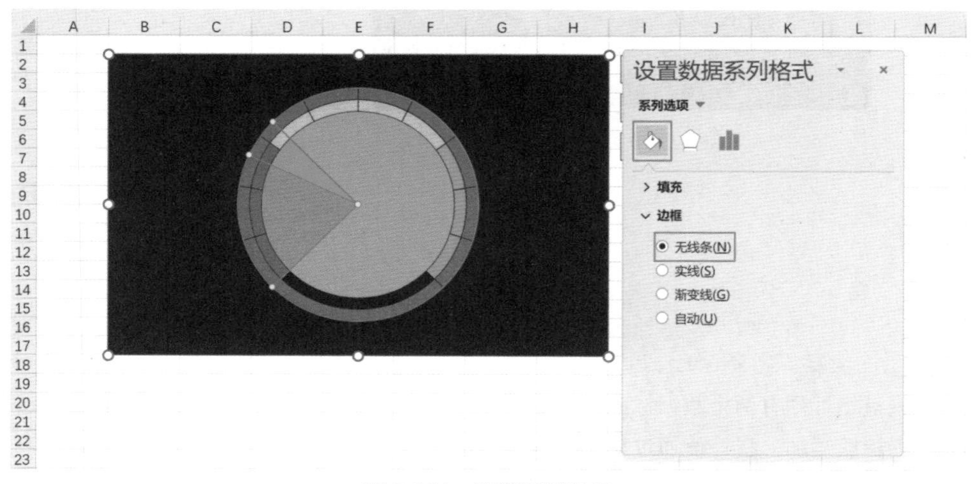

图 2-231 取消圆饼线条

双击选中圆饼中橙色的最小的扇形并右击该扇形，在快捷菜单中选择“设置数据点格式”选项，单击“填充与线条”按钮，在“线条”组选择“实线”单选按钮，颜色为浅灰色（242,242,242），宽度为 1 磅，如图 2-232 所示。

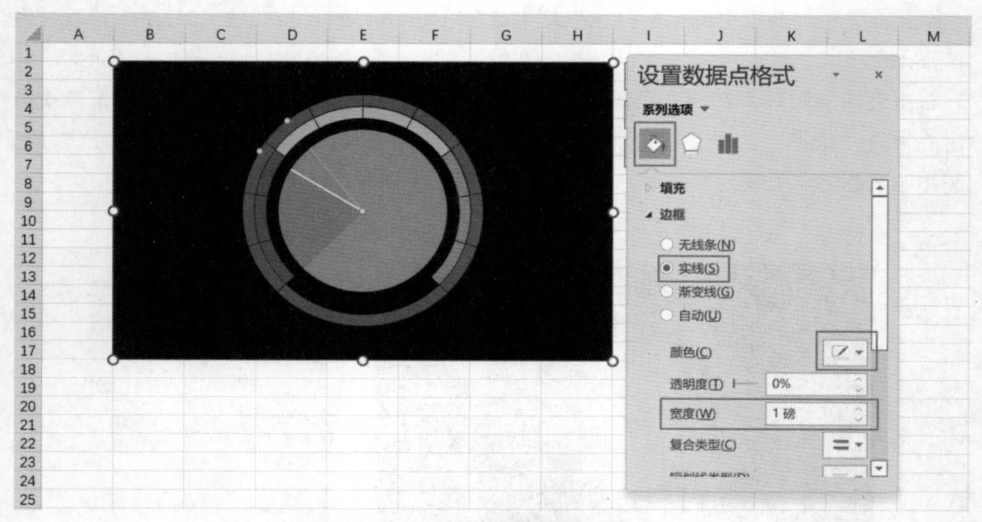

图 2-232　设置圆饼中扇形作为指针

在数据源中将“指针”值设置为 0，右击饼图，在快捷菜单中选择“设置数据点格式”选项，单击“填充与线条”按钮，在“填充”组选择“无填充”单选按钮，如图 2-233 所示。

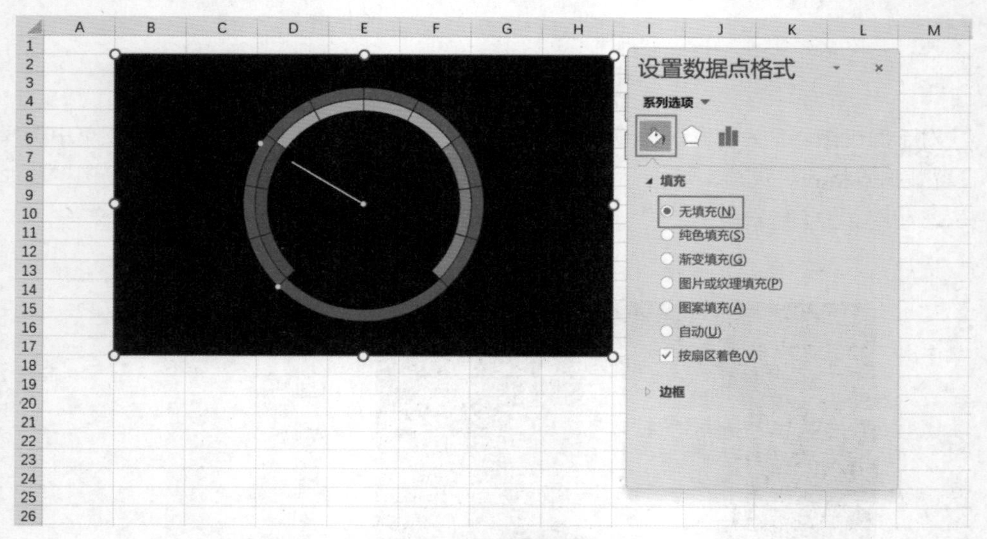

图 2-233　修改饼图填充

5. 添加数据标签和说明

仪表盘指针图有两个数据标签，一个是指针范围，一个是指针值，指针范围通过添加圆环数据标签添加，指针值通过插入文本框添加。

右击最内层圆环，在快捷菜单中选择“添加数据标签”选项，在关联的菜单中选择“添加数据标签”选项，并将字体颜色设置为浅灰色（242,242,242）。图表数据源的数据不是实际数据标签值，需要重新指定，如图 2-234 所示。

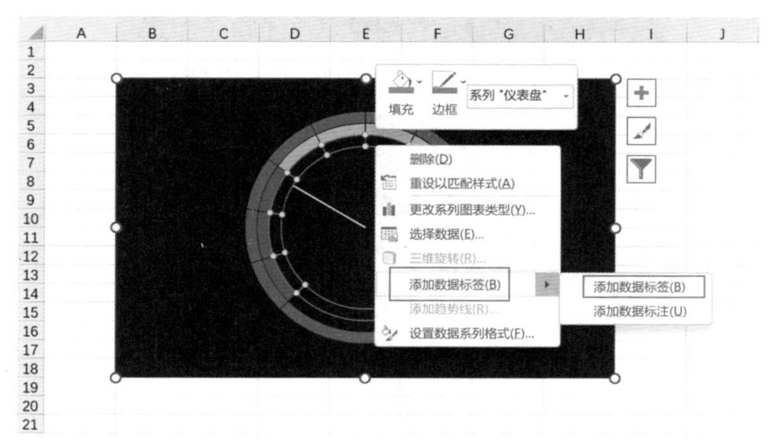

图 2-234 添加数据标签

右击数据标签，在快捷菜单中选择“设置数据标签格式”，单击“标签选项”按钮，在“标签包括”组首先选中“单元格中的值”复选框，单击弹出的“数据标签区域”对话框中的向上箭头选中“刻度值”列数据，单击“确定”按钮，然后取消“值”和“显示引导线”复选框，注意要先添加单元格值再取消选择，如图 2-235 所示。

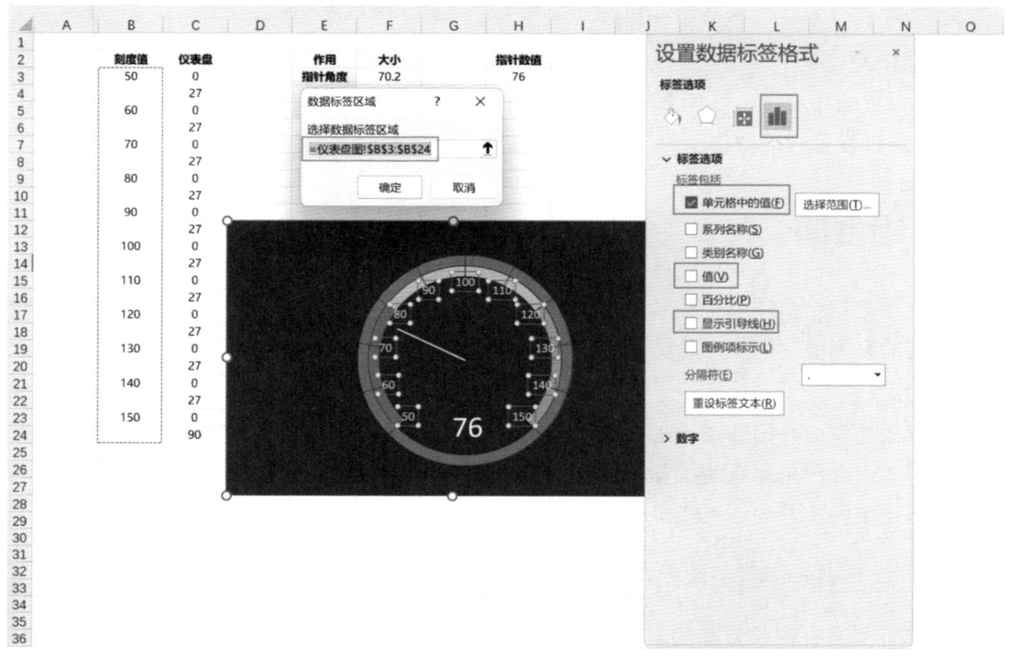

图 2-235 重新指定数据标签数据范围

最后添加指标值。在功能区中单击“插入”选项卡，单击“文本框”按钮，并设置为无填充，无边框，字体颜色为浅灰色（242,242,242），字体大小为 20，复制至图表内。单击文本框，在编辑栏输入公式“=H3”将指示值添加至文本框内，如图 2-236 所示。

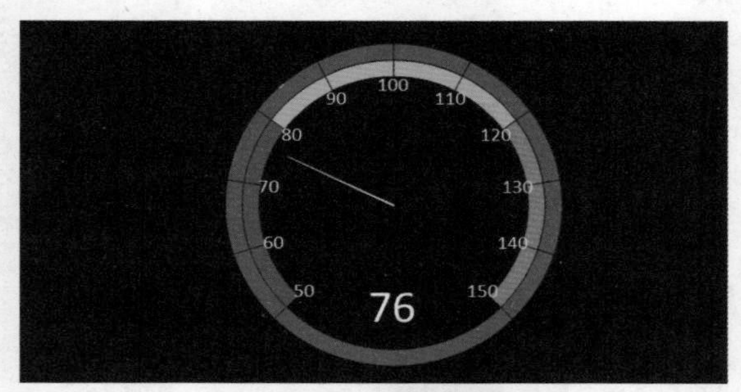

图 2-236　添加指标数据标签

添加图表说明。在功能区中单击“插入”选项卡，单击“文本框”按钮，并设置文本框为无填充，无边框，字体颜色为浅灰色（242,242,242），字体大小为 18，输入图表说明。

6. 步骤总结

（1）建立数据源辅助，添加圆环图，设置次坐标轴。

（2）设置圆环和圆饼图的开始角度及圆环大小。

（3）设置圆环和圆饼填充，设置指针线条。

（4）添加内层圆环数据标签和指示值文本框，以及图表说明。

7. 知识点

- 设置圆环角度可以让圆环旋转。
- 通过设置辅助数据制作圆弧作为仪表盘。

2.4 组合图 ›››

组合图是指一个图表中有多个系列形状较为复杂的数据图表。一般用于呈现同一轴标签下不同的系列值，例如在总结年度销售情况时，使用柱形体现年度销售额，结合折线体现同环比走势。

组合图与前面介绍的图表主要区别是插入图表后还需要更换图表类型以及设置主次坐标轴。有些组合图采用系统推荐图表或直接插入组合图更加便捷，即直接在插入选项卡下的图表组中单击推荐的图表或组合图。

2.4.1 柱形折线图

柱形折线组合图是常见的组合图，制作相对简单，但包含了制作组合图的基本过程，后续介绍的组合图也是基于柱形折线图对图表元素进一步修饰制作的。

柱形折线图一般用于体现数值以及百分比两类系列值，例如体现时间维度的销售完成情况，通过对比逐年销售量以及销售量同比的百分比。需要注意的是，百分比是通过折线体现的，所以柱形折线组合图的轴标签一般建议使用时间维度。

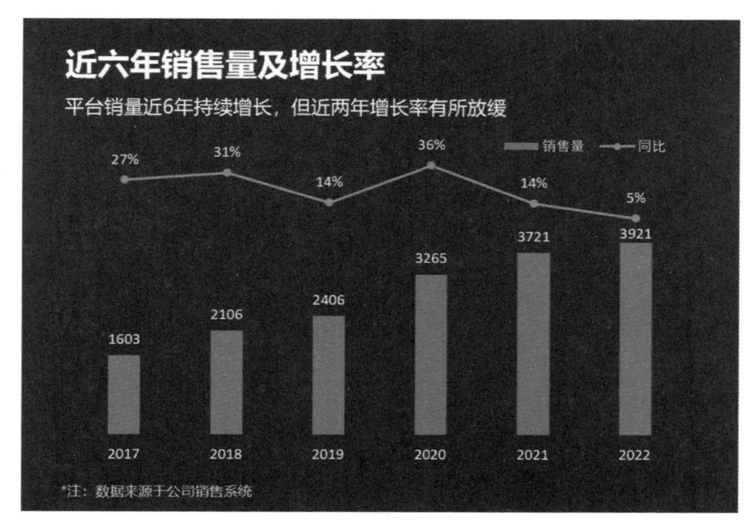

图 2-237　柱形折线图

1. 插入图表——柱形图

数据说明：这里使用年份作为轴标签，但年份数字也属于数值，在插入图表时可能会被 Excel 识别为系列值，所以插入图表前需通过第一章介绍的分列方法，将年份列数据转换数据类别为文本或在数字后加一个“年”。

选中全部 3 列数据，在功能区中单击“插入”选项卡，在图表组中单击“插入柱形或条形图”按钮，选择“簇状柱形图”选项，如图 2-238 所示。

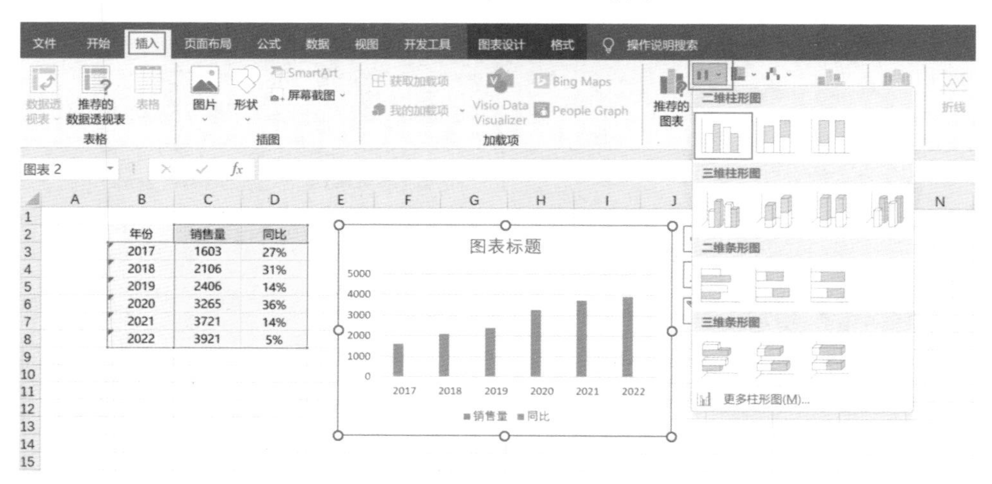

图 2-238　插入簇状柱形图

插入的柱形图只包含了柱形系列形状，需要更改图表类型设置同比数据为折线形状。

右击柱形，在快捷菜单中选择“更改系列图表类型”选项，将“同比”数据系列对应的“次坐标轴”复选框选中，并将“图表类型”切换为“折线图”，如图 2-239 所示。

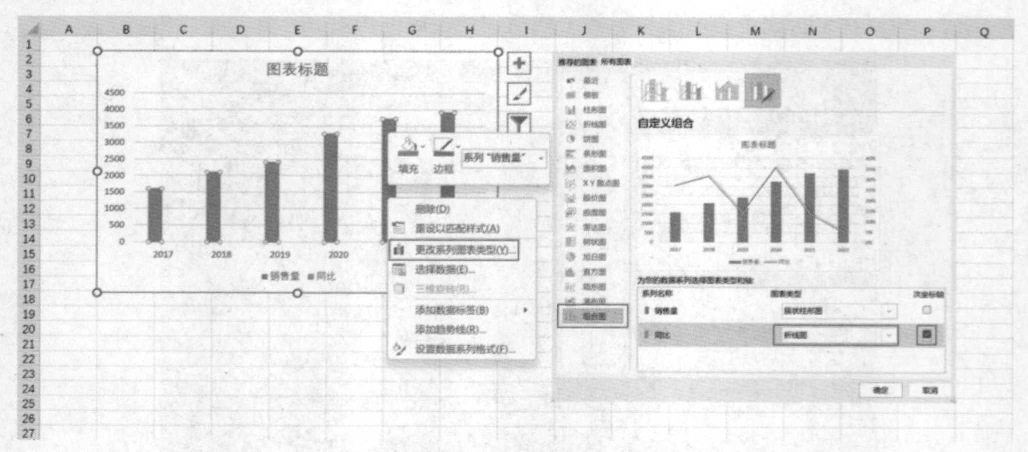

图 2-239　更改柱形为折线

组合图也可以直接使用 Excel 推荐的图表快速制作出，可避免更改图表类型的步骤，本例直接使用第一个推荐的图表，得到柱形折线组合图，如图 2-240 所示。

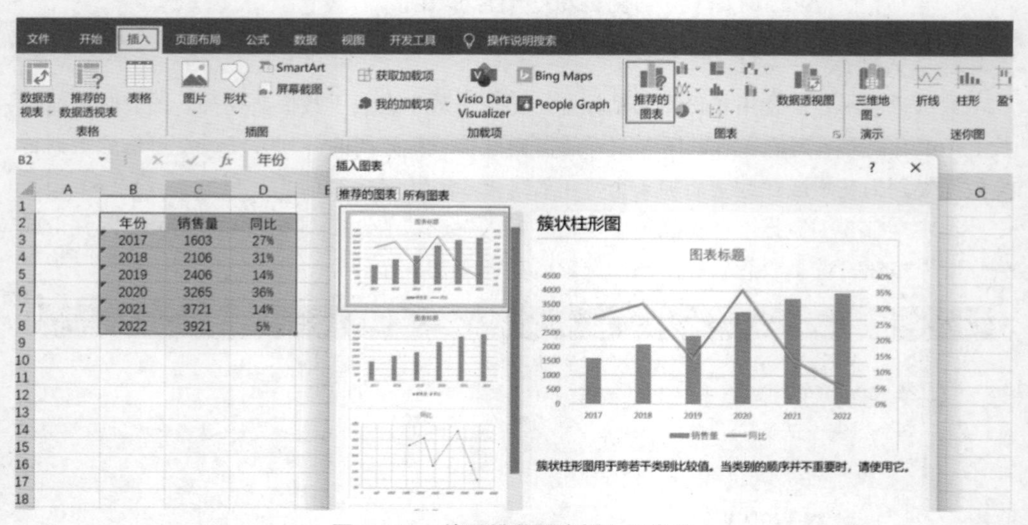

图 2-240　使用推荐图表插入组合图

2. 修改图表区背景

右击图表区，在快捷菜单中选择“设置图表区域格式”选项，单击“填充与线条”按钮，在“填充”组选择“纯色填充”单选按钮，修改颜色为靛蓝色（26,30,67），在“边框”组选择“无线条”单选按钮，如图 2-241 所示。

3. 修改图表元素

在组合图中，横坐标轴是必须的，有时需要将主次纵坐标轴保留，本例是通过数据标签展示数据，且绘图区较为丰富，所以可将主次纵坐标轴隐藏，水平网格线和标题也可删除。

（1）删除非必要图表元素。右击标题删除或按 Delete 键，同样删除水平网格线，结果如图 2-242 所示。

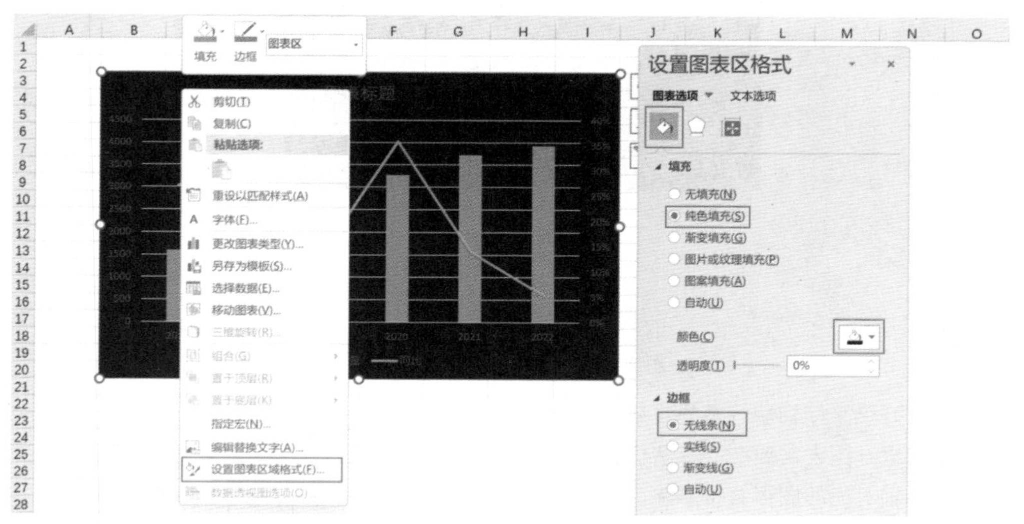

图 2-241　修改图表区背景

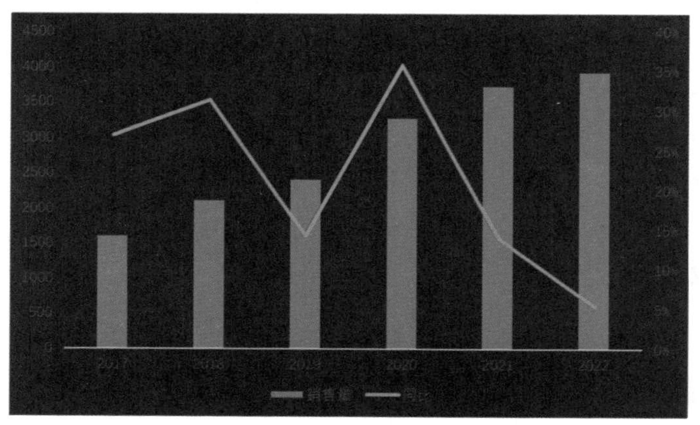

图 2-242　删除非必要图表元素

（2）设置坐标轴。组合图经常会遇到不同系列图形交叉的问题，直接影响呈现效果，这时就需要调节主次纵坐标轴大小，使两系列图表上下分隔。本例中柱形折线图是由柱形和折线组成的，可将柱形向下“压”，折线向上“提”，对应的操作是增加柱形对应的主纵坐标轴最大值，减小折线图对应的次纵坐标轴的最小值。

右击左侧的主纵坐标轴，在快捷菜单中选择“设置坐标轴格式”选项，单击“坐标轴选项”按钮，在“边界”组中设置“最大值”为 6000。右击左侧的次纵坐标轴，在快捷菜单中选择“设置坐标轴格式”选项，单击“坐标轴选项”按钮，在“边界”组设置“最小值”为 -1，“最大值”为 0.5，如图 2-243 所示。

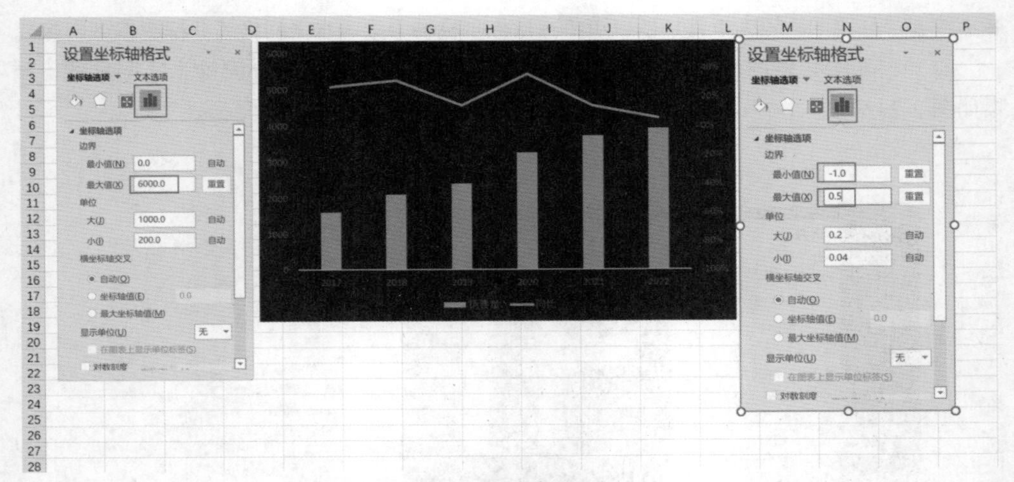

图 2-243　调整坐标轴边界范围

设置好纵坐标轴后，需要将纵坐标轴隐藏，与拥有一个坐标轴的图表不同，拥有主次坐标轴的组合图表需要在“标签位置”的下拉选项框中选择“无”选项，如果直接删除会将纵坐标轴对应的图形直接删除。

右击左侧主纵坐标轴，在快捷菜单中选择“设置坐标轴格式”选项，在“标签”组中设置坐标轴的“标签位置”为无。同样将次坐标轴也隐藏，如图 2-244 所示。

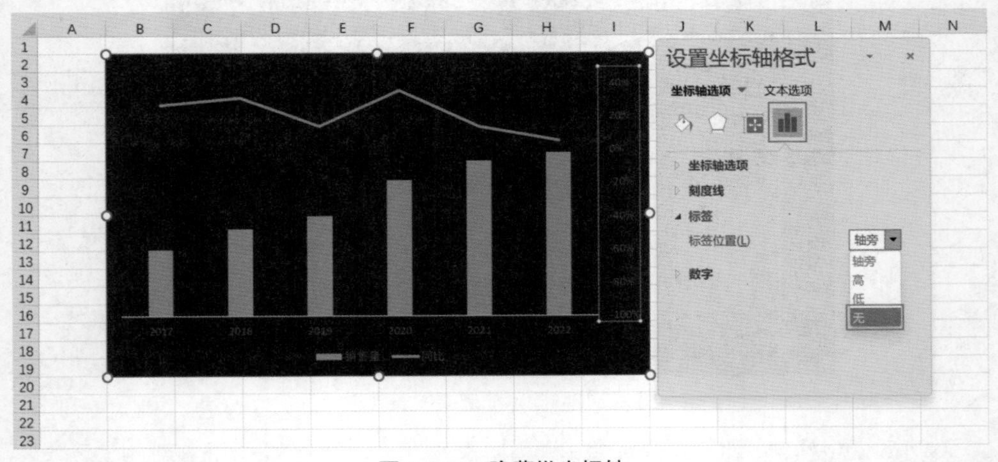

图 2-244　隐藏纵坐标轴

（3）修饰横坐标轴。右击横坐标轴，在快捷菜单中选择“设置坐标轴格式”选项，单击“填充与线条”按钮，在“线条”组选择“无线条”单选按钮，设置字体为浅灰色(242,242,242)，如图 2-245 所示。

（4）修饰图例。组合图中包含两类图表类型，为了增加辨识度，可使用图例用于区分不同的系列。单击图例，将图例拖动至绘图区右上角，设置字体颜色为浅灰色(242,242,242)。

4. 修饰绘图区

对于包含折线和柱形的组合图，绘图区的主要修饰方式是调节柱形填充和折线线条颜色。

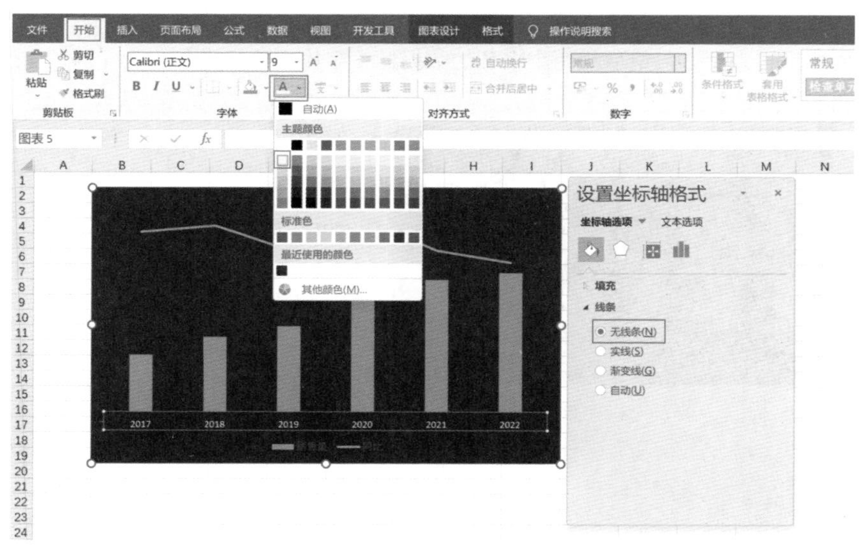

图 2-245　修饰横坐标轴

（1）设置填充。右击柱形，在快捷菜单中选择“设置数据系列格式”选项，单击“填充与线条”按钮，在“填充”组选择“纯色填充”单选按钮，颜色为蓝色（0,112,192）。右键单击折线，在快捷菜单中选择“设置数据系列格式”选项，单击“填充与线条”按钮，在“线条”组选择“实线”单选按钮，颜色为红色（231,78,105），宽度为 1.5 磅，如图 2-246 所示。

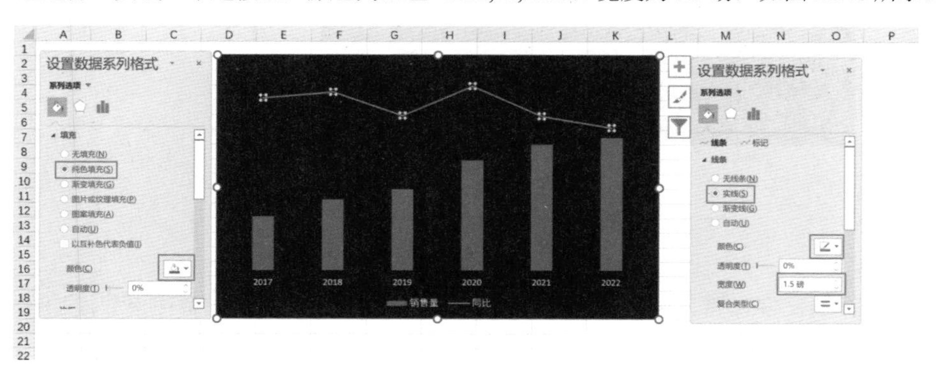

图 2-246　设置组合图填充和线条

（2）设置线条样式。为增加折线辨识度，可以对折线增加标记。在折线的“设置数据系列格式”对话框中“填充与线条”菜单下单击“标记”按钮，在“标记选项”组中选择“内置”单选按钮，“类型”为圆，“大小”采用默认 5，设置“填充”为纯色填充，颜色同折线颜色红色（231,98,105），“边框”为无线条，如图 2-247 所示。

5. 添加数据标签和说明

（1）数据标签。条形折线图取消了纵坐标轴，为了将每个类别的数据精确显示，所以要对每个数据点添加数据标签。单击柱形，单击图表右上角的加号在快捷菜单中选择“数据标签”复选框，在“数据标签”右侧有一个黑色三角，单击三角可以设置数据标签位置，本例设置位置为“数据标签外”，如图 2-248 所示。单击折线，使用同样的方式将数据标签位置设置为上方，最后将两个系列的数据标签字体颜色设为浅灰色（242,242,242）。

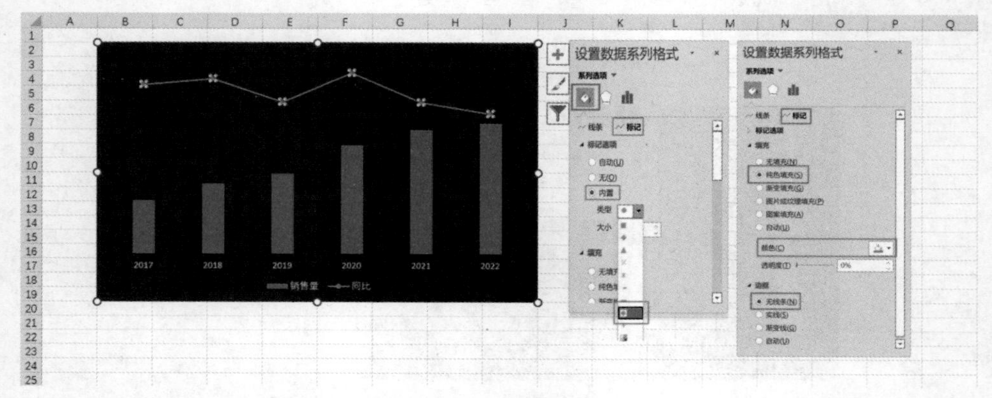

图 2-247　设置折线标记

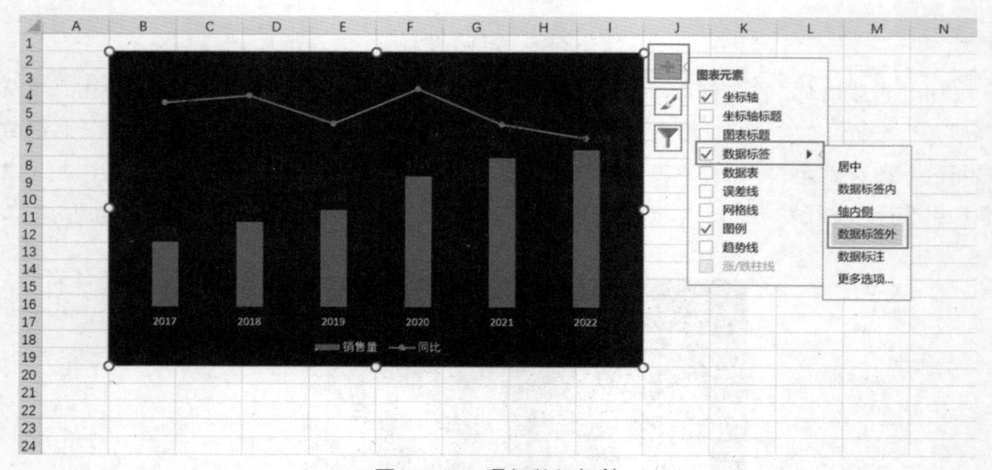

图 2-248　添加数据标签

（2）添加文字说明。将标题和图表说明添加在一个文本框中，备注单独添加在另一个文本框中，方便移动位置。

在功能区中单击“插入”选项卡，单击“文本框”按钮，右键单击文本框，在快捷菜单中选择“设置形状格式”选项，单击“线条与填充”按钮，设置填充为无填充，线条为无线条。输入图表标题和数据说明，统一设置字体颜色为浅灰色（242,242,242），选中对应的文本可以单独设置字体格式，设置标题字号大小为 18 号，加粗，数据说明字号大小为 11，数据备注字号大小为 8，如图 2-249 所示。

6. 步骤总结

（1）插入柱形图，更改图表类型，添加折线次坐标（或插入推荐的图表）。

（2）设置主次纵坐标边界范围。

（3）隐藏主次纵坐标轴，删除标题和水平网格线，修饰横坐标轴。

（4）添加折线图标记以及修改柱形填充。

（5）添加自定义数据标签和数据说明。

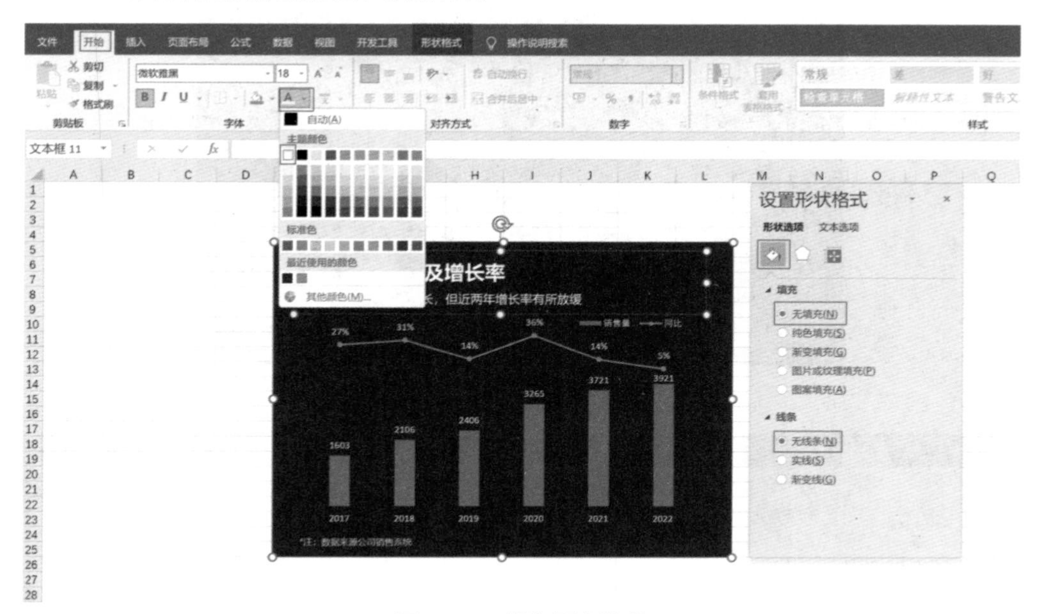

图 2-249　添加图表说明

7. 知识点

- 调整纵坐标轴边界值可改变柱形高度和折线范围。
- 组合图可通过调节主次纵坐标轴边界值大小实现不同数据系列图形的位置分隔。
- 组合图中，如果不需要主次纵坐标轴不可直接删除，而是在坐标轴选项中设置标签位置为空，将纵坐标轴隐藏。

2.4.2　目标柱形图

项目进行一段时间后，需要对比目标和实际完成的情况进行分析，总结过去以及计划未来工作，目标柱形图就是用来体现实际值和计划的对比的数据图表。

目标柱形图是由空心柱形和实心柱形组成，实心柱形相对较细用于展示实际值，空心柱形图较粗，用于展示目标值，如图 2-250 所示。

1. 插入图表——簇状柱形图

选中全部 3 列数据，在功能区中单击“插入”选项卡，在图表组中单击“插入柱形或条形图”按钮，选择“簇状柱形图”选项，如图 2-251 所示。

Excel 柱形图中，矩形的宽窄是通过设置图表的间隙宽度调节的，本例需要设置两个系列柱形宽窄不同，这就需要添加次坐标轴制作双坐标轴，分别调节间隙宽度。右键单击柱形，在快捷菜单中选择“更改系列图表类型”选项，将实际销量对应的“次坐标轴”复选框选中，单击“确定”按钮，得到双纵坐标轴柱形图，如图 2-252 所示。

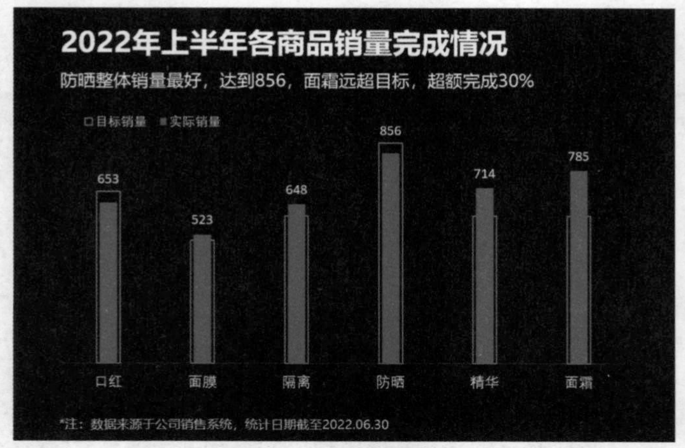

图 2-250　目标柱形图

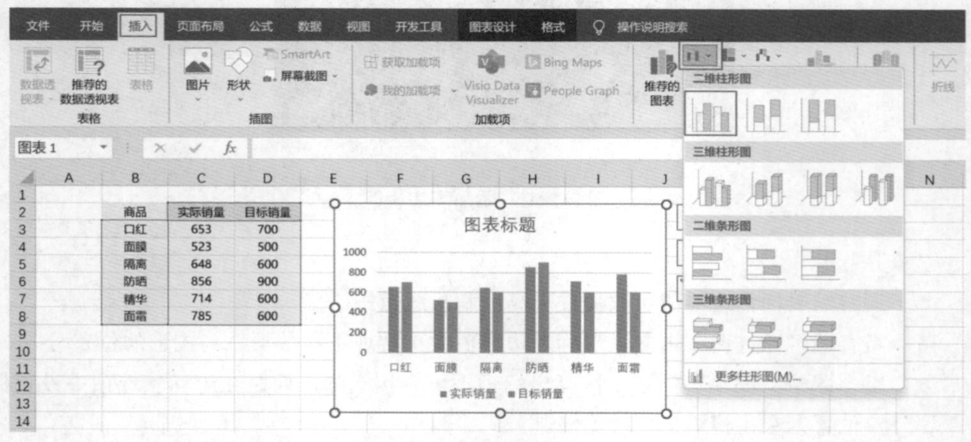

商品	实际销量	目标销量
口红	653	700
面膜	523	500
隔离	648	600
防晒	856	900
精华	714	600
面霜	785	600

图 2-251　插入簇状柱形图

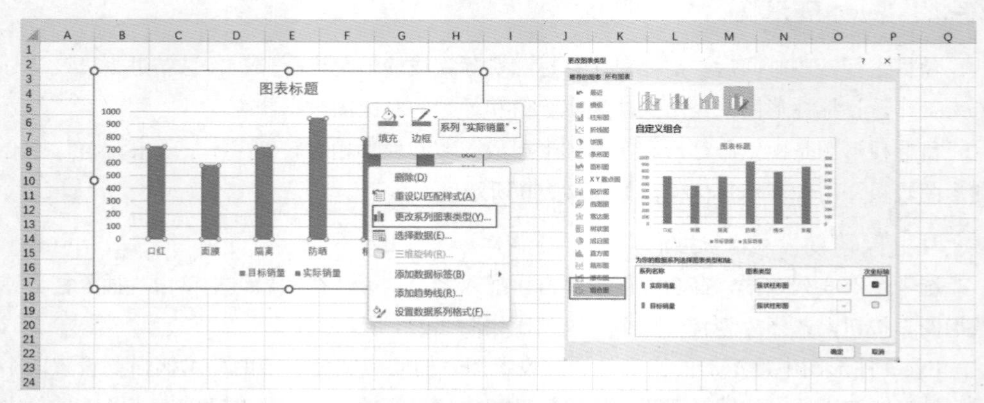

图 2-252　添加次坐标轴

2. 修改图表区背景

右击图表区，在快捷菜单中选择“设置图表区域格式”选项，单击“填充与线条”按钮，设置填充为纯色填充，修改颜色为靛蓝色（26,30,67），设置边框为无线条，结果如图 2-253 所示。

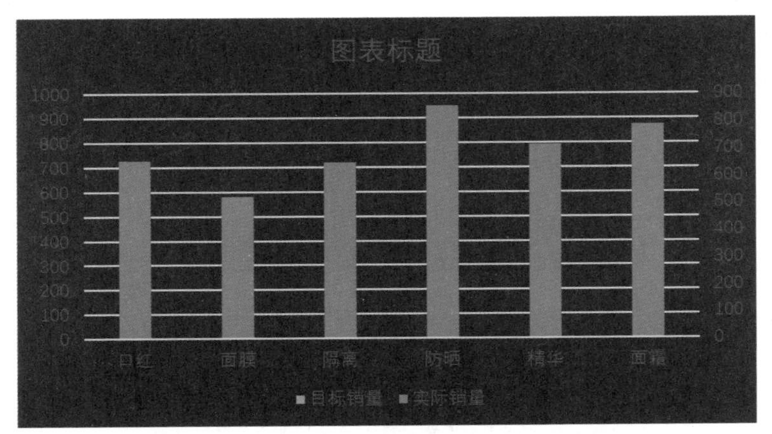

图 2-253　修改图表区背景

3. 修改图表元素

目标柱形图尽量保证简约，保留图例用于区分目标值柱形和实际完成值柱形，其他图表元素都可删除。

（1）删除非必要图表元素。右击标题删除或者按 Delete 键，同样删除水平网格线，如图 2-254 所示。

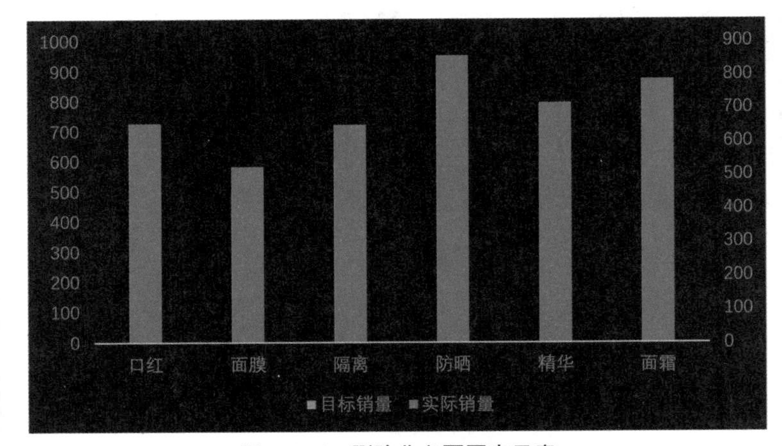

图 2-254　删除非必要图表元素

（2）设置纵坐标轴。右击左侧主要纵坐标轴，在快捷菜单中选择“设置坐标轴格式”选项，在“标签”组中设置坐标轴的“标签位置”为无，隐藏主要纵坐标轴。使用同样的方法将次要纵坐标轴也隐藏。有时默认的主要和次要纵坐标轴的边界最大值以及最小值不一致，这时就需要手动调节使两者一致，保证他们在同一个计量范围，如图 2-255 所示。

（3）修饰横坐标轴。单击横坐标轴，设置字体颜色为浅灰色（242,242,242），右击横坐标轴，在快捷菜单中选择“设置坐标轴格式”选项，单击“填充与线条”按钮，在“线条”组选择“实线”单选按钮，颜色为浅灰色（242,242,242），透明度 80%，如图 2-256 所示。

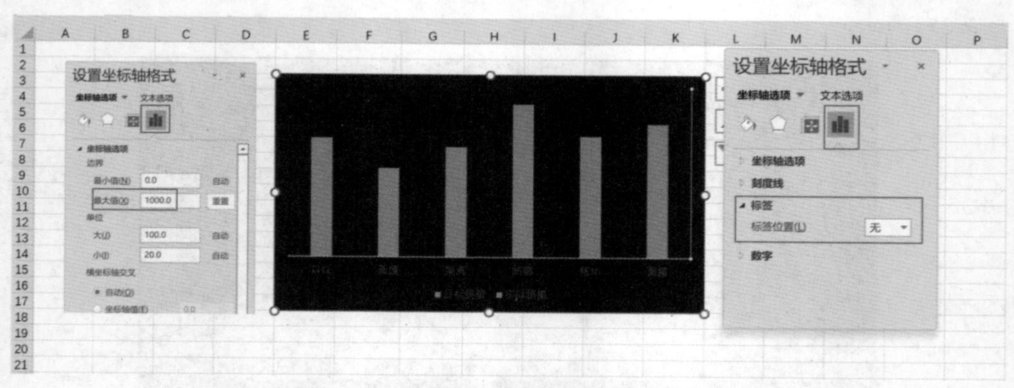

图 2-255　主要和次坐标轴范围一致并隐藏

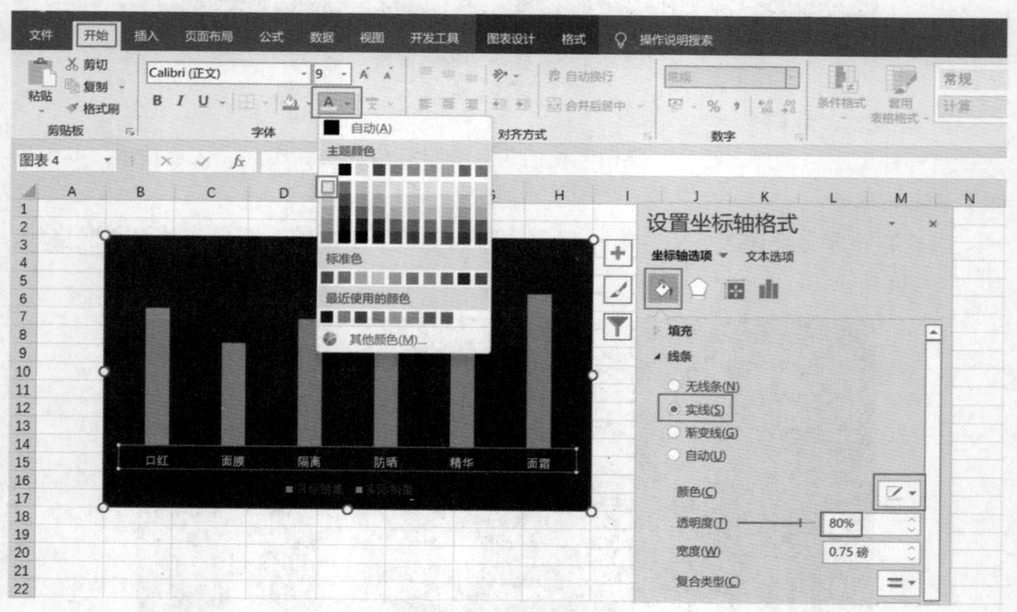

图 2-256　修饰横坐标轴格式

4. 修饰绘图区

目标柱形图的绘图区由两个系列柱形组成，分别设置不同的间隙宽度，实际值柱形较“瘦”，目标值柱形较“胖”，将实际柱形包裹住。

（1）设置间隙宽度。设置间隙宽度的作用是调节柱形宽窄，范围是 0%~500%。间隙宽度越大柱形越窄，间隙宽度为 500% 时两列柱形距离最大，柱形最窄，如图 2-257 所示，间隙宽度为 0% 时所有柱形紧邻，柱形最宽，如图 2-258 所示。

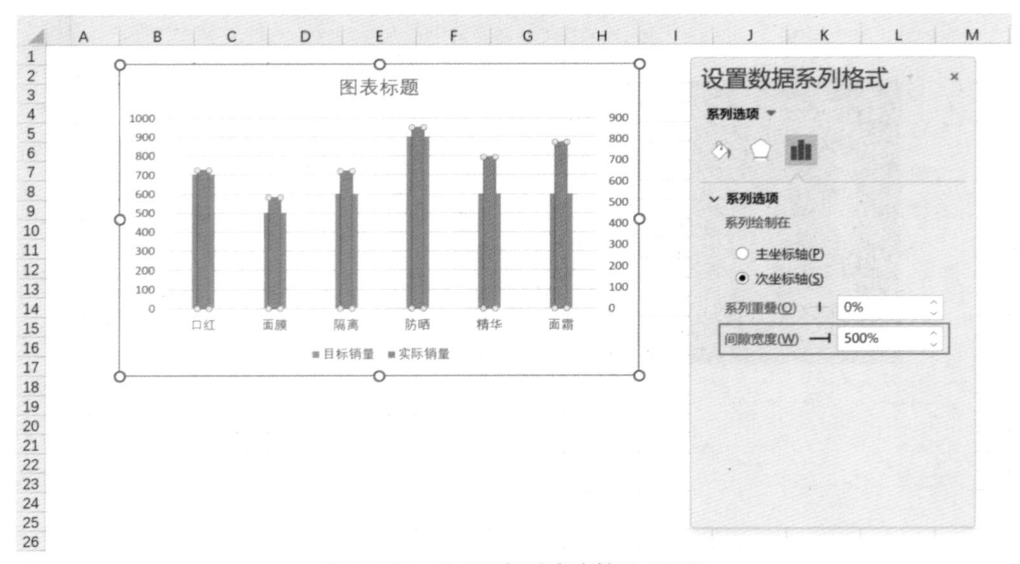

图 2-257　柱形图间隙宽度等于 500%

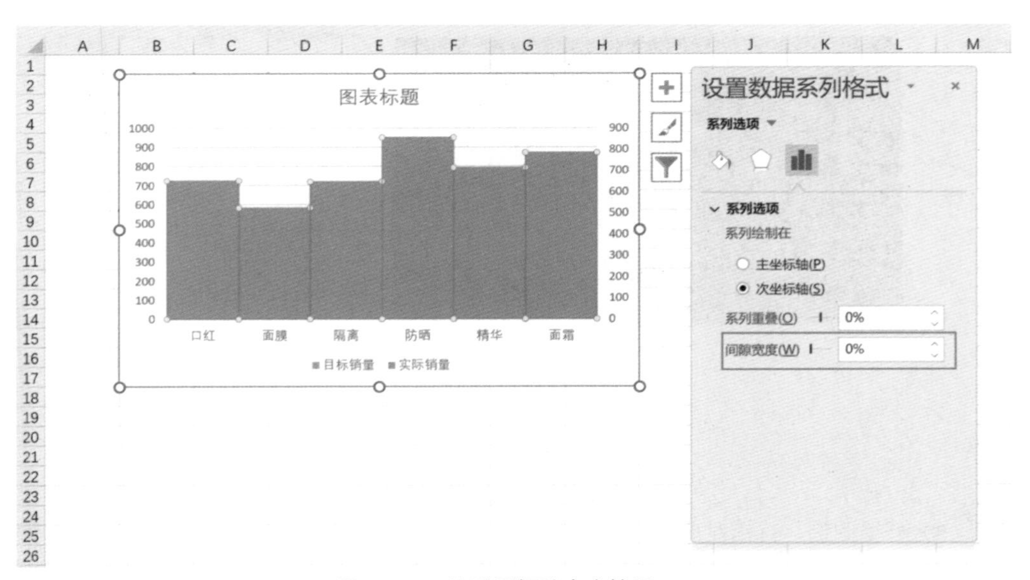

图 2-258　柱形图间隙宽度等于 0%

右击实际值（浅蓝色）柱形，在快捷菜单中选择“设置数据系列格式”选项，单击“系列选项”按钮，设置“间隙宽度”为 450%，同样设置目标值（橙色）柱形“间隙宽度”为 300%，如图 2-259 所示。

（2）设置柱形颜色，选中“实际销量”柱形，右击在快捷菜单中选择“设置数据系列格式”选项，单击“填充与线条”按钮，设置填充为纯色填充，颜色为蓝色（0,112,192），设置边框为无线条。对“目标销量”柱形，在“填充与线条”菜单下设置填充为无填充，设置边框为实线，颜色为浅灰色（242，242，242），透明度为 50%，如图 2-260 所示。

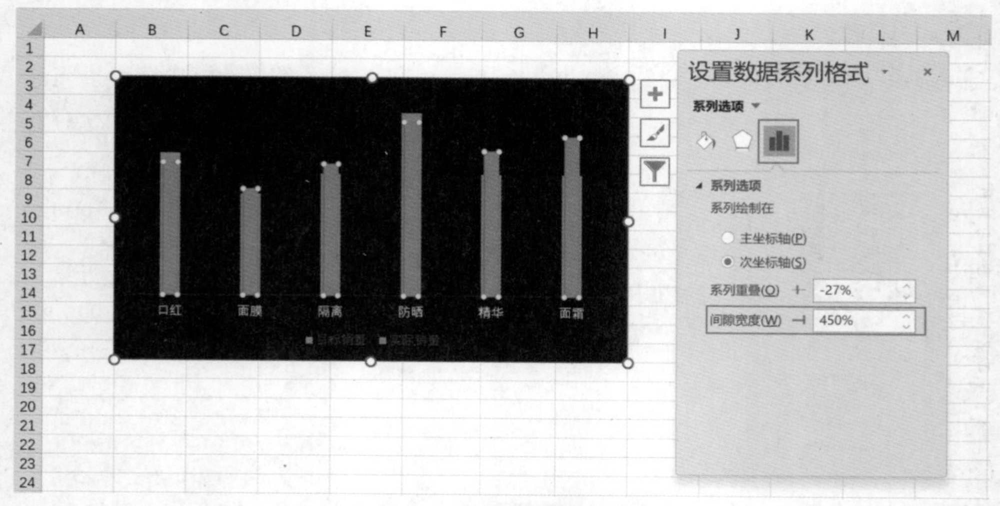

图 2-259　实际销量柱形间隙宽度

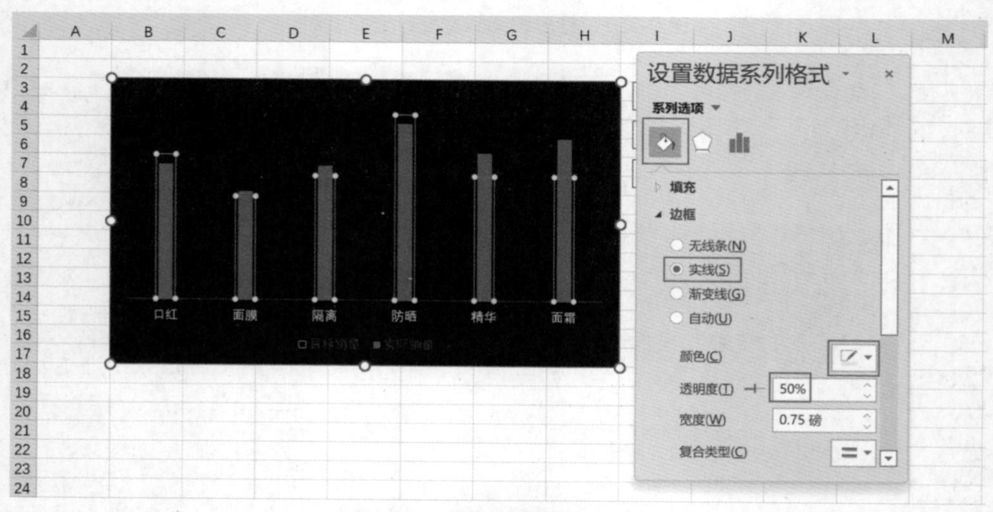

图 2-260　修改柱形填充和线条

（3）修饰图例，目标柱形图中图例起辅助作用，将其置于左上角用于区分实际销量柱形和目标销量柱形。单击图例，图例四周会出现白色圆点，按住鼠标左键拖动图例至绘图区左上角，最后设置字体颜色为浅灰色（242,242,242），字号为 9，结果如图 2-261 所示。

5. 添加数据标签和说明

目标柱形图数据标签只展示实际销量值即可，目标销量通过空心柱形供参考。单击实际销量对应的实心柱形，单击图表区右上角出现的加号，在快捷菜单中选择“数据标签”复选框，单击“数据标签”右侧的三角按钮，在关联的菜单中选择“数据标签外”选项，让数据标签处于柱形顶部，如图 2-262 所示。

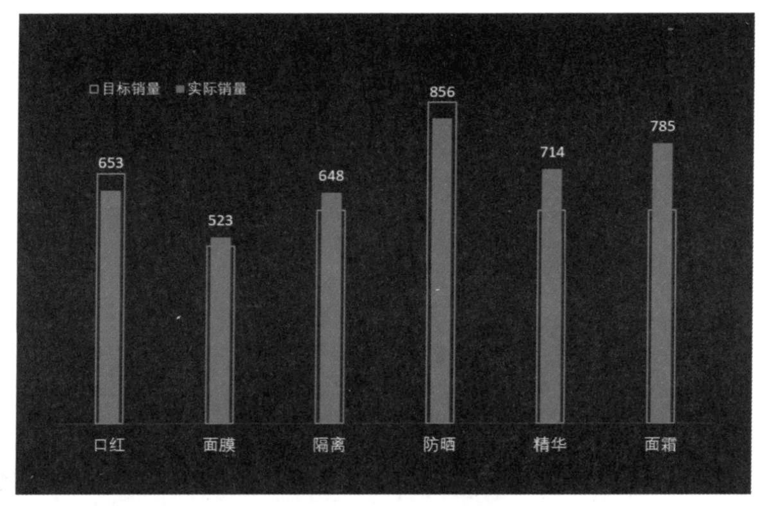

图 2-261　修改图例

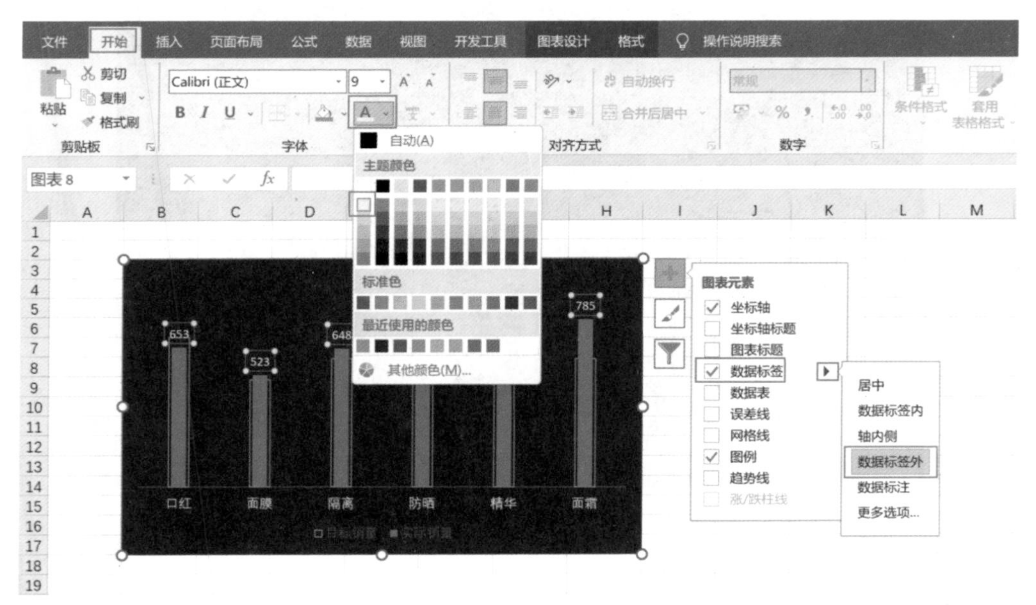

图 2-262　添加数据标签

图表文字说明可参考柱形折线图的图表说明添加和修饰方法。

6. 步骤总结

（1）插入簇状柱形图，添加次要坐标轴。

（2）删除图例和水平网格线。

（3）更改主次坐标轴柱形间隙宽度。

（4）修改绘图区填充和线条。

（5）添加数据标签和图表说明。

7. 知识点

- 柱形图可以通过设置间隙宽度调节柱形之间的距离，进而改变柱形的宽度，也就是柱形的胖瘦。
- 在同一个坐标轴上的柱形，调节间隙宽度会将所有柱形都调节，如需要不同柱形间隙时应该填充次要坐标轴。

2.4.3 子弹图

上一节介绍了目标柱形图，相当于在基本柱形周围添加一个空心矩形，表示目标完成情况。在此基础上还可以制作一个进阶的图表，评价目标情况，根据完成情况分为优秀、良好、及格等。这样的进阶目标柱形图样式类似一颗子弹，一般称为子弹图，如图 2-263 所示。

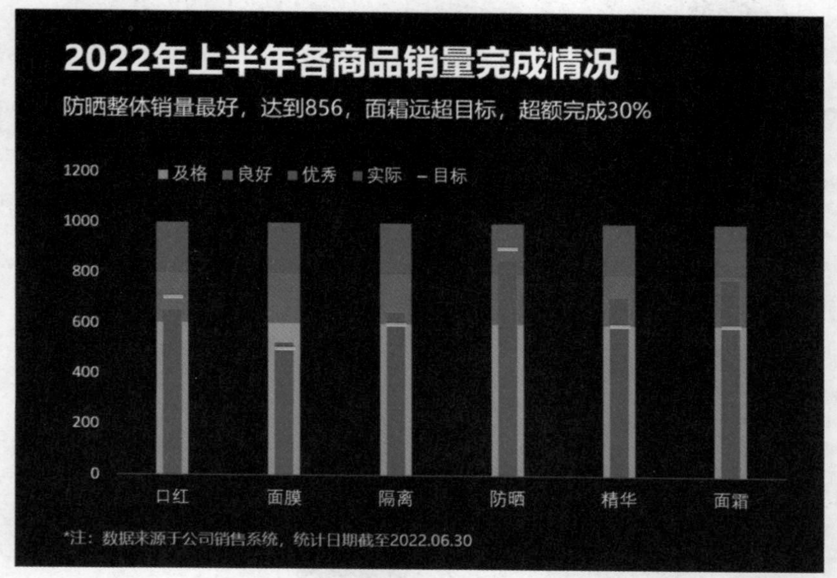

图 2-263　子弹图

1. 插入图表——堆积柱形图

数据说明：及格销量设置为 600，良好销量是 800，优秀销量是 1000，因为需要使用及格、良好和优秀制作堆积柱形图，所以良好列的数值等于 800-600=200，同理优秀等于 1000-800=200。

选中全部 6 列数据，在功能区中单击“插入”选项卡，在“图表”组中单击“插入柱形或条形图”按钮，选择“堆积柱形图”选项，如图 2-264 所示。

与目标柱形图一样，子弹图需要设置不同宽度的柱形，需要添加次纵坐标轴。右击柱形，在快捷菜单中选择“更改系列图表类型”选项，选择“实际”和“目标”的“次坐标轴”复选框，同时将“目标”的“图表类型”切换为“折线图”，如图 2-265 所示。

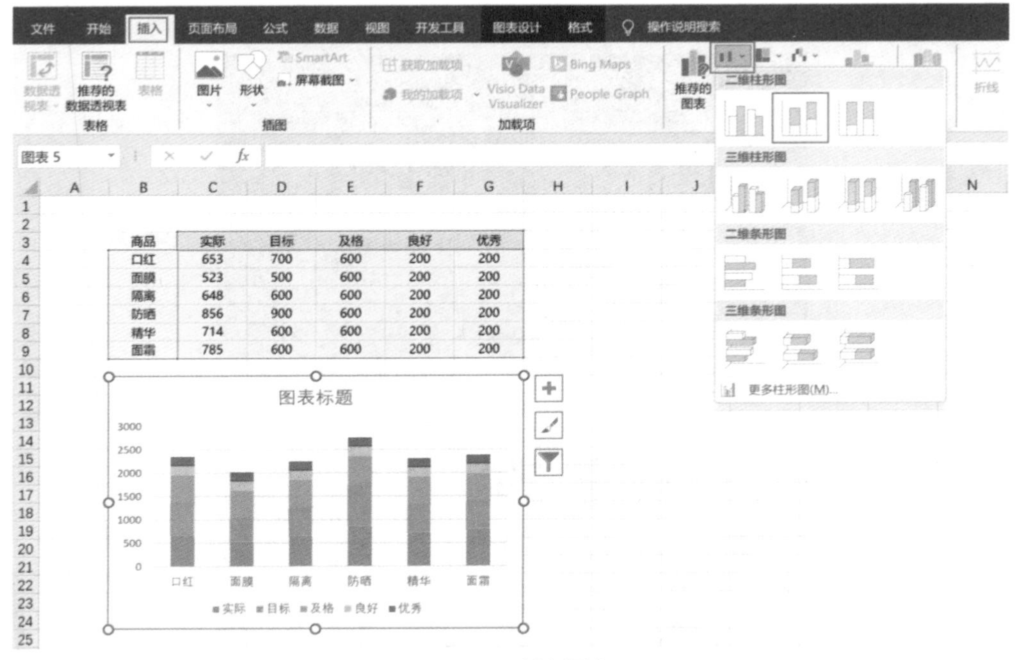

图 2-264　插入图表

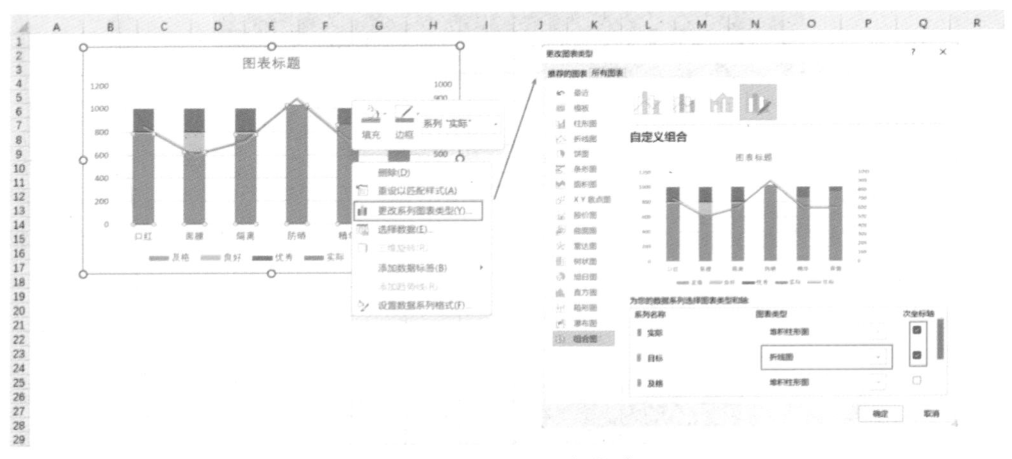

图 2-265　更改图表类型

2. 修改图表区背景

设置填充为纯色填充，修改颜色为靛蓝色（26,30,67），设置边框为无线条，如图 2-266 所示。

3. 修改图表元素

与目标柱形图相同，默认的元素只需要保留图例，标题和水平网格线都可以删除。

（1）删除非必要图表元素，右击标题删除或者按 Delete 键，同样删除水平网格线，如图 2-267 所示。

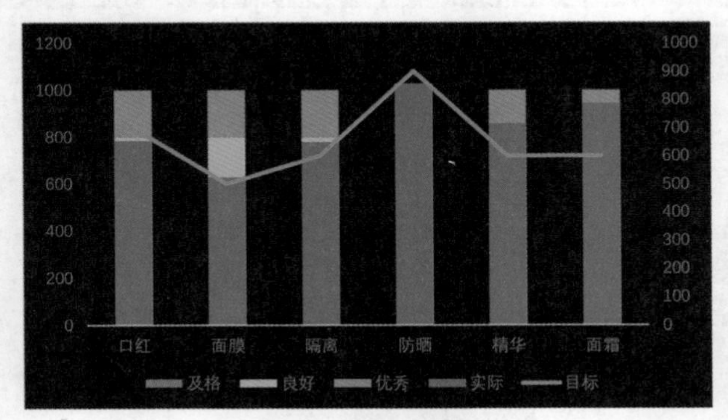

图 2-266　修改图表区背景

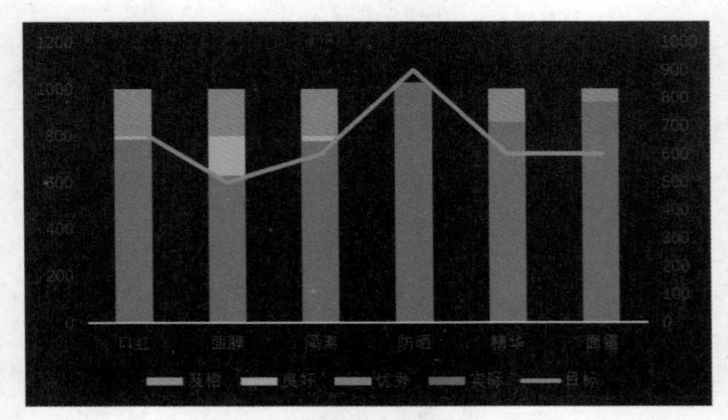

图 2-267　删除非必要图表元素

（2）隐藏纵坐标轴，右击主要纵坐标轴，在快捷菜单中选择“设置坐标轴格式”选项，单击“标签”按钮，设置坐标轴的“标签位置”为“无”，对次要纵坐标轴也同样设置标签位置为无，如果主要纵坐标轴和次要纵坐标轴的边界最大值和最小值不一致，需要将其调节一致后再隐藏，如图 2-268 所示。

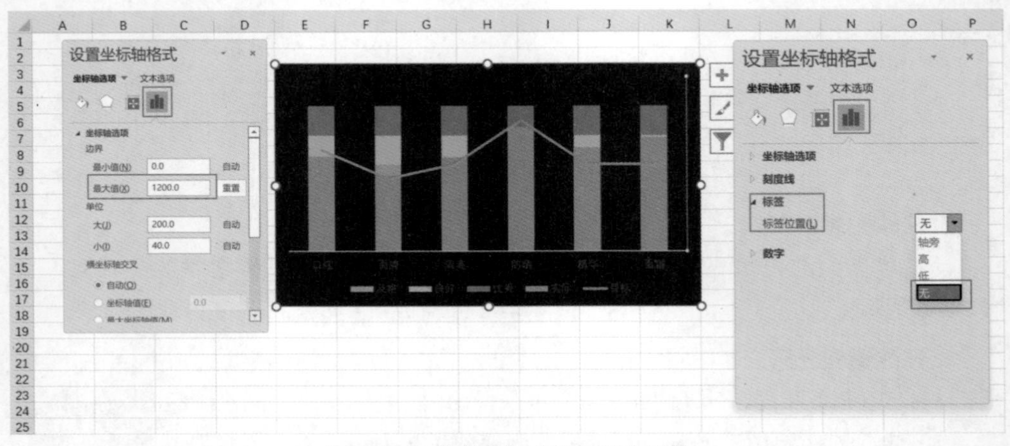

图 2-268　隐藏主要和次要纵坐标轴

（3）修饰横坐标轴，单击横坐标轴，设置字体颜色为浅灰色（242,242,242），右击横坐标轴，在快捷菜单中选择“设置坐标轴格式”选项，单击“填充与线条”按钮，设置线条为实线，颜色为浅灰色（242,242,242），透明度 80%，如图 2-269 所示。

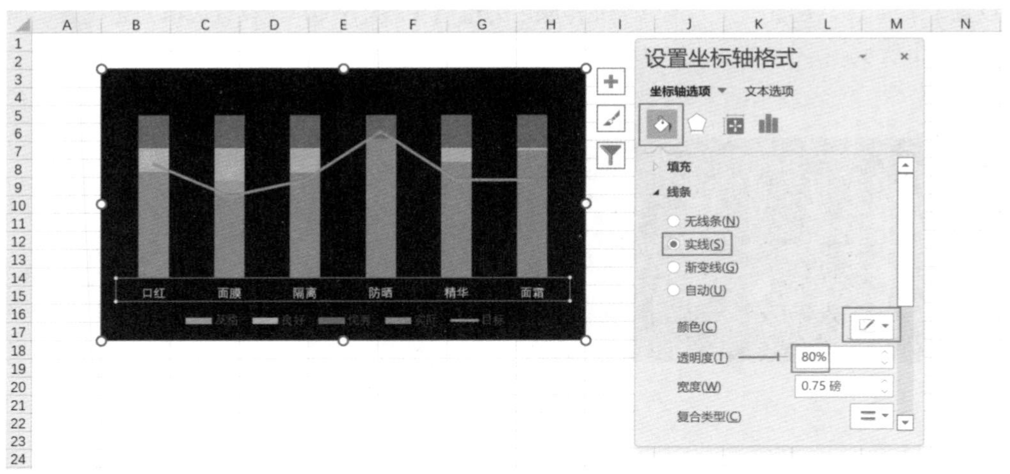

图 2-269 修饰横坐标轴格式

4. 修饰绘图区

子弹图的修饰主要是调节柱形的间隙宽度和填充色。

（1）设置间隙宽度。子弹图与目标柱形图略有不同，为了增加对比度，可缩小实际值柱形图的矩形宽度，增大堆积柱形宽度，也就是增加实际值的间隙宽度，减小堆积柱形的间隙宽度，形成实际值柱形图被堆积柱形包裹的样式。

右击实际（浅蓝色）柱形，在快捷菜单中选择“设置数据系列格式”选项，单击“系列选项”按钮，设置“间隙宽度”为 450%，同样设置堆积柱形“间隙宽度”为 260%，如图 2-270 所示。

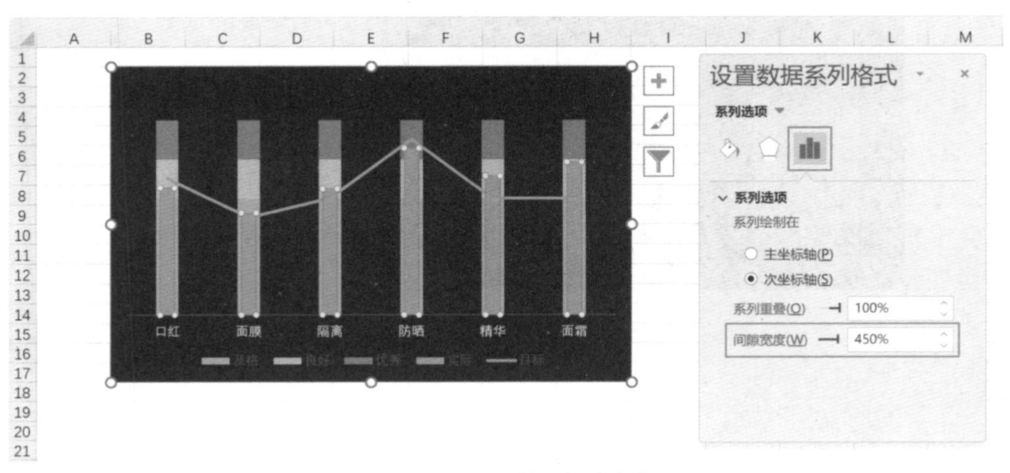

图 2-270 设置柱形间隙宽度

（2）修改折线，使用条形的标记作为目标图形。右击折线，在快捷菜单中选择“设置数据系列格式”选项，单击“填充与线条”按钮，在“线条”组选择“无线条”单选按钮。单击“标记”按钮，在“标记选项”组中选择“内置”单选按钮，选择类型为条形，设置大小为 10，设置填充为纯色填充，颜色为橙色（255,190,0），设置边框为无线条，如图 2-271 所示。

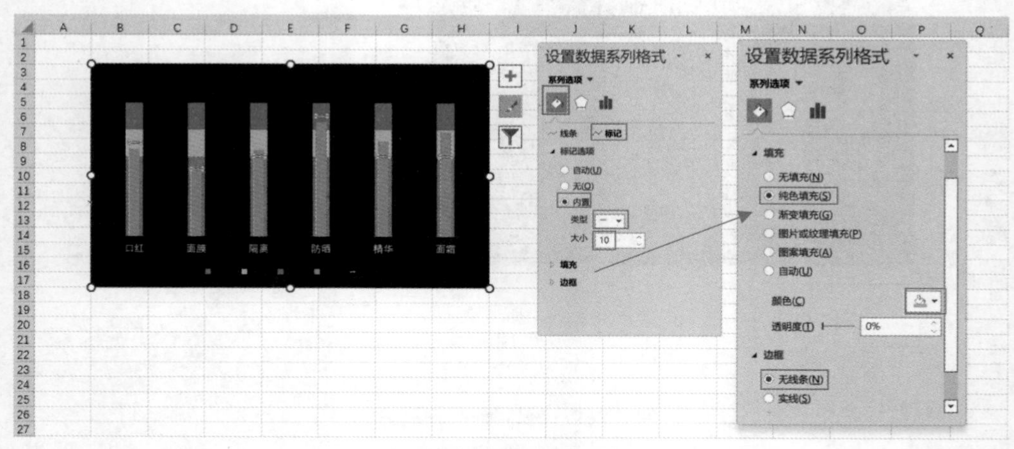

图 2-271　条形标记作为目标图形

（3）设置柱形填充色。右击实际柱形，在快捷菜单中选择“设置数据系列格式”选项，单击“填充与线条”按钮，设置填充为纯色填充，颜色为蓝色（14,93,255），设置边框为无线条。及格部分填充色为青蓝色（149,192,255），良好部分填充色为浅蓝色（0,176,240）并设置透明度 30%，优秀部分填充色为深蓝色（0,112,192），如图 2-272 所示。

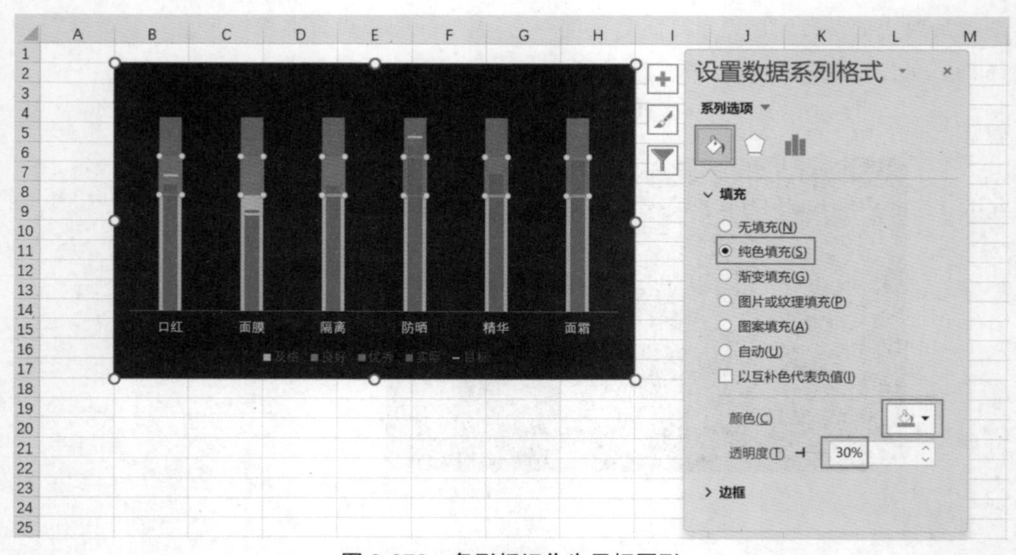

图 2-272　条形标记作为目标图形

（4）修饰图例。选中图例按住鼠标左键将其拖动至绘图区上方，并设置字体颜色为浅灰色（242,242,242），结果如图 2-273 所示。

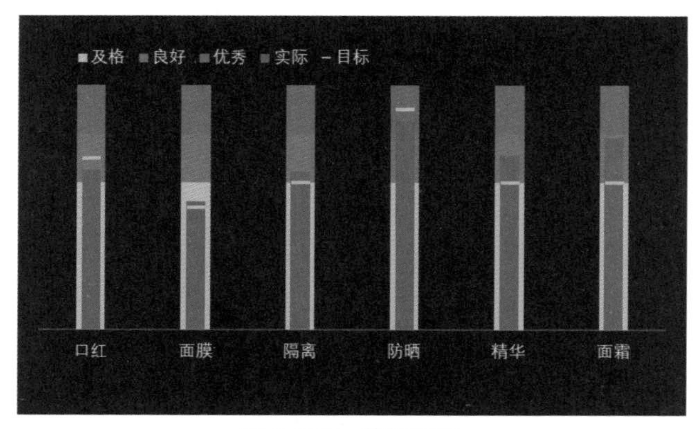

图 2-273　修饰图例

5. 添加数据标签和说明

子弹图数据标签数据较多，可以保留主要纵坐标轴。前面我们将主要纵坐标轴与次要纵坐标轴都隐藏了，在此介绍如何添加隐藏或删除的纵坐标轴。单击图表区，单击右上角出现的加号，在快捷菜单中选择“坐标轴”复选框，单击坐标轴右侧的小三角，在关联的菜单中选择需要呈现的坐标轴，本例需要主要纵坐标轴，这里已经是选中状态，即图表是有主要纵坐标轴的，只是被隐藏了。取消再选择“主要纵坐标轴”复选框，主要纵坐标轴就会重新展示，最后设置主要纵坐标轴字体颜色为浅灰色（242,242,242），如图 2-274 所示。

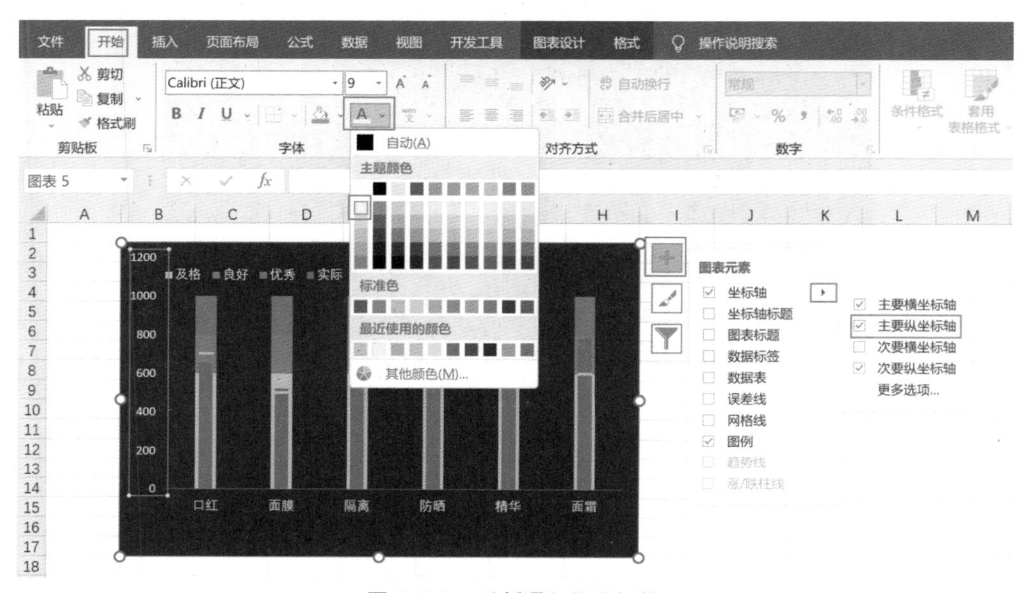

图 2-274　重新添加纵坐标轴

6. 步骤总结

（1）插入堆积柱形图，设置主次纵坐标轴。

（2）删除标题和水平网格线。

（3）更改主次坐标轴柱形间隙宽度。

（4）修改绘图区配色。

（5）添加数据标签和文字说明。

7. 知识点

已经删除的图表元素可以通过选择图表元素中的复选框重新添加回来。

2.4.4 柱形圆图

前面介绍的柱形折线组合图只需要对默认图表进行简单的修饰，是经常使用的组合图。本节介绍的柱形圆组合图是将百分比系列值通过填充圆来展示。

如图 2-275 所示，柱形圆图用于展示数值和百分比两类系列值，与柱形折线图更适用于呈现时间维度的变化不同，柱形圆图更具对比效果，所以更适用于体现不同类别的占比值。例如体现不同商品的销售情况，柱形展现每种商品销售额，圆形展现每种商品销售额占总销售额的百分比；或是人力资源分析中，柱形展现不同部门人数，圆形体现每部门人数占比总人数百分比。

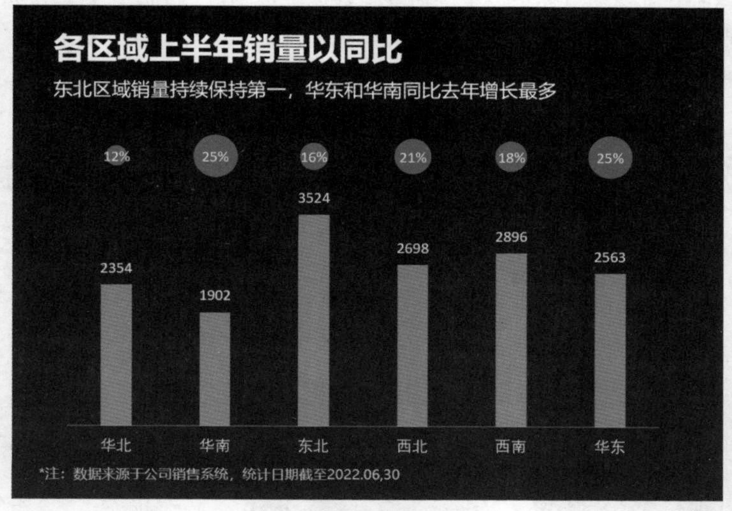

图 2-275 柱形圆图

1. 插入图表——簇状柱形图

数据说明：占位列作用与带平均线柱形图的辅助列作用类似，数值大小须相等且等于销量列最大值的 1.3 倍。本例中销量最大值为 3524，占位值取 4500。占位数值并非绝对，在图表中无须将数值展示出来，可以在使用中不断调整其大小以达到图表呈现最佳效果。

选中区域、销量、占位 3 列数据，不需要选中同比去年列，在功能区中单击“插入”选项卡，在“图表”组中单击“插入柱形或条形图”按钮，选择“簇状柱形图”选项，如图 2-276 所示。

柱形圆图的圆形是基于折线图的标记实现的，需要添加折线图，并在折线图基础上进行修改得到圆形。右击柱形，在快捷菜单中选择“更改系列图表类型”选项，修改占位的图表类型为“带标记的堆积折线图”，如图 2-277 所示。

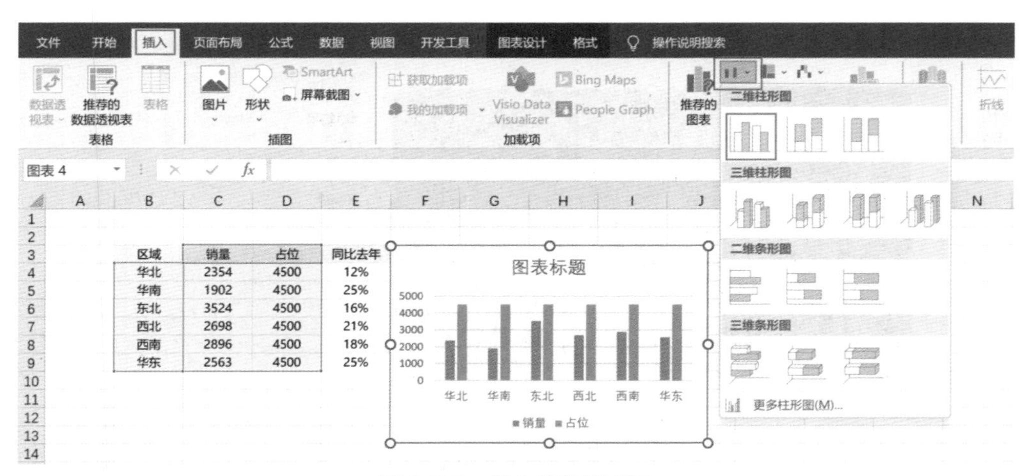

图 2-276　插入簇状柱形图

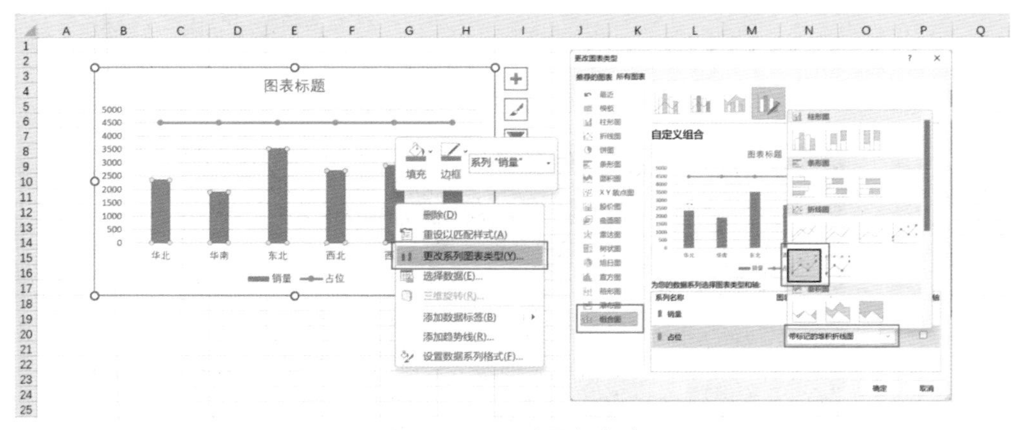

图 2-277　更改图表类型

2. 修改图表区背景

右击图表区，在快捷菜单中选择“设置图表区域格式”选项，单击“填充与线条”按钮，设置填充为纯色填充，修改颜色为靛蓝色（26,30,67），边框为无线条，如图 2-278 所示。

3. 修改图表元素

柱形圆图只需要横坐标轴展示分类，其他为非必要元素。

（1）删除非必要图表元素。右击标题删除或按 Delete 键，使用同样方法删除纵坐标轴、水平网格线、图例，结果如图 2-279 所示。

（2）修饰横坐标轴。为将横坐标轴与绘图区分隔，可适当修饰横坐标线条，右击横坐标轴，在快捷菜单中选择“设置坐标轴格式”选项，单击“填充与线条”按钮，设置线条为实线，颜色为浅灰色（242,242,242），透明度为 80%，设置字体颜色为浅灰色（242,242,242），如图 2-280 所示。

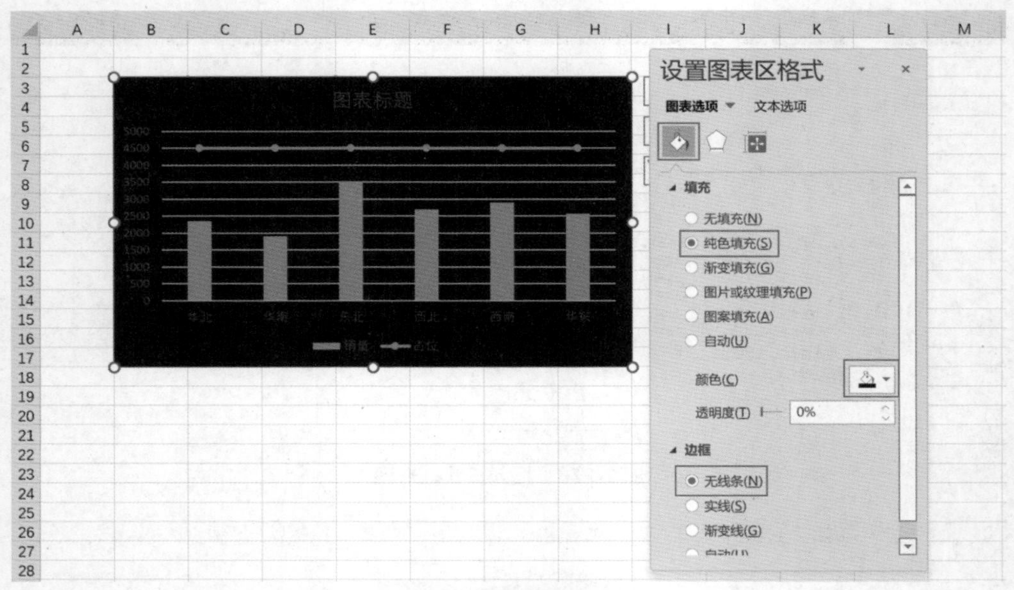

图 2-278　修改图表区背景

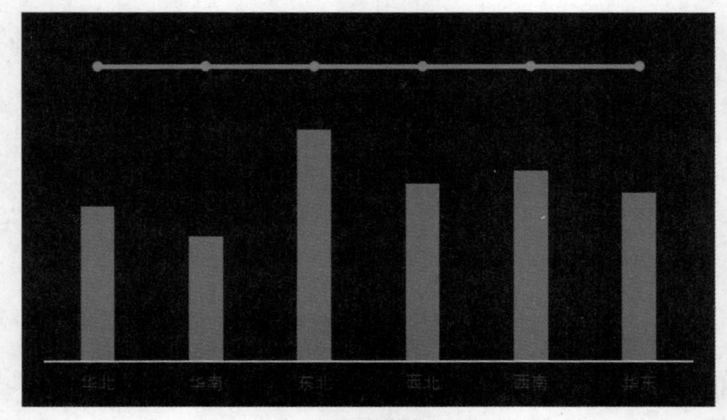

图 2-279　删除圆饼图标题和图例

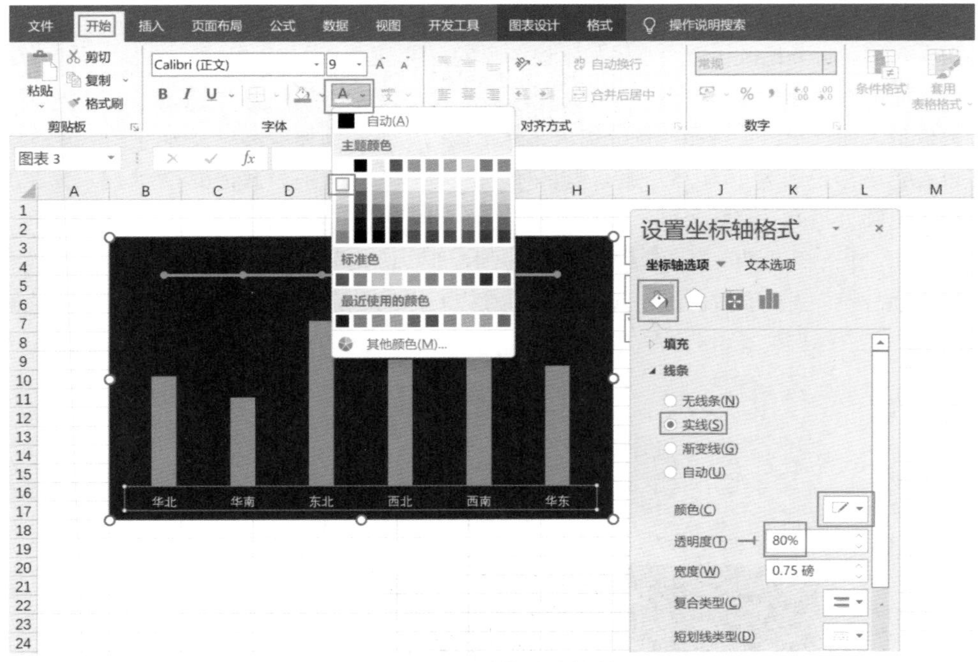

图 2-280　修饰横坐标轴

4. 修饰绘图区

柱形圆绘图区由矩形和圆形组成，修饰的内容主要是设置柱形填充和调整圆大小。

（1）隐藏线条。柱形圆图使用折线的标记中的圆作为柱形上方的圆，折线即占位列生成的等高直线，添加标记并隐藏折线即可添加柱形上方的圆形。

右击折线，在快捷菜单中选择“设置数据系列格式”选项，单击“填充与线条”按钮，设置线条为无线条。单击“标记”按钮，在“标记选择”组中选择“内置”单选按钮，设置“类型”为圆，填充为纯色填充，颜色为蓝色（0,112,192），边框为无线条，如图 2-281 所示。

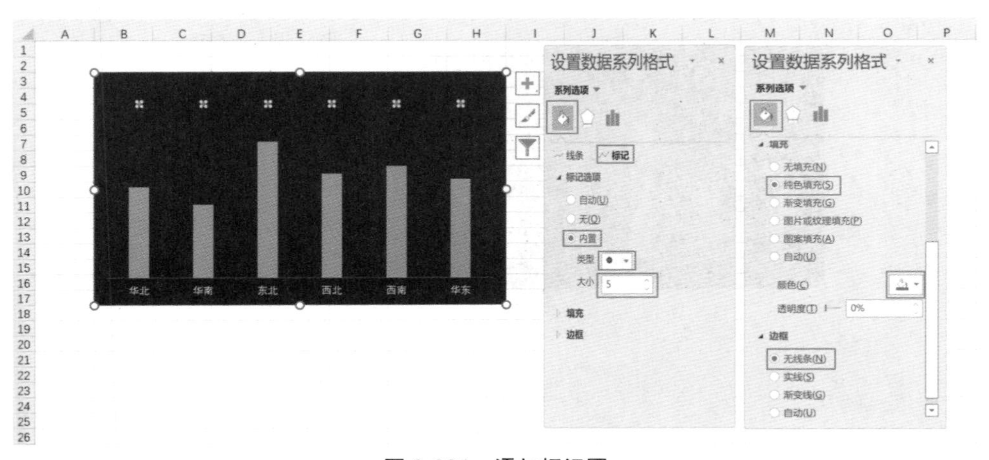

图 2-281　添加标记圆

（2）设置标记大小。图表中默认添加的标记大小都是一致的，而柱形圆图是通过圆的大小来体现百分比统计值大小，如本例中圆越大代表同比去年销量增长越多。由于折线图中的标记不支持从单元格指定大小，所以需要设定相对大小，一般是根据图表的大小设置数值最大的标记，再按照比例计算出其他标记的大小，例如本例最大值为华南的 25%，可以设置该标记圆大小为 25，那么华北对应的标记圆大小为（12%/25%）×25=12, 东北对应标记圆大小为（16%/25%）×25=16。对每个标记都需要设置一次大小，本例中共有 6 个类别，就需要设置 6 次，选中方式与选中柱形类似，单击一下某个标记会选中所有标记，再单击一下需要设置的标记就可以选中对应的标记（选中时标记周围会出现 4 个白色元圆点，代表标记被选中），在“标记选项”组中设置大小如图 2-282 所示。

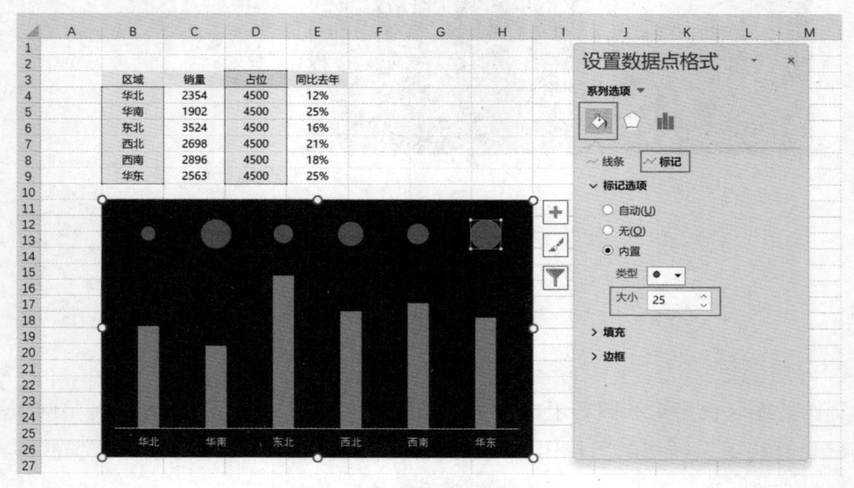

图 2-282 设置标记圆大小

（3）设置柱形填充。右击柱形，在快捷菜单中选择“设置数据系列格式”选项，单击“填充与线条”按钮，设置填充为纯色填充，颜色为红色（231,78,105），如图 2-283 所示。

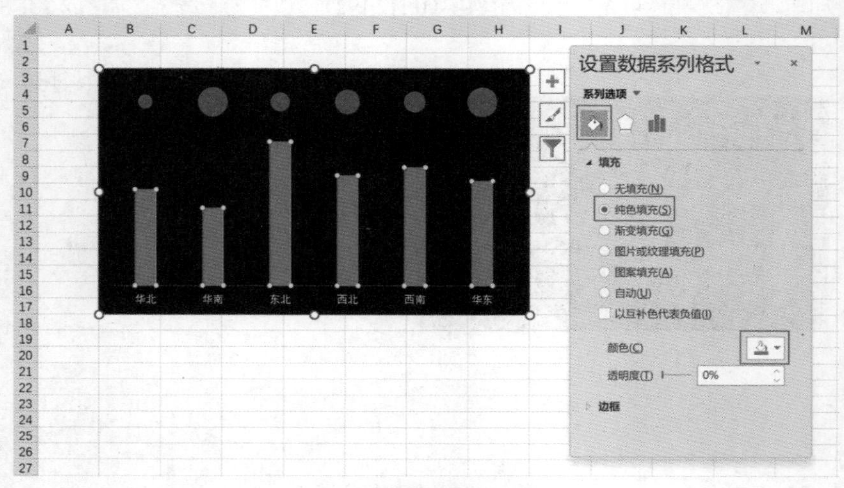

图 2-283 设置标记圆大小

5. 添加数据标签和说明

添加数据标签。操作同柱形折线图一样，单击柱形，单击图表右上角出现的加号，在快捷菜单中选择“数据标签”复选框，这里也可直接设置数据标签的位置，单击“数据标签”复选框右侧三角按钮，在关联的菜单中选择“数据标签内”选项，让数据标签处于柱形顶端，并修改字体颜色为浅灰色（242,242,242），如图 2-284 所示。

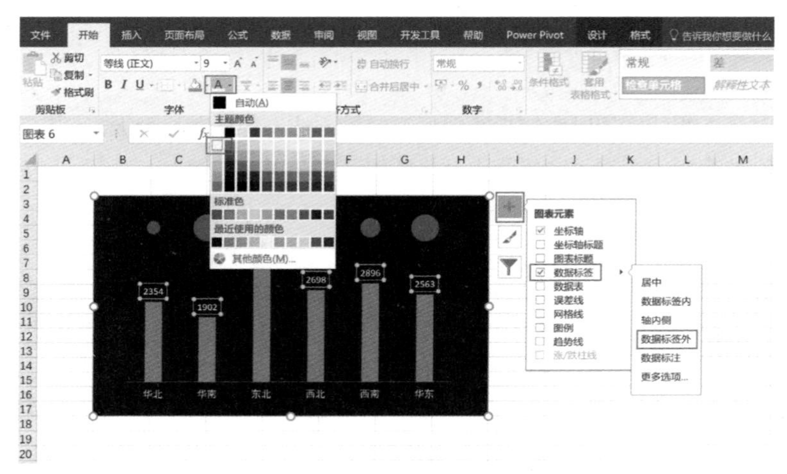

图 2-284　添加数据标签

同样添加标记圆的数据标签，并设置数据标签位置为居中。由于标记图的数据标签中是折线图的数据，即占位列数据，所以需要重新指定数据标签数据范围，使其体现同比去年列数据。

右击标记圆的数据标签，在快捷菜单中选择“设置数据标签格式”选项，单击“标签选项”按钮，先选择“单元格中的值”复选框，单击“选择范围”按钮，在弹出的“数据标签区域”弹框中选中同比去年的单元格区域，单击“确定”按钮，最后取消选中“值”和“显示引导线”复选框，如图 2-285 所示。

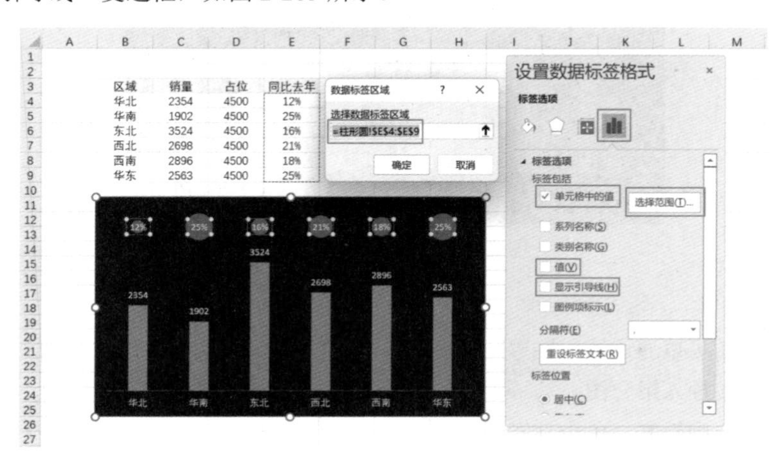

图 2-285　重新指定数据标签取值范围

数据说明添加方式具体可参考组合图第一个图制作方法。

6. 步骤总结

（1）插入柱形图，添加折线图。

（2）删除标题轴、纵坐标轴、水平网格线、图例。

（3）隐藏折线，改变标记大小，修改柱形填充色。

（4）添加自定义数据标签和数据说明。

7. 知识点

- 通过插入折线图同时添加折线图标记圆的方法，实现在柱形上方添加圆形。
- 通过改变折线数据调节折线中标记圆的高度。

2.4.5 簇状柱形折线图

簇状柱形折线图，顾名思义由两列柱形和一条折线组成，相当于在前面介绍的层叠柱形图上方添加一条折线，以展示更多的数据。与层叠柱形图一样，因为需要共享主坐标轴，簇状柱形折线图中的两个柱形的数值统计值须单位相同且量级相同，例如不同年份的销量，或者销售额与利润额，而不能使用不同计量单位或量级，例如一个统计值是销售额，另外一个是销量，也不可以一个是人均销售额，另一个是总销售额。

簇状柱形折线图中的折线一般用来体现两个柱形统计值的比值，例如柱形统计值分别是2022年的各部门人数和2021年各部门的人数，折线图展示2022年各部门人数同比增正率，或是图2-286的销售分析中柱形统计值分别是2021年和2022年各地区销量，折线展示销量同比增长率。

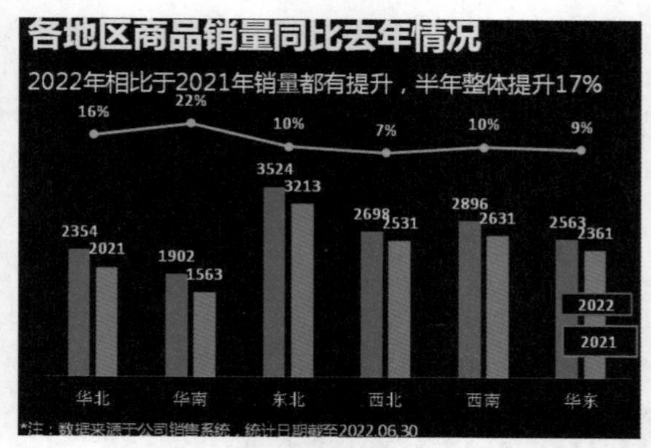

图 2-286 簇状柱形折线图

1. 插入图表——推荐的图表

添加组合图可以通过插入柱形图再更改图表类型为折线实现，本例使用插入推荐的图表方式，可直接插入组合图。

选中全部4列数据，单击功能区“插入”选项卡，在图表组中单击“推荐的图表”按钮，选择第一个图表，如图2-287所示。

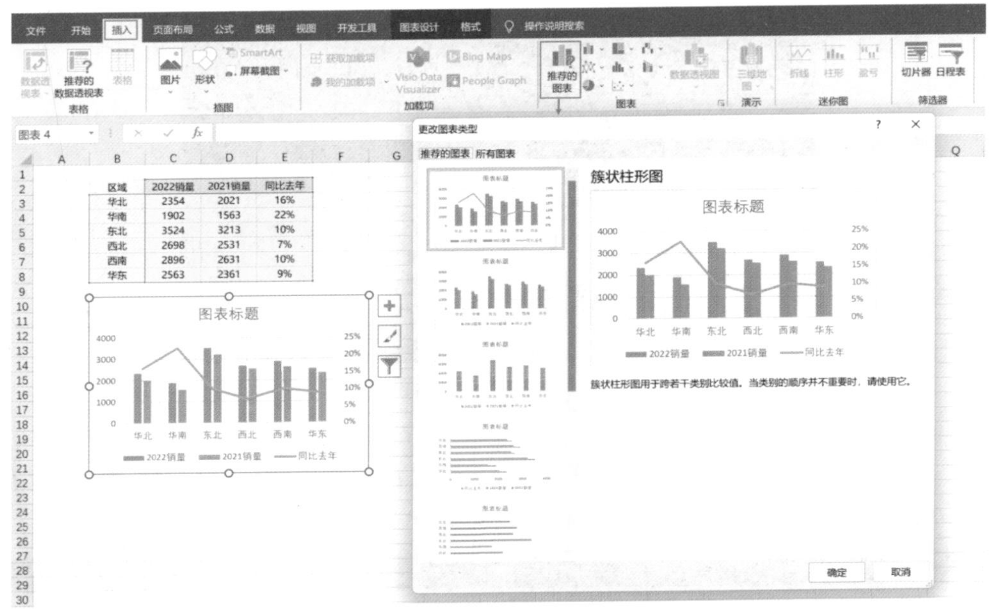

图 2-287　插入圆饼图

2. 修改图表区背景

右击图表区，在快捷菜单中选择“设置图表区域格式”选项，单击“填充与线条”按钮，设置填充为纯色填充，修改颜色为靛蓝色（26,30,67），设置边框为无线条，结果如图 2-288 所示。

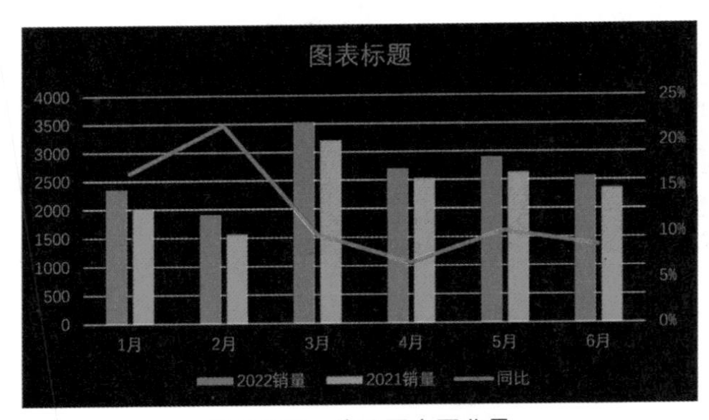

图 2-288　修改图表区背景

3. 修改图表元素

与层叠柱形图一样，为了把更多空间留给绘图区，图例可通过直接在绘图区中插入文本框添加，默认添加的图表元素只需要保留横坐标，因为采用了双坐标轴，纵坐标需要在后面完成设置后隐藏。

（1）删除非必要图表元素。右击标题删除或按 Delete 键，同样删除水平网格线、图例，结果如图 2-289 所示。

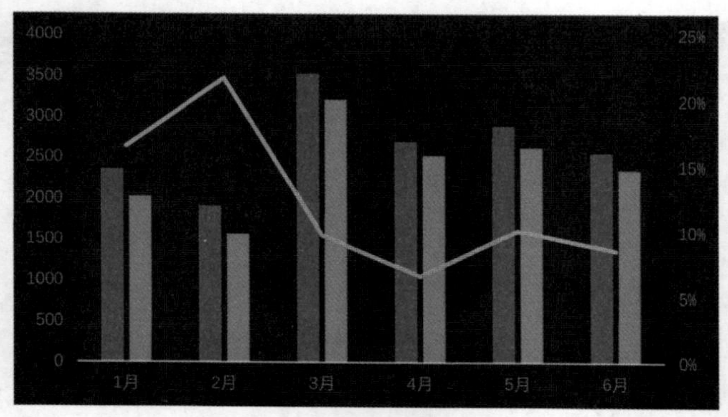

图 2-289　删除圆饼图标题和图例

（2）修饰横坐标轴。右击横坐标轴，在快捷菜单中选择“设置坐标轴格式”选项，单击“填充与线条”按钮，设置线条为实线，颜色为浅灰色（242,242,242），透明度为 80%，设置字体为浅灰色（242,242,242），如图 2-290 所示。

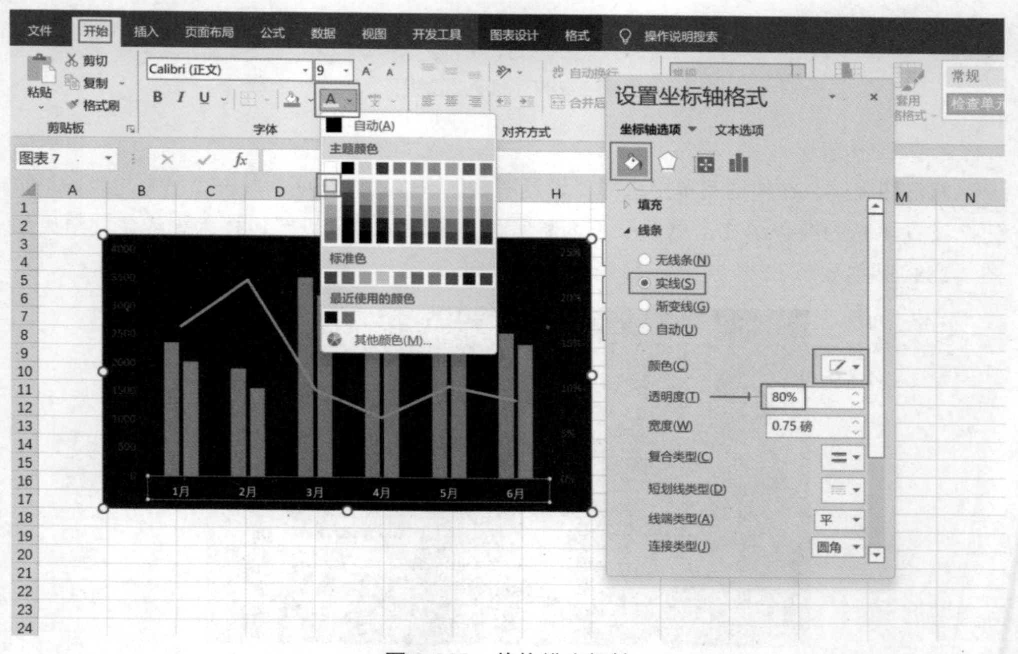

图 2-290　修饰横坐标轴

（3）设置纵坐标轴。在前面介绍的柱形折线图中通过修改纵坐标轴的边界范围，将折线图和柱形图区域分隔开来，这样让图表更加清晰，在簇状柱形折线图中使用相同的方法。

首先设置次要纵坐标轴，由于次要纵坐标是折线图的纵坐标轴，体现的是百分比，大小范围相对固定，一般将最小值设置为 -1，将折线“抬高”，如果折线图中的数据有负数，可调整最小值更低让折线提升至柱形上方。一般设置最大值为比百分比数据列中最大数据值大一些。例如本例中百分比数据列中最大数据值为 22%，即 0.22，设置最大值为

0.3，因为间隔范围为 0.2，最小值也就需要调节为 -1.1。在调节最大值和最小值范围时也要尽量降低两者之间的差距，因为差距越大折线越“扁”，无法体现数据的变化。右击右侧次要纵坐标轴，在快捷菜单中选择“设置坐标轴格式”选项，单击“坐标轴选项”按钮，在“边界”组设置最小值为 -1.1，最大值为 0.3，如图 2-291 所示。

接下来是设置主要纵坐标轴，右击主要纵坐标轴，在快捷菜单中选择“设置坐标轴格式”选项，单击“坐标轴选项”按钮，在“边界”组设置最小值为 0，最大值为 5000。这里最大值是根据数据调节的，观察数据发现 2022 和 2011 销量中最大值是 3524，那么可以设置为 4000，但此时折线与柱形分隔效果较差，可继续调大最大值，把柱形“压”下去。当设置最大值为 4500，发现效果还是欠佳，当调整最大值到 5000 最为合适，如果再调大最大值则柱形太矮，呈现效果也不是很好，如图 2-291 所示。

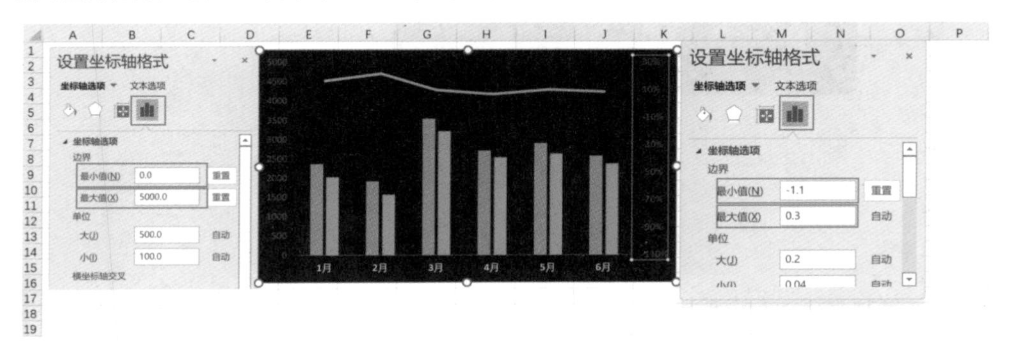

图 2-291　设置纵坐标轴边界

最后将主要和次要纵坐标轴隐藏。在“标签”组中设置“标签位置”为无，如图 2-292 所示。

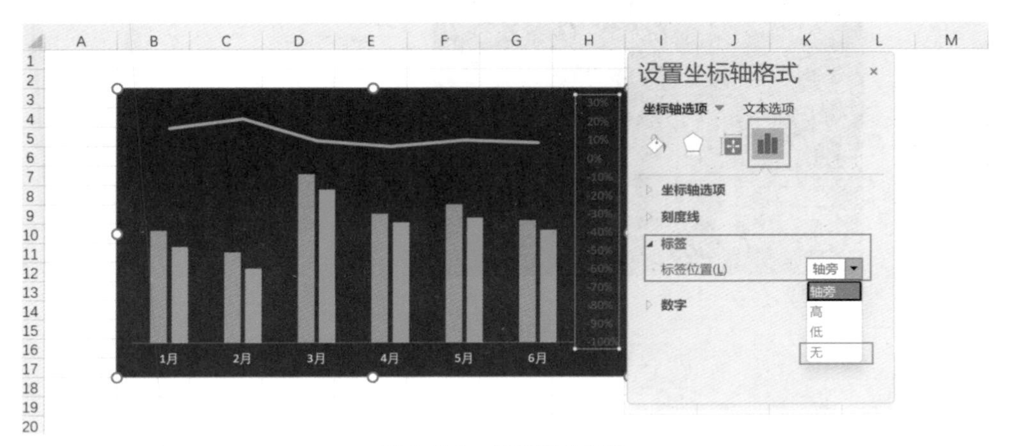

图 2-292　隐藏纵坐标轴

4. 修饰绘图区

簇状柱形折线图绘图区包括柱形图和折线图，对柱形设置填充色以及对折线设置线条颜色，同时添加折线标记增加辨识度。

（1）设置柱形填充。层叠柱形中两列柱形是通过填充颜色区分的。右击柱形，在快捷菜单中选择“设置数据系列格式”选项，单击“填充与线条”按钮，在“填充”组中选择“纯色填充”单选按钮，2022 年柱形对应填充色为蓝色（0,112,192），2021 年柱形对应填充色为红色（231,78,105），如图 2-293 所示。

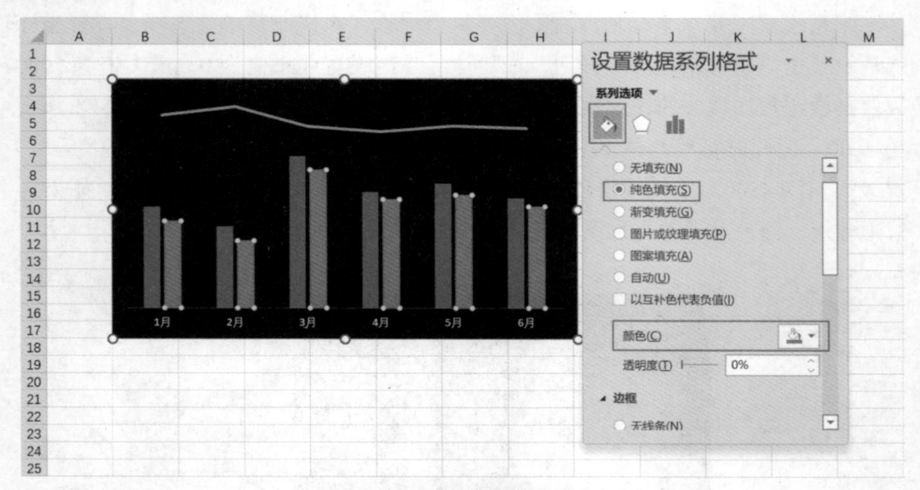

图 2-293　设置柱形填充色

（2）修饰折线。右击折线，在快捷菜单中选择“设置数据系列格式”选项，单击“填充与线条”按钮，设置线条为实线，颜色为橙色（255,192,0），宽度为 1.5 磅，如图 2-294 所示。

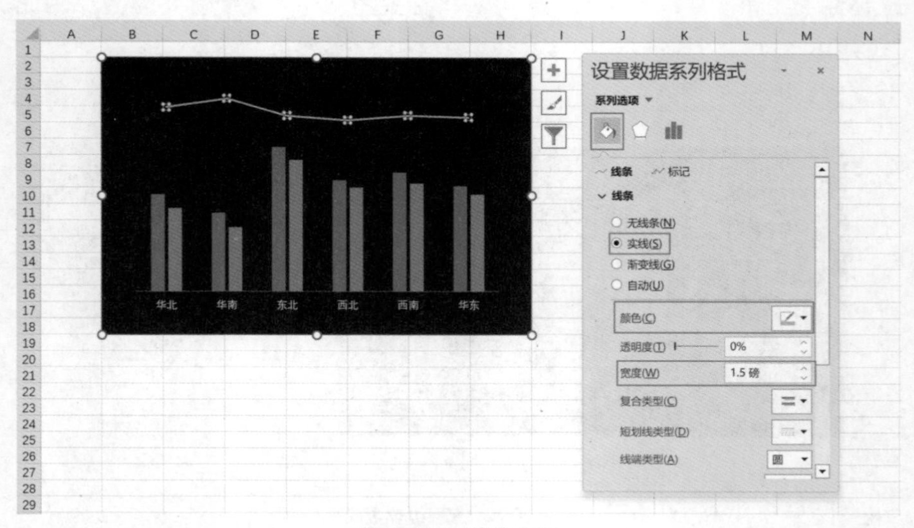

图 2-294　修饰折线

（3）添加折线标记。单击“标记”按钮，在“标记选项”组中选择“内置”单选按钮，设置类型为圆，大小为 5，设置填充为纯色填充，颜色为同线条颜色橙色（255,192,0），设置边框为无线条，如图 2-295 所示。

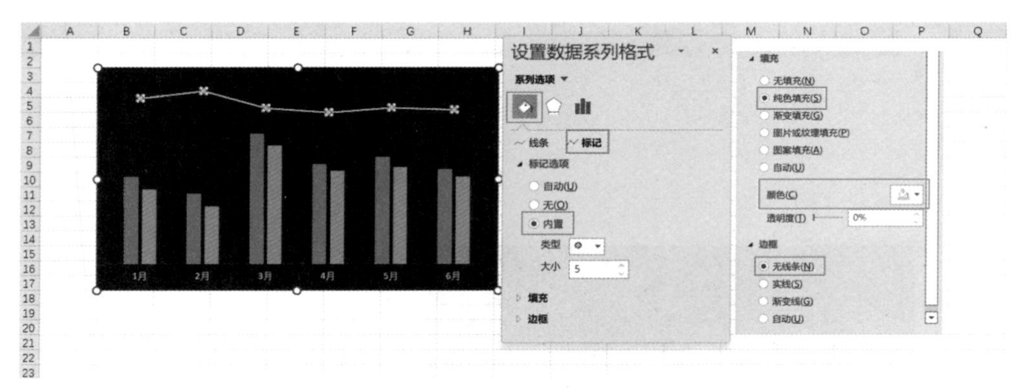

图 2-295 添加折线标记

5. 添加数据标签和说明

（1）添加数据标签。首先添加柱形数据标签，单击柱形，单击在图表右上角的加号，在快捷菜单中选择“数据标签”复选框，单击“数据标签”右侧的黑色三角按钮，在关联的快捷菜单中选择“数据标签外”选项。折线数据标签添加方式与柱形一致，折线的数据标签位置为“上方”。添加全部数据标签后，选中数据标签，将字体颜色为浅灰色（242,242,242），如图 2-296 所示。

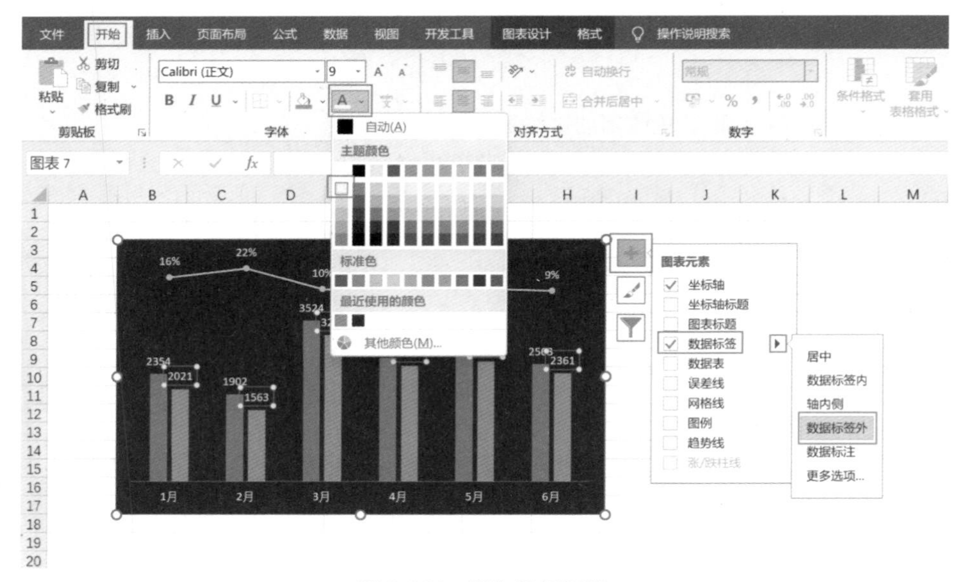

图 2-296 添加数据标签

（2）添加图例。簇状柱形折线图的绘图区占比较大，所以不适用默认的图例，直接插入修饰文本框作为图例，添加文本框，插入文本，右击文本框，在快捷菜单中选择“设置形状格式”选项，单击“填充与线条”按钮，设置填充为纯色填充，颜色同背景色（26,30,67），线条为实线，颜色同对应柱形颜色，设置字体颜色为浅灰色（242,242,242），调整文本框大小和字体大小与绘图区相匹配，如图 2-297 所示。

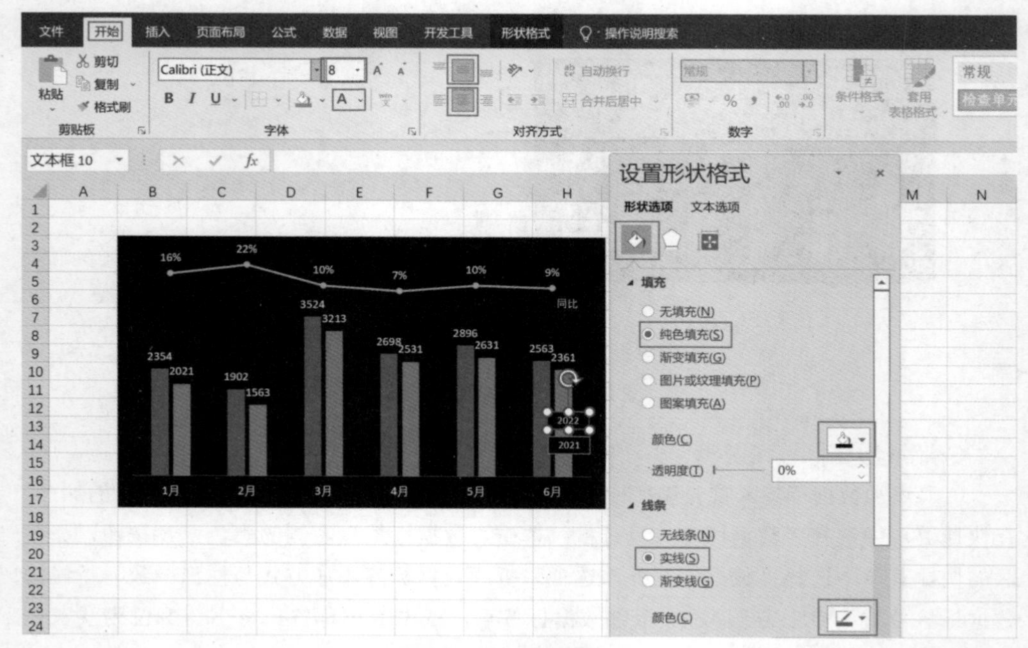

图 2-297　添加数据标签

（3）添加图表文字说明。可参考组合图中的柱形折线图。

6. 步骤总结

（1）插入推荐组合图，更改辅助占位为带标记折线图。

（2）删除标题、图例、水平网格线，隐藏纵坐标轴。

（3）修改柱形填充色，修改折线线条，添加折线标记。

（4）插入文本框作为图例。

（5）添加自定义数据标签和数据说明。

7. 知识点

- 数据点较少时在折线中添加标记可以增加折线的辨识度，数据点较多时不建议添加数据标签。
- 图例、数据标签等图表元素也可以通过插入文本框或形状更灵活的对象来实现。

2.4.6　复合柱形图

复合柱形图由两层柱形组成，数值大的柱形将数值小的柱形包裹，进而体现层级关系，增加图表的逻辑性。所以复合柱形图既包含层级关系又能体现不同层级的数据，例如销售分析中外层是 4 个季度的销量，里层是每个月的销售情况，这样既体现了月度的销量又体现了季度销量，同时呈现了月度和季度的包含关系，如图 2-298 所示。或是业绩分析中，每名销售的业绩作为里层柱形，销售组的业绩作为外层柱形，既体现了销售组的人员分布，又体现了销售组和每个人的业绩。

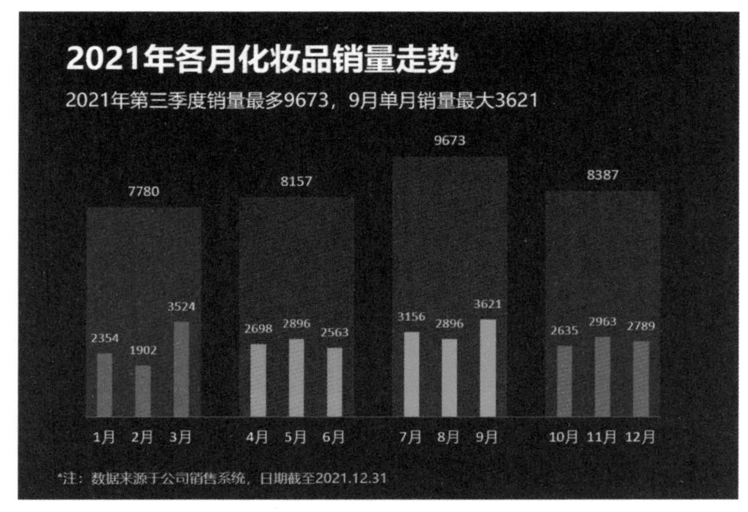

图 2-298 复合柱形图

1. 插入图表——簇状柱形图

数据说明：在每个季度之间插入一行空白行，这样季度之间的间隔会增大（相当于增加了一个数值是 0 的月份）。

选中全部 3 列数据，在功能区中单击“插入”选项卡，在图表组中单击“插入柱形或条形图”按钮，选择第一个图表“簇状柱形图”，如图 2-299 所示。

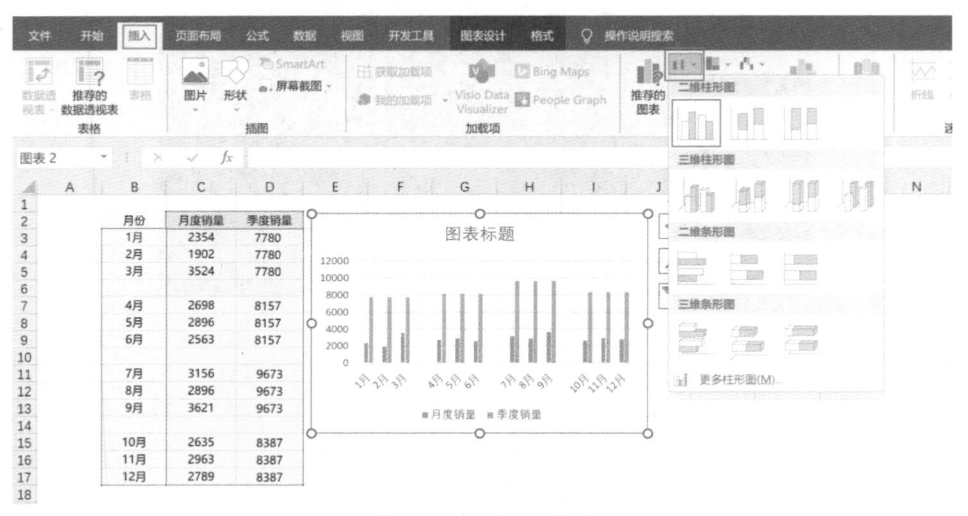

图 2-299 插入圆饼图

2. 修改图表区背景

右击图表区，在快捷菜单中选择“设置图表区域格式”选项，单击“填充与线条”按钮，设置填充为纯色填充，修改颜色为靛蓝色（26,30,67），设置边框为无线条，结果如图 2-300 所示。

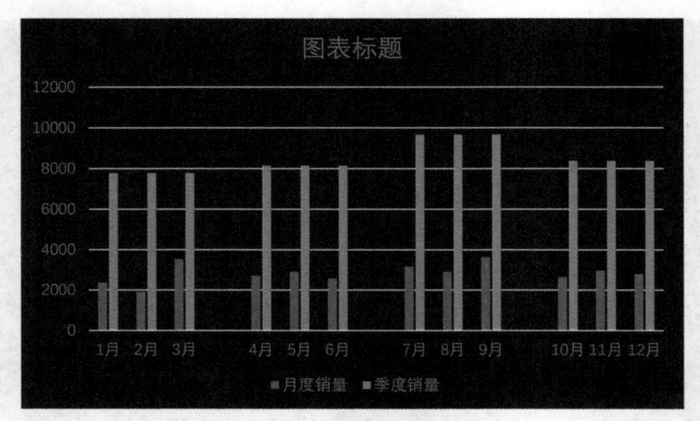

图 2-300　修改圆环图表背景

3. 修改图表元素

横坐标轴用于展示分类项目，考虑绘图区图形较多，其他元素可删除。因为需要设置不同的柱形宽度，所以需要添加次坐标轴后再对其进行隐藏。

（1）删除非必要图表元素。右击标题删除或按 Delete 键，同样删除水平网格线、图例，结果如图 2-301 所示。

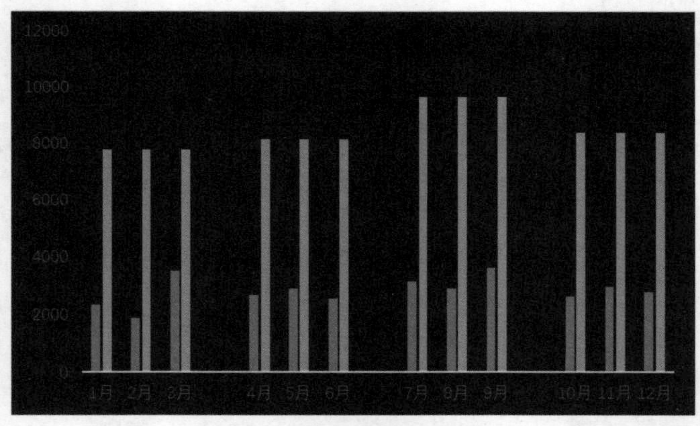

图 2-301　删除非必要图表元素

（2）设置横坐标轴。右击横坐标轴，在快捷菜单中选择“设置坐标轴格式”选项，单击“填充与线条”按钮，设置线条为实线，颜色为浅灰色（242,242,242），透明度为 80%，设置字体颜色为浅灰色（242,242,242），如图 2-302 所示。

4. 修饰绘图区

复合柱形图的绘图区都是柱形形状，需要通过设置填充色对其区分。与前面介绍的图表不太一样的是复合柱形中矮柱形是“隐藏”在高柱形里面的，一旦将两个柱形合并到一起，就无法设置里层的柱形，所以需要将柱形填充设置好后再更改图表结构。

（1）设置填充。为了增加每个大类（外层柱形）的辨识度，为每个大类（季度）设置不同的填充色。双击目标柱形即可将其选中（柱形被选中时，四角会出现白色圆点），右击柱形，在快捷菜单中选择“设置数据系列格式”选项，单击“填充与线条”按钮，在“填充”组中选择“纯色填充”单选按钮，本例共 12 个月包含 24 个柱形，需要设置填充色 24 次。4 个季度对应填充颜色分别为浅紫色（74,91,209）、橙色（252,108,15）、黄色（246,165,11）、紫红色（162,65,123），并将季度销量对应的高柱形图设置填充色透明度为 80%，月度销量对应的矮柱形图填充色透明度默认为 0，如图 2-303 所示。

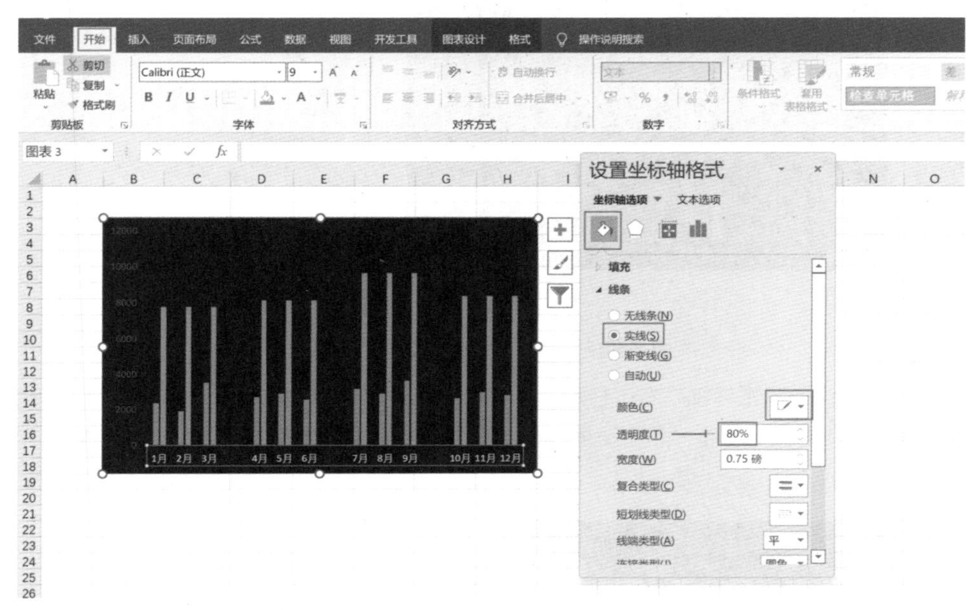

图 2-302 设置横坐标轴

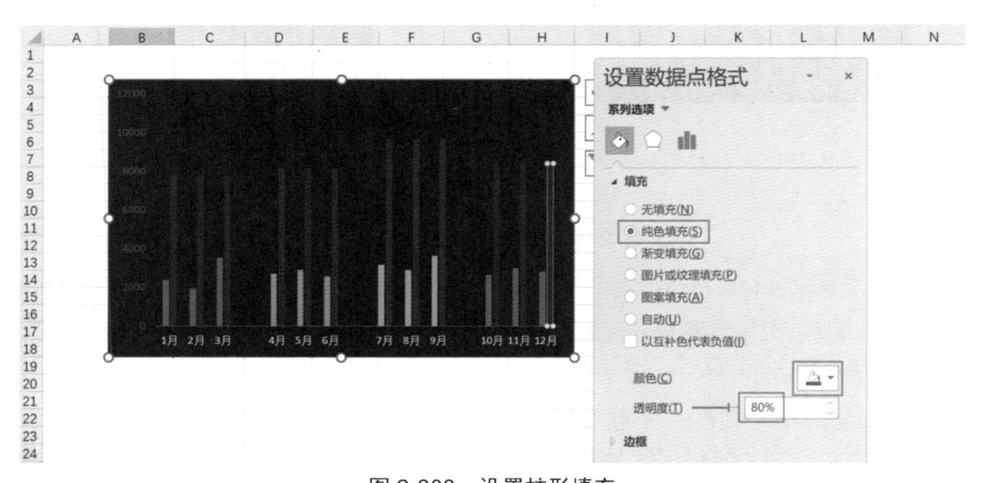

图 2-303 设置柱形填充

（2）设置小分类柱形宽度。复合柱形图中，高柱形和矮柱形间隙调节方式不同。其中大分类对应的高柱形（本例中的季度）是通过图表数据源中空白行实现柱形分隔，通过增加空白行数量增加高柱形之间的间隙，一般插入一行空白单元格即可。小分类对应的矮柱形（本例中的月份）通过设置图表的间隙宽度调节间隔，间隙宽度越大，图表柱形就越细。右击较矮柱形图，在快捷菜单中选择“设置数据系列格式”选项，单击“系列选项”按钮，设置“间隙宽度”为 150%，如图 2-304 所示。

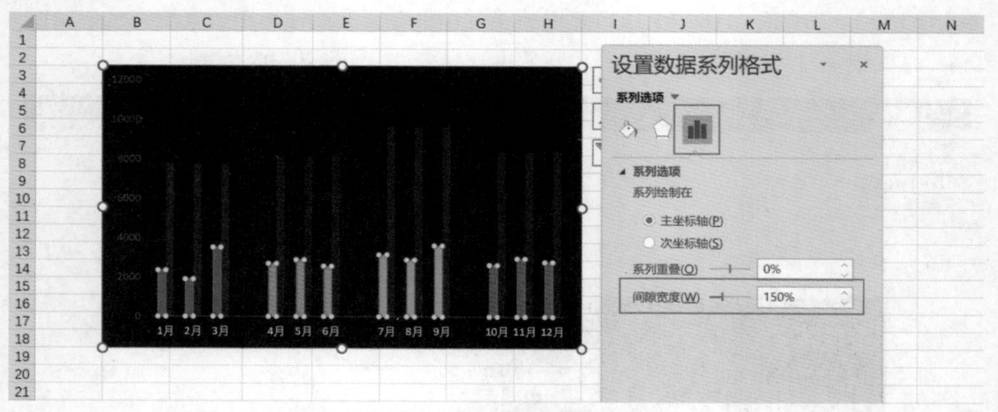

图 2-304　设置小分类柱形间隙宽度

（3）添加次要纵坐标轴。右击任意一个柱形，在快捷菜单中选择“更改系列图表类型”选项在自定义组合菜单中将“季度销量”对应的“次坐标轴”复选框选中，如图 2-305 所示。

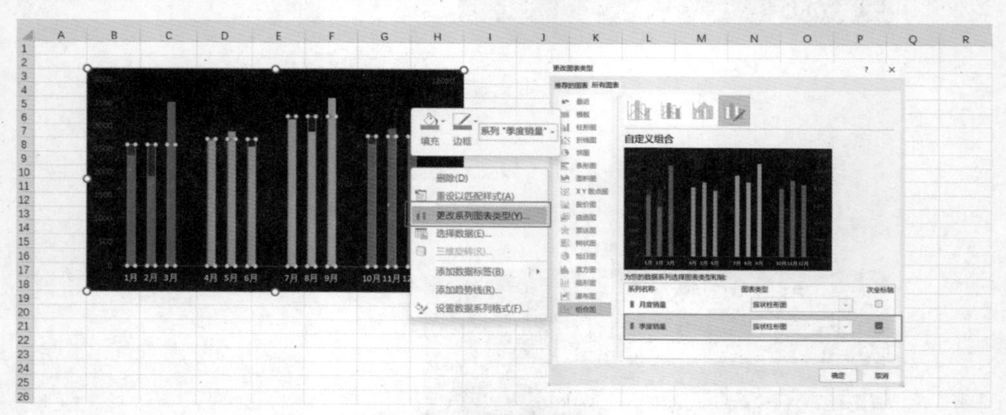

图 2-305　添加次要纵坐标轴

右击次要纵坐标轴，在快捷菜单中选择“设置坐标轴格式”选项，单击“坐标轴选项”按钮，在“边界”组中设置最大值为 12000，最小值为 0，保证主次坐标轴的边界范围一致，如图 2-306 所示。

（4）设置大类柱形间隙。大类对应的高柱形是通过空白行分隔的，此时需要将相同类型的矩形拼接一起，所以需将间隙宽度设置为 0。右击高柱形，在快捷菜单中选择“设置数据系列格式”选项，单击“系列选项”按钮，设置“间隙宽度”为 0%。这样同一季度的季度销量就完全拼接到一起，看起来像一个柱形，里层的小分类柱形也呈现了出来，如图 2-307 所示。

（5）隐藏纵坐标轴。右击左侧的主要坐标轴，在快捷菜单中选择“设置坐标轴格式”选项，单击“标签”按钮，设置“标签位置”为无。对右侧的次坐标轴也同样设置隐藏标签，如图 2-308 所示。

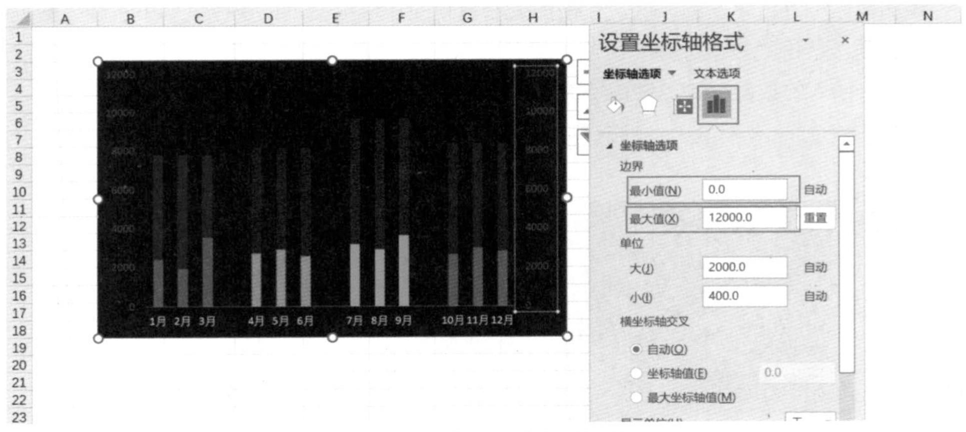

图 2-306　修改次坐标轴边界

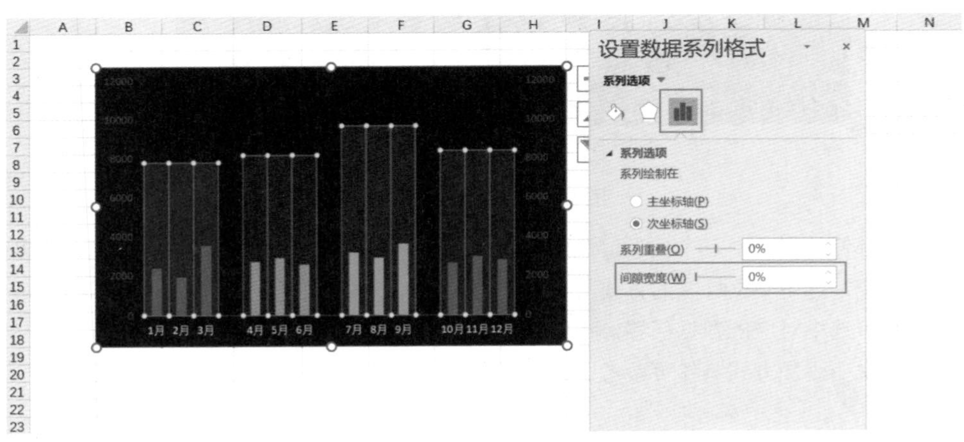

图 2-307　设置大类柱形间隙宽度

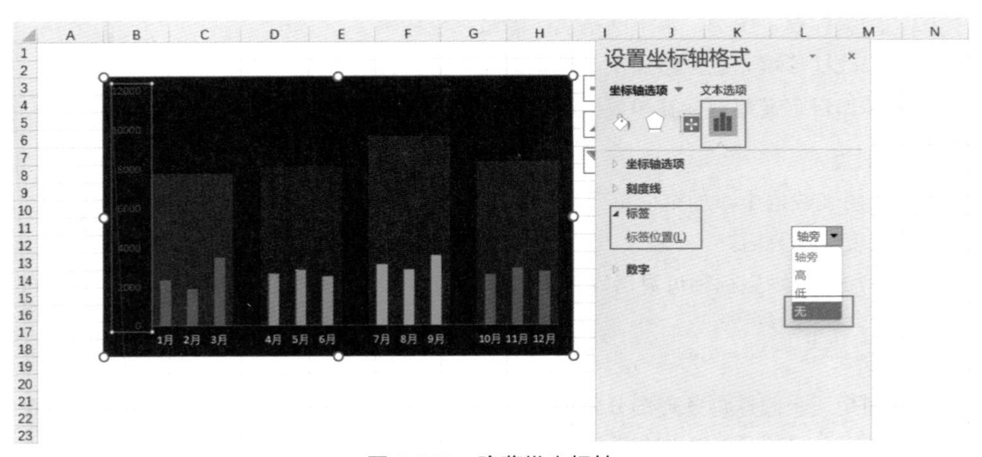

图 2-308　隐藏纵坐标轴

5. 添加数据标签和说明

添加数据标签。单击图表区，单击图表右上角的加号按钮，在快捷菜单中选择“数据标签”复选框，单击“数据标签”右侧的黑色三角按钮，在关联的菜单中选择“数据标签外”选项。单击插入的数据标签，设置字体颜色为浅灰色（242,242,242），如图 2-309 所示。

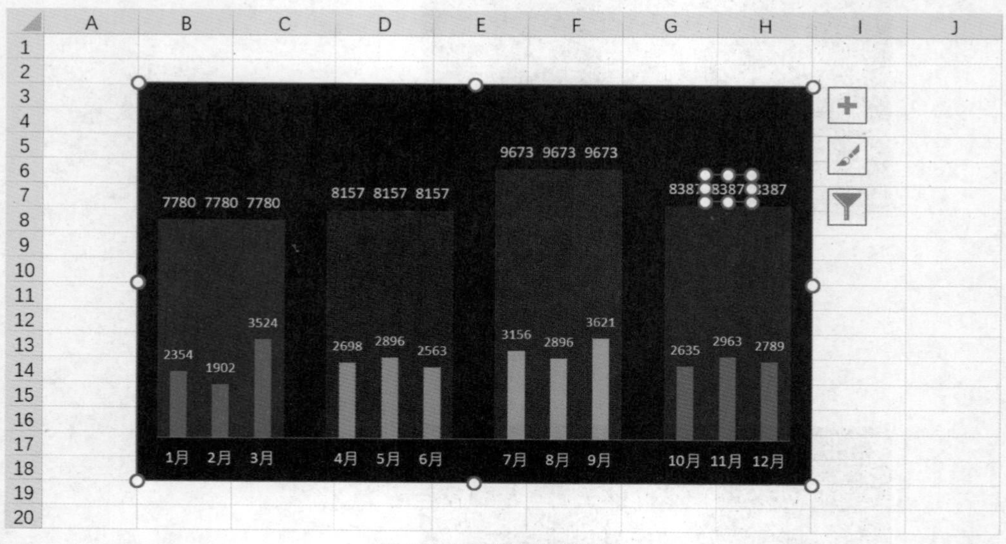

图 2-309 添加数据标签

由于外侧柱形是由三个柱形组成的，所以每个大柱形有三个相同的数据标签，可以删去其中两个，选中数据标签的方式与选中柱形一样，单击一下会全选所有数据标签，再单击一下即可选中对应的数据标签，按 Delete 键删除即可。

数据说明添加方式具体可参考 2.4.1 柱形折线图制作方法。

6. 步骤总结

（1）插入柱形图。

（2）删除标题、图例、水平网格线，隐藏纵坐标轴。

（3）修改柱形填充色，添加次要纵坐标轴，修改柱形间隙宽度。

（4）添加自定义数据标签和数据说明。

7. 知识点

- 在图表数据中添加空白单元格也可增加柱形的间隙宽度，缺点是不能像调节间隙宽度一样灵活。
- 添加次要纵坐标轴可灵活设置不同类型图表，实现不同的呈现效果。

2.4.7 滑珠图

滑珠图是一个圆珠将条形图分隔开，样式类似滑动的珠子，所以称为滑珠图。滑珠图一般用于对比不同类别完成率情况，例如不同销售组的销售目标完成率，如图 2-310 所示。

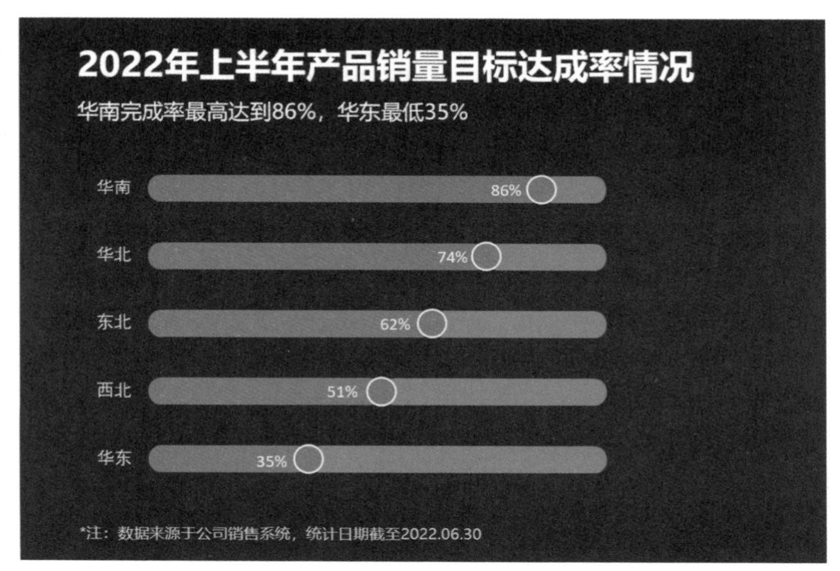

图 2-310　滑珠图

1. 插入图表——堆积条形图

数据说明：数据源按照完成率升序排序。滑珠图需要两列辅助数据，其中“未完成占比”数值等于 1- 完成率，保证每个类别的总条形值都是 1，长度一致。“辅助列”数据作为圆珠的纵坐标，数值固定，是一组奇数组成的等差数列：1，3，5，7，9，11，13，本例有 5 种分类，所以取前五位。

选中全部 4 列数据，在功能区中单击“插入”选项卡，在图表组中单击“插入柱形或条形图”按钮，选择“堆积条形图”选项，如图 2-311 所示。

图 2-311　插入堆积条形图

添加散点图以实现圆珠形态，右击柱形，在快捷菜单中选择“更改系列图表类型”选项，选择“辅助”对应的“次坐标轴”复选框，并将图表类型切换为“散点图”，如图 2-312 所示。

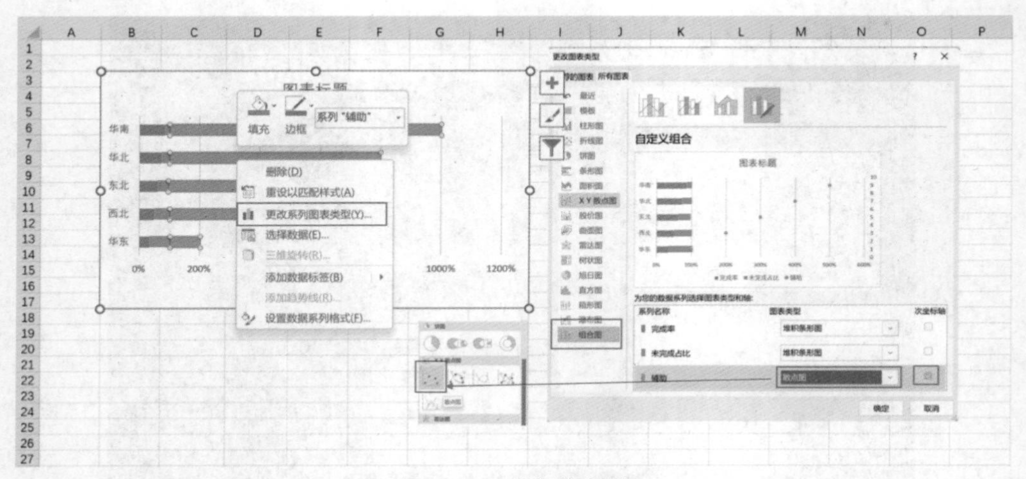

图 2-312　添加散点图

滑珠图的圆珠需要将完成率作为横坐标值，使圆珠处于完成率条形的顶端，这就需要重新指定散点图的横坐标轴的系列值。

右击散点，在快捷菜单中选择“选择数据”选项，在“图例项”菜单下选择“辅助”选项，单击“编辑”按钮，在弹出的“编辑数据系列”菜单下，单击“X 轴系列值”输入框右侧向上的箭头按钮，选择“完成率”列数据，即本例中的 C4:C8（注意不要选中标题的 C3 单元格），单击“确定”按钮，这样滑珠图的基本图形就完成了，如图 2-313 所示。

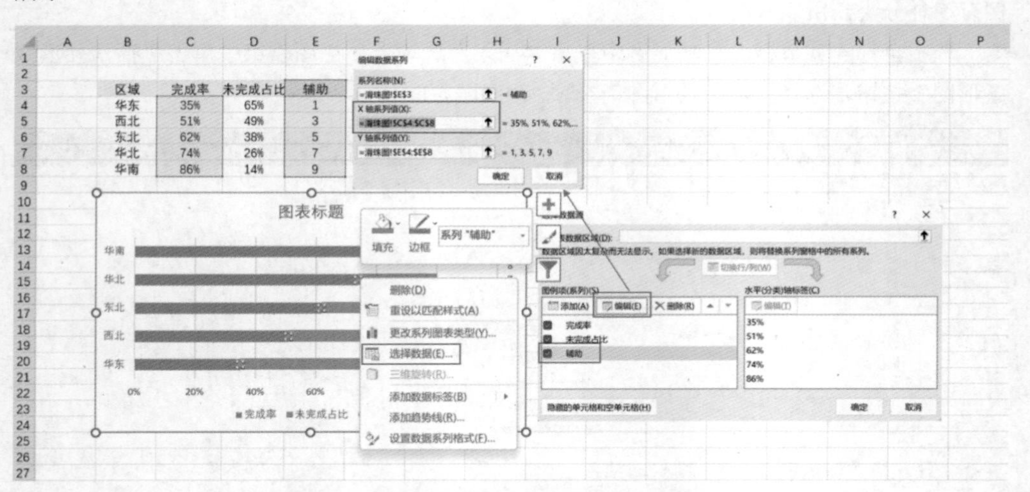

图 2-313　重新指定散点图 X 轴系列值

2. 修改图表区背景

右击图表区，在快捷菜单中选择“设置图表区域格式”选项，单击“填充与线条”按钮，设置填充为纯色填充，修改颜色为靛蓝色（26,30,67），设置边框为无线条，结果如图 2-314 所示。

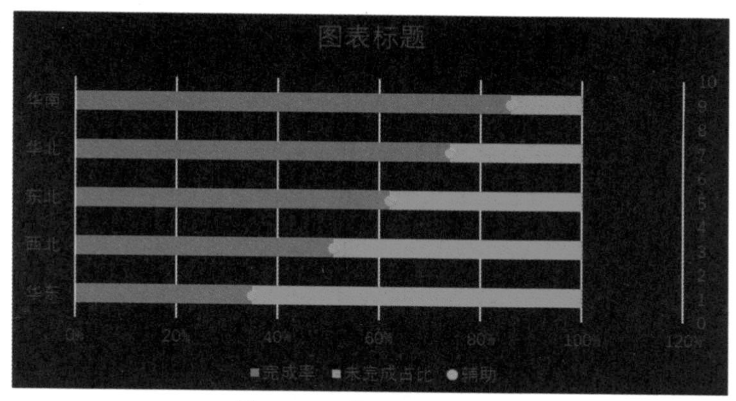

图 2-314 修改图表区背景

3. 修改图表元素

滑珠图无需过多修饰元素，默认添加的图表元素中只需要保留主要纵坐标轴即可。

（1）删除非必要图表元素。右击右侧的次要纵坐标轴，在快捷菜单中选择“设置坐标轴格式”，单击“坐标轴选项”按钮，在“标签”组中选择“标签位置”为无，如图 2-315 所示。

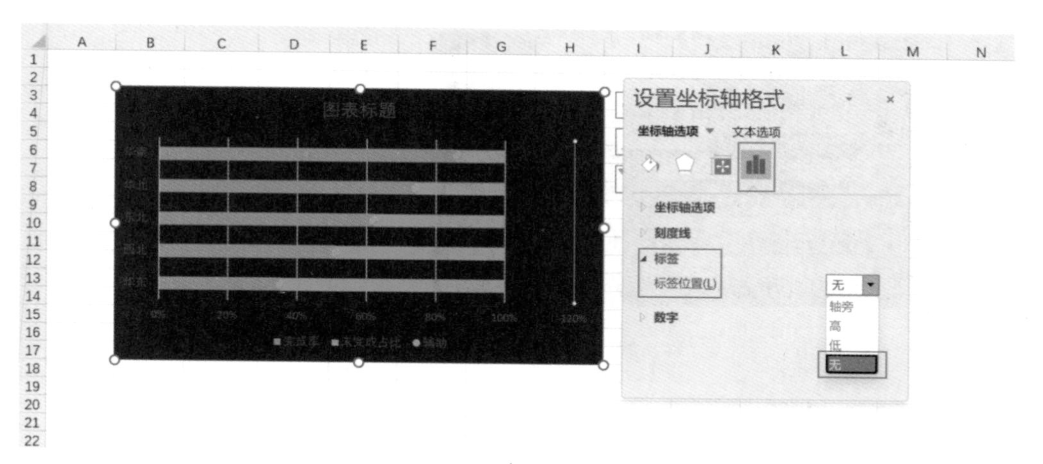

图 2-315 隐藏次要纵坐标轴

右击标题删除或按 Delete 键，同样删除垂直网格线、横坐标轴、图例，结果如图 2-316 所示。

（2）设置主要纵坐标。右击主要纵坐标，在快捷菜单中选择“设置坐标轴格式”选项，单击“填充与线条”按钮，设置线条为实线，颜色为浅灰色（242,242,242），透明度为 80%，设置字体为浅灰色（242,242,242），如图 2-317 所示。

4. 修饰绘图区

Excel 的条形图中的矩形形状都是方正的，为了使矩形与圆珠更加协调，可插入圆角矩形形状至条形图中。

图 2-316　删除非必要图表元素

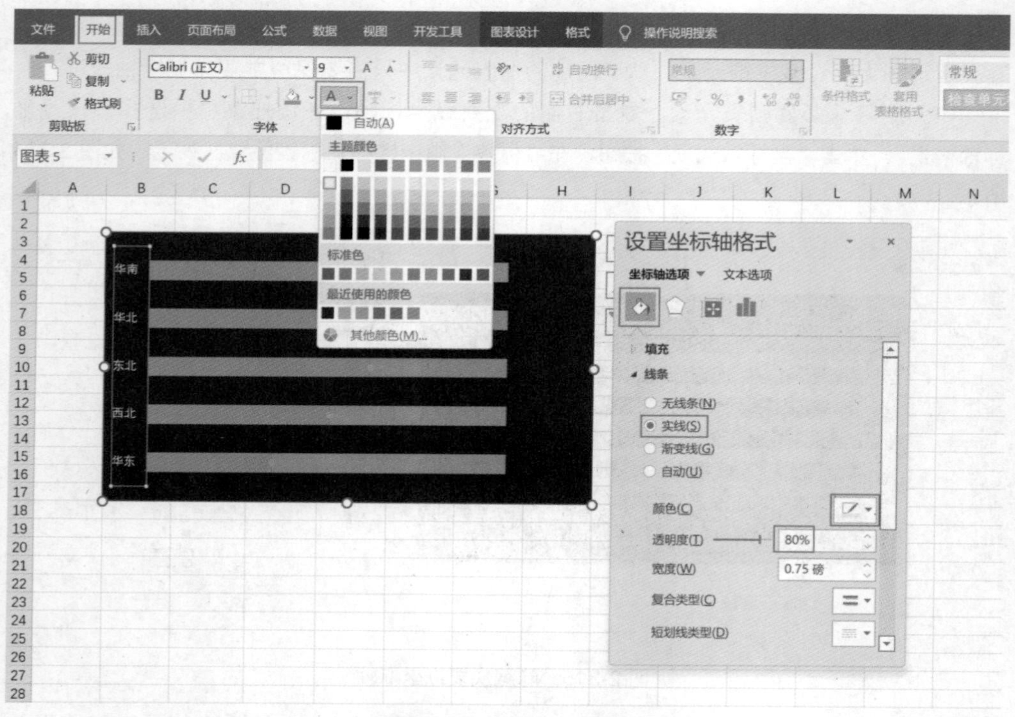

图 2-317　修饰纵坐标轴

（1）添加圆角矩形形状。方法与 2.1.3 节的渐变圆角柱形图中介绍过圆角柱形图的添加方式相同，即通过插入圆角矩形形状，然后将形状复制到绘图区中的矩形系列中。

在功能区中单击“插入”选项卡，在插图组中单击“形状”按钮，在矩形区域选择“圆角矩形”选项。圆角矩形中可以调节圆角弧度，单击圆角矩形，四周会出现白点，左上角会出现一个黄色圆点，单击黄色圆点可向右和向左拉拽，向左是降低弧度，拉至最左圆角矩形变为直角矩形，向右是增加弧度，本例将圆点拉至向右最大，作为滑珠图中条形的辅助形状，如图 2-318 所示。

为了避免调整大小导致形状变形，所以需要建立和条形图等长的圆角矩形。本例中有 5 个类别夹 10 个条形，就需要添加 10 个圆角矩形形状。首先添加 10 个高度一致的圆角矩形，右击圆角矩形，在快捷菜单中选择“设置形状格式”选项，单击“大小与属性”按钮可设置“圆角矩形”的大小，本例设置所有圆角矩形的高度为 0.5 厘米，宽度与绘图区的矩形长度相等。

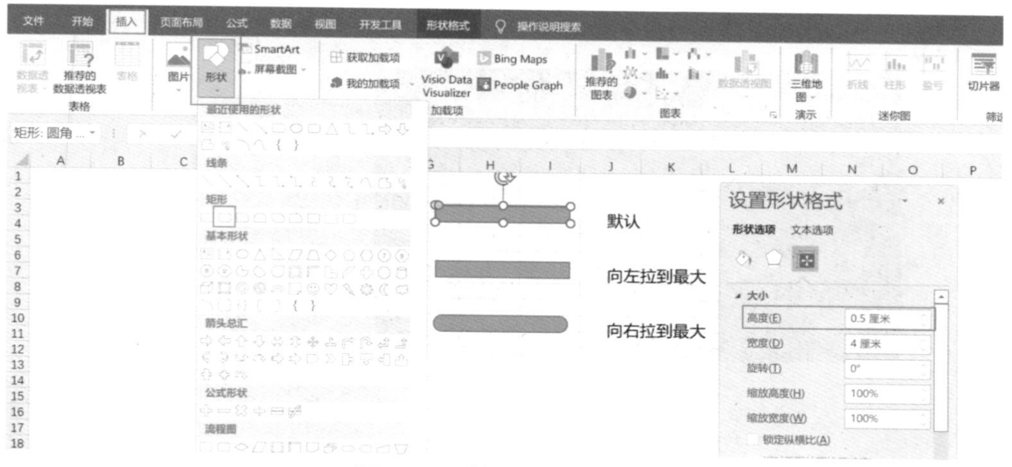

图 2-318　插入圆角矩形形状

其中有 5 个圆角矩形作为完成率的条形辅助图形，背景设置为蓝色，其余 5 个圆角矩形作为未完成率的辅助图形，背景设置为浅灰色。右击圆角矩形，在快捷菜单中选择“设置形状格式”选项，单击“填充与线条”按钮，设置线条为无线条，设置纯色填充并设置填充色，其中完成率条形颜色为蓝色（0,112,192），未完成率柱形颜色为浅灰色（242,242,242），并设置透明度为 60%（只有未完成率柱形需要设置透明度），如图 2-319 所示。

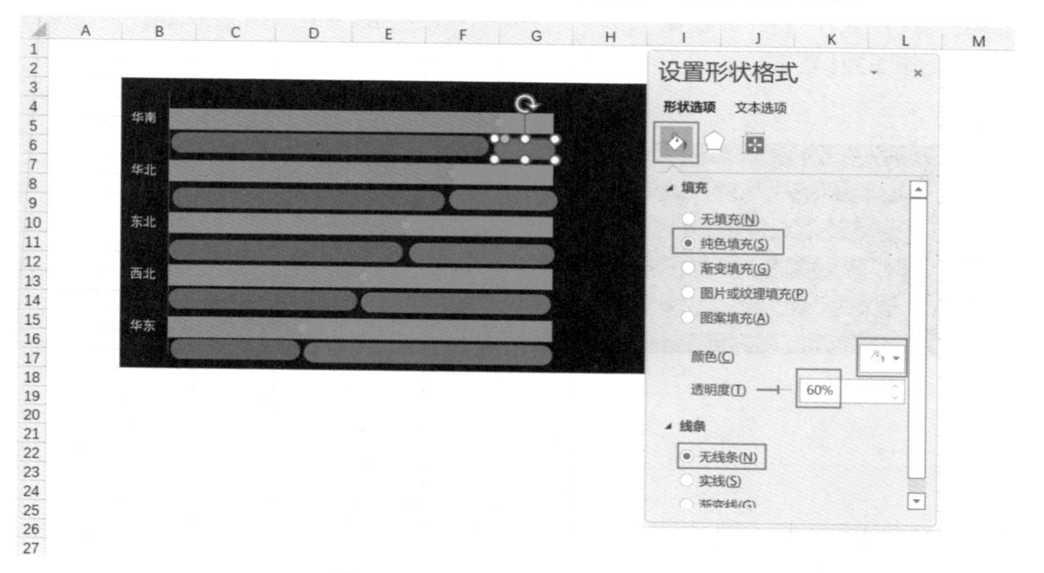

图 2-319　设置圆角矩形填充和线条

（2）粘贴圆角矩形形状。复制圆角矩形形状，双击对应的条形，同时按 Ctrl 键和 V 键直接粘贴，或者右击对应的条形，在快捷菜单中选择“设置数据点格式”选项，单击“填充与线条”按钮，在“填充”组中选择“图片或纹理填充”单选按钮，在“图片源”选项中单击“剪贴板”按钮，如图 2-320 所示。

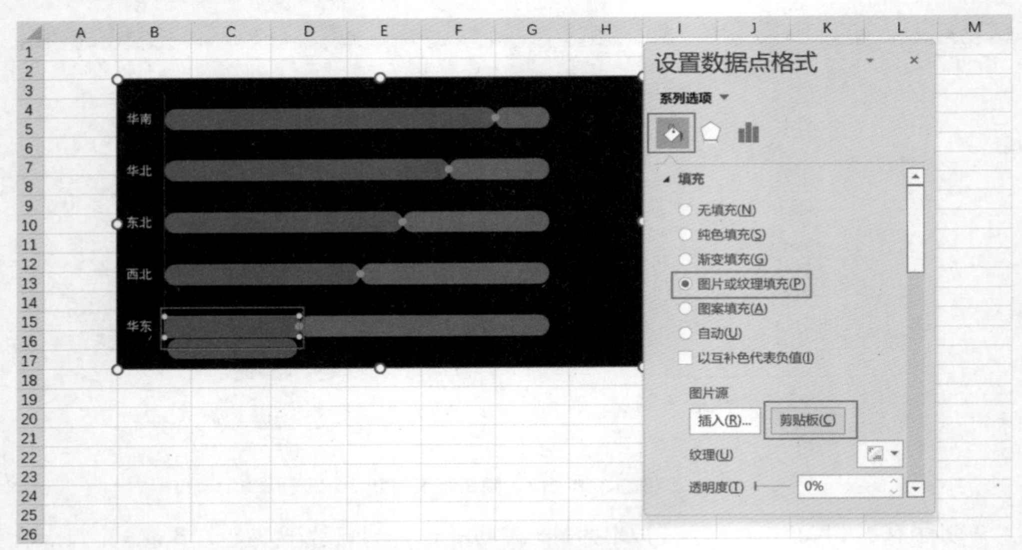

图 2-320　粘贴圆角矩形形状

（3）修饰圆珠。右击圆珠，在快捷菜单中选择“设置数据系列格式”单击“填充与线条”按钮，单击“标记”按钮，在“标记选项”组中选择“内置”单选按钮，并选择“类型”为圆，设置“大小”为 15，设置“填充”为纯色填充，设置颜色为与完成率条形相同的蓝色（0,112,192），设置“边框”为实线，颜色为浅灰色（242,242,242），宽度为 1 磅，如图 2-321 所示。

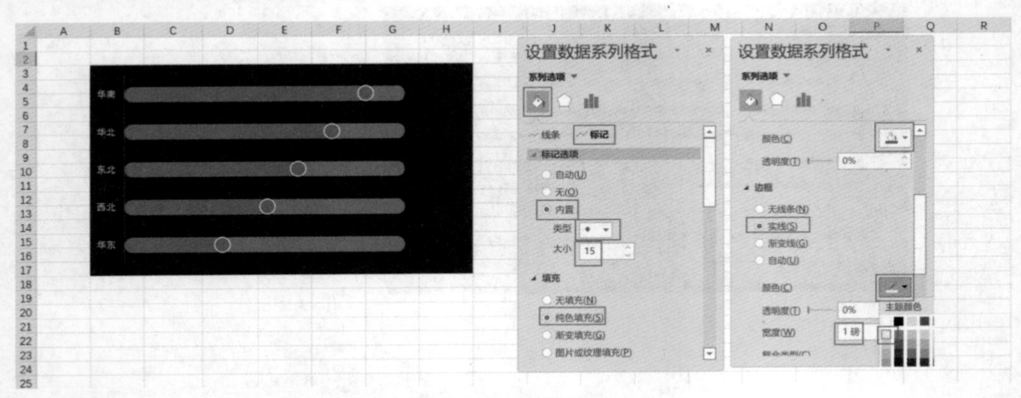

图 2-321　修饰圆珠

5. 添加数据标签和说明

滑珠图中添加数据标签和图表说明的方法可参考 2.4.1 的柱形折线图。

6. 步骤总结

（1）插入堆积条形图。

（2）添加散点图，更改 X 轴系列值。

（3）删除标题、垂直网格线、横坐标轴、图例，隐藏次要纵坐标轴。

（4）插入圆角矩形形状，复制形状至条形，修饰圆珠。

（5）添加自定义数据标签和数据说明。

7. 知识点

- 设置散点图 X 轴系列值可以更改散点图坐标。
- 柱形图和条形图默认绘图区中的矩形都是直角矩形，如果需要添加圆角矩形，通过插入自定义形状实现。

2.4.8 对比滑珠图

上一节介绍了滑珠图，与条形图一样，用于展示不同类别数据的对比，更适用于展示数据类型是百分比的情况。滑珠图的圆珠形状是通过添加散点图实现的，也可以增加圆珠形状的数量形成对比效果，如图 2-322 所示。

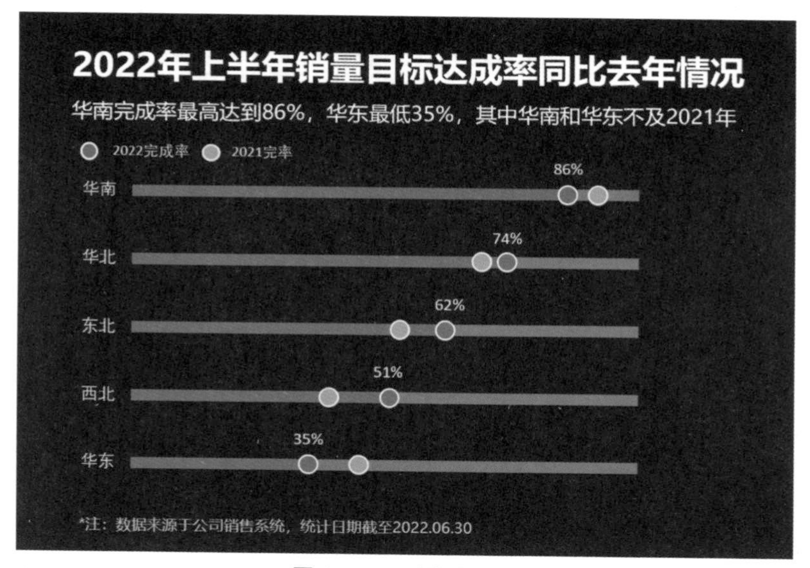

图 2-322　对比滑珠图

1. 插入图表——堆积条形图

（1）数据说明：与上一节介绍的滑珠图一样，将数据源按照 2022 完成率列升序排序。因为需要体现对比效果，所以增加了 2021 年的完成率数据。未完成占比是指 2022 年的未完成占比，数值等于“1-2022 完成率”。辅助列是由一组奇数组成的等差数列。

（2）插入图表。选中全部 5 列数据，在功能区中单击“插入”选项卡，在图表组中单击“插入柱形或条形图”按钮，选择“堆积条形图”选项，如图 2-323 所示。

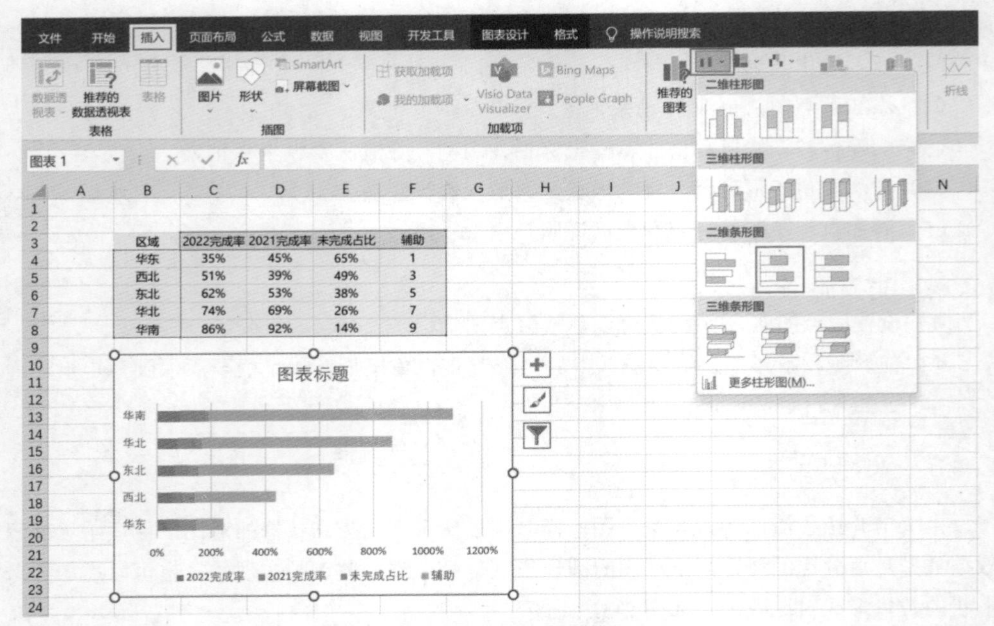

图 2-323　插入圆饼图

（3）更改图表类型。右击柱形，在快捷菜单中选择“更改系列图表类型”选项，在“自定义组合”菜单中将“辅助”和“2021 完成率”对应的图表类型切换为“散点图”，如图 2-324 所示。

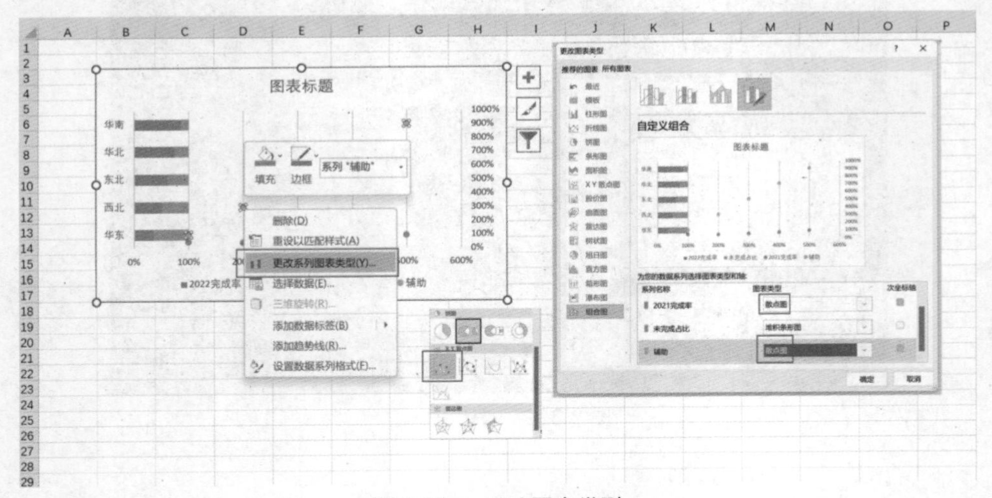

图 2-324　更改图表类型

（4）更改数据源。前面介绍的滑珠图中，是以“完成率”作为散点的“X 轴系列值”，以等差数列“辅助”作为“Y 轴系列值”，以实现散点处于完成率顶部的效果。对比滑珠图的散点使用与滑珠图同样的设置。“2021 年完成率”对应的散点与“2022 年完成率”对应的散点同处于一个条形上，即纵坐标是一样的，所以都选择“辅助”作为 Y

轴系列值，X 轴系列值选择分别是“2021 年完成率”和“2022 年完成率”。

首先设置 2021 散点。右击散点，在快捷菜单中选择“选择数据”选项，在“图例项”菜单中选择“2021 完成率”选项，单击“编辑”按钮，在弹出的“编辑数据系列”对话框中单击“X 轴系列值”输入框右侧向上的箭头，选中“2021 完成率”单元格区域，即 $D$4:$D$8（图表取数据源都会添加绝对引用），注意不要包含标题对应的单元格 D3。Y 轴也需要重新选择，单击“Y 轴系列值”输入框右侧的箭头，选中“辅助”单元格区域，即 $F$4:$F$8，如图 2-325 所示。

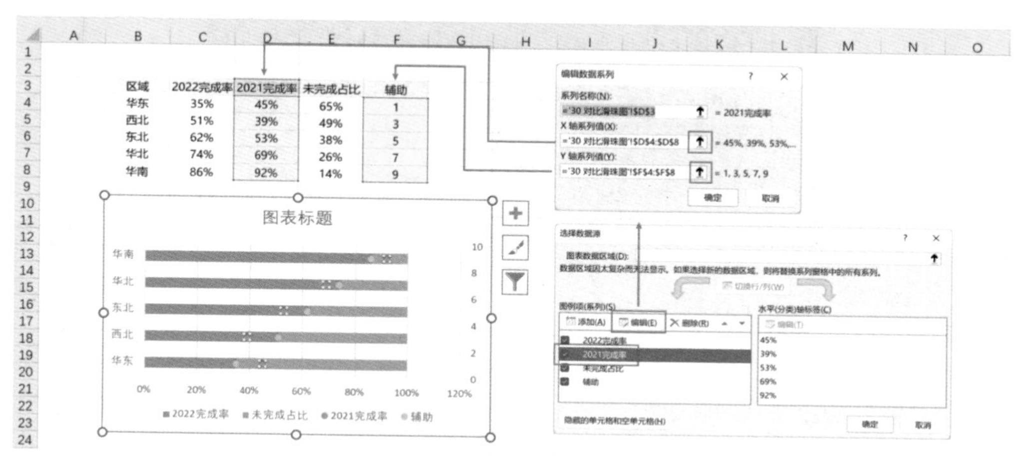

图 2-325　设置 2021 完成率散点图

辅助散点图（即“2022 完成率”对应的散点图）与上一节介绍的滑珠图的设置方法是一样。辅助散点图的 Y 轴默认就是辅助列，所以只需要更改 X 轴数据源。右击散点，在快捷菜单中选择“选择数据”选项，在“图例项”菜单中选择“辅助”选项，单击“编辑”按钮，在弹出的“编辑数据系列”对话框中，单击“X 轴系列值”输入框右侧的箭头，选择“2022 完成率”所在单元格区域，即 $C$4:$C$8，如图 2-326 所示。

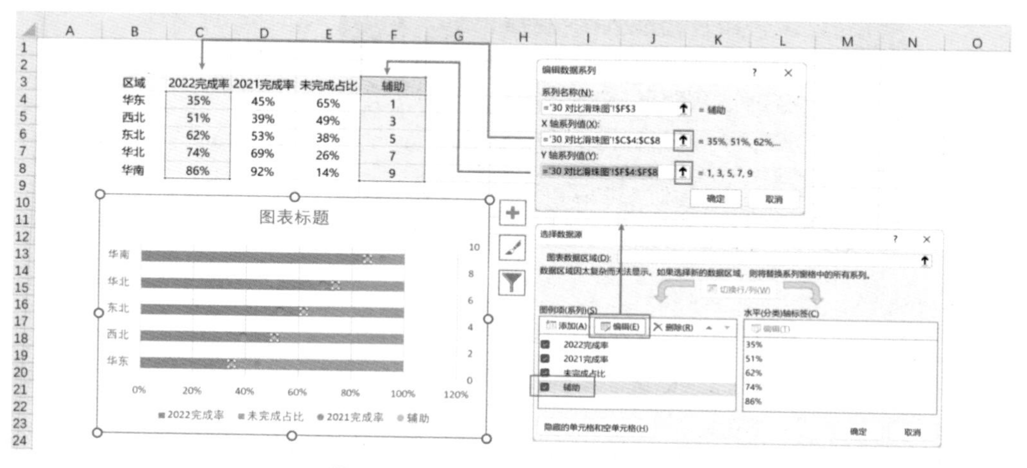

图 2-326　设置 2022 完成率散点图

2. 修改图表区背景

右击图表区，在快捷菜单中选择“设置图表区域格式”选项，单击“填充与线条”按钮，设置填充为纯色填充，修改颜色为靛蓝色（26,30,67），设置边框为无线条，结果如图 2-327 所示。

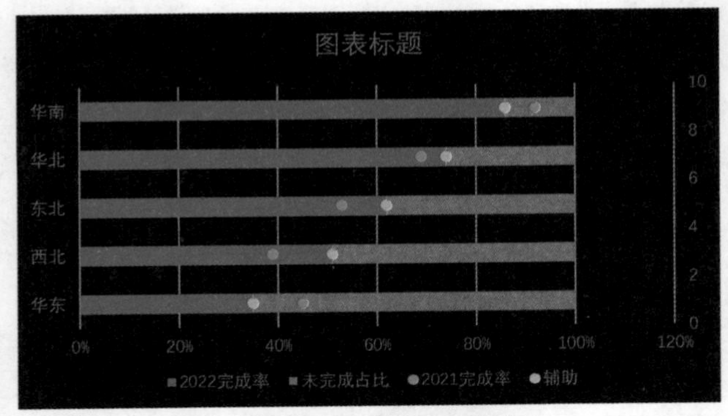

图 2-327　修改图表区背景

3. 修改图表元素

对比滑珠图为区分不同的圆珠，需要添加图例。默认图表中有 4 个类别的图例，对比滑珠图只需要 2022 完成率和 2021 完成率的图例，可双击删除默认图例中不需要的图例，也可添加形状作为图例，本例采用第 2 种方法。

（1）删除非必要图表元素。右击次要纵坐标轴，在快捷菜单中选择“设置坐标轴选项”选项，在“标签”组中设置标签位置为无，将次要纵坐标轴隐藏，如图 2-328 所示。

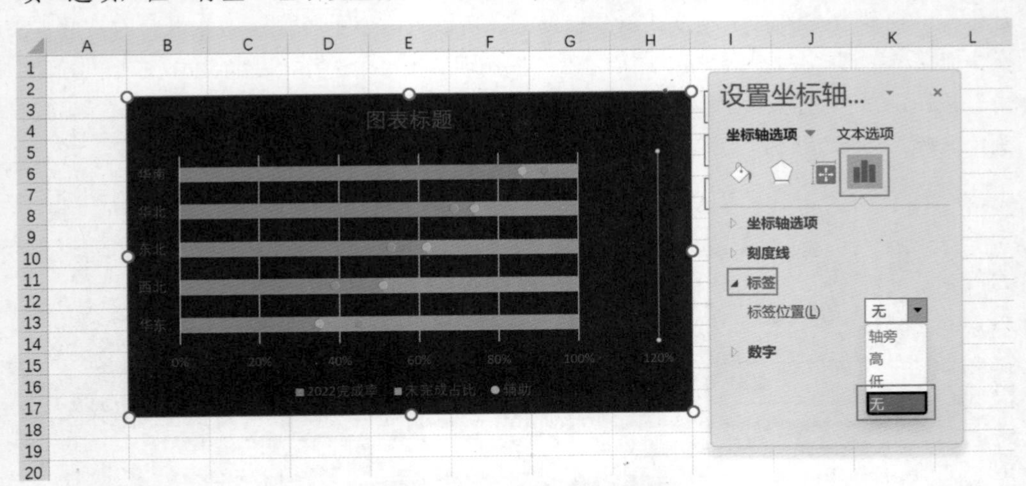

图 2-328　隐藏次要纵坐标轴

右击标题删除或按 Delete 键，同样删除垂直网格线、横坐标轴、图例，结果如图 2-329 所示。

（2）修饰主纵坐标轴。右击主纵坐标轴，在快捷菜单中选择“设置坐标轴格式”选项，单击“填充与线条”按钮，设置线条为实线，颜色为浅灰色（242,242,242），透明度为 80%，设置字体为浅灰色（242,242,242），如图 2-330 所示。

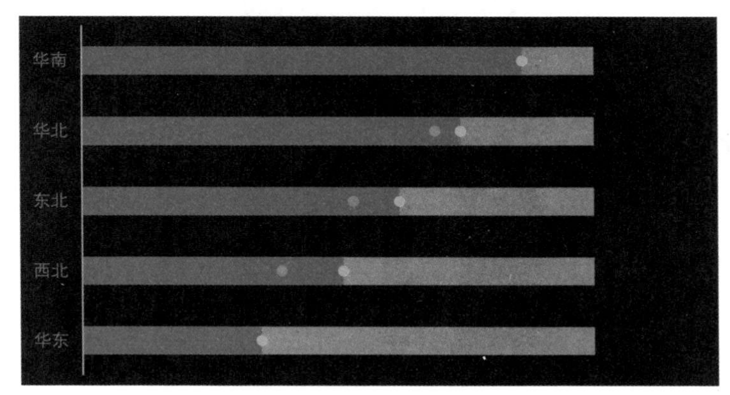

图 2-329　删除非必要图表元素

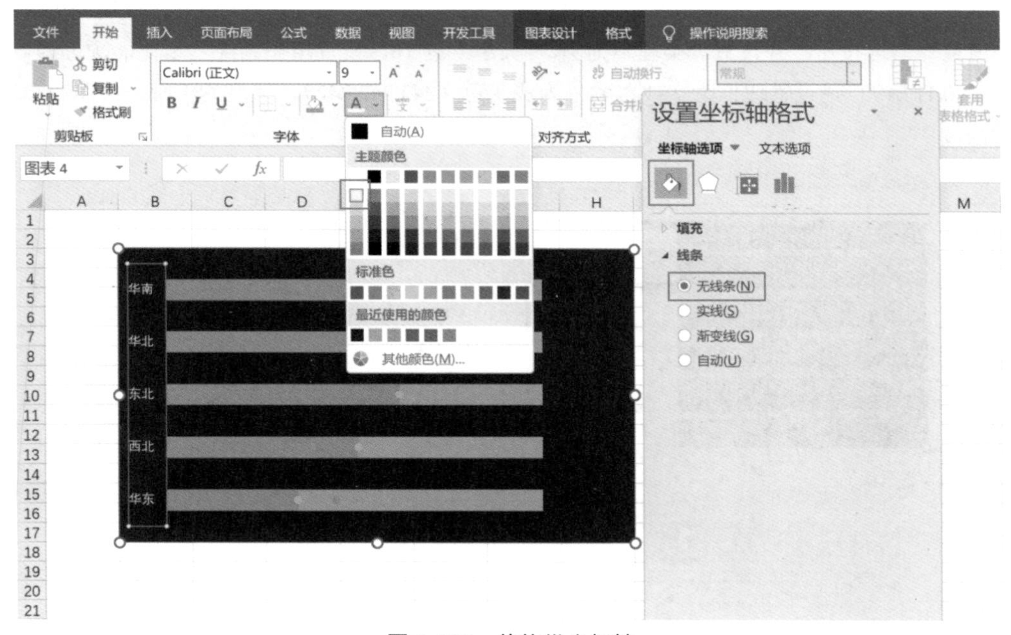

图 2-330　修饰纵坐标轴

4. 修饰绘图区

与滑珠图不一样，对比滑珠图需要突出两个滑珠之间的对比，所以降低条形元素占比，将条形设置得细一些，如果条形较细，圆角就不会很明显，所以也可不设置为圆角矩形。

（1）调节条形间隙宽度。在前文中介绍过，调节柱形图或条形图的间隙宽度可以调节柱形的宽度，这里可以将间隙宽度设置为最大，使条形足够细。右击条形，在快捷菜单中选择“设置数据系列格式”选项，在“系列选项”组中设置“间隙宽度”为 500%，如图 2-331 所示。

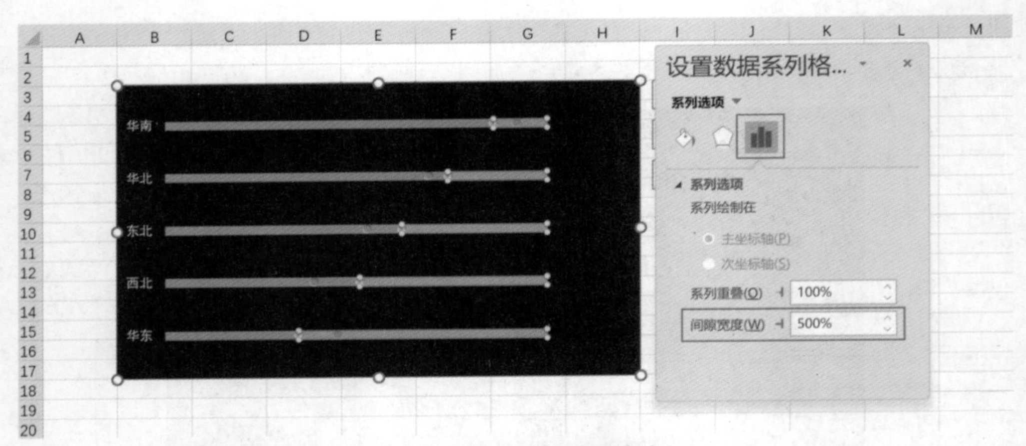

图 2-331　调节条形间隙宽度

（2）修饰圆珠。右击“2022 完成率”对应的圆珠，在快捷菜单中选择“设置数据系列格式”选项，单击“填充与线条”按钮，单击“标记”按钮，在“标记选项”组中选择“内置”单远按钮，并设置“类型”为圆，“大小”为 10。设置填充为纯色填充，颜色为蓝色（0,112,192），设置边框为实线，颜色为浅灰色（242,242,242），宽度为 1 磅，如图 2-332 所示。

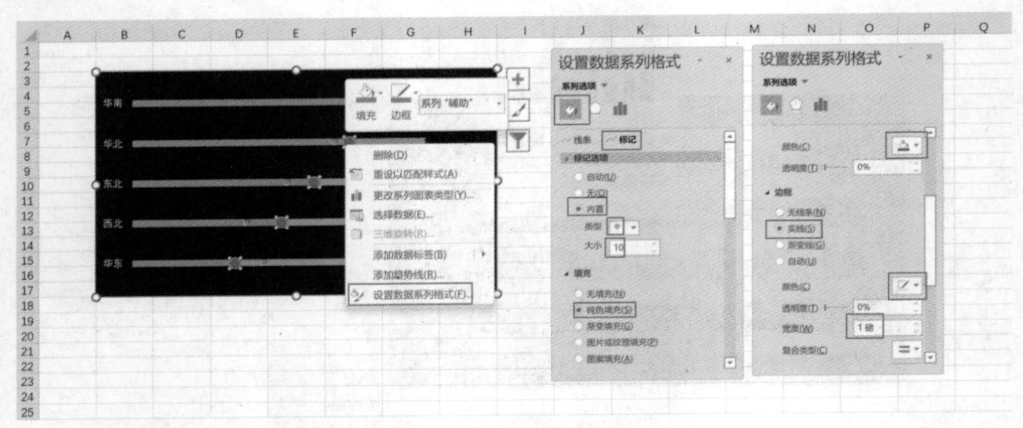

图 2-332　设置圆珠样式

右键单击“2021 完成率”对应的圆珠，设置填充为纯色填充，颜色为灰色（166,166,166），设置边框为实线，颜色为浅灰色（142,142,142），宽度为 1 磅。

（3）设置条形填充。右击完成率条形（浅蓝色），在快捷菜单中选择“设置数据系列格式”选项，在“填充与线条”菜单下，设置填充为蓝色（0,112,192），右击未完成率条形（浅灰色），设置填充颜色为浅灰色（242,242,242），透明度为 60%，如图 2-333 所示。

（4）添加图例。首先单击图表区（这样可以直接在图表区添加形状），在功能区中单击“插入”选项卡，单击“形状”按钮，在“基本形状”组中选择圆，按住 Shift 键插入一个圆。右击圆形形状，在快捷菜单中选择“设置形状格式”选项，在“填充与线条”菜单下，设置填充为纯色填充，颜色灰色（166,166,166），设置线条为实线，宽度为 1 磅，如图 2-334 所示。再复制一个圆形，修改填充为蓝色（0,112,192），最后在圆形中插入文本框作为图例标签说明。

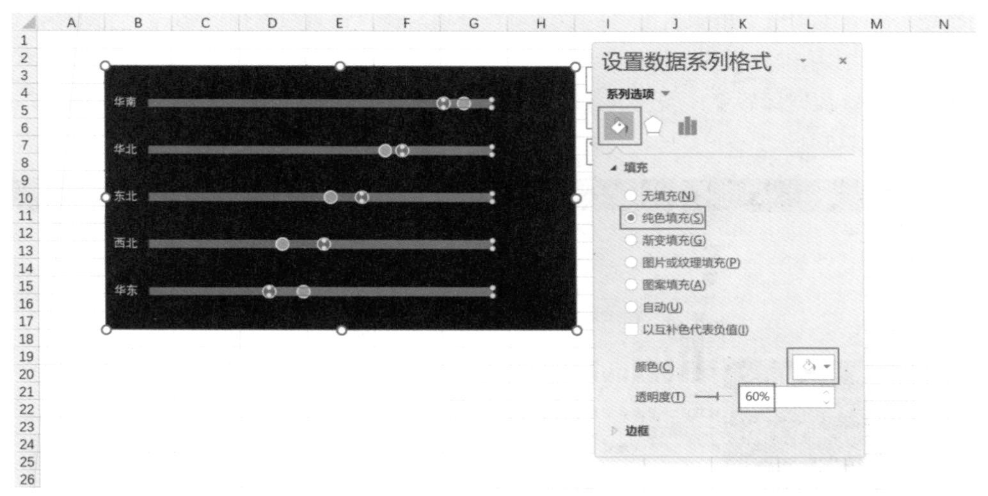

图 2-333　设置条形填充

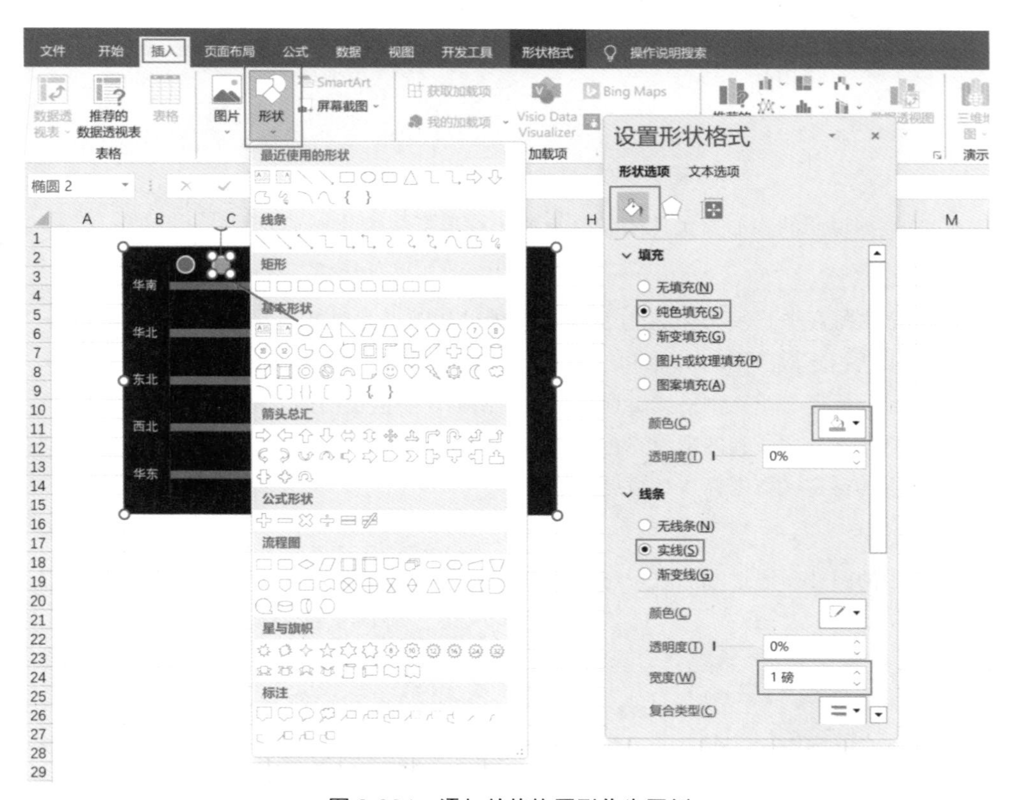

图 2-334　添加并修饰圆形作为图例

5. 添加数据标签和说明

（1）数据标签。单击“2022 完成率”对应圆珠，单击图表右上角的加号按钮，在快捷菜单中选择“坐标轴”和“数据标签”复选框，单击在“数据标签”选项右侧的黑色三角按钮，在弹出的对话框中单击“更多选项”选项，在“设置数据标签格式”菜单中，在“标签选项”组中选择标签包括的“X 值”复选框，再取消选择“Y 值”和“显示引导线”复选框，设置数据标签字体颜色为浅灰色（242,242,242），最后将数据标签移动至圆珠上方，如图 2-335 所示。

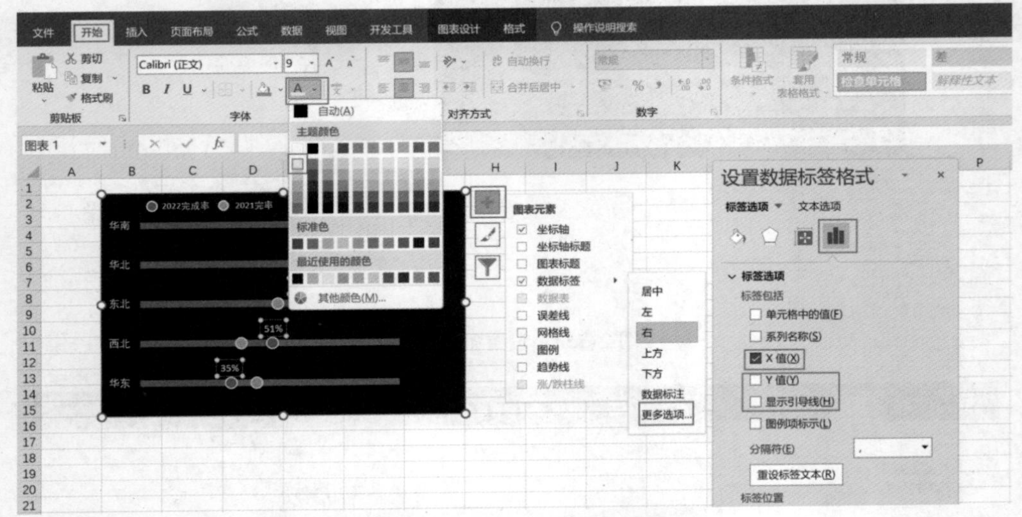

图 2-335 添加并修饰圆形作为图例

（2）数据说明的添加方式具体可参考 2.41 柱形折线图的制作方法。

6. 步骤总结

（1）插入堆积条形图，将 2021 完成率和辅助的图表类型更改为散点图。

（2）重新指定散点图的 X 轴和 Y 轴。

（3）删除标题、垂直网格线、横坐标轴、图例，图例使用插入形状的方式实现。

（4）修改圆珠样式和条形填充色。

（5）添加自定义数据标签和数据说明。

7. 知识点

滑珠图的圆珠是通过添加散点图实现的，可以增加多个散点图制作多重对比滑珠图。

第 3 章　Excel 动态图表制作与设计

第 2 章介绍了使用 Excel 设计图表的过程，无论如何修饰和美化，最终目的都是将我们从数据中获得的信息通过图表展示给观众。然而当观众较多时，很容易出现“众口难调”的问题。就像每个食客的口味喜好都可能不同，有人喜欢甜口，有人喜欢咸口，有人喜欢吃素食，有人无肉不欢等等，所以有些饭店会推出自选的方式，食客在处理好的食材中选择自己喜欢的。Excel 图表也有它自己的“自选”方式——筛选器。既然图表的数据系列图形大小取决于图表数据，那么改变图表的数据源，图表也会发生改变。Excel 中实现动态单元格的方式是在单元格内插入公式，那么以带公式的单元格区域作为图表数据源就可以制作自动变化的图表，再结合筛选器指定变化内容就可自动筛选图表内容，一般称这类图表为动态图表，相对应地称第二章所见即所得的图表为静态图表。

相对于普通图表，动态图表支持用户通过可交互的筛选器进行筛选，得到自己需要的数据。例如对于不同区域不同月份销量情况的数据，每个区域总监希望看到自己负责的区域的销量情况，那么就可以用区域列作为筛选器，月份作为横坐标轴，业绩作为纵坐标制作动态柱形图。

用户交互是数据可视化的重要手段，它可以满足不同用户的不同需求，将数据信息价值最大化。

3.1　动态图表实现的基本原理 ›››

动态图表的本质是通过筛选器实现数据降维，它把数据分为数据源和图表数据，从数据源中抽取一个维度和度量值作为图表数据。得益于 Excel 的强大的公式数据刷新能力，用户执行筛选后，公式组成的图表数据快速发生变化，图表也会随之发生变化，这就实现了动态图表的效果。

Excel 图表数据一般是包含两个指标的一维表，一个作为轴坐标，一个作为系列值，如图 3-1 所示，左侧的数据是包含区域和 1 月完成率的一维表，静态图可以通过滑珠图呈现数据。

如图 3-1 右侧的表格，如果数据存在两个维度——区域和月份，如何展示每个月的完成率情况呢？使用静态簇状柱形图或折线图也可以展示。但图形和数据标签会非常密集，很难将不同区域和不同月份的完成情况清晰地体现出来。如果以后添加 5 月、6 月甚至更多月份的数据，图表会更加密集，这种情况下动态图表就是一个不错的选择。

动态图表是将一个维度作为筛选器，保留另外一个维度作为轴标签，图 3-1 右侧表格的例子中可将月份作为筛选器，以区域和完成率形成一维表，对比某月份不同区域的完成率，基于这个一维表制作滑珠图，这就很好地呈现了二维数据。如图 3-2，制作动态滑珠图实现月份和区域两个维度的完成率展示。

一维数据	
区域	1月完成率
华东	32%
西北	49%
东北	65%
华北	73%
华南	85%

二维数据				
区域	1月	2月	3月	4月
华东	32%	45%	66%	52%
西北	49%	36%	54%	39%
东北	65%	53%	58%	48%
华北	73%	63%	61%	53%
华南	85%	86%	69%	73%

图 3-1　一维和二维数据

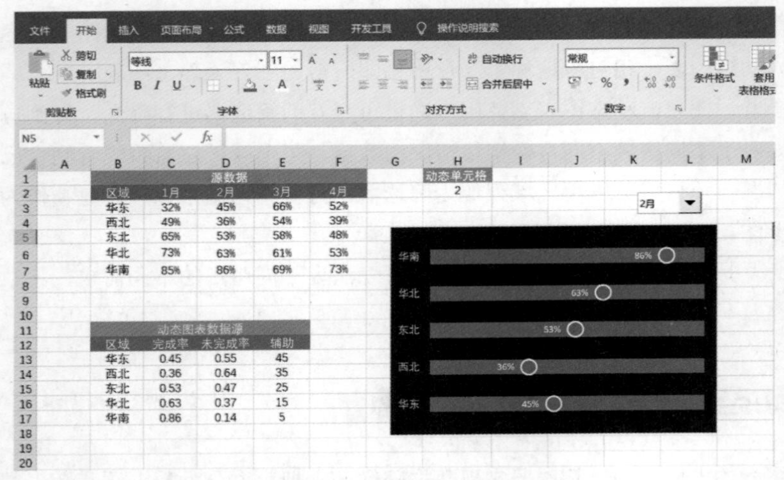

源数据				
区域	1月	2月	3月	4月
华东	32%	45%	66%	52%
西北	49%	36%	54%	39%
东北	65%	53%	58%	48%
华北	73%	63%	61%	53%
华南	85%	86%	69%	73%

动态图表数据源			
区域	完成率	未完成率	辅助
华东	0.45	0.55	45
西北	0.36	0.64	35
东北	0.53	0.47	25
华北	0.63	0.37	15
华南	0.86	0.14	5

图 3-2　动态滑珠图

在维度指标较多的数据表中，可添加筛选器进行降维，既可让数据更加直观也可以满足用户自行选择数据信息的需求。

在制作动态图表之前，首先需要明确三个问题：

1. 哪个维度做筛选器，哪个维度在图表中直接展示？

对于两个维度的数据，一般需要结合观众需求和具体维度来判别某一个维度应该作为筛选器还是图表的坐标轴。一般情况下，为了轴标签数量相对固定，如果维度指标中包含时间周期，优先选择时间周期（如月份、年份）作为筛选器。

2. Excel 中有哪些添加筛选器的方法？

Excel 实现筛选器的方式可分为两种，一种是基于数据透视表，只要添加切片器即可。另外一种是通过添加表单控件或有效性单元格，制作出一个可以改变单元格内容的筛选器。

3. 如何通过筛选器制作一维数据表？

一维数据表的制作方式取决于筛选器的实现方式。使用透视表通过切片器筛选后一般就可以生成一维数据表。使用改变指定单元格的内容的筛选器，再通过函数公式形成一个动态一维数据表，最后引用这个动态的数据区域制作动态图表。

上述三个问题也是使用 Excel 制作动态图表的基本过程，即通过筛选器制作一个动态数据区域，作为图表数据，在切换筛选器时，动态数据发生变化，图表的数据也同时发生变化，即实现了动态图表的效果。

3.2　动态图表实现的三大步骤 ›››

1. 建立用户可交互按钮

Excel 实现动态图表的按钮方式可以分为两个大类，即指定动态单元格和透视表切片器，其中前者可以看到动态变化的数据，后者基于软件底层实现，直接显示筛选结果。具体实现动态图表方式有以下四种：

（1）控件按钮

开发工具是 Excel 的重要功能，包含 VBA、宏、加载项、控件等多种拓展工具，默认状态下 Excel 功能区中不显示开发工具。开发工具的添加方法为：单击功能区中“文件”选项卡，单击“选项”按钮，在左侧菜单中选择“自定义功能区”选项，在对应菜单中选择“开发工具”复选框，单击“确定”按钮，开发工具就会在功能区显示了，如图 3-3 和图 3-4 所示。

单击控件组的“插入”按钮可添加多种控件按钮。控件按钮与专业 BI 软件的筛选器最为贴近，实现动态数据可视化方式最为灵活，与 Excel 函数结合可以实现很多复杂的动态效果。控件按钮也是 Excel 制作动态数据大屏的常用组件。

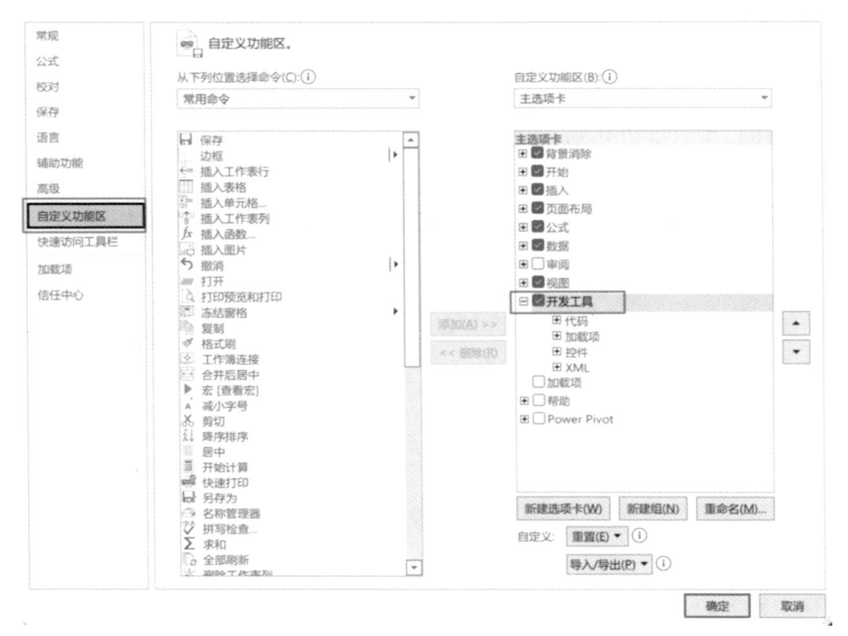

图 3-3　添加开发工具

图 3-4　开发工具菜单

（2）数据验证

数据有效性是 Excel 的重要功能之一，在功能区中单击“数据”选项卡，单击“数据验证”按钮可对指定单元格添加数据验证。数据验证是对某一个单元格添加数据约束，实现通过筛选来填写该单元格内容，进而达到类似开发工具中的组合框下拉的效果，如图 3-5 所示。

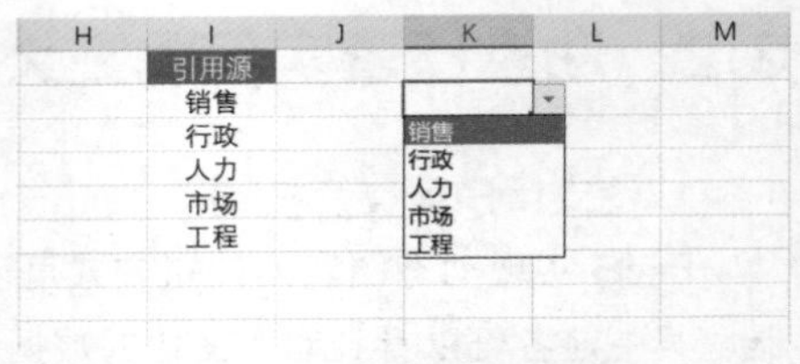

图 3-5　数据验证下拉效果

实现动态单元格原理也相同，通过切换按钮，改变指定的单元格内的内容。

（3）VBA 按钮

VBA（Visual Basic for Applications）是一种可用于扩展 Office 应用程序的编程语言，可以执行批量操作以及其他复杂功能。VBA 主要应用于重复度高的操作，如使用 VBA 实现批量拆分、合并 Excel 工作簿。

动态图表实际上是用户与 Excel 表格交互的一种方式，VBA 有多种实现图表与用户交互的方式，因此 VBA 可以通过多种方式实现动态图表。例如在数据可视化看板中插入地图图片，再通过 VBA 实现在用户点击不同区域的图片时，单元格数据发生变化，引用该区域单元格数据的图表也会发生变化，进而实现地图数据可视化。

本书介绍相对简单的 VBA 应用方式，单击功能区中“开发工具”选项卡，单击控件组的“插入”按钮，在“表单控件”组中选择“按钮”选项，添加一个用户操作按钮，如图 3-6 所示。用户单击按钮触发 VBA 代码，改变单元格（VBA 代码中指定）内容，进而形成动态单元格。

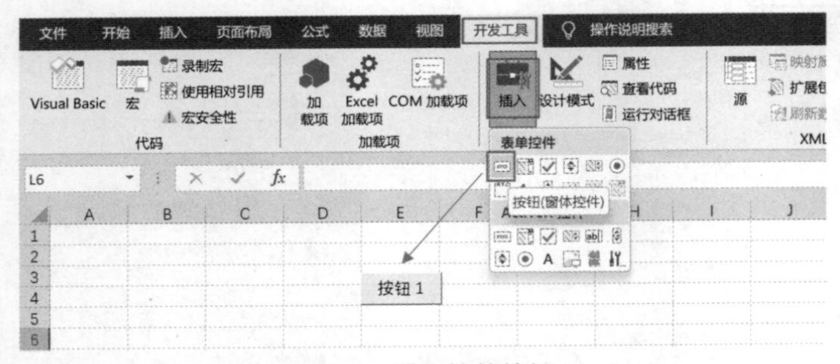

图 3-6　添加控件按钮

提及 VBA 或许会让一部分读者望而却步，涉及代码层面，学习成本就会增加。别怕，本书使用的 VBA 内容是可以通过录制宏的功能实现的，录制宏是 Excel 非常好用的功能，添加路径同 VBA 一样，在功能区中单击“开发工具”选项卡，在代码组中单击

“录制宏”按钮，如图 3-7 所示。

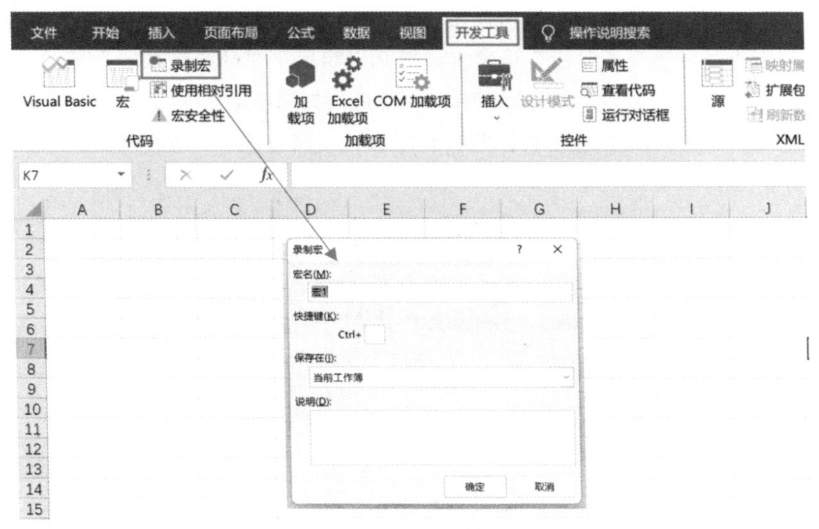

图 3-7 录制宏

单击“录制宏”按钮会进入录制宏的过程，Excel 会将接下来对表格的操作全部记录下来（例如指定某个单元格内容）并转换成 VBA 代码，直到单击“停止录制”按钮停止宏的录制，这时代码会自动保存到宏中。这个过程相当于我们写了一段 VBA 代码。如果需要执行前面的操作，就可以右击按钮，在快捷菜单中选择“指定宏”选项，选择已录制的宏，单击“确定”按钮完成指定。单击一下设置好的按钮，就会执行一次宏中的 VBA 代码，如图 3-8 所示。

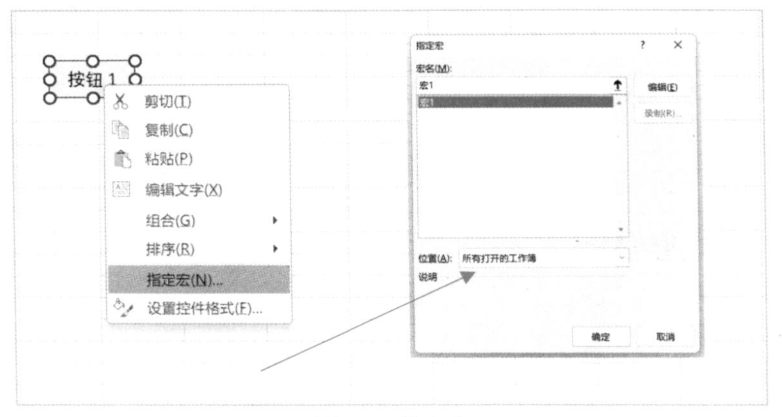

图 3-8 指定宏

（4）数据透视表切片器

数据透视表是 Excel 重要的功能之一，用户可以通过拖动的方式快速将明细数据转为统计数据，单击明细数据中任意一个单元格并在功能区单击“插入”选项卡，在表格组中单击“数据透视表”按钮即可建立一个数据透视表，如图 3-9 所示。

插入透视表后需要将透视表字段拖动至对应的区域，如图 3-10 中将学历和员工号拖动至“行”和“值”区域建立数据透视表，得到学历人数分布数据。单击透视表区域，在功能区中单击“数据透视表分析”选项卡，在筛选组单击“插入切片器”按钮可添加数据透视表切片器。这里需要注意，Excel 中切片器是数据透视表专属功能，需要鼠标单击透视表统计区域（默认情况下透视表标题栏和汇总栏是浅蓝色），顶部功能区才会显示“数据透视表分析”和“设计”选项卡。

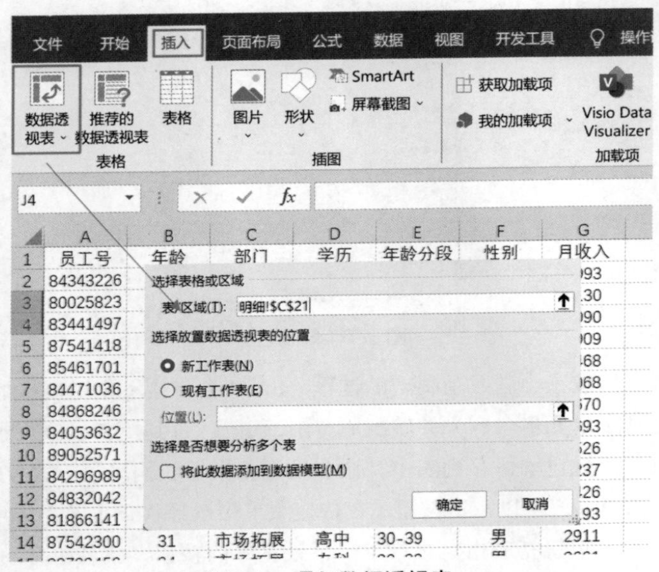

图 3-9　添加数据透视表

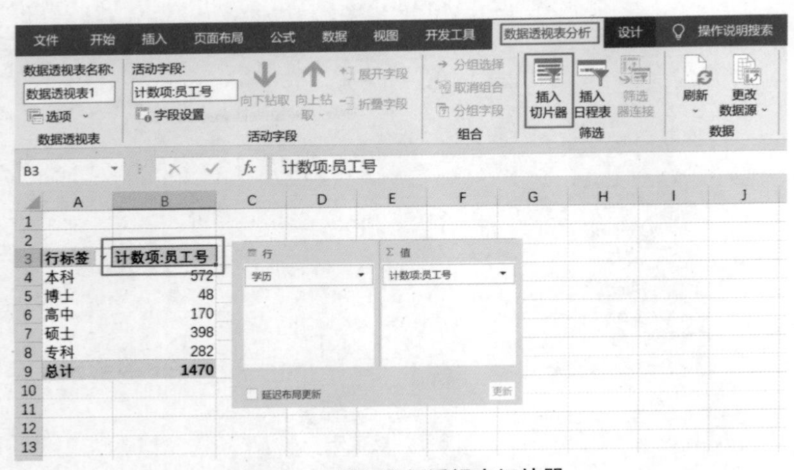

图 3-10　插入数据透视表切片器

单击“插入切片器”按钮后会弹出“插入切片器”对话框，进入选择列的向导，选择需要筛选的字段后单击“确定”按钮完成切片器设置，如图 3-11 所示。

完成切片器设置后，点击对应的选项数据，透视表数据变为筛选结果数据，基于透视表建立的图表也会发生变化，如图 3-12 所示。

使用切片器作为筛选器是先建立透视表再基于透视表建立切片器，切换切片器建立动态数据作为图表的数据源。而前三个筛选器是首先通过筛选器指定一个动态单元格，再通过公式建立一个动态单元格区域，作为图表的数据源。得益于数据透视表快捷的制作过程，使用切片器可快速完成动态图表的制作，且操作步骤少，简单易上手，对初学者非常友好，但是也存在一定的缺点，如切片器须将所有选项全部显示，作为筛选器样式单一（只能修改颜色和行数）。相比而言，VBA 和控件按钮有丰富的按钮样式选择，如下拉框、数值调节按钮、复选框等。所以使用 Excel 制作数据动态图表需结合具体情形，充分发挥不同筛选器的优势。

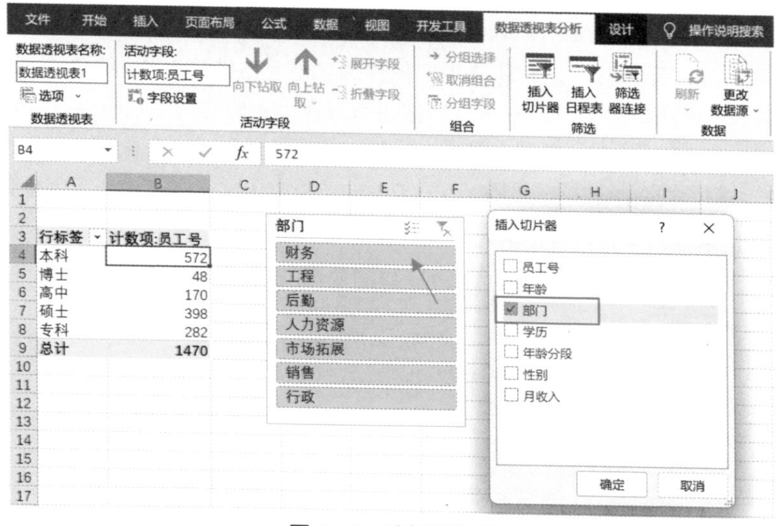

图 3-11 选择筛选列

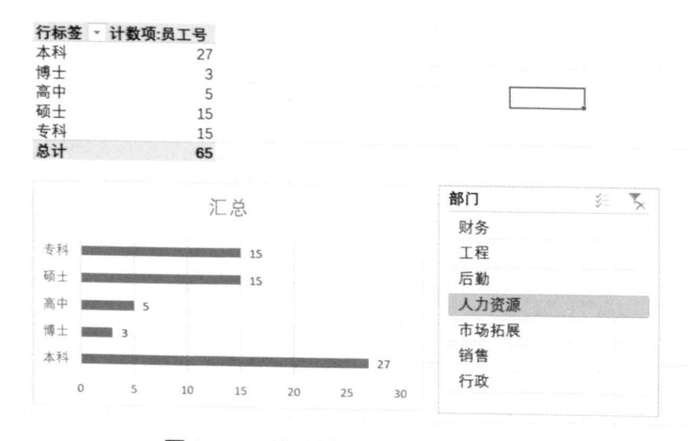

图 3-12 基于透视表制作动态图表

2. 准备图表数据

我们已经总结出实现动态图表有四种方式，前三种方式的动态图表是基于动态单元格实现的，用户通过操作筛选器引起动态单元格内容发生变化，图表数据源随之变化，进而实现动态图表效果，如图 3-13 所示。第四种基于透视表实现。

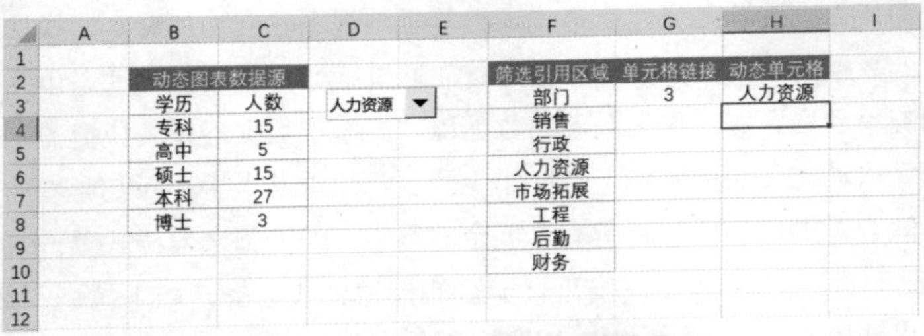

图 3-13　下拉框实现动态数据源

以使用下拉框控件作为筛选器为例。建立下拉框后，选择部门作为筛选器项，需要引用部门列作为“数据源区域”，同时还需指定控件的“单元格链接”作为控件的输出单元格，如图 3-14 所示。完成设置后，单击下拉框按钮即可选中不同部门，这时单元格链接内容就会随着切换的部门变化。可以看到，在下拉框指定的单元格链接中变化的是数字，这里的数字是选中项在引用区域的索引位置，例如人力资源位于引用区域的第 3 位，同理销售位于第 1 位，当下拉框选中销售时，链接单元格数字会变成 1，依据这个规则可以使用 INDEX 函数获取到下拉框选择的内容，即动态单元格 H3 内的公式为“=INDEX(F4:F10,G3)”。

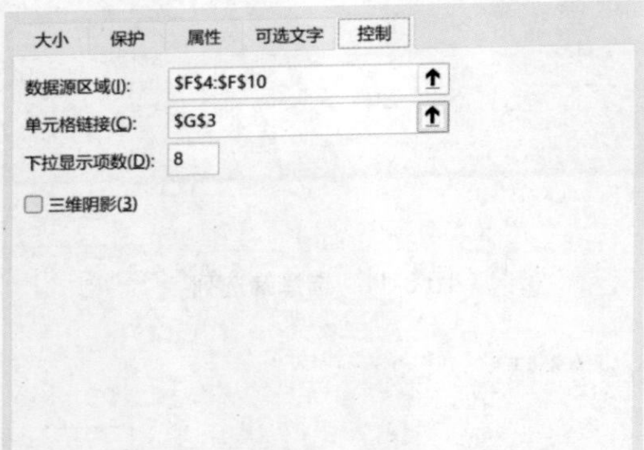

图 3-14　设置控件

动态单元格完成后，建立动态图表数据，一般使用 Excel 统计函数建立，最为常用的是 COUNTIFS 函数和 SUMIFS 函数，在基础篇函数部分我们对这两个函数进行了详细介绍。如图 3-13 中，有学历和人数两个条件，那么 C4 内公式可设置为 COUNTIFS（人力资源明细 !D:D，动态控件 !B4，人力资源明细 !C:C，动态控件 !$H$3），将公式下拉，这样就完成了动态数据源的设置。

总结步骤为：建立控件→建立筛选引用列→指定链接单元格→ INDEX 函数生成动态单元格→统计函数生成动态数据源。

3. 插入和修饰图表

在第 2 章图表篇中详细介绍了基于现成数据图表的制作和修饰方法。一个完整的动态图表制作过程应包括准备数据步骤，动态图表的第二步就是准备图表数据。后面的插入和修饰图表的方法与静态图表的方式是一样的。

对于一个已经制作好的图表，如果我们修改一个数据，那么图表也会随之变化。动态图表正是基于这个原理，不同实现方法的区别在于直接修改数据源还是通过添加筛选器给用户提供了一个交互的方式改变数据源。对于已经建立好的图表也可以重新选择图表数据源，因此有时也可以先插入并修饰图表，再重新指定图表数据为动态单元区域，如图 3-15 所示。

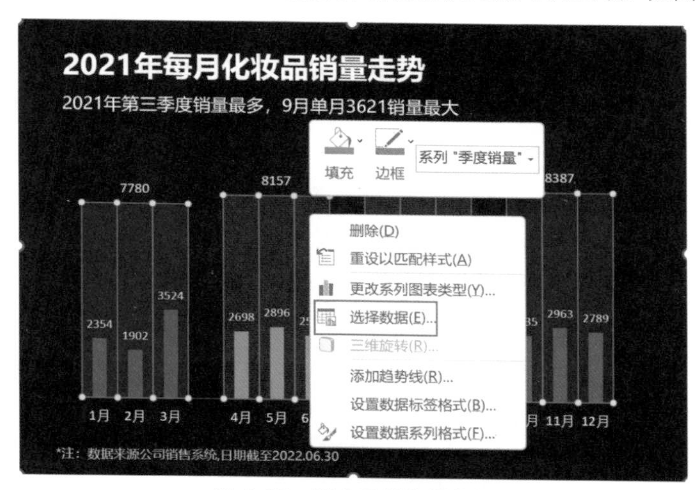

图 3-15　图表重新选择数据

总结使用控件制作动态图表的三大步骤为先插入控件按钮，再建立动态单元格区域作为图表数据源，最后插入和修饰图表。

动态图表是基于筛选器实现的，筛选器的本质是降维，它与前面静态图表介绍的轴标签和图例一样，都可以用于展示维度。静态图表中，可以通过轴标签和图例展示两个维度指标的数据，例如使用堆积条形图展示不同区域（维度 1）不同商品类型（维度 2）的销量情况（度量值）。添加筛选器可以进一步增加图表展示维度，例如以月份作为筛选项，展示堆积条形图，实现三个维度指标的展示。

3.3 动态图表对比静态图表 ›››

静态图表和动态图表中的“静”和“动”是相对于图表数据所在单元格内容而言的，静态图表数据单元格内容是固定的，动态图表数据单元格内容是变化的，所以两者制作过程的区别主要集中在图表数据准备阶段。动态图表有以下几个特点：

1. 提升效率

动态图表的图表数据是带公式的单元格，相比于静态图表的数据是固定的，动态公式会使图表数据随着基础数据的更新而更新。在第二章介绍中，更多的是对图表的制作加以说明，对于如何更新图表数据源少有介绍。在数据分析中，图表制作一般是整个过程最后一环，前面的一系列的数据处理和统计，已经把数据按照业务需求整理出来，方法包括数据透视、函数、手动筛选去重统计等。如果报告是周期性的，比如周报需要每周制作一次，即每周执行相同操作，这样做有一个缺点是需要相当大的人力成本。

办公效率提升的方法之一是将机械性的工作自动化，所以在传统相对静态的报告基础上衍生出了目前比较流行的 BI 软件。周期性的报告中使用动态图表，一旦前期制作完成，后续只要设置自动刷新就可以了。数据更新了，公式会返回最新的结果，呈现在图表中的数据也就是最新的了。

制作 Excel 动态图表是将数据准备过程自动化，将周期变化的明细数据汇总成带公式的动态数据，基于动态统计数据建立图表，实现自动更新的效果，可避免重复的数据准备操作，进而提升办公效率。

2. 满足用户更多需求

添加筛选器为图表使用者提供一种筛选数据的交互方式。帮助用户在不熟悉 Excel 图表制作的情况下，也可以在现成的图表中筛选自己需要的数据。

3. 图表制作方法一致

动态图表实际上是由静态图表衍生出来的，它们只在准备数据阶段不同，建立好图表数据源后静态图表和动态图表的制作方法完全一致。

3.4 常见动态图表制作方法 ›››

Excel 动态图表中添加和制作筛选器的操作是固定的，如何选择合适的筛选器是关键。透视表切片器制作简单，占用空间大；控件和数据验证最接近专业 BI 软件的筛选器；VBA 可以实现更为复杂的数据可视化（如地图）。

在制作动态图表的三个步骤中，图表数据准备是较为灵活的，是制作动态图表的重点和难点，重点在于需要选择有价值的数据并根据数据关系选择合适的图表呈现给观众，难点在于需要使用公式完成数据清洗、转换、统计等过程，将数据处理成图表需要的数据格式。

动态图表与静态图表的添加方式是一样的，选择图表时应尽量选择简约图表，简约直观的图表可以让观众快速地了解数据，获取信息。本节介绍几种常见动态图表的制作方法。

3.4.1 组合框动态柱形图

本节介绍使用开发工具中的组合框按钮实现的动态图表——动态柱形图，如图 3-16 所示。在第二章我们介绍了多种柱形图和条形图的制作方法，柱形图优化相对简单，一般不需要辅助数据。

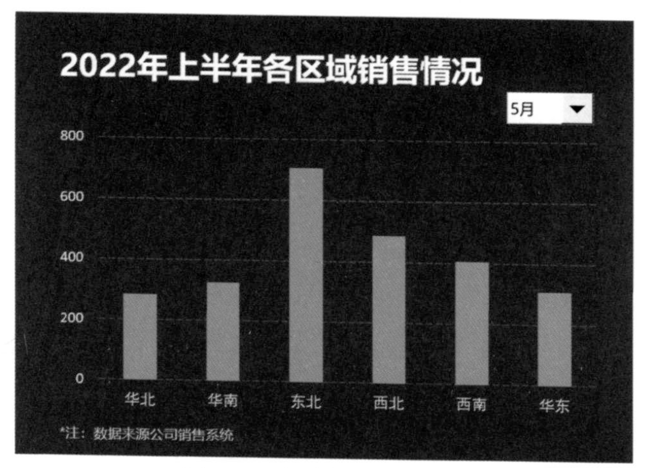

图 3-16　组合框动态柱形图

1. 插入控件

首先观察基础数据，图 3-17 是标准的二维数据表，展示区域、月份两个维度对应的销量。选择柱形图用于展示数据，设置两个维度分别作为筛选器和横坐标轴。一般情况下，优先选择时间维度作为筛选器，本例可使用月份作为筛选列，展示每个区域在对应月份的销量情况。

源数据						
月份	华北	华南	东北	西北	西南	华东
1月	259	247	705	513	463	384
2月	235	266	529	324	579	282
3月	330	342	705	540	492	308
4月	282	342	599	270	492	384
5月	282	323	705	486	405	308
6月	965	380	282	567	463	897

图 3-17　动态柱形图基础数据

在功能区中单击“开发工具”选项卡，在控件组中单击“插入”按钮，选择“组合框”选项，在空白处拖动鼠标添加控件，如图 3-18 所示。

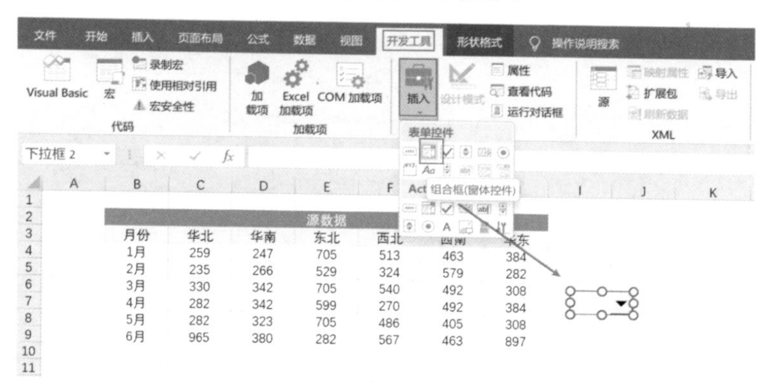

图 3-18　添加组合框控件

右击“组合框”，在快捷菜单中选择“设置控件格式”选项，单击“控制”按钮，在该菜单下需要设置两个数据源，一是“数据源区域”，即筛选器的引用数据范围；二是“单元格链接”，即组合框指定的选择结果所在单元格（组合框返回选中元素所在列的索引位置）。单击输入框右侧的向上箭头即可进入选择向导。本例中是以月份作为筛选项，所以“数据源区域”选择月份列，即 B4:B9，“单元格链接”任选一个表格外的单元格，本例选择 J3 单元格，如图 3-19 所示。

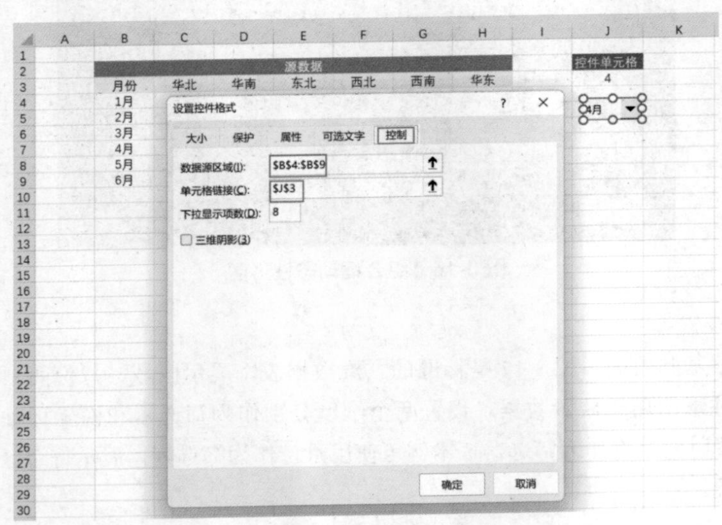

图 3-19 设置组合框控件

单击“确定”按钮完成组合框设置。单击组合框即可选择月份，控件指定的链接 J3 单元格内容也会随着控件选择发生变化。

2. 建立动态图表数据

首先将源数据的第一行和第二行复制到空白区域，基于这两行数据建立柱形图，展示 1 月的区域销量情况。我们需要建立可以切换月份的动态柱形图，那么需要图表数据中第二行数据是动态的，会随着控件切换而变化。如图 3-20 所示，为制作动态图表数据，需首先在 B13 单元格内生成动态变化的月份，再通过月份使用 VLOOKUP 函数将每个区域的销量匹配。

	A	B	C	D	E	F	G	H	I	J	K
1											
2		源数据								控件单元格	
3		月份	华北	华南	东北	西北	西南	华东		4	
4		1月	259	247	705	513	463	384			
5		2月	235	266	529	324	579	282		4月	
6		3月	330	342	705	540	492	308			
7		4月	282	342	599	270	492	384			
8		5月	282	323	705	486	405	308			
9		6月	965	380	282	567	463	897			
10											
11		图表数据									
12		月份	华北	华南	东北	西北	西南	华东			
13		1月	259	247	705	513	463	384			
14											
15											

图 3-20 设置图表数据源

首先在 B13 单元格内输入公式“=INDEX(B4:B9,J3)”，通过 INDEX 函数获取动态单元格内索引在月份列对应的月份，得到动态月份单元格。

然后是将月份对应的区域销量匹配过来，这里如果只使用 VLOOKUP 函数，需要输入 6 次。考虑是匹配值是连续的，可以使用 COLUMN 函数组成复合公式。函数部分介绍过 COLUMN 函数是获取单元格的列，放入 VLOOKUP 函数第三个参数就可通过一个公式同时匹配 6 列。第一个参数是动态月份单元格，第二个参数是源数据，前两个参数都需要添加绝对引用，第三个参数使用 COLUMN 形成动态参数，最后一个参数采用精确匹配设为 0，在 C13 输入公式“=VLOOKUP($B$13,$B$3:$H$9,COLUMN(B2),0)”，并将公式向右拖动。如图 3-21 所示。

	A	B	C	D	E	F	G	H	I	J	K
1											
2		源数据								控件单元格	
3		月份	华北	华南	东北	西北	西南	华东		2	
4		1月	259	247	705	513	463	384			
5		2月	235	266	529	324	579	282		2月	
6		3月	330	342	705	540	492	308			
7		4月	282	342	599	270	492	384			
8		5月	282	323	705	486	405	308			
9		6月	965	380	282	567	463	897			
10											
11		图表数据									
12		月份	华北	华南	东北	西北	西南	华东			
13		2月	235	266	529	324	579	282			
14		B13公式	=INDEX(B4:B9,J3)								
15		C13公式	=VLOOKUP($B$13,$B$3:$H$9,COLUMN(B2),0)								
16											
17											

图 3-21 图表数据区域插入公式

通过前面两个公式，动态图表数据就建立完成了，单击组合框下拉按钮切换不同月份，图表数据也会切至对应的月份销量数据。

3. 建立图表

最后基于图表数据建立柱形图，动态图表的制作方法与静态图表一样，本例制作方法可以参考 2.1.1 小节的渐变柱形图，如图 3-22 和图 3-23 所示。

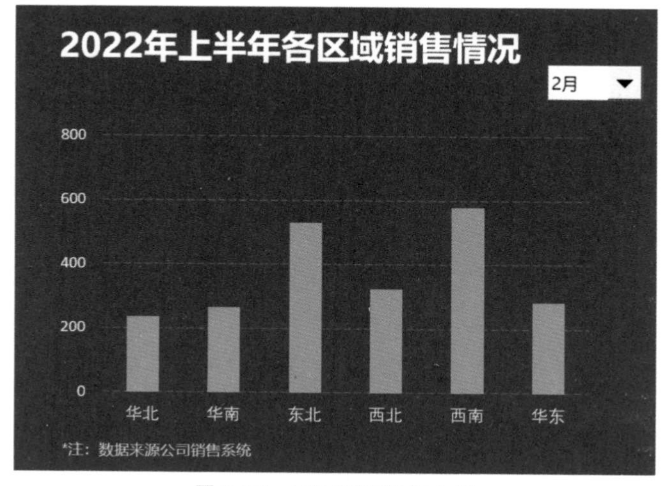

图 3-22 动态图表选择 2 月

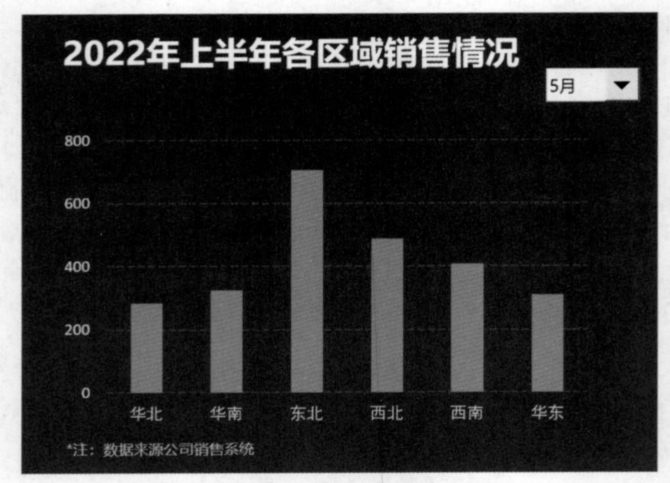

图 3-23 动态图表选择 5 月

4. 知识点

- 在选择筛选器筛选维度时，优先选择时间维度（一般是月份和日），这样的选择也是基于使用者角度。时间维度是自然维度，报表大多数是历史数据，是基于已经发生的事件产生的信息，管理者可以通过筛选查看对应周期的情况，具备参考性和预测性。而其他维度，例如在销售分析中将商品维度放在图表维度里，可通过对比展示不同商品的销量好坏，管理者可以通过图表报告对销量不理想的商品采取促销策略；或是人力资源分析中将部门作为维度展示人效统计值，管理者可以通过报告即时干预上个月人效明显低于公司整体平均人效的部门管理等。有些情况下也需要选择其他维度作为筛选器，例如报告的主要使用者是每个区域的销售总监，那么建议以区域作为筛选维度，以月份作为图表横坐标展示选中的区域的销量走势。
- COLUMN 函数的功能是获取引用的单元格所在列数，只需要一个参数，可以结合 VLOOKUP 函数实现相邻单元格内容批量匹配。

3.4.2 数据验证动态文字说明

在图表的组成元素中，图表标题和图表说明用于展示图表的主题和数据分析内容，以便读者快速了解数据，是图表必不可少的元素。动态图表也需要添加文字说明和标题，但是随着用户操作筛选器，图表数据内容发生变化，有时标题和图表说明也需要发生变化。本节介绍数据动态彩虹条形圆环图，并使用文本框实现动态文字说明，如图 3-24 所示。

1. 插入筛选器

首先观察基础数据，图 3-25 是各部门在 1~4 月的人数二维数据表。上一节介绍过，如果有时间维度，一般用时间维度作为筛选器，本例以月份作为筛选器制作动态彩虹条形圆形图展示每月各部门人数分布。

选中数据表中的任意一个单元格，单功能区中单击“数据”选项卡，单击“数据验证”按钮，选择“数据验证”选项。在弹出的“数据验证”对话框中“设置”选项卡，将“验证条件”组中的“允许”修改为“序列”，“序列”可指定单元格范围作为数据验证取数范围。本例中是以月份作为筛选维度，在“来源”输入框中输入月份所在单元格区域，如图 3-26 所示，单击“来源”输入框右侧的向上箭头，选中 C3:F3 单元格区域，单击“确定”按钮，完成数据验证设置。单击设置好的单元格后，右侧出现向下的箭头并弹出下拉选择框，选择对应选项，单元格内容也随着变化。

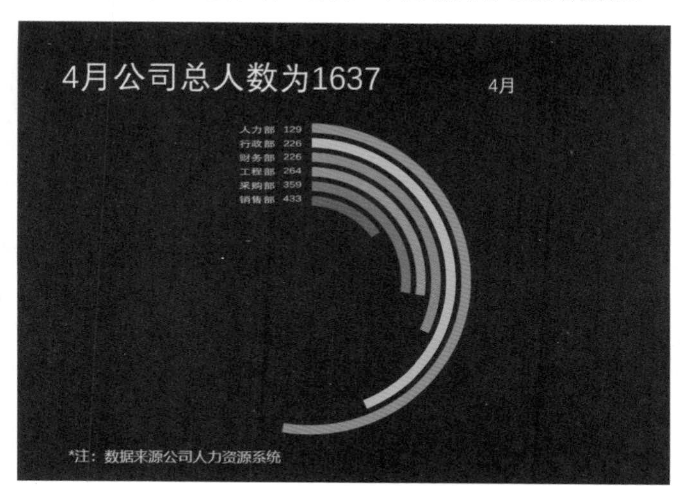

图 3-24 动态彩虹条形圆环图

源数据				
部门	1月	2月	3月	4月
人力部	130	138	130	129
行政部	226	206	217	226
财务部	238	228	255	226
工程部	293	305	314	264
采购部	326	349	316	359
销售部	451	456	406	433

图 3-25 动态彩虹条形圆环图基础数据

图 3-26 添加数据验证作为筛选器

2. 建立动态图表数据

首先建立动态文字说明，即每个月份都有一个文字说明，随着月份切换说明内容发生变化，那么就需要在每个月份列的单元格下添加一段文字说明。

如图 3-27 所示，使用“&”拼接符号将单元格、字符串以及公式拼接到一起，例如在 C10 单元格内输入“=C3&" 公司总人数为 "&SUM(C4:C9)”作为图表说明内容。如果每个月的说明内容差异较大，无法使用统一格式的公式，也可直接输入说明内容。

	A	B	C	D	E	F	G
1							
2		源数据					
3		部门	1月	2月	3月	4月	
4		人力部	130	138	130	129	
5		行政部	226	206	217	226	
6		财务部	238	228	255	226	
7		工程部	293	305	314	264	
8		采购部	326	349	316	359	
9		销售部	451	456	406	433	
10		说明	1月公司总	2月公司总	3月公司总	4月公司总人数为1637	
11		C10公式	C3&"公司总人数为"&SUM(C4:C9)				
12							

图 3-27　添加动态文字说明

以组合框控件作为筛选器时，动态单元格是位置索引数字，还需要结合 INDEX 函数获取具体选择内容。使用数据验证作为筛选器直接筛选维度列，返回的即是实际筛选值。

建立动态图表数据区域前，先将数据源前两列复制至图表数据区域，并建立占位辅助列数据。本书前面已介绍，彩虹条形圆环图需要在图表数据添加一列辅助列，等于数据列求和乘以 0.5 并减去对应行的值，本例中 J4 输入公式“=SUM($I$4:$I$9)*0.5-I4”，并将公式下拉，如图 3-28 所示。

J4 fx =SUM($I$4:$I$9)*0.5-I4

	A	B	C	D	E	F	G	H	I	J	K
1											
2		源数据						图表数据			
3		部门	1月	2月	3月	4月		部门	3月	占位	
4		人力部	130	138	130	129		人力部	130	689	
5		行政部	226	206	217	226		行政部	217	602	
6		财务部	238	228	255	226		财务部	255	564	
7		工程部	293	305	314	264		工程部	314	505	
8		采购部	326	349	316	359		采购部	316	503	
9		销售部	451	456	406	433		销售部	406	413	
10		说明	1月公司总	2月公司总	3月公司总	4月公司总人数为1637		说明	3月公司总人数为1638		
11		C10公式	C3&"公司总人数为"&SUM(C4:C9)								
12											

图 3-28　建立辅助列

接下来建立动态数据区域，目标是在数据验证单元格切换为 1 月时，数值列变为对应 1 月的数据；切换为 2 月时，数值变为 2 月的数据。这又是一个匹配的问题，可使用 VLOOKUP 函数匹配每个月的人数。对于 VLOOKUP 函数，第一个参数是部门名称，第二个参数是基础数据区域，要实现精确查找所以第四个参数是 0，这三个参数都是固定的，第三个参数是随着数据切换发生变化的，当筛选器选择 2 月时第三个参数匹配基础数据区域第 3 列，选择 3 月时匹配第 4 列，也就是筛选项处于月份行的索引 +1。获取某个值在指定行的索引可以使用 MATCH 函数，例如本例中使用“=MATCH(G17,C3:F3)”获取月份所在单元格内索引，G17 是月份所在单元格，C3:F3 是月份区域行。

首先设置标题单元格 I3 等于筛选单元格 G17 输入公式“=G17”，然后将部门对应的人数匹配过来，在 I4 单元格内输入公式“=VLOOKUP(H4,$B$3:$F$10,MATCH($T$4,$C$3:$F$3)+1,0)”，并将公式下拉，如图 3-29 所示。动态图表数据区域建立好后，单击筛选单元格切换内容，图表数据也随着发生变化。

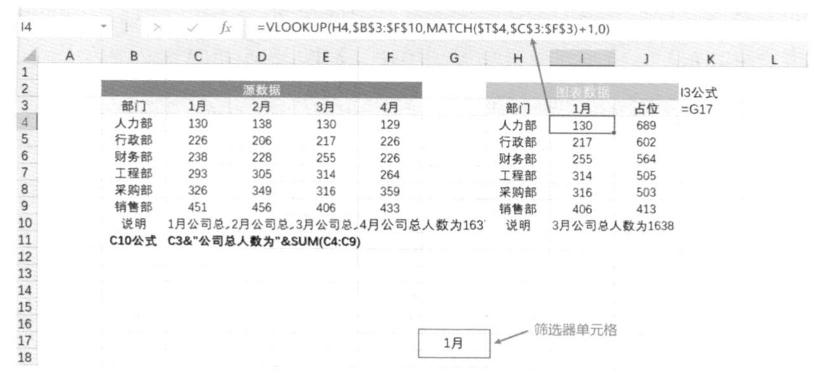

图 3-29 建立动态图表数据源

3. 建立图表

最后基于图表数据建立彩虹条形圆环图，由于数据验证的筛选器是基于单元格实现的，所以可以在图表上方将单元格填充同背景色，将筛选单元格复制至图表上方。

在功能区单击“插入”选项卡，选择“文本框”选项插入一个文本框，并设置字体颜色为浅灰色（242,242,242），大小为 18，设置填充为无填充，线条为无线条。单击设置好的文本框，在编辑栏输入公式“=$I$10”让编辑栏等于动态文字说明，如图 3-30 所示。这里需要注意，一定是要在公式编辑栏输入公式，而不是在文本框直接输入公式。

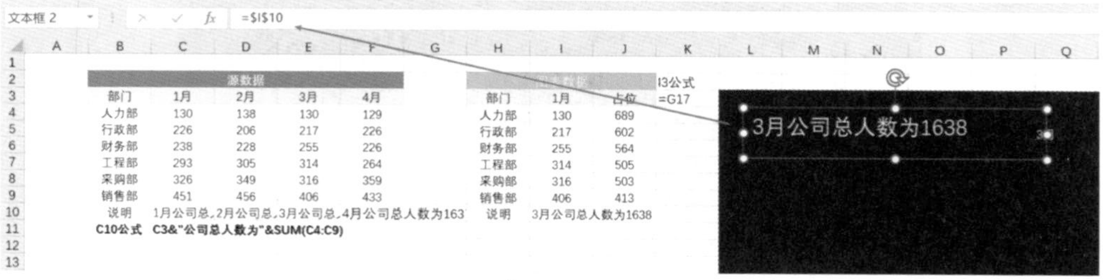

图 3-30 建立动态图表说明

由于彩虹条形圆环图的数据标签位置会随着圆弧变化而发生变化，所以也可以使用文本框制作数据标签，但是如果分类多就需要添加多次，且布局较为复杂。这里就可以使用 Excel 单元格“链接的图片”的功能。首先设置图表数据的单元格，设置填充与文本框背景色相同，为靛蓝色（26,30,27），字体颜色为浅灰色（242,242,242），字体大小同数据标签大小，本例中设置为 7。设置格式后，复制单元格区域，右键单击任意一个空白区域，在快捷菜单中选择“选择性粘贴”选项，单击右侧的箭头，在关联的菜单中选择“链接的图片”选项，如图 3-31 所示。这样就得到一个随着单元格变化的图片，调整大小将其复制到对应的图表数据标签区域。

图 3-31 粘贴为链接的图片

建立动态数据标签和动态文字后动态彩虹条形圆环图就完成了，切换月份会显示对应月份的部门人数分布，且说明文字也会发生变化，如图 3-32 和图 3-33 所示。

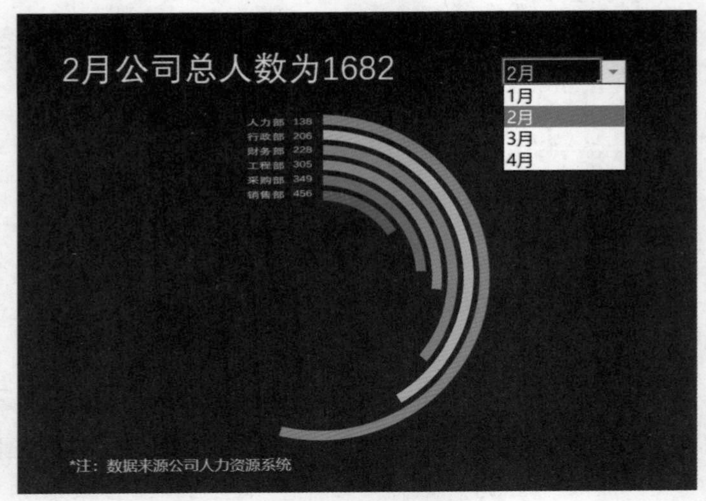

图 3-32　切换至 2 月的彩虹条形圆环图

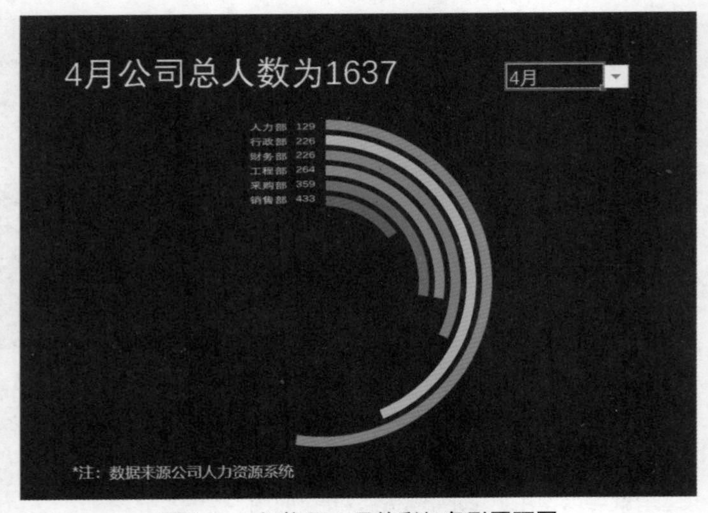

图 3-33　切换至 4 月的彩虹条形圆环图

4. 知识点

- 数据验证在 Excel 较早的版本称为“数据有效性”，功能是使指定单元格内只能输入符合要求的内容，本书在 Excel 基础部分详细介绍了数据验证。
- MATCH 查找函数，主要功能是确定查找的值在指定行或者列中的位置。
- 将 Excel 单元格粘贴为“链接的图片”可以以图片的形式存储 Excel 单元格的内容，当单元格内容发生变化时，图片也会随之发生变化。这个功能在 Excel 较早的版本称为“照相机”，是 Excel 重要的功能之一。

3.4.3 选项按钮动态南丁格尔玫瑰图

在对网站流量来源进行分析时，经常需要切换近 7 天和近 30 天的数据，这时就可以使用筛选器的筛选功能。分析网站流量来源需要展示结构关系，可使用圆环圆饼图来展示数据，本节介绍基于选项按钮实现的动态南丁格尔玫瑰图，如图 3-34 所示。

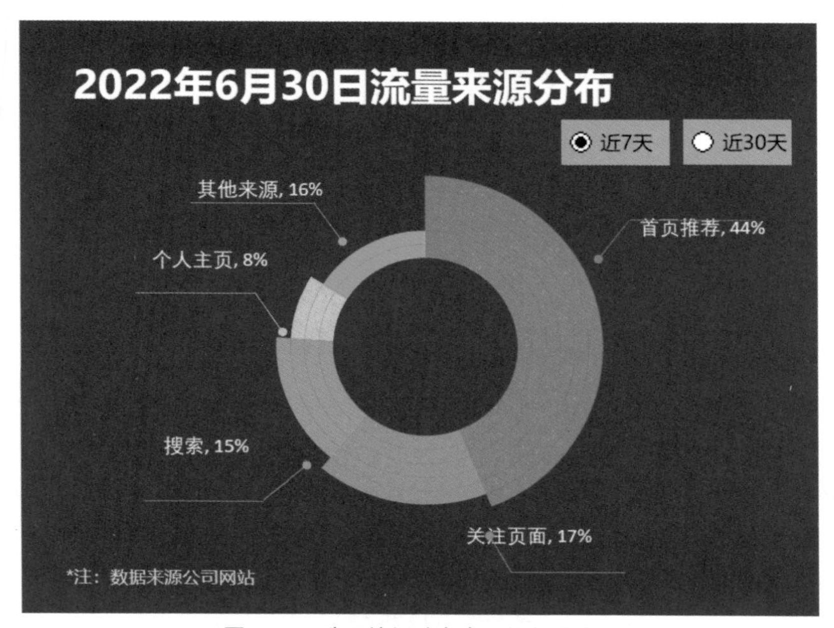

图 3-34 选项按钮动态南丁格尔玫瑰图

1. 插入筛选器

首先观察基础数据，图 3-35 是每个流量入口在近 7 天和近 30 天的流量来源占比情况。本例的筛选维度较易识别，即以周期作为筛选，展示不同流量入口的占比分布。

源数据					
周期	首页推荐	关注页面	搜索	个人主页	其他来源
近7天	44%	17%	15%	8%	16%
近30天	38%	21%	15%	9%	17%

图 3-35 网站流量来源基础数据

对于筛选内容较少的情况（例如本例只有两种），为让使用者可以清晰地看到筛选内容，可以使用“选项按钮”和“按钮”，两者功能相似，后者涉及 VBA 代码，相对复杂，在下一节介绍，本例中的动态南丁格尔玫瑰圆环图采用“选项按钮”作为筛选器。

在功能区中单击“开发工具”选项卡，单击“插入”按钮，选择“选项按钮”选项，在空白区域按住鼠标拖拽即可添加选项按钮，如图 3-36 所示。本例需要两个筛选项，所以需要添加两次。

选项按钮是单选筛选器，即无论添加多少个选项按钮，只能选中其中一个，选中的标志是选项按钮前面的空心圆内有一个黑色圆点，如图 3-37 所示。

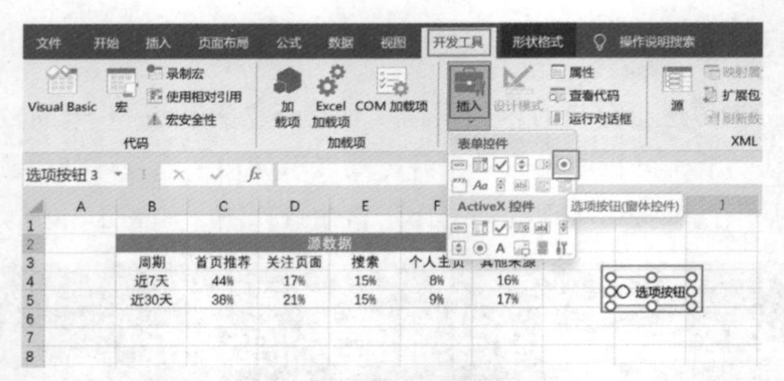

图 3-36　添加选项按钮控件

	A	B	C	D	E	F	G	H
1								
2		源数据						
3		周期	首页推荐	关注页面	搜索	个人主页	其他来源	
4		近7天	44%	17%	15%	8%	16%	
5		近30天	38%	21%	15%	9%	17%	
6								
7								
8								
9		○ 选项按钮 1		◉ 选项按钮 2		○ 选项按钮 3		
10								

图 3-37　选中选项按钮

接下来是设置控件，前面我们介绍过，Excel 实现动态筛选功能是通过操作筛选器改变某个单元格内容，选项按钮也是基于这个原理，右击建立好的控件按钮，在快捷菜单中选择“设置控件格式”选项，单击“控制”选项卡，“值”的作用是设置选项控件起始状态，一般无须设置。单击“单元格链接”输入框右侧的向上的箭头按钮，选择一个单元格作为控件指定的链接单元格，即选择按钮时该单元格内容发生变化。无论添加多少个选项按钮，只需要选中一个控件按钮设置链接单元格即可，其他选项按钮会自动匹配设置好的链接单元格，如图 3-38 所示。

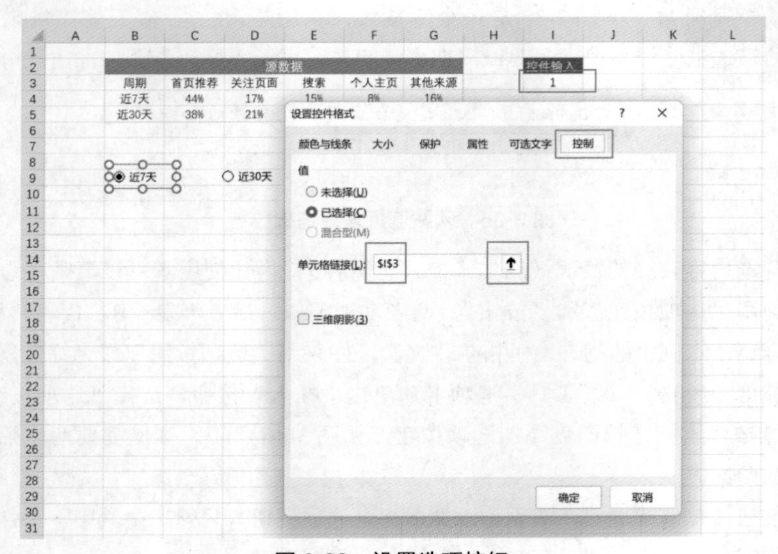

图 3-38　设置选项按钮

下拉组合框返回的是引用列的值所在位置索引，控件按钮返回的也是数字，数字大小与控件按钮添加的顺序有关，选中第一个添加的按钮时值为 1，选中第二个添加的选项按钮时值为 2，以此类推，如果初始状态下什么也没选中，链接单元格的值为 0。

在“设置控件格式”对话框选择“可选文字”选项卡，可以修改选项按钮的文字内容，本例修改两个按钮名称为筛选内容“近 7 天”和“近 30 天”。也可以右击选中按钮，再双击按钮文本位置直接修改按钮名称。

2. 建立动态图表数据

首先将源数据前两行复制至图表数据区域，对比源数据，图表数据需要实现的是当控件输入单元格内容是 1 时展示源数据的第 2 行的数据，输入单元格内容是 2 时展示第 3 行数据。基于上面的需求，转化为函数逻辑可以使用位置索引或是纵向匹配，位置索引使用 INDEX 函数，纵向匹配使用 HLOOKUP 函数，其中 INDEX 可以将每列的近 7 天和近 30 天两行对应的数据作为第一个参数数组，第二个参数使用控件链接单元格（需要添加绝对引用），如图 3-39 所示。

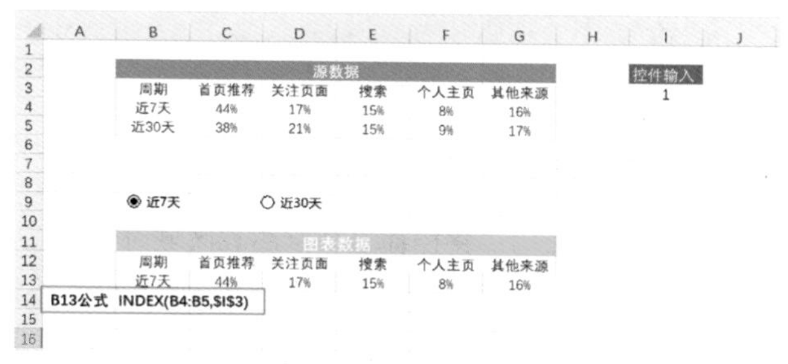

图 3-39 使用 INDEX 实现图表数据

也可以将图表数据转化成纵向匹配问题，这就需要使用 HLOOKUP 函数，与我们较为熟悉的 VLOOKUP 函数一样，HLOOKUP 也需要 4 个参数，本例中，第一个参数是第一行标题，第二个参数是源数据（需要添加绝对引用），第三个参数是控件链接单元格 +1（等于 1 时引用第 2 行，等于 2 时引用第 3 行，需要添加绝对引用），最后一个参数是 0 表示精确匹配，如图 3-40 所示。

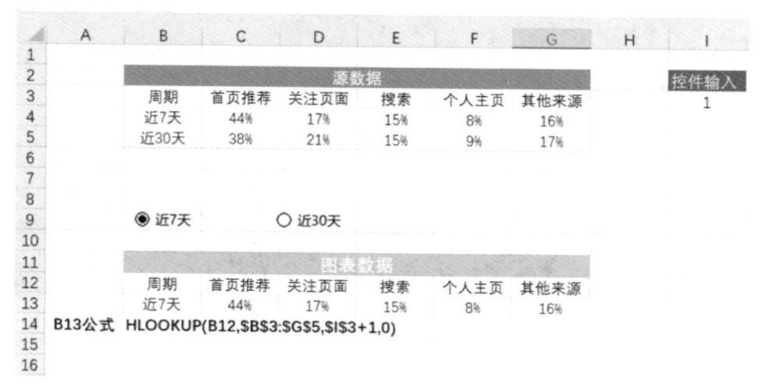

图 3-40 使用 HLOOKUP 实现图表数据

3. 建立图表

最后一步是基于图表数据建立南丁格尔玫瑰圆环图，具体做法可参照前面静态图的制作方法。由于控件不能设置为白色字体，所以当动态图表背景是深色时可以适当设置控件透明度以增加对比。右击控件，在快捷菜单中选择“设置控件格式”选项，单击“颜色与线条”选项卡，设置颜色为浅灰色（242,242,242），透明度设置为30%，如图3-41所示。

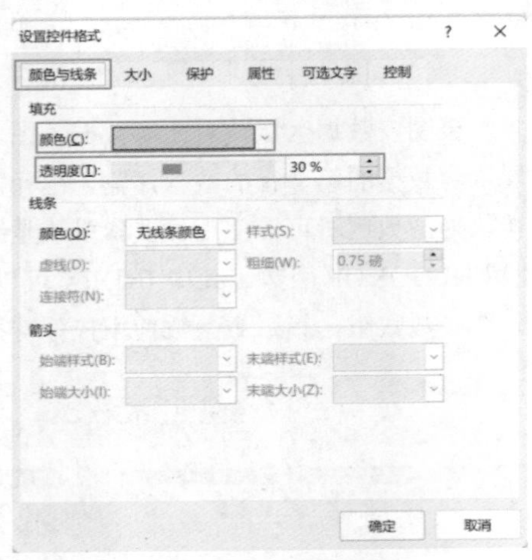

图3-41　设置控件颜色

如果图表是在控件完成后添加的，将控件移动至图表区域时，图表会将控件覆盖，这时可单击控件，在功能区中单击“形状格式”选项卡，“上移一层”按钮，在关联的菜单中选择“至于顶层”选项，控件就显示出来了，如图3-42和图3-43所示。

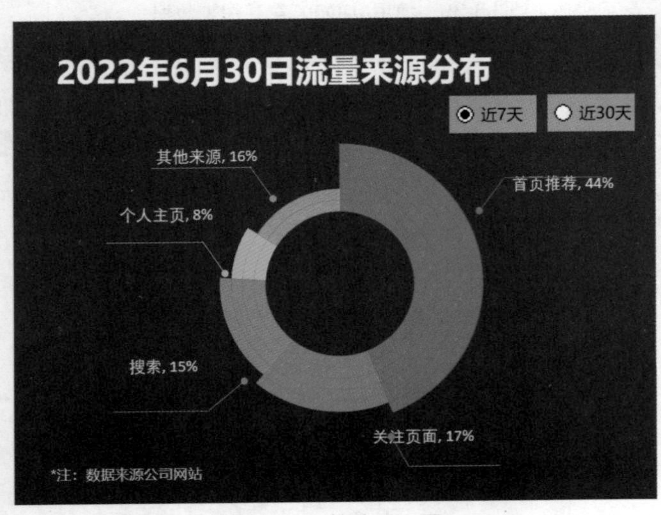

图3-42　筛选近7天

4. 知识点

- 通过单击功能区“开发工具”选项卡，单击“插入”按钮添加的筛选器都称为控件，控件不依附于单元格，右击控件可以选中控件。

- 图片、图表和控件等都不依附于 Excel 单元格，当它们位于同一个区域时就会有层叠，可以通过功能区的“形状格式”选项卡设置层叠次序的上移下移。

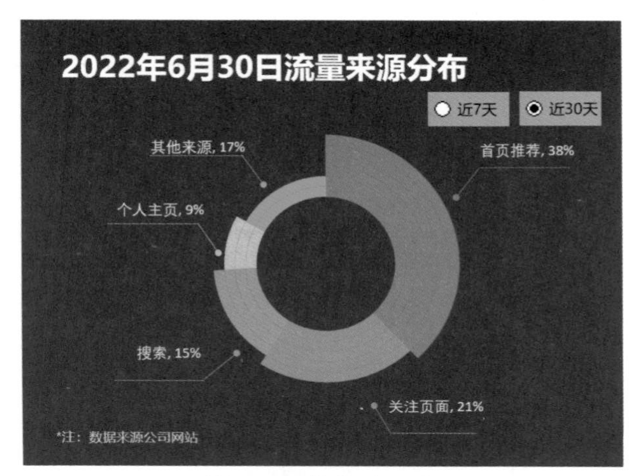

图 3-43　筛选近 30 天

3.4.4　复选框柱形折线图

在数据统计值较多时，一般使用簇状柱形折线图来展示数据，但数据项数量多很容易造成数据标签或数据系列发生重叠。本节介绍动态组合图，用户可以点击筛选器切换需要查看的统计值，以避免数据标签或数据系列的重叠，如图 3-44 所示。

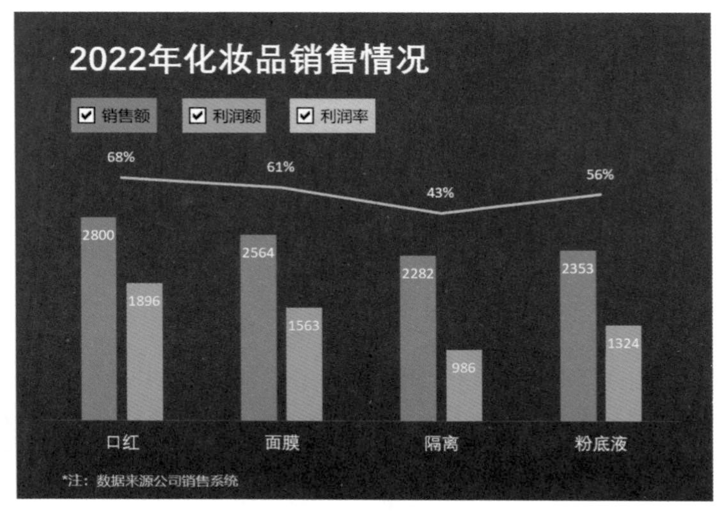

图 3-44　复选框柱形折线图

1. 插入筛选器

首先观察基础数据，图 3-45 是销售额、利润和利润率 3 个统计值的数据，使用簇状柱形折线图刚好可以将其全部展示出来。本例通过添加筛选按钮制作动态图表，实现自由切换图表展示的统计值。

本例设计的组合图需要切换的统计值有 3 个，可使用复选框按钮作为筛选器，相比上一节介绍的选项按钮，复选框按钮可以同时选择多项。

数据源				
类别	口红	面膜	隔离	粉底液
销售额	2800	2564	2282	2353
利润	1896	1563	986	1324
利润率	68%	61%	43%	56%

图 3-45　月度商品销售情况

在功能区中单击“开发工具”选项卡，单击“插入”按钮，选择“复选框”选项，在空白区域按住鼠标拖动添加复选框，如图 3-46 所示。本例中有 3 个统计值，所以需要添加 3 次。

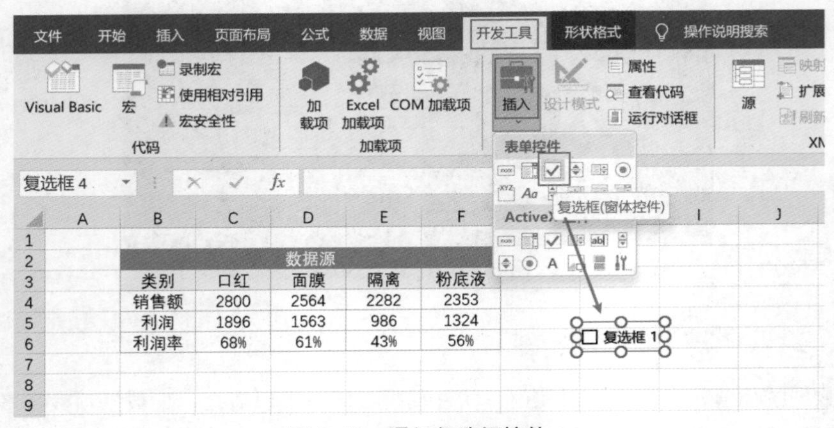

图 3-46　添加复选框控件

复选框是多选筛选器，可同时选中多个复选框，选中的标志是复选框前面方框内有一个对号，如图 3-47 所示。

数据源				
类别	口红	面膜	隔离	粉底液
销售额	2800	2564	2282	2353
利润	1896	1563	986	1324
利润率	68%	61%	43%	56%

☑ 复选框 1　☐ 复选框 2　☑ 复选框 3

图 3-47　复选框同时选中两项

接下来是设置建立好的控件。右击建立好的控件按钮，在快捷菜单中选择“设置控件格”选项，单击“控制”选项卡，这里有“值”和“单元格链接”两个待设置参数，“值”用来设置选项控件起始状态，可以不设置，重点是设置“单元格链接”，单击“单元格链接”输入框右侧的向上的箭头，选中一个单元格作为控件指定的链接单元格，即选择按钮时该单元格内容发生变化。这里就与“选项按钮”不太一样，“复选框”只有 3 个返回结果，即已选择、未选择和混合型，其中我们主要用到前两项，选择“复选框”时链接单元格是“TRUE”，未选择时链接单元格是“FALSE”，且每个按钮都需要单独设置链接单元格，如图 3-48 所示。

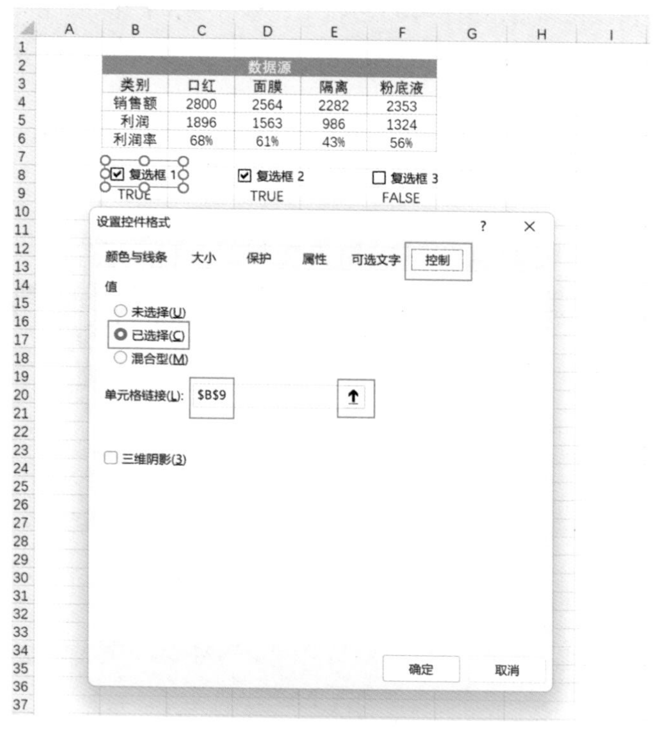

图 3-48　设置复选框按钮

在“设置控件格式”对话框单击“可选文字”按钮，可以修改文字内容，本例修改两个按钮名称为对应的 3 个统计值名称，“销售额”“利润额”和“利润率”。也可以通过右击先选中复选框，再双击复选框文本直接修改复选框名称。

2. 建立动态图表数据

本节介绍的动态图是可以切换展示系列值的动态图表，所以图表数据需要包括所有源数据，首先将源数据全部复制至图表数据，系列值数据直接引用数据源对应的单元格，如图 3-49 中，C18 单元格口红销售额对应数据源的 C4 单元格。

在 Excel 基础部分我们介绍过 Excel 中逻辑值的数据类型，即 1 和 0，在单击“复选框”按钮时，链接单元格返回的就是逻辑值类型的数据。要想通过筛选器控制图表显示，即选中复选框时展示，未选中时则不显示，例如选中销售额复选框时，销售额数据展示出来，未选中时销售额数据不显示，那么就需要通过公式实现在选中时正常引用单元格，未选中时对应数值设置为 0 或者小于 0。本例中数据都是大于 0，那么在设置图表坐标轴时，设置图表“纵坐标”最小值为 0，并通过公式判断如果未选中，公式返回一个负数，这样对应的图形就被“隐藏”起来了。

图表数据需要判断对应筛选器是否选中，可以使用 IF 函数，IF 函数第一个参数就是逻辑值，那么刚好用“复选框”链接单元格的逻辑值作为 IF 函数的第一个参数，如果选中“复选框”，链接单元格值变为 TRUE，IF 函数返回第二个参数，所以将数据源对应的数值作为第二个参数，未选中时链接单元格值变为 FALSE，IF 函数返回第三个参数，指定一个小于图表纵坐标最小值的数值即可。以本例的口红利润为例，公式为“=IF($D$13,C5,-200)”，第一个参数为利润复选框的链接单元格（需要添加绝对引用），第二个参数是源数据对应单元格，第三个参数设置为 -200（负数即可）。其他两类统计值也使用同样的方法进行设置，如图 3-50 所示。

C18 =C4

	B	C	D	E	F
2	数据源				
3	类别	口红	面膜	隔离	粉底液
4	销售额	2800	2564	2282	2353
5	利润	1896	1563	986	1324
6	利润率	68%	61%	43%	56%
9	TRUE		TRUE		FALSE
12		☑ 销售额	☑ 利润额	☑ 利润率	
13		TRUE	TRUE	TRUE	
16	数据源				
17	类别	口红	面膜	隔离	粉底液
18	销售额	2800	2564	2282	2353
19	利润	1896	1563	986	1324
20	利润率	68%	61%	43%	56%

图 3-49 建立图表数据

C19 =IF($D$13,C5,-200)

	B	C	D	E	F	G
2	数据源					
3	类别	口红	面膜	隔离	粉底液	
4	销售额	2800	2564	2282	2353	
5	利润	1896	1563	986	1324	
6	利润率	68%	61%	43%	56%	
12		☑ 销售额	☐ 利润额	☑ 利润率		
13		TRUE	FALSE	TRUE		
16	数据源					
17	类别	口红	面膜	隔离	粉底液	
18	销售额	2800	2564	2282	2353	IF($C$13,F4,-100)
19	利润	-200	-200	-200	-200	IF($D$13,F5,-200)
20	利润率	68%	61%	43%	56%	IF($E$13,F6,-2)

图 3-50 插入 IF 函数

3. 建立图表

最后一步是基于图表数据建立簇状柱形折线图。簇状柱形折线图是由“主要纵坐标轴”和“次要纵坐标”组成的，为了实现动态显示效果，坐标轴最小值需要与图表数据公式协调。例如本例中为了将折线抬高，让折线全部处于柱形上方，设置“次要纵坐标”最小值为 -1，那么将利润率行公式 IF 函数第三个参数设置为 -2，保证未选中筛选器时对应单元格数值小于纵坐标的最小值，数据标签处于横坐标下方就不会在图表显示了。

最后是设计筛选器样式，筛选器名称是每个统计值的名称，所以可以将筛选器作为“图例”，用颜色标记不同的统计值。右击控件，在快捷菜单选择“设置控件格式”选项，单击“颜色与线条”按钮，设置颜色与统计值颜色一致，如图 3-51 所示。

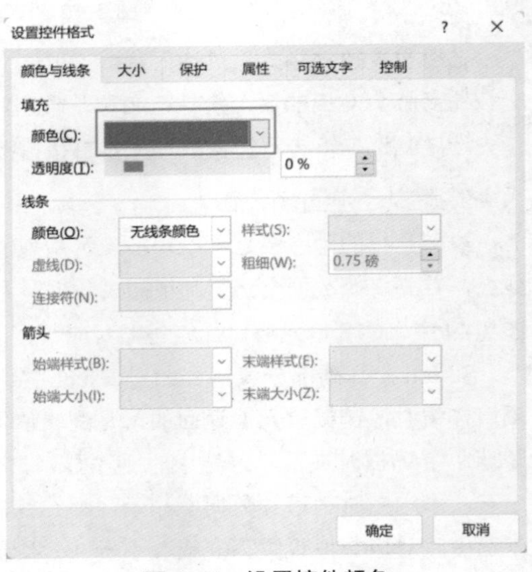

图 3-51 设置控件颜色

对复选框按顺序布局，动态层叠柱形图就完成了。单击图例可以切换要展示的统计值，如图 3-52、图 3-53、图 3-54 和图 3-55 所示。

4. 知识点

- 控件按钮和复选框都是直接显示选项内容的筛选器，两者在设置控件时的主要不同是控件按钮只需要指定一次链接单元格，其他控件按钮共用一个链接单元格，复选框则需要对每个复选框都指定链接单元格。正是基于设置方式差异，选项按钮只能实现单项选择，复选框可以实现多选。
- 当数据小于纵坐标最小值，图表数据标签不会展示。

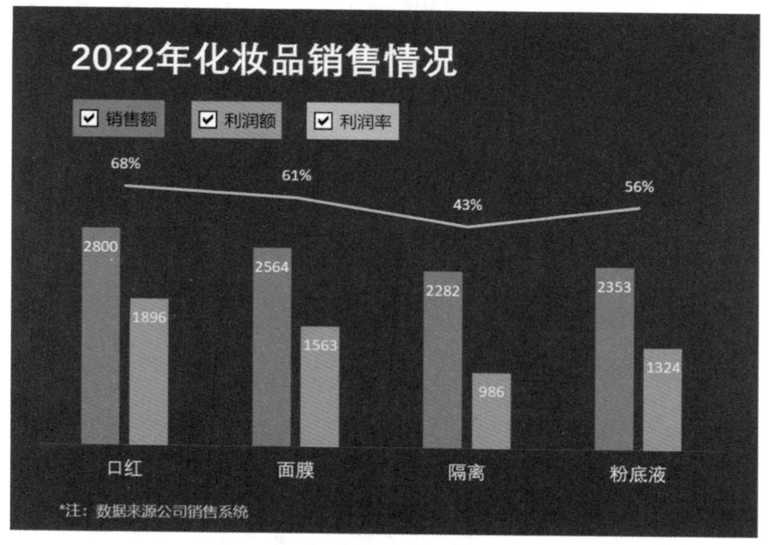

图 3-52 所有统计值

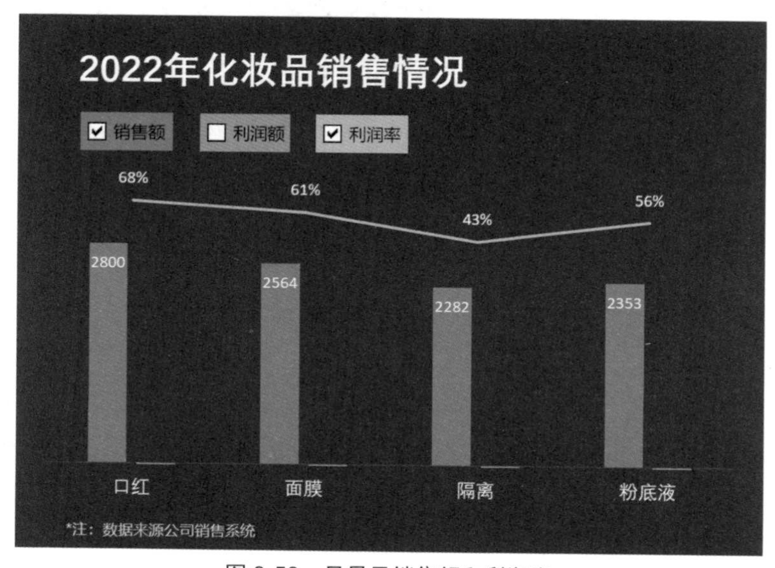

图 3-53 只显示销售额和利润率

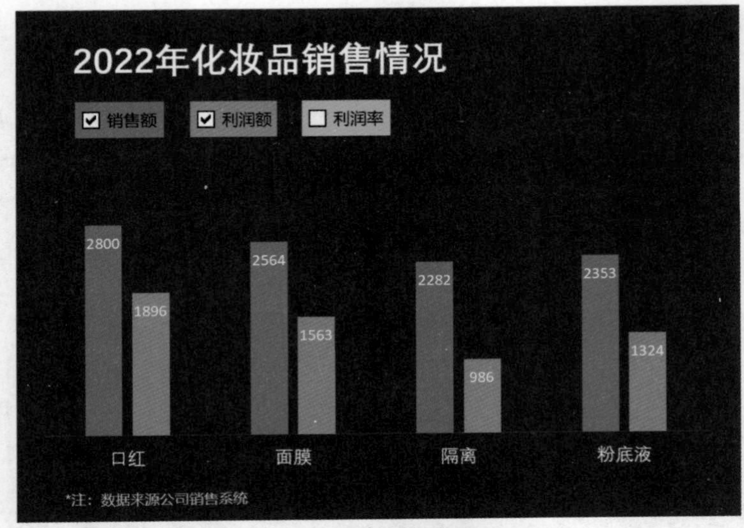

图 3-54　只显示销售额和利润额

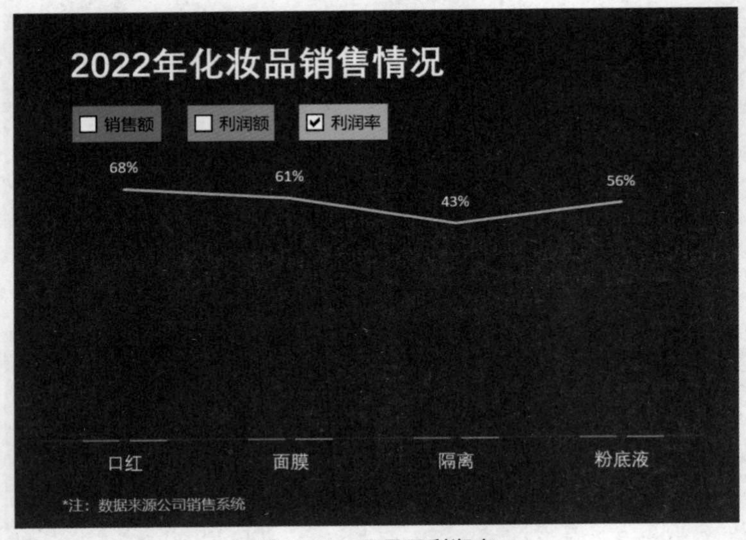

图 3-55　只显示利润率

3.4.5　切片器动态渐变柱形图

前面章节对数据透视表基本用法进行了介绍，其主要功能是将明细数据转化为统计数据。透视表还有一个操作简单但是非常好用的功能，即本节要介绍的“切片器”功能，如图 3-56 所示。

切片器实现动态图表的方式两种，一种是动态筛选透视表区域数据，基于透视表区域建立图表；第二种与前面介绍的控件方式一样，使用切片器建立动态单元格，基于动态单元格建立动态区域数据，再建立图表。本节介绍相对简单的第一种方法。

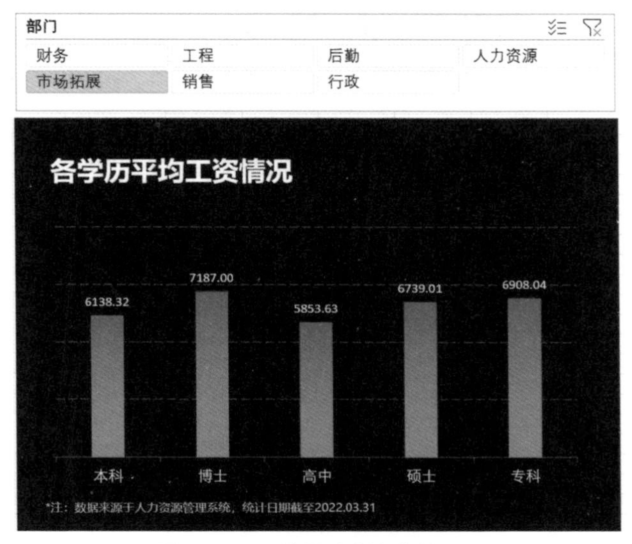

图 3-56 切片器动态渐变柱形图

1. 建立数据透视表

前面介绍的制作动态图表的方法都是先建立筛选器，使用切片器实现动态图表则略有不同，因为切片器是基于数据透视表实现的，所以需要先建立数据透视表。

首先观察基础数据，图 3-57 是人力资源基础信息表，数据一共有 1000 多条，列标题无空值且唯一，无合并单元格。

	A	B	C	D	E	F	G
1	员工号	年龄	部门	学历	年龄分段	性别	月收入
2	84343226	41	销售	专科	40-49	女	5993
3	80025823	49	行政	高中	40-49	男	5130
4	83441497	37	人力资源	专科	30-39	男	2090
5	87541418	33	市场拓展	硕士	30-39	女	2909
6	85461701	27	工程	高中	20-29	男	3468
7	84471036	32	人力资源	专科	30-39	男	3068
8	84868246	59	市场拓展	本科	>=50	女	2670
9	84053632	30	后勤	高中	30-39	男	2693
10	89052571	38	市场拓展	本科	30-39	男	9526
11	84296989	36	行政	本科	30-39	男	5237
12	84832042	35	市场拓展	本科	30-39	男	2426
13	81866141	29	市场拓展	专科	20-29	女	4193
14	87542300	31	市场拓展	高中	30-39	男	2911
15	88799456	34	市场拓展	专科	30-39	男	2661
16	84490915	28	行政	本科	20-29	男	2028
17	82727521	29	市场拓展	硕士	20-29	女	9980
18	81066659	32	市场拓展	专科	30-39	男	3298
19	87235618	22	财务	专科	20-29	男	2935
20	87082420	53	销售	硕士	>=50	女	15427
21	88958397	38	市场拓展	本科	30-39	男	3944
22	84124668	24	行政	专科	20-29	女	4011
23	80667057	36	销售	硕士	30-39	男	3407
24	85179519	34	市场拓展	硕士	30-39	女	11994
25	80131180	21	市场拓展	专科	20-29	男	1232

图 3-57 人力资源人员信息

在明细数据区域内选中任一个单元格，在功能区中单击“插入”选项卡，再单击“数据透视表”按钮，一般将透视表放置于新的工作表中，所以在透视表对话框中直接单击“确定”按钮即可，如图 3-58 所示。

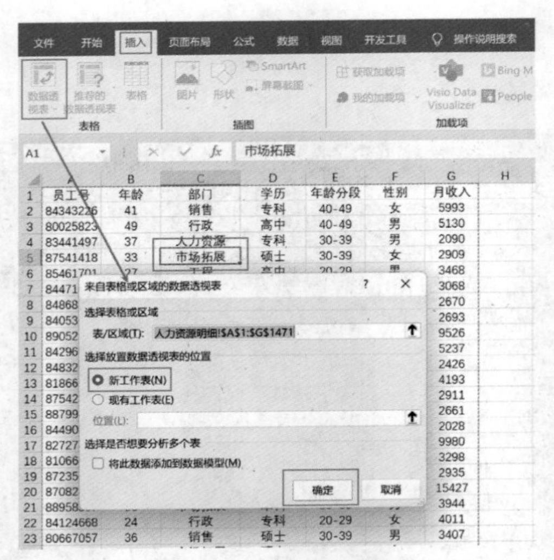

图 3-58　插入数据透视表

本例需要计算不同学历月收入平均值，选中透视表区域，在“数据透视表字段”的对话框中将“学历”字段拖动至“行”区域，将“月收入”字段拖动至“值”区域，并单击“月收入”字段右侧三角形按钮将月收入的字段“计算类型”改为平均值，如图 3-59 所示。最后将数据透视表中的月收入数据类型改为数值。

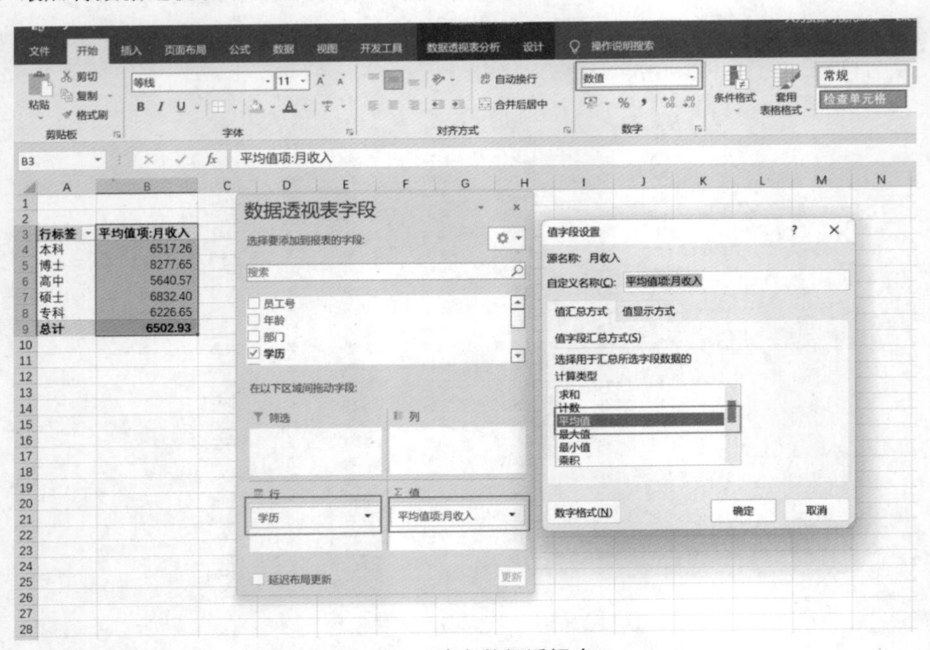

图 3-59　建立数据透视表

2. 插入切片器

首先选中数据透视区域任一个单元格，这时功能区会出现“数据透视表分析”选项卡，单击“数据透视表分析”选项卡，在筛选组单击“插入切片器”按钮，在插入切片器对话框中选中对应的筛选字段，在本例中选择“部门”复选框单击“确定”按钮即完成切片器的添加，本例以部门作为筛选器，动态展示不同部门不同学历的月平均收入情况，如图 3-60 所示。

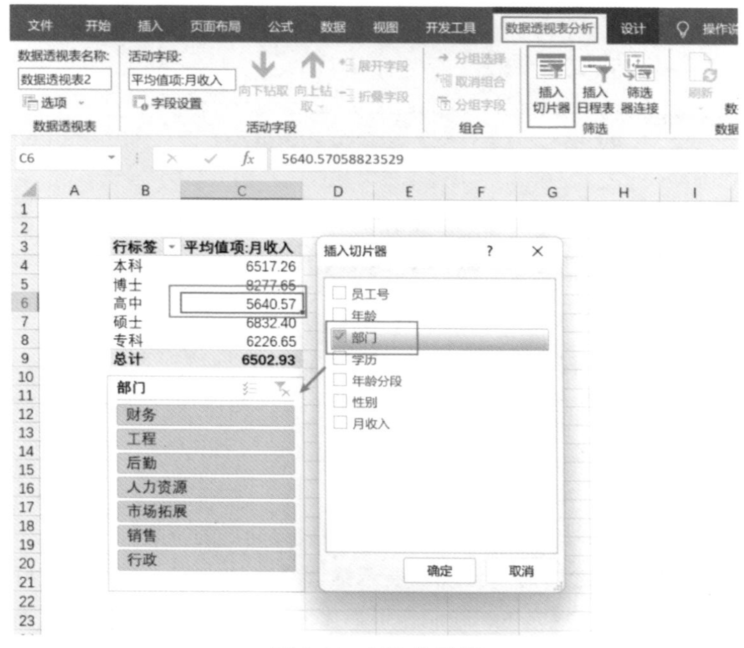

图 3-60　插入切片器

单击切片器中的不同部门可查看对应部门的学历收入情况，单击右上角的红色按钮可以清除筛选器，还可以单击多选按钮设置多选，如图 3-61 和图 3-62 所示。

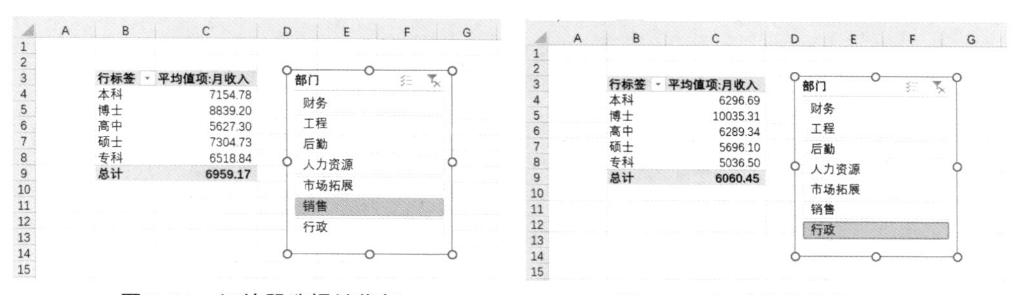

图 3-61　切片器选择销售部

图 3-62　切片器选择行政部

选中切片器，在功能区中单击“切片器”选项卡可以对切片器进行修饰，遗憾的是 Excel 为切片器提供了十分有限的修饰功能，常用的是设置“切片器样式”和“列”两种方式，其中“切片器样式”可修改的范围也十分有限，不能对整个切片器背景进行设置，只能设置选中项和未选中项的按钮颜色。“列”是设置有几列筛选项，“列”的数值大小一般由选项的数量和排列方式决定，如果需要将筛选器展示为一行，就设置“列”的值等于筛选项目数量，本例中筛选项目数一共有 7 个，将“列”设置为 4，切片器展示为 4 列 2 行，如图 3-63 所示。

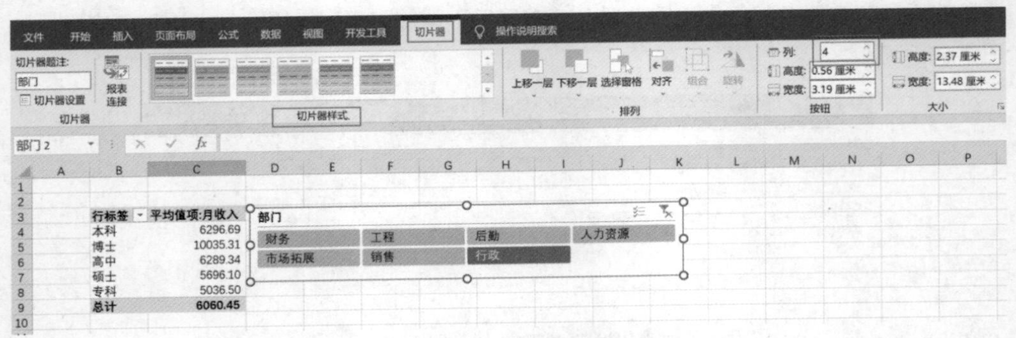

图 3-63　修饰切片器

3. 建立图表

切片器是基于数据透视表实现的，选择切片器时数据透视表内数据就会发生变化，那么基于透视表建立的图表也会发生变化，进而实现通过切片器控制的动态图表，如图 3-64 和图 3-65 所示。

4. 知识点

- 在透视表中直接添加切片器是实现动态图表最简单的方式。
- 以切片器作为筛选器可以直观地展示筛选字段的内容，但切片器可修饰内容较少，不能设置背景填充色，在制作可视化看板时，该方法只适用于背景是白色的看板。

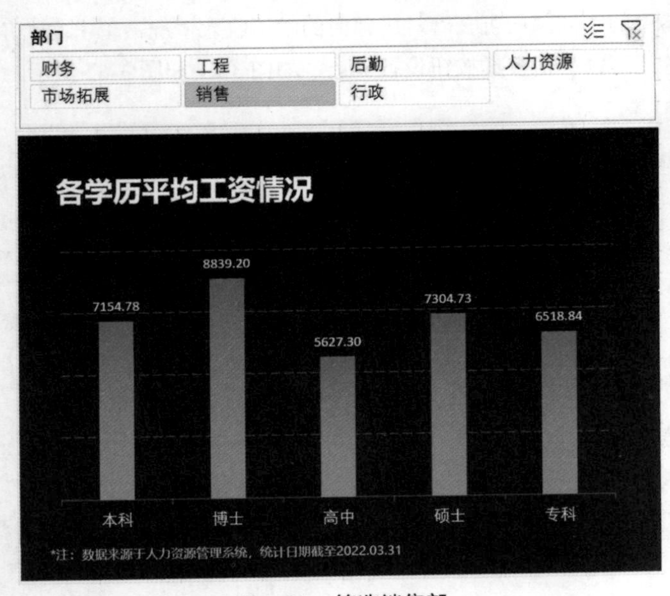

图 3-64　筛选销售部

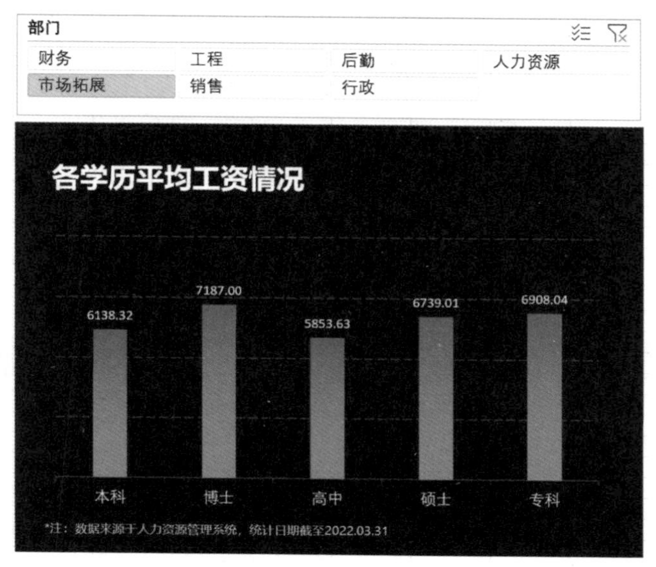

图 3-65　筛选行政部

3.4.6　基于 VBA 和按钮动态玉玦图

VBA 是 Excel 学习的进阶部分，作为一门程序语言，灵活度高，可以实现许多 Excel 函数实现不了的功能。针对重复性高的操作，通过 VBA 代码可以实现自动化，提升办公效率。VBA 可以通过多种方式实现动态图表，本节介绍无须输入代码的方式——录制宏，如图 3-66 所示。

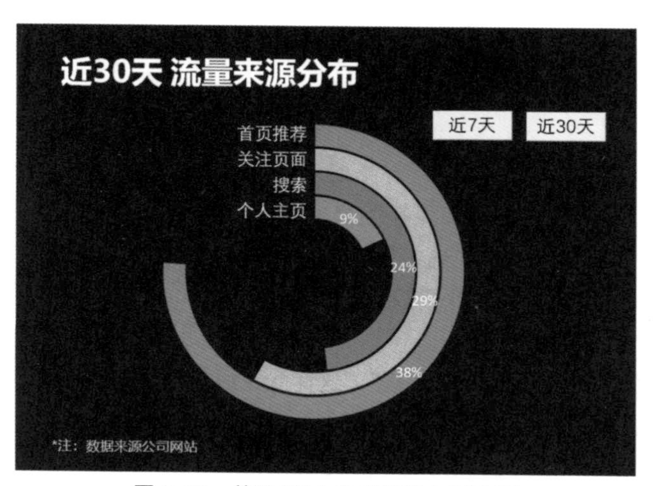

图 3-66　基于 VBA 和按钮动态玉玦图

1. 建立数据透视表

本节继续采用周期流量来源分布数据，便于对比不同方式实现的动态图表相似之处与区别（主要区别是建立动态单元格的方式）。按钮实现筛选器的原理是指定一个单元格，再通过公式形成动态图表数据。由于 VBA 非常灵活，所以可以直接指定需要的内容，例如本节中直接指定方便 VLOOKUP 匹配的“近 7 天”和“近 30 天”，如图 3-67 所示。

源数据				
周期	个人主页	搜索	关注页面	首页推荐
近7天	13%	19%	32%	36%
近30天	9%	24%	29%	38%

图 3-67 网站流量来源基础数据

在功能区中单击“开发工具”选项卡，单击“插入”按钮，选择表单控件组中的第一个控件“按钮”选项，如图 3-68 所示。

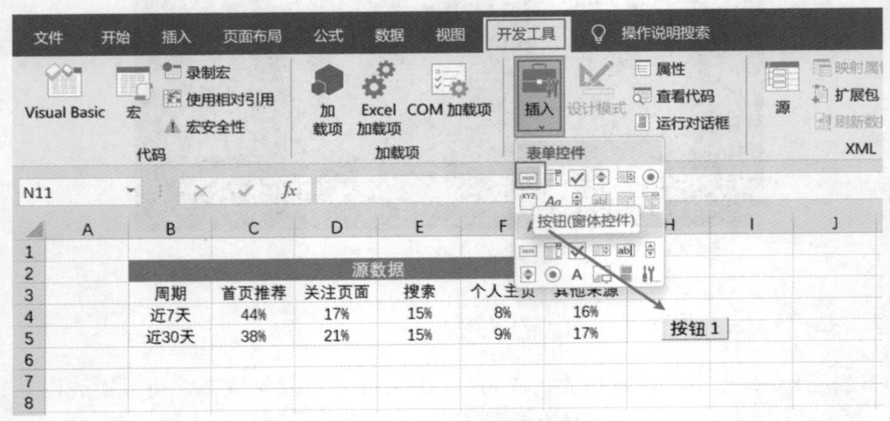

图 3-68 插入数据透视表

选择“按钮”选项后会弹出“指定宏”对话框。首先将宏名改为宏的功能，这里修改名称为“近 7 天”，如图 3-69 所示。

在“指定宏”对话框的右上角有两个按钮，单击“新建”按钮即进入 VBA 编辑代码界面，单击“录制”按钮即可录制宏。

单击“录制”按钮进入“录制宏”对话框。在“录制宏”对话框中可以对宏名和保存位置进行设置，这里保留默认设置即可。单击“确定”按钮后，对话框隐藏进入录制宏的过程，接下来需要执行 3 个步骤：

（1）选中任意一个单元格。

（2）在选中的单元格输入“近 7 天”，这样就完成了动态单元格设置。

（3）完成单元格输入后按回车键，再选中其他任意一个单元格。

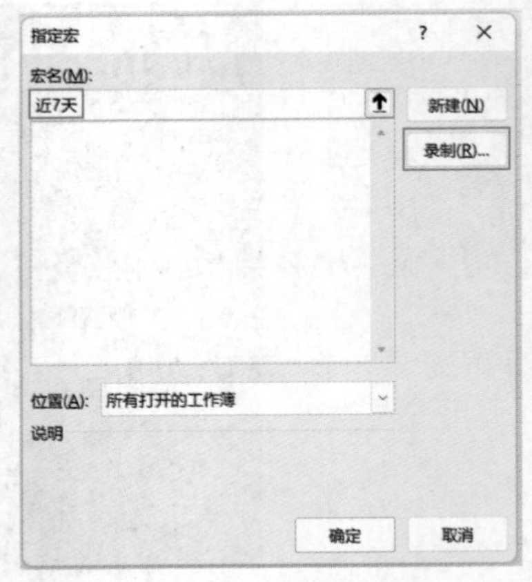

图 3-69 修改宏名称

完成上述 3 步后在功能区中单击“开发工具”选项卡，单击“停止录制”按钮，针对第一个按钮录制的宏就完成了。

修改一下控件输入单元格内容，单击一下按钮，发现控件输入的单元格内容变为

“近 7 天”，说明按钮设置成功了，如图 3-70 所示。

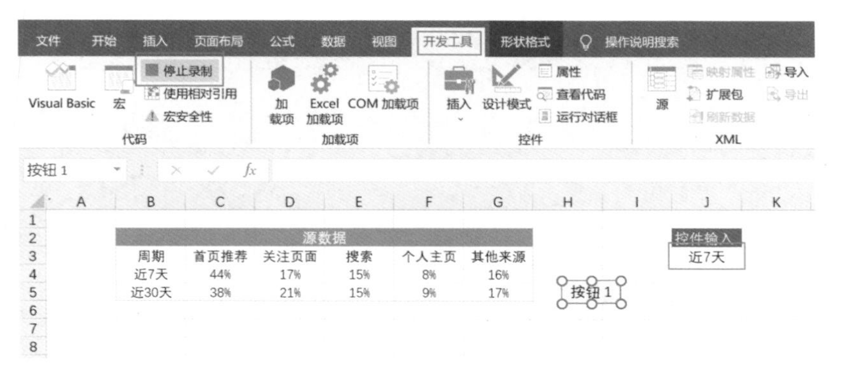

图 3-70　执行宏

单击功能区中“开发工具”选项卡，单击“宏”按钮，在“宏”对话框中可对添加成功的宏进行基本设置，单击“执行”按钮可测试宏功能，单击“编辑”按钮进入 VBA 编辑界面（在“开发工具”选项卡下单击“Visual Basic”按钮也可直接进入 VBA 编辑页面），单击“选项”按钮可设置宏快捷方式，如图 3-71 所示。

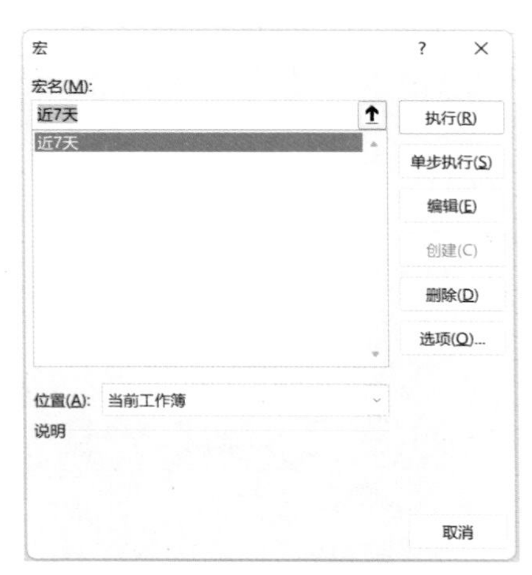

图 3-71　设置宏

单击“编辑”按钮进入 VBA 代码编辑页面，图 3-72 三行主要代码分别记录了录制宏和结束录制宏中间的 3 个步骤。

上面的操作已经把宏建立好并指定到按钮中，最后还需要定义控件名称，定义控件名称有两种方式，右键选中按钮再双击按钮修改文本，或右击该控件，在快捷菜单中选择“设置控件格式”选项，单击“可选文字”按钮，修改控件名称，修改名称为“近 7 天”，近 7 天的按钮就添加完成了，如图 3-73 所示。

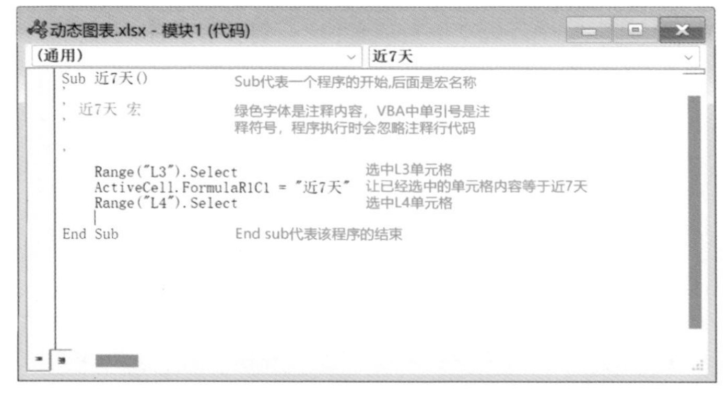

图 3-72　VBA 页面

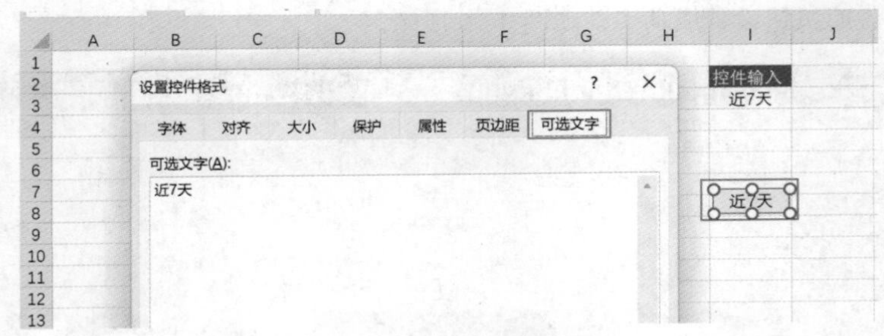

图 3-73　修改按钮名称

最后通过同样的方法添加近 30 天按钮并添加宏，宏的 VBA 代码如图 3-74 所示。

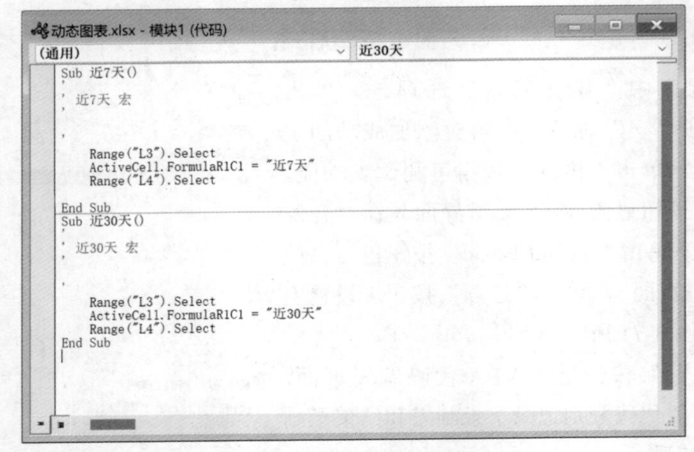

图 3-74　全部代码

测试按钮功能，单击“近 7 天”按钮时单元格内容为“近 7 天”，单击“近 30 天”按钮时单元格内容变为“近 30 天”。

2. 建立图表数据

（1）建立静态图表数据

本节制作动态玉玦图，需要添加辅助占位数据，首先将源数据前两行复制到图表数据区域，添加占位行值等于“50%- 近 7 天对应数值”，得到静态图表数据如图 3-75 所示。

C12 =50%-C11

源数据				
周期	个人主页	搜索	关注页面	首页推荐
近7天	13%	19%	32%	36%
近30天	9%	24%	29%	38%

图表数据				
周期	个人主页	搜索	关注页面	首页推荐
近7天	13%	19%	32%	36%
占位	37%	31%	18%	14%

图 3-75　建立静态图表数据

（2）建立带公式的动态图表数据

占位行数据已经是带公式数据，只需要设置占位行上方数据为带公式数据即可，首先设置 B11 行名称等于控件输入单元格，这样单击控件按钮时 B11 单元格内容也会随之发生变化，如图 3-76 所示。

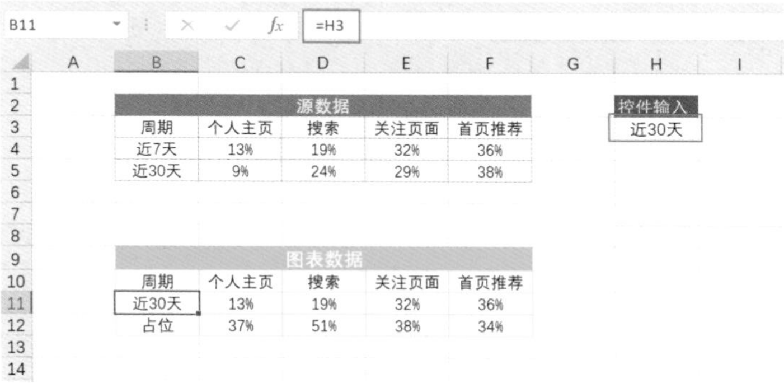

B11　=H3

源数据				
周期	个人主页	搜索	关注页面	首页推荐
近7天	13%	19%	32%	36%
近30天	9%	24%	29%	38%

控件输入
近30天

图表数据				
周期	个人主页	搜索	关注页面	首页推荐
近30天	13%	19%	32%	36%
占位	37%	51%	38%	34%

图 3-76　设置行名称单元格

接下来就是使用 VLOOKUP 函数将每个流量入口的流量占比匹配过来，第一个参数为添加绝对引用的行标题 B11 单元格，第二个参数为添加绝对引用的数据源区域，第三个参数为动态匹配列 COLUMN(B2), 使用精确匹配最后参数是 0，C11 具体公式为“=VLOOKUP($B$11,$B$3:$F$5,COLUMN(B2),0)”。最后将 C11 公式向右侧横向拖动，动态图表数据就建立完成了，如图 3-77 所示。

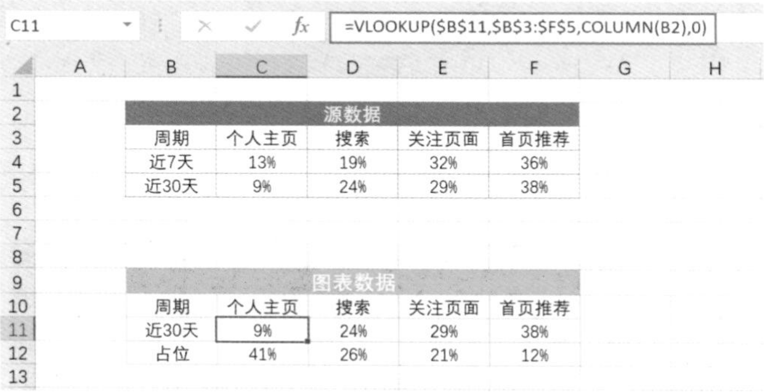

C11　=VLOOKUP($B$11,$B$3:$F$5,COLUMN(B2),0)

源数据				
周期	个人主页	搜索	关注页面	首页推荐
近7天	13%	19%	32%	36%
近30天	9%	24%	29%	38%

图表数据				
周期	个人主页	搜索	关注页面	首页推荐
近30天	9%	24%	29%	38%
占位	41%	26%	21%	12%

图 3-77　建立动态数据源区域

3. 建立图表

建立玉玦图基于圆环图，选中图表数据插入圆环图后如果得到的是图 3-78 的样式，说明行列关系错误，需要转换行列关系。选中圆环，在功能区中单击“图表设计”选项卡，在数据组单击“换行 / 列”按钮，就得到按照流量来源统计构成的圆环图。切换行列后的效果如图 3-79 所示。

建立好图表后，可添加一个动态文本框，用于展示当前流量来源的周期，如图 3-80 和图 3-81 所示。

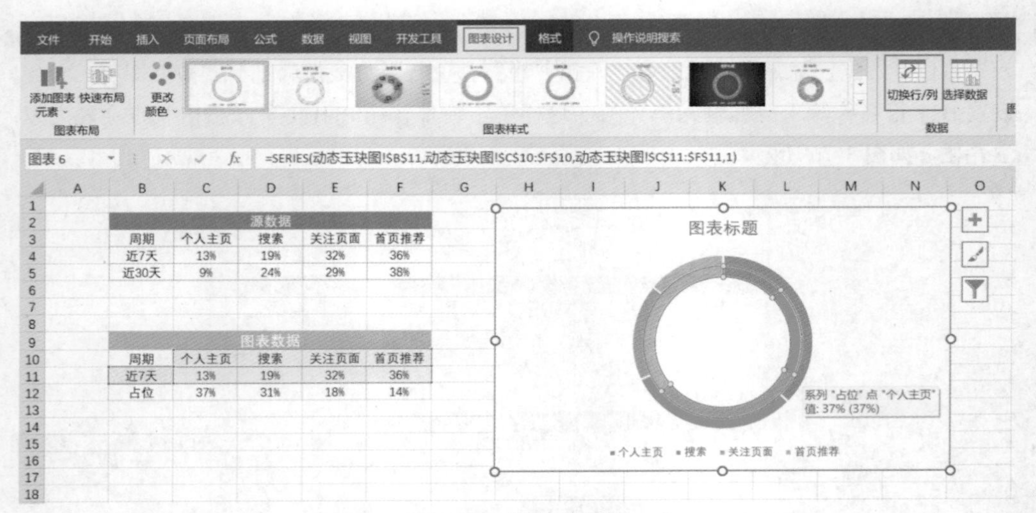

图 3-78 插入圆环图

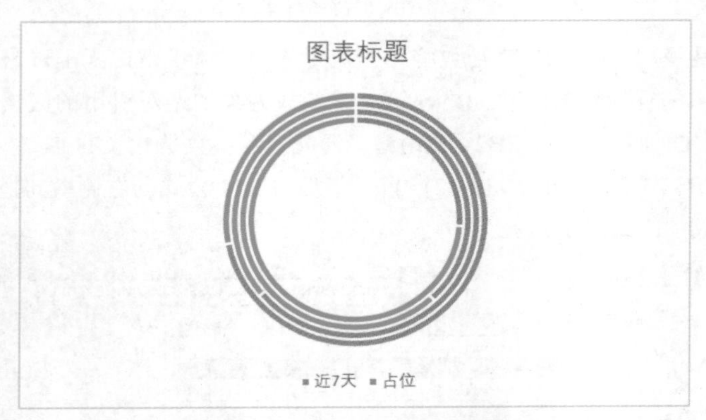

图 3-79 切换行列关系圆环图

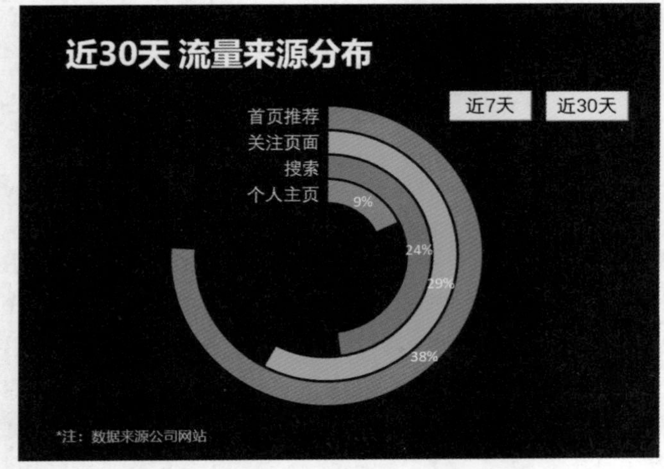

图 3-80 选中近 30 天

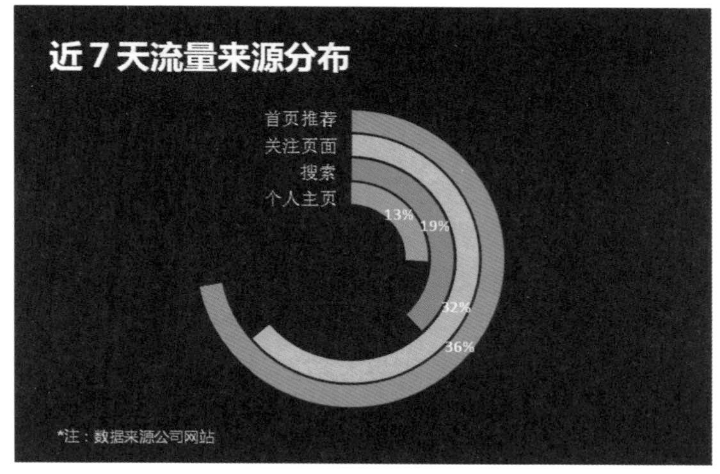

图 3-81　选中近 7 天

对于添加了 VBA 的 Excel 工作簿，保存时需要设置文件类型为启用宏的工作簿，这样在再次打开工作簿时，VBA 代码才会仍然是有效的，如图 3-82 所示。

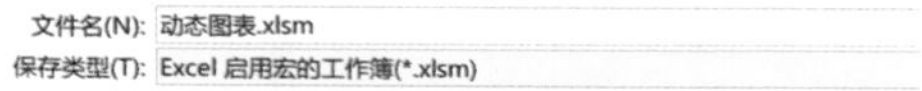

文件名(N): 动态图表.xlsm
保存类型(T): Excel 启用宏的工作簿(*.xlsm)

图 3-82　启用宏的工作簿

4. 知识点

- VBA 作为一门程序语言，适合财务、人力等需要使用 Excel 进行重复性高的操作的应用方向。本节介绍的是通过录制宏实现 VBA 功能，也可以通过直接输入代码实现相同功能。
- 对于添加了 VBA 宏代码的 Excel 文件，需要保存为启用宏的工作簿，后缀扩展名是“xlsm”。EXCEL 2007/2010/2013/2016/2019 的一般文档的扩展名是“xlsx”，2003 及以前的版本文件扩展名是“xls”。

3.4.7　切换展示维度动态图表

有时图表的使用者很多，对图表的需求不尽相同，一般动态图表的筛选功能只能满足部分需求。例如一份销售数据报告，总经理想看每个区域的完成情况，而每个区域总监更倾向于关注每个月的完成率走势，也就是说，总经理希望以月份作为筛选字段看每个区域的销售情况，区域总监希望以区域作为筛选字段，筛选至自己负责的区域看每月销售走势。本节就介绍进阶动态图表，可以切换筛选维度和图表维度，以满足不同的用户需求，如图 3-83 所示。

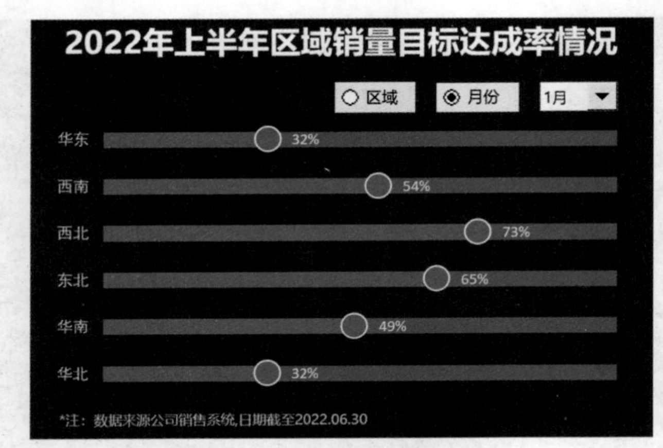

图 3-83　切换展示维度动态图表

1. 插入筛选器

图 3-84 是 2022 年公司 6 个区域上半年销售业绩完成率情况，源数据中第一行和第一列是分别对应月份和区域两个维度，需求是可以切换区域和月份作为筛选维度和轴标签。

源数据						
区域	1月	2月	3月	4月	5月	6月
华北	32%	45%	66%	52%	69%	77%
华南	49%	36%	54%	39%	42%	40%
东北	65%	53%	58%	48%	45%	40%
西北	73%	63%	61%	53%	47%	41%
西南	54%	50%	53%	71%	70%	76%
华东	32%	49%	65%	73%	54%	75%

图 3-84　区域销售完成率

本节介绍的动态图表需要两个筛选器，一是指定筛选字段（指定按照月份还是区域筛选）的筛选器，二是筛选数据的筛选器。其中指定筛选字段的筛选器中只有两个选项，可采用单选按钮（3.4.3 节详细介绍了使用方法），筛选字段的筛选器则可使用组合框按钮（2.1 节详细介绍了使用方法）。

两个筛选器都是通过开发工具添加的表单控件，在功能区中单击“开发工具”选项卡，单击“插入”按钮，选择“选项按钮”选项（两次）和“组合框”选项（一次），在空白区域按住鼠标拖动可添加，如图 3-85 所示。

接下来是设置控件，本节设置方式与前面章节设置的方法一致，“选项按钮”作为指定筛选字段的筛选器，需要指定一个动态链接单元格并且修改名称，“组合框”用于筛选数据，需要指定数据源和动态链接单元格。

首先设置选项按钮，右键选中选项按钮，修改按钮名称分别为“月份”和“区域”，右击其中一个选项按钮，在快捷菜单中选择“设置控件格式”选项，单击“控制”按钮，设置“单元格链接”为 K2，无论添加多少个选项按钮只要设置其中一个单元格链接即可，如图 3-86 所示。

由于筛选字段是变化的，即组合框的数据源区域是由公式组成的动态数据，所以组合框需要与图表数据源一起设置。

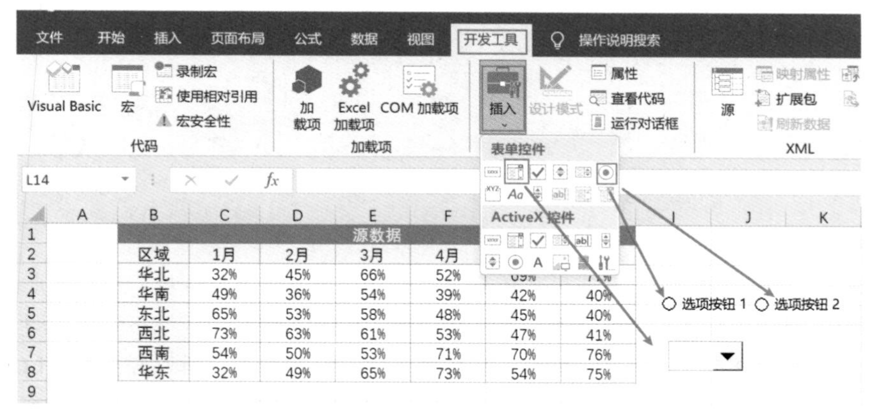

图 3-85　添加控件

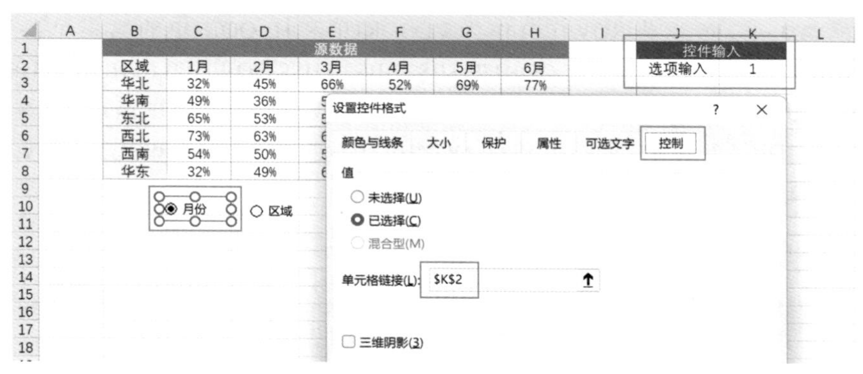

图 3-86　设置选项按钮

2. 建立动态图表数据

本节制作的是动态滑珠图，在 2.4.8 节详细介绍过滑珠图的制作方法，图表需要添加两列辅助列，一列是未完成率，大小等于“1- 完成率”，另外一列的列号为辅助，大小是固定的，为从 55 按照 10 为差额递减的等差数列。还需要建立一列动态的筛选字段列作为组合框筛选器的数据源区域，如图 3-87 所示。

本节中数据源有两个维度，月份和区域，它们分别作为筛选字段和图表字段（轴标签），可通过选项按钮切换，即选中月份按钮时筛选字段变为月份列，选中区域按钮时筛选字段变为区域列，这就需要使用公式将数据匹配过来。这里公式相对复杂，我们一步一步剖析，筛选字段和图表字段公式是相对应的，写出来一个公式，另外一个就简单了。

观察数据源，需要使用 IF 判断函数，对于筛选字段第一行 B15 单元格，当选项输入值为 1 时匹配月份 1 月（横向匹配），选项输入值为 2 时匹配区域华北（纵向匹配）。可通过 VLOOKUP 函数和 HLOOKUP 函数的横向和纵向匹配功能来实现，即选项输入 1 时使用 VLOOKUP 函数，选项输入 2 时使用 HLOOKUP 函数，在 B15 输入公式 =IF(K2=1, VLOOKUP(B2,B2:H8,2,0),HLOOKUP(B2,B2:H8,2,0))。

图表数据				
筛选字段	图表字段	完成率	未完成率	辅助
1月	华北	32%	68%	55
2月	华南	49%	51%	45
3月	东北	65%	35%	35
4月	西北	73%	27%	25
5月	西南	54%	46%	15
6月	华东	32%	68%	5

图 3-87　图表数据

B15 单元格的公式输入完成后，还需将公式拖动至 B16:B20 区域，对公式通用性进一步分析。当选项输入 1 时匹配月份后 6 列，选项输入 2 时匹配区域下 6 行，即 B15 是匹配第 2 行和第 2 列，B16 是匹配第 3 行和第 3 列，以此类推，所以需要将 VLOOKUP 和 HLOOKUP 的第三个参数设置为动态参数。可以使用 ROW 函数，ROW 函数功能是获取单元格所在的行号，例如 ROW(B2)=2，本节中公式需要下拉，B15 是匹配第 2 列，B16 匹配第 3 列，所以将 ROW(B2) 作为 VLOOKUP 和 HLOOKUP 的第三个参数。在 B15 中输入公式“=IF($K$2=1,VLOOKUP($B$2,$B$2:$H$8,ROW(B2),0),HLOOKUP($B$2,$B$2:$H$8,ROW(B2),0))”，并将公式下拉。由于公式需要下拉，所以 IF 函数第一个参数需要添加绝对引用，并且 VLOOKUP 和 HLOOKUP 函数的第一个参数和第二个参数都需要添加绝对引用，如图 3-88 所示。

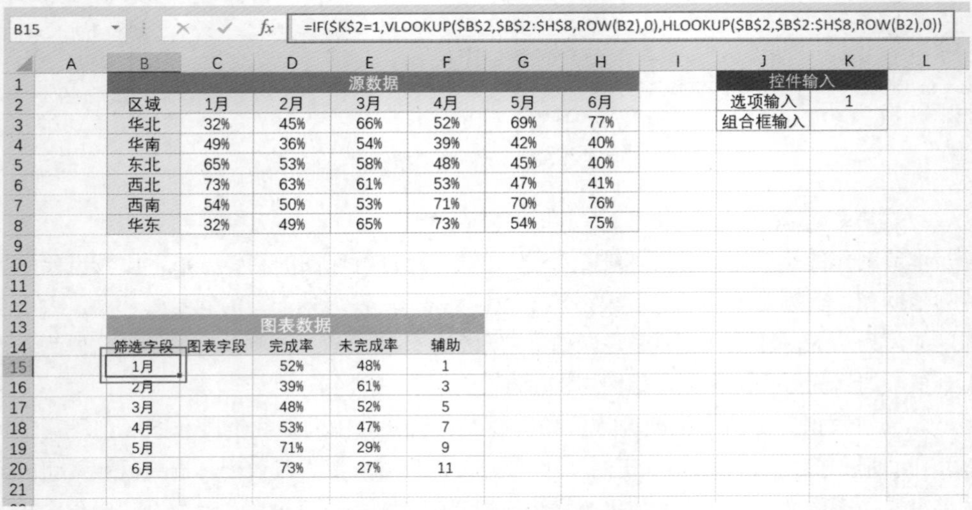

B15　=IF($K$2=1,VLOOKUP($B$2,$B$2:$H$8,ROW(B2),0),HLOOKUP($B$2,$B$2:$H$8,ROW(B2),0))

	A	B	C	D	E	F	G	H	I	J	K	L
1		源数据								控件输入		
2		区域	1月	2月	3月	4月	5月	6月		选项输入	1	
3		华北	32%	45%	66%	52%	69%	77%		组合框输入		
4		华南	49%	36%	54%	39%	42%	40%				
5		东北	65%	53%	58%	48%	45%	40%				
6		西北	73%	63%	61%	53%	47%	41%				
7		西南	54%	50%	53%	71%	70%	76%				
8		华东	32%	49%	65%	73%	54%	75%				
9												
10												
11												
12												
13		图表数据										
14		筛选字段	图表字段	完成率	未完成率	辅助						
15		1月		52%	48%	1						
16		2月		39%	61%	3						
17		3月		48%	52%	5						
18		4月		53%	47%	7						
19		5月		71%	29%	9						
20		6月		73%	27%	11						
21												

图 3-88　建立动态图表数据

由于图表字段和筛选字段是相反的，即选项输入等于 1 时匹配区域字段，选项输入等于 2 时匹配月份字段，所以只需要将 B15 公式中第一参数改为 $K$2=2，如图 3-89 所示。

建立好筛选字段后就是设置组合框按钮，主要是设置数据源和链接单元格。右击组合框，在快捷菜单中选择“设置控件格式”选项，单击“控制”按钮，在“数据源区域”的输入框中输入图表数据中的筛选字段列，即 B15:B20，在“单元格链接”的输入框选择单元格 K3（返回选择项处于筛选字段的索引位置），如图 3-90 所示。

C15 =IF($K$2=2,VLOOKUP($B$2,$B$2:$H$8,ROW(B2),0),HLOOKUP($B$2,$B$2:$H$8,ROW(B2),0))

源数据

区域	1月	2月	3月	4月	5月	6月
华北	32%	45%	66%	52%	69%	77%
华南	49%	36%	54%	39%	42%	40%
东北	65%	53%	58%	48%	45%	40%
西北	73%	63%	61%	53%	47%	41%
西南	54%	50%	53%	71%	70%	76%
华东	32%	49%	65%	73%	54%	75%

控件输入

选项输入	1

图表数据

筛选字段	图表字段	完成率	未完成率	辅助
1月	华北	66%	34%	1
2月	华南	54%	46%	3
3月	东北	58%	42%	5
4月	西北	61%	39%	7
5月	西南	53%	47%	9
6月	华东	65%	35%	11

图 3-89　建立动态图表数据

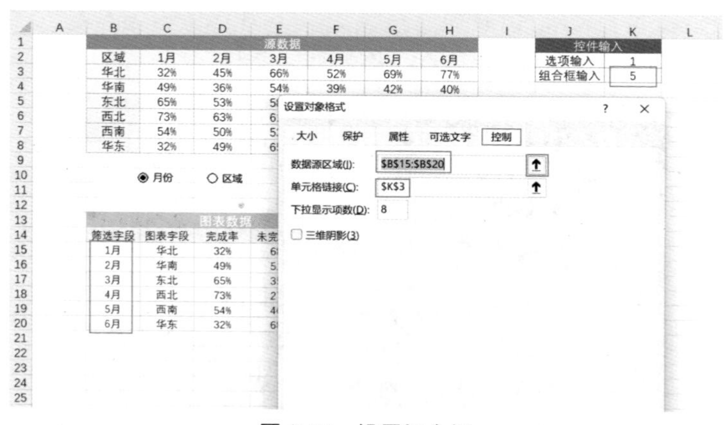

图 3-90　设置组合框

最后是输入完成率公式，跟前面分析方式一样，当选项输入等于 1 时使用 VLOOKUP 函数以图表字段作为第一个参数横向匹配，等于 2 时使用 HLOOKUP 函数以图表字段作为第一个参数纵向匹配。与前面维度公式有些区别的地方是，VLOOKUP 和 HLOOKUP 函数的第三个参数等于“组合框”单元格链接 +1，以选项按钮选中月份，组合框选中 5 月为例，完成率需要按照区域横向匹配第 6（5+1）列，选项按钮选中区域，组合框选中东北，完成率需要按照月份纵向匹配第 4（3+1）行，所以在 D15 输入公式“=IF($K$2=1, VLOOKUP(C15,$B$2:$H$8,$K$3+1,0),HLOOKUP(C15,$B$2:$H$8,$K$3+1,0))”，这里 IF 函数第一个参数以及 VLOOKUP 和 HLOOKUP 函数的第二个参数需要添加绝对引用，如图 3-91 所示。

3. 建立图表

图表数据建立完成后，选中图表字段、完成率、未完成率以及辅助列插入滑珠图，具体方法可以参考 2.4.8 节滑珠图制作，如图 3-92 和图 3-93 所示。

4. 知识点

Excel 动态图表主要难点在于图表数据的准备阶段，对于复杂的动态图表，需要复杂的公式才能实现。

D15 =IF($K$2=1,VLOOKUP(C15,$B$2:$H$8,$K$3+1,0),HLOOKUP(C15,$B$2:$H$8,$K$3+1,0))

源数据						
区域	1月	2月	3月	4月	5月	6月
华北	32%	45%	66%	52%	69%	77%
华南	49%	36%	54%	39%	42%	40%
东北	65%	53%	58%	48%	45%	40%
西北	73%	63%	61%	53%	47%	41%
西南	54%	50%	53%	71%	70%	76%
华东	32%	49%	65%	73%	54%	75%

控件输入	
选项输入	1
组合框输入	1

图表数据				
筛选字段	图表字段	完成率	未完成率	辅助
1月	华北	32%	68%	1
2月	华南	49%	51%	3
3月	东北	65%	35%	5
4月	西北	73%	27%	7
5月	西南	54%	46%	9
6月	华东	32%	68%	11

图 3-91 建立图表数据

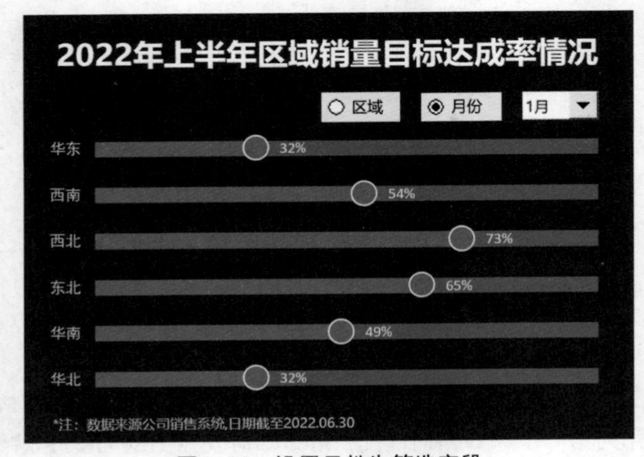

图 3-92 设置月份为筛选字段

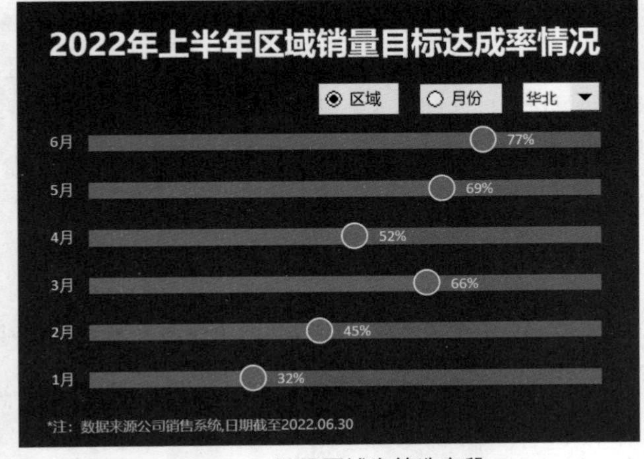

图 3-93 设置区域为筛选字段

第 4 章　Excel 数据大屏制作与设计

商业智能 (Business Intelligence，BI)，其核心价值在于满足企业不同人群对数据查询、分析和探索的需求，从而为管理和业务人员提供数据依据和决策支撑。数据大屏是最后呈现给用户的数据终端，建立它所需的一系列的数据处理，建模，建立图表，汇总图表等操作是 BI 最主要的功能，其本质上是通过合理的数据可视化将数据更加直观地呈现给用户。

Excel 作为数据管理软件同时也拥有强大的函数功能以及图表制作和美化功能，所以对于轻量级数据，也可以使用 Excel 实现数据可视化。

4.1　Excel 实现数据大屏的基本原理 ›››

1. 三个工作表

在 Excel 早期的版本中，新建一个工作簿，默认会自动生成三个工作表，如果将 Excel 作为一个汇报工具，刚好需要这三个工作表，如图 4-1 所示。

- 工作表 1 用于存放基础数据（销售明细）。
- 工作表 2 用于存放统计数据（销售统计）。
- 工作表 3 用于存放汇报图表和数据说明（销售看板）。

图 4-1　三个工作表

通过 Excel 制作数据大屏也可以根据三个工作表原则来实现。每一个专业的可视化系统，都由后端和前端两大部分组成，后端存储数据源，对应明细数据，前端呈现数据，对应图表，Excel 同时具备前后端的功能，且在轻量数据级具备诸多优势。

我们知道，图表的数据源一般需要经过一系列的数据清洗、预处理、统计等工作，Excel 中使用 Excel 函数或是透视表对数据进行处理，处理成图表直接可以引用的数据源形式。为了便于管理，处理好的数据源需要单独存放在一个工作表中，也就是第二个工作表，这个工作表起到了串联工作表 1（明细数据）和工作表 3（图表）的功能。那么图表发生变化就会有两种原因，一是基础数据变化，二是建立筛选器对工作表 2 中的统计数据进行筛选。对于前者，明细数据需要定期更新，需要作为开发者的我们将最新的全量数据或者新增数据复制或追加到明细工作表中，图表就会同步更新。对于后者，用户根据自己的需求切换筛选器，引起工作表 2 中数据发生变化，工作表 3 中图表也会随之变化，这就是 Excel 实现数据大屏的基本流程。

这里说工作表 1 是代表明细数据，并非指明细数据只能存在于一个工作表里面，实际应用中可以根据需要将不同的数据表（例如人员信息明细表和销售明细表）分别放在不同的工作表中，对于统计工作表和数据大屏工作表也是同理。

2. 基于图表

图表是数据大屏中基本组成的元素，换一种说法，数据大屏就是由多个图表拼接而成的。制作专业的图表是 Excel 的强项，那么也可以使用 Excel 将制作好的图表拼接，进而组成数据大屏。

使用 Excel 制作数据大屏实际是将展示不同维度的数据图表汇总在一个页面上，一般情况下数据大屏都可通过筛选器展示更多的数据。根据需要有时也可不添加筛选器，只是将静态图表汇总到一个页面并加以适当的布局，一般称这样的数据大屏为静态数据大屏。

3. 数据大屏与动态图表的区别

总体说来，数据大屏是基于多个动态图表拼接出来的，数据大屏与动态图表最直观的区别是图表的数量不同。动态大屏需要考虑全局性、系统性、协调性，一般是由几个甚至十几个图表组成的。而动态图表是由一两个图表组成，对图表修饰只要做到简约和直观即可。两者区别可以概括为以下几点：

（1）整体协调性。动态图表是单个图表组成的，对于图表的修饰和美化也是基于图表的元素，而数据大屏是多个图表组成的，所以要协调的元素不单是一个图表，需要平衡多个图表的关系，例如重要的数据图表应置于数据大屏中间位置。

（2）数据大屏对 UI 和色彩搭配要求更高。在动态图表中，由于一般要求单个图表颜色不应过多所以颜色较好搭配，而数据大屏中图表种类和数量多，需要的颜色也会增加，大多数时候需要在设计过程中反复对比不同的色彩搭配实现的效果。

（3）更复杂的模型。动态图表一般是呈现两个维度或者三个维度的数据，而数据大屏需要呈现更多的数据，包括更多的维度和更多的计算数值，例如销售数据中，动态图表可以以月份作为切片器呈现不同区域维度的销量计数，数据大屏中可以增加更多的分析维度，同样以月份作为切片器，展现商品类别的销量计数分布，每周、每日销售额求和走势，不同销售组的销售额分布等。

4. 用户

一般情况下，动态图表只有一个筛选器和一个图表，而数据大屏可以多个筛选器和多个图表，可以面向的用户就更多。

5. 图表选择不同

数据大屏中可以添加一些单值图以强调重点数据，单值图类似于图表中的数据标签，一般由一个数据类别名和统计值组成，图表相对简单，在数据大屏中呈现非常直观所以经常被使用。

虽然数据大屏的优势众多，但是使用 Excel 实现数据可视化的最佳学习路径是静态图表→动态图表→数据大屏，即必须对图表有基本的认知，可以完成一些基本图表的制作和修饰后，尝试动态图表的制作以丰富图表的呈现方式，最后再学习使用 Excel 制作数据大屏。

4.2 数据准备 ›››

数据准备是制作数据大屏的第一步，为数据统计阶段提供基础数据源，数据准备一般包括对数据的检查和处理。

4.2.1 检查数据

对基础数据检查的标准主要包括三个方面：准确的数据、正确的数据类型和正确的存储方式。

准确的数据

- 包含全量的数据：不存在缺失记录情况，例如人员在职信息明细必须包含周期内所有在职人员信息。
- 数据完整性：指数据内容完整性，即必填数据不能存在单元格为空数据的缺失情况，例如商品订单表中订单编号列不能有空单元格。
- 数据有效性：指包含符合条件的数据，例如人员信息表性别列不能有除“男”“女”外其他值。
- 数据逻辑性：即数据需要符合实际情况，例如销售明细中商品单价超出其他商品单价过多。

正确的数据类型

- 日期数据是否保存为日期类型。
- 销售额、销量等数值类型列不包含字符串类型数据。

正确的存储方式

- 列标题非空且唯一。
- 数据明细工作表内不能有合并单元格。

4.2.2 处理数据

处理数据一般分为两种情况，错误数据处理和数据转化。处理错误数据即将检查数据过程中发现的错误数据处理成正确的数据。数据转化也较为常见，一般我们拿到都是最原始的数据，对于有些分析维度可以直接拿原始数据来制作图表，对于有些分析维度需要进一步处理和转化原始数据，例如一般分析年龄人数分布时都是先将年龄分段。

使用 Excel 进行数据预处理相比于大数据架构的 BI 软件的优势是，数据可见即可得，可以通过筛选、填充、查找、定位和直接删除等灵活的方式处理数据。然而这样直接在原始数据上进行处理也有缺点，在处理过程容易导致数据丢失且很难恢复。为避免这个问题可在处理数据源前保存一份备份数据。

在完整的数据可视化大屏制作过程中，数据准备和处理占用的时间最多，保证数据的准确性也是一份数据报告最基本的前提条件。

4.3 数据建模与统计 ›››

数据准备阶段后，需要对数据进行建模与统计。

4.3.1 数据汇总统计

上一阶段已经通过数据准备将数据进行了标准化处理，满足数据分析的基本需求。图表一般展示的都是汇总数据，第二个阶段就是对数据进行汇总。为方便管理，可建立一个工作表用于存放汇总数据，一般命名这个工作表为统计数据。建立统计数据工作表有如下五个主要优势。

- **明确功能**：添加一个独立的统计数据工作表符合数据可视化制作流程，方便管理。
- **汇总统计**：明细数据可能存在多个工作表中，需要将这些数据汇总到一个统计数据工作表中。
- **方便维护**：数据大屏在使用过程中都会有修改的需求，制作框架清晰可以快速定位需要修改的部分，方便维护和添加内容。
- **辅助布局**：数据大屏中有多个图表，将汇总数据放在一起可以方便对比，根据图表数据的重要程度进行合理的图表布局。
- **把握模型**：数据大屏与数据图表重要的区别之一就是，数据大屏需要注重整体协调性，尤其针对业务指标，需要关注是否有遗漏的重要指标，是否展示多余的不太必要的指标，这时就需要一个合理的模型提供参考，使用一个工作表用于存放汇总数据方便使用者快速获取数据大屏包含的指标，以实现整体协调性。

4.3.2 常用模型

数据大屏与数据图表一样，它们的作用都是表现数据，传递信息。相比于数据图表展示一两个关键指标，数据大屏由多个图表组成，是众多关键指标的合集，反映一个事物或一个现象在某个周期内整体的运行状况。那么如何最大程度地反映真实的业务流程、组织信息以及将有价值的信息完整地传递给使用者就是制作数据大屏的关键，这就需要建模。

首先需要明确，在数据统计阶段已经完成了基础数据处理，这里所说的“数据建模”并不是要对数据进行多么复杂的运算和处理以得到一些结论，而是基于现有的数据，更全面、更系统、更完整地将数据指标呈现出来，即让数据大屏中的每个图表都是有组织的。

统计数据的模型实际上是为放在数据大屏的指标提供一种参考，如在人力资源数据看板中，数据明细中包含很多分析维度指标，如年龄、性别、学校、籍贯等，哪些指标需要展示哪些指标不需要展示，展示哪些指标能最好地展示当前公司员工整体状态，对这些问题有一套完整的分析体系，这个过程就是建模。

数据建模，听起来很复杂，实际上是数据分析人员与业务人员充分沟通后，从数据价值出发，为了更完整、更系统地反映运营状况而制定的标准。在数据分析发展过程中已经有许多经典的数据模型在实践中被应用，我们可以参考他们的理论，结合实际业务建立一套系统的展示数据架构。

1. 人货场

人货场是销售业务中常用的分析模型之一，它将销售商品的逻辑拆分为“卖给谁和谁来卖”“卖什么”以及“从哪卖”三个方向，再针对每个方向进行进一步详细分析。

人

“人”的维度首先是顾客，除了关注最重要的客流量、客单价、转化率、复购率和新增会员数以外，还可以构建用户画像，更精确和细致地为顾客匹配产品和服务。

“人”的另一个维度是员工，关注员工的人均业绩、平均成交时长、员工离职率等。

货

货指商品或产品，关注商品从采购、供应链、销售到售后的全过程，具体指标包括 SKU 周转率、折扣率、缺货率、商品排名、退货率等。

场

场是指顾客的消费场景，包括线上或线下，信息、资金和商品流动的过程，要充分发挥线上和线下的优势，提高效率。重点关注线上曝光率、会员消费占比、人效以及坪效等指标。

人货场对销售数据分析提出了许多指标，我们可以结合公司的实际情况对整个商品销售过程进行检视，对关键指标“查缺补漏”。

2.5W2H 分析法

5W2H 分析法又叫七问分析法，以简单易于理解著称，是以五个以 W 开头的英语单词和两个以 H 开头的英语单词进行设问，发现解决问题的线索，进行设计构思，进而找到解决问题的办法。

WHY：何因？为什么要做？为什么要这么做？我们的产品优势是什么？

WHAT：何事？目的是什么？准备什么？未来准备做什么？

WHO：何人？由谁来做？我们的顾客是谁？

WHERE：何处？在哪里做？从哪里开始？消费的顾客都是从什么渠道来的？

WHEN：何时？什么时间开始？完成期限是什么时候？推广的最佳时间是什么时候？

HOW：如何？如何做？如何提高效率？程序是怎样的？如何提升用户转化率？

HOW MUCH：何价？成本多少？要达到什么程度？目标达成多少？单客成本多少？

5W2H 分析法是最为大家熟知的模型，常用于项目管理中来弥补考虑问题的疏漏。在制作数据模型过程中，它可以提供分析思路进而准确界定数据信息。

3.AARRR 模型

AARRR 模型广泛地应用于互联网产品中，是用户获取（Acquisition）、用户激活（Activation）、用户留存（Retention）、获得收益（Revenue）、推荐传播（Referral）这个五个单词的缩写，对应用户生命周期中的 5 个重要环节，每个环节都会有对应的指标，是面向用户的产品评估、优化产品的重要模型。

利用 AARRR 模型可以把握渠道客户的生命周期状况，检查产品在使用中的各个流程是否顺畅，对评价获客渠道、如何保证第一次使用的客户不断地使用、如何引导分享、如何获得收益等问题进行检视。还可以利用此模型对用户进行分层，针对不同层级用户采取不同的相应运营手段，保证客户能顺利进入到下个阶段。

AARRR 模型是运营和营销人员分析产品和顾客常用的模型，具备系统性和完整性等优势。模型包含的留存率、活跃、用户贡献收益等指标都可为数据分析提供参考。

前面介绍的分析模型是当前比较流行的分析模型，对于数据大屏的制作更多的是提供建模思路，对现有的数据进行有效的信息挖掘才是最关键的。数据大屏的主要使用者是业务和运营人员，大部分情况下他们比数据分析人员更加了解每个指标，所以最为理想的方法是开发者结合标准数据模型与业务人员充分交互意见，建立最适合当前数据的数据模型。

4.3.3 建立统计数据

明确了需要展示哪些指标后，就是建立存放汇总数据的工作表，并插入报告各个指标的聚合公式。为方便数据验证，还需要在统计数据表中同时添加总数验证公式。

添加定义名称

添加定义名称可以有效提升输入公式效率，也方便后期的公式维护。选中明细数据的所有列，在功能区中单击“公式”选项卡，在“定义的名称”组单击“根据所选内容创建”按钮可批量添加定义名称。有时明细数据存放在多个工作表中，可能存在列标题重复的情况，例如销售看板中，成本明细和销售明细同时存在“月份”，命名时可添加表名加以区分，成本明细中定义名称为“月份_成本”，销售明细中定义名称为“月份_销售”。

建立图表数据源区域

统计数据工作表主要用于存放图表数据，通过公式将明细数据工作表中的数据聚合汇总至统计数据工作表中。无论制作动态数据大屏还是没有筛选器的静态数据大屏，一般都在统计数据工作表中保留计算公式，一方面是方便后期查看和修改，另一方面是可以直接在明细数据中追加或替换数据，而不需要改动其他两个工作表就可以获取最新数据的数据大屏。

建立核对数据

数据核对是很容易被忽略但却非常重要的一个过程，图表数据大多是按照不同维度聚合的汇总数据，将这些数据求和再与明细数据中总数比较，如果存在差值就说明图表数据存在问题，那么图表一定展现了错误的数据。例如展示性别分布，统计数据中计算出男女对应的人数，在核对数据区域，使用明细数据中的人数和减去两个单元格数据的和，如果公式结果不为 0，说明明细数据中可能存在性别数据缺失或填错的情况。

在统计数据中添加求和核对主要针对计数和求和情况，是将某个度量值指标进行下钻后再汇总比较差值。这样的核对方式可以有效检验对应维度是否存在脏数据或空单元格，也可识别出维度新增类目，例如按照部门进行分类汇总时，公司新增了一个“工程部”，在核对数据区域就可体现出来，需要将新增的“工程部”放入到统计明细数据对应的部门维度列中。对于平均值等其他聚合方式的度量值，需要在数据大屏制作完成后进行单项核对。

4.4 建立数据大屏 ›››

数据大屏是由多个图表构成的，这个阶段需要完成对图表的插入、修饰以及对数据大屏整体的设计。

4.4.1 建立图表

根据“3 个工作表”原则，数据大屏需要建立一个独立的工作表，用于存放数据图表。数据图表以统计数据工作表中的汇总数据作为图表数据，根据数据关系选择合适的图表。将统计数据工作表中建立的图表直接剪切至数据大屏工作表中，或者在数据大屏工作表先建立图表再选择统计数据工作表中的汇总数据。

为提升效率，这里插入的图表只需根据关系选择合适的图表，无须对图表进行任何修饰，在所有图表添加完成后再统一设置图表样式。

4.4.2 设置背景

使用 Excel 制作数据大屏，Excel 单元格区域就是大屏的背景。在数据大屏工作表中选中一部分单元格区域，设置单元格填充作为数据大屏背景，考虑到屏幕分辨率一般都是 16:9，一般截取长宽比为 16:9 的单元格区域作为背景（可通过截图软件获取截图的长宽比）。也可使用图片作为数据大屏的背景，直接将图片粘贴至数据大屏工作表作为背景，并将排列顺序设为底层。

4.4.3 图表布局

一个数据大屏中包含多个图表，图表类型和数据重要度都不尽相同，相比于单个图表中元素布局相对固定，图表在数据大屏中的布局灵活度更高，需要参考的内容更多。在数据大屏中的图表不宜太大，否则数据大屏会显得很粗糙，所以一般数据大屏的分布为三列纵向，每列纵向包含 2~3 个图表，图 4-2 为 3×N（N 等于 2 或 3）布局，每个纵列包含的图表数量并不固定。通过这样的布局让数据大屏整体呈“中心对齐”结构。图表布局还需要考虑图表展示的数据重要度，关键的数据指标图表放在中间列以突出显示，同时由于使用者一般习惯从左向右、从上到下地阅读，所以数据关联度强的图表放在同一行或同一列。

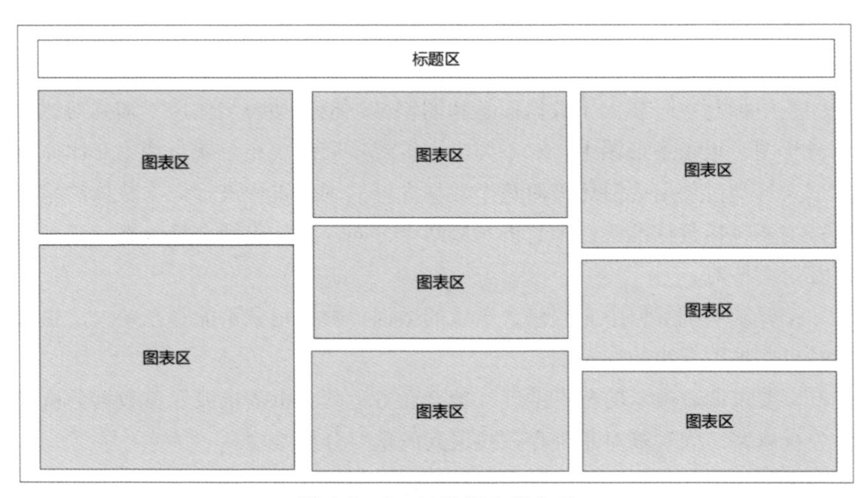

图 4-2 3×N 数据大屏布局

4.4.4 图表修饰

简约和直观是数据大屏中图表修饰的两大基本准则，所以图表修饰相比于第二章介绍的图表制作要简单，但是一个数据大屏包含饼图、柱形、折线等多种类型图表，每个图表修饰方式略有不同，可在全部图表插入完成后统一设置样式。

4.4.5 整体优化

整体优化是对图表布局和图表修饰做进一步调整，是在完成图表修饰后对整个数据大屏进行整体检查。

对于整体优化，可以参考 Robin Williams 在《写给大家看的设计书》中（The Non-Designer's Design Book（4th Edition））归纳优秀设计中包含的四大设计原则，即亲密性、对齐、重复和对比。

亲密性：指将有关联的元素在物理位置上靠近，将彼此相关的元素组织到一起，进而实现组织性，更易于被阅读、被记住。有时也可将展示同类数据的图表放入同一个图表区内，将数据相近的图表放入同一行或同一列也遵循亲密性原则。

对齐：对齐原则要求不能随意摆放任何元素，元素放置在页面上就能找出与之相对齐的元素。对齐原则是为了页面统一、有条理，也是数据大屏排版布局的基本原则。具体原则包括每个临近的图表区边界必须是在同一条线上；每个图表标题对齐方式必须统一为居中或者左对齐，且同一列两个图表的标题在同一条垂直线上；带图例的圆环图统一设置图例位置为右侧等。

重复：重复原则是指在页面中有意识地增加重复元素，如粗字体、颜色、某个符号等，使页面具备统一性。数据大屏中对同一类型的数据元素应执行相同的设置，例如标题字体统一加粗，数据标签字号相同等。

对比：对比原则要求突出不同元素之间的差异，建立一种有组织的层次结构。处理文字时大字体与小字体的对比是最容易，也是最常见的对比方式，处理图形时颜色是最常用的对比方式。数据大屏容纳多个图表，内容众多，需要充分利用对比原则区别不同的元素。例如图表中标题字号要大于数据标签和图例名，也可加粗字体用于增强对比效果。在圆环图、树状图、堆积条形图中，对不同类别设置不同的填充色就是使用对比原则。

在数据大屏交付使用之前还需对整个数据大屏的制作过程进行一次整体的检查，最后的全面检查主要包括数据准确性和看板布局两个方向，具体包括全量数据、正确模型、简约图表以及全面核对。

全量数据要求明细数据中必须包含全量的数据，数据记录不能存在缺失，也无删除字段列，同时也要求数据源的准确性。

正确模型要求图表展示的分析维度，符合业务运营分析需求或经典数据分析模型，为业务提供分析思路，同时核对是否存在被遗漏的重要分析维度。

简约图表要求放入数据大屏中图表保持简约，图表元素尽量不超过 5 个（标题和数据系列图形是必须的)，不要使用过于花哨的图表。

合理布局要求每个图表以及图表内的图表元素遵循四大设计原则，充分利用图表格式的排版布局和属性调节的功能，精确调整，让数据大屏展现出明显的“设计感”。

总结使用 Excel 制作数据大屏的过程：

(1) 准备明细数据，可以保存在多个工作表内。

(2) 构建见解深刻、令用户满意的模型，依据模型建立统计数据。

(3) 基于动态统计数据建立图表以及数据大屏。

(4) 核对数据以及共享数据大屏文件。

4.5　人力资源静态数据大屏设计 ›››

通过上面的介绍我们现在已经明确了制作数据大屏的基本过程，下面我们就尝试基于人力资源数据制作一个由 6 个图表组成的人力资源分析静态数据大屏。

4.5.1　数据准备

图 4-3 是某公司人力资源基础信息数据中的部分数据，包含员工编号、年龄、性别、学历、所属部门以及本月入转调状态信息，共 1470 条数据。

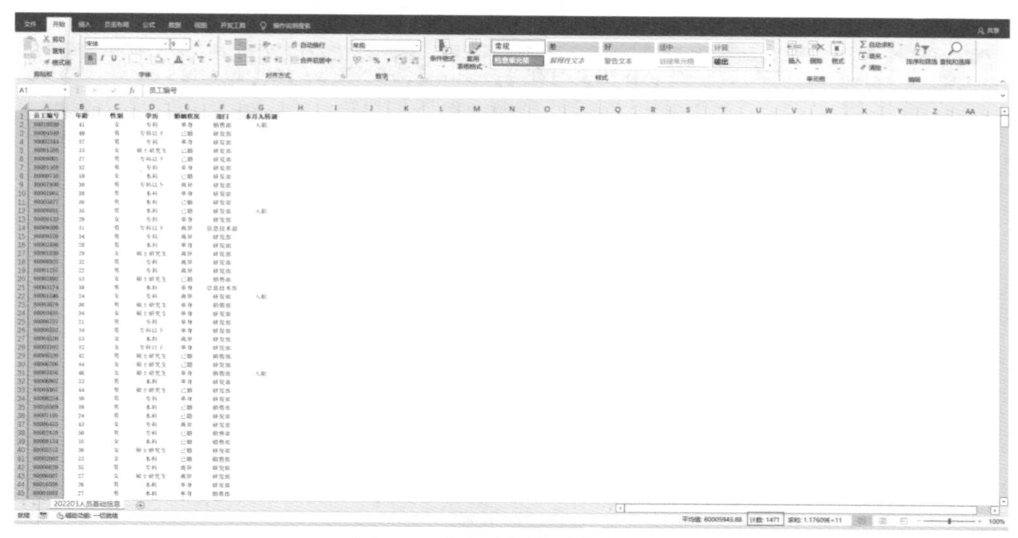

图 4-3　人力资源基础信息数据

1. 检查数据

- 数据源是 3 月份在职人员全量信息，不存在缺失情况。
- 不存在单元合并的情况。
- 列标题非空且唯一。
- 数据中无日期和数值数据类型，数据类型正确。

- 只有本月入转调离列存在空值，为合理情况。

2. 处理数据

明细数据中对员工编号计数作为数据图表的系列值，其他作为数据图表的轴标签，其中性别、学历、所属部门以及本月入转调不需要处理可直接展示，年龄列需要按照年龄段分组处理，可采用前面介绍过的 VLOOKUP 函数的近似匹配功能。如图 4-4，首先建立近似匹配参考区域，然后在年龄段列 H2 单元格处插入公式“=VLOOKUP(B2,$J$2:$K$7,2,1)”，并将公式应用到整列（选中 H2，将鼠标移动至单元格右下角，双击右下角的黑色十字按钮）。最后将公式取消，选中“年龄段”列，复制整列数据，再右击“年龄段”列，在弹出的快捷菜单的“粘贴选项”组中单击“粘贴值”按钮，如图 4-5 所示。

H2 =VLOOKUP(B2,$J$2:$K$7,2,1)

	A	B	C	D	E	F	G	H	I	J	K
1	员工编号	年龄	性别	学历	婚姻状况	部门	本月入转调	年龄段			
2	80010030	41	女	专科	单身	销售部	入职	40=<		开始数值	年龄范围
3	80004349	49	男	专科以下	已婚	研发部		40=<		18	18-24
4	80002344	37	男	专科	单身	研发部		35-39		25	25-29
5	80001588	33	女	硕士研究生	已婚	研发部		30-34		30	30-34
6	80009001	27	男	专科以下	已婚	研发部		25-29		35	35-39
7	80001168	32	男	专科	单身	研发部		30-34		40	40=<
8	80009716	59	女	本科	已婚	研发部		40=<			
9	80007930	30	男	专科以下	离异	研发部		30-34			
10	80001661	38	男	本科	单身	研发部		35-39			

图 4-4 使用 VLOOKUP 近似匹配对年龄分段

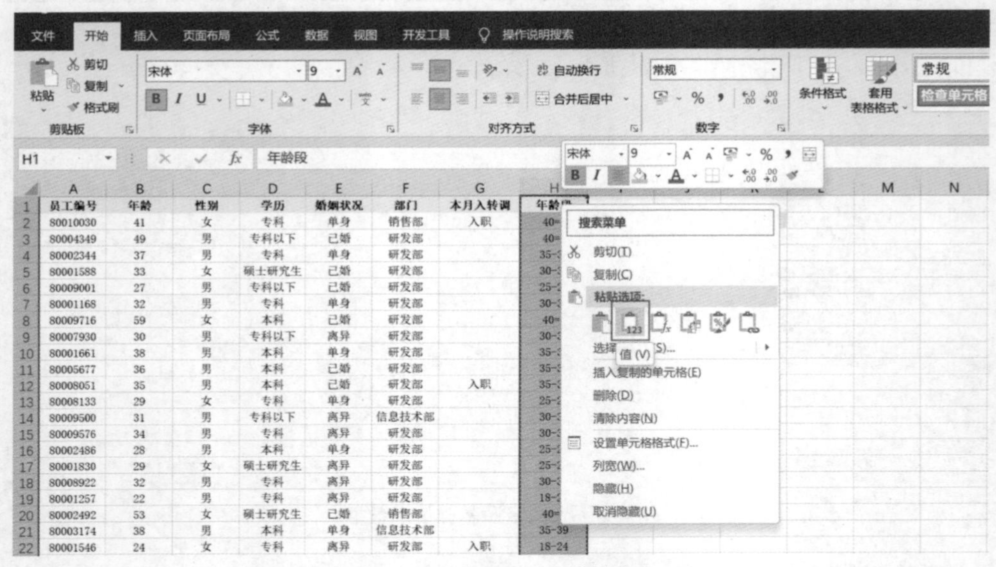

图 4-5 取消数据列公式转为值

4.5.2 数据统计

根据明细数据中的现有数据信息，可将年龄段、性别、学历、婚姻状况、所属部门以及入转调作为维度进行统计分析。

1. 添加定义名称

这里采用批量添加定义名称的方式，同时为多列添加定义名称。选中明细数据中的所有列，在功能区中单击“公式”选项卡，在“定义的名称”组单击“根据所选内容创建”按钮，在弹出的“根据所选内容创建”对话框中选择“首行”复选框，取消选中“最右列”复选框，单击“确定”按钮完成批量添加定义名称。在“定义的名称”组单击“名称管理器”按钮可以查看已经建立完成的定义名称，如图 4-6 所示。

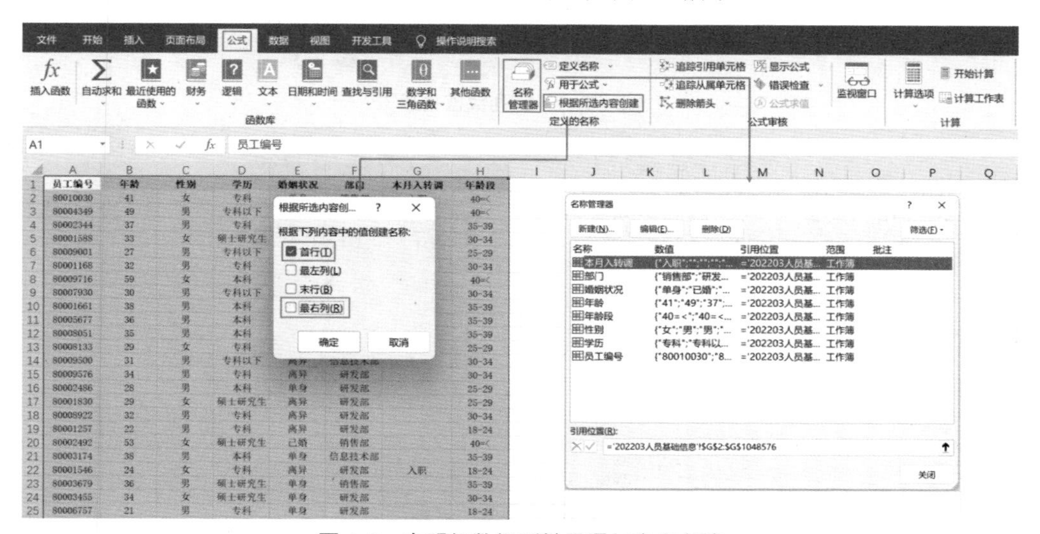

图 4-6　在明细数据列批量添加定义名称

2. 建立图表数据源区域

使用 Excel 制作数据大屏时，为方便管理、后期维护以及用户参看，一般将明细数据、统计数据和数据大屏放入不同的工作表中。本例为方便读者学习的参考，将三者放在同一个工作表中。

本次设计的数据大屏以年龄段、性别、学历、婚姻状况、所属部门以及入转调维度统计人数分布，需要按照这些维度建立图表数据源，本例通过以年龄段为例建立统计数据，作为图表数据源来讲解建立步骤。

复制“年龄段”列数据，按 Ctrl+V 键将其粘贴至一个空白的工作表中，选中该列数据，在功能区中单击“数据”选项卡，在“数据工具组”单击“删除重复值”按钮，得到去重结果，如图 4-7 所示。

将去重得到的数据区域复制到数据明细所在工作表中。如图 4-8，统计各个年龄段在职人数，在 K11 单元格输入公式“=COUNTIFS(年龄段 ,J11)”，并将公式下拉完成年龄段统计数据。使用 COUNTIFS 函数统计各个维度对应的人数，得到统计数据，如图 4-8 所示。

使用同样的方法，对其他维度建立统计数据，结果如图 4-9 所示。

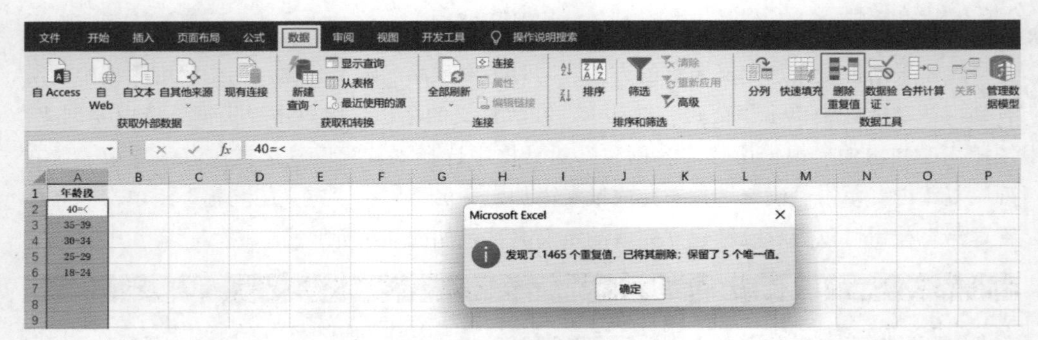

图 4-7　年龄列数据去重

K11　=COUNTIFS(年龄段,J11)

	A	B	C	D	E	F	G	H	I	J	K	L
1	员工编号	年龄	性别	学历	婚姻状况	部门	本月入转调	年龄段				
2	80010030	41	女	专科	单身	销售部	入职	40=<		开始数值	年龄范围	
3	80004349	49	男	专科以下	已婚	研发部		40=<		18	18-24	
4	80002344	37	男	专科	单身	研发部		35-39		25	25-29	
5	80001588	33	女	硕士研究生	已婚	研发部		30-34		30	30-34	
6	80009001	27	男	专科以下	已婚	研发部		25-29		35	35-39	
7	80001168	32	男	专科	单身	研发部		30-34		40	40=<	
8	80009716	59	女	本科	已婚	研发部		40=<				
9	80007930	30	男	专科以下	离异	研发部		30-34				
10	80001661	38	男	本科	单身	研发部		35-39		年龄段	人数	公式
11	80005677	36	男	本科	已婚	研发部		35-39		18-24	97	=COUNTIFS(年龄段,J11)
12	80008051	35	男	本科	已婚	研发部	入职	35-39		25-29	229	=COUNTIFS(年龄段,J12)
13	80008133	29	女	专科	单身	研发部		25-29		30-34	325	=COUNTIFS(年龄段,J13)
14	80009500	31	男	专科以下	离异	信息技术部		30-34		35-39	297	=COUNTIFS(年龄段,J14)
15	80009576	34	男	专科	离异	研发部		30-34		40=<	522	=COUNTIFS(年龄段,J15)
16	80002486	28	男	本科	单身	研发部		25-29				
17	80001830	29	女	硕士研究生	离异	研发部		25-29				

图 4-8　建立年龄统计数据

	A	B	C	D	E	F	G	H
1	员工编号	年龄	性别	学历	婚姻状况	部门	本月入转调离	年龄段
2	80010030	41	女	专科	单身	销售部	入职	40=<
3	80004349	49	男	专科以下	已婚	研发部		40=<
4	80002344	37	男	专科	单身	研发部		35-39
5	80001588	33	女	硕士研究生	已婚	研发部		30-34
6	80009001	27	男	专科以下	已婚	研发部		25-29
7	80001168	32	男	专科	单身	研发部		30-34
8	80009716	59	女	本科	已婚	研发部		40=<
9	80007930	30	男	专科以下	离异	研发部		30-34
10	80001661	38	男	本科	单身	研发部		35-39
11	80005677	36	男	本科	已婚	研发部		35-39
12	80008051	35	男	本科	已婚	研发部	入职	35-39
13	80008133	29	女	专科	单身	研发部		25-29
14	80009500	31	男	专科以下	离异	信息技术部		30-34
15	80009576	34	男	专科	离异	研发部		30-34
16	80002486	28	男	本科	单身	研发部		25-29
17	80001830	29	女	硕士研究生	离异	研发部		25-29
18	80008922	32	男	专科	离异	研发部		30-34
19	80001257	22	男	专科	离异	研发部		18-24
20	80002492	53	女	硕士研究生	已婚	销售部		40=<
21	80003174	38	男	本科	单身	信息技术部		35-39
22	80001546	24	女	专科	离异	研发部	入职	18-24
23	80003679	36	男	硕士研究生	单身	销售部		35-39
24	80003455	34	女	硕士研究生	单身	研发部		30-34
25	80006757	21	男	专科	单身	研发部		18-24
26	80008552	34	男	专科以下	单身	研发部		30-34
27	80004520	53	女	本科	离异	研发部		40=<
28	80003102	32	女	专科以下	单身	研发部		30-34
29	80006520	42	男	硕士研究生	已婚	销售部		40=<
30	80006706	44	女	硕士研究生	已婚	研发部		40=<

	J	K	L	O	P	Q
2	开始数值	年龄范围				
3	18	18-24				
4	25	25-29				
5	30	30-34				
6	35	35-39				
7	40	40=<				
10	年龄段	人数	公式	婚姻状况	人数	公式
11	18-24	97	=COUNTIFS(年龄段,J11)	单身	470	=COUNTIFS(婚姻状况,O11)
12	25-29	229	=COUNTIFS(年龄段,J12)	已婚	673	=COUNTIFS(婚姻状况,O12)
13	30-34	325	=COUNTIFS(年龄段,J13)	离异	327	=COUNTIFS(婚姻状况,O13)
14	35-39	297	=COUNTIFS(年龄段,J14)			
15	40=<	522	=COUNTIFS(年龄段,J15)			
16				入转调	人数	公式
17				入职	40	=COUNTIFS(本月入转调,O17)
18	性别	人数	公式	转入	5	=COUNTIFS(本月入转调,O18)
19	男	882	=COUNTIFS(性别,J19)	转出	5	=COUNTIFS(本月入转调,O19)
20	女	588	=COUNTIFS(性别,J20)			
23	学历	人数	公式	部门	人数	公式
24	专科以下	282	=COUNTIFS(学历,J25)	销售部	437	=COUNTIFS(部门,O24)
25	专科	170	=COUNTIFS(学历,J26)	研发部	799	=COUNTIFS(部门,O25)
26	本科	572	=COUNTIFS(学历,J27)	信息技术部	162	=COUNTIFS(部门,O26)
27	硕士研究生	398	=COUNTIFS(学历,J28)	行政部	9	=COUNTIFS(部门,O27)
28	博士研究生	48	=COUNTIFS(学历,J29)	人力资源部	46	=COUNTIFS(部门,O28)
29				财务部	17	=COUNTIFS(部门,O29)

图 4-9　建立各维度统计数据

3. 建立核对数据

添加统计数据后，还需要建立核对数据区域，一旦维度数据有新增可以在核对区域查看。如图 4-10，在 N2 单元格输入公式“=COUNTA(员工编号)”计算总人数。统计数据都是按照不同维度将人数展开，所有分类求和一定等于总人数，所以对每个维度添加统计数据和验证，例如判断年龄统计数据，在 N3 单元格输入公式“=N2-SUM(K11:K15)”计算每个年龄段人数和是否等于总人数。在判断本月入转调统计数据时，由于本月入转调列存在空值，所以需要使用 COUNTA 函数统计非空单元格数以计算发生异动的人数，再减去入转调三种异动人数的和，在 N8 单元格输入公式“=COUNTA(本月入转调)-SUM(N17:N19)”。

LEFT　=N2-SUM(K11:K15)

	员工编号	年龄	性别	学历	婚姻状况	部门	本月入转调	年龄段
2	80010030	41	女	专科	单身	销售部	入职	40=<
3	80004349	49	男	专科以下	已婚	研发部		40=<
4	80002344	37	男	专科	单身	研发部		35-39
5	80001588	33	女	硕士研究生	已婚	研发部		30-34
6	80009001	27	男	专科以下	已婚	研发部		25-29
7	80001168	32	男	专科	单身	研发部		30-34
8	80009716	59	女	本科	已婚	研发部		40=<
9	80007930	30	男	专科以下	离异	研发部		30-34
10	80001661	38	男	本科	单身	研发部		35-39
11	80005677	36	男	本科	已婚	研发部		35-39
12	80008051	35	男	本科	已婚	研发部	入职	35-39
13	80008133	29	女	专科	单身	研发部		25-29
14	80009500	31	男	专科以下	离异	信息技术部		30-34
15	80009576	34	男	专科	离异	研发部		30-34
16	80002486	28	男	本科	单身	研发部		25-29
17	80001830	29	女	硕士研究生	离异	研发部		25-29
18	80008922	32	男	专科	离异	研发部		30-34
19	80001257	22	男	专科	离异	研发部		18-24
20	80002492	53	女	硕士研究生	已婚	销售部		40=<
21	80003174	38	男	本科	单身	信息技术部		35-39
22	80001546	24	女	专科	离异	研发部	入职	18-24
23	80003679	36	男	硕士研究生	单身	销售部		35-39
24	80003455	34	女	硕士研究生	单身	研发部		30-34
25	80006757	21	男	专科	单身	研发部		18-24
26	80008552	34	男	专科以下	单身	研发部		30-34
27	80004520	53	女	本科	离异	研发部		40=<
28	80003102	32	女	专科以下	单身	研发部		30-34
29	80008520	42	男	硕士研究生	已婚	销售部		40=<
30	80006706	44	女	硕士研究生	已婚	研发部		40=<

开始数值	年龄范围
18	18-24
25	25-29
30	30-34
35	35-39
40	40=<

数据总数核对

维度	差值	公式
总人数	1470	=COUNTA(员工编号)
年龄	=N2-SUM(K11	=N2-SUM(K11:K15)
性别	0	=N2-SUM(K19:K20)
学历	0	=N2-SUM(K24:K28)
婚姻状况	0	=N2-SUM(N11:N13)
部门	0	=N2-SUM(N24:N29)
入转调	0	=COUNTA(本月入转调)-SUM(N17:N19)

年龄段	人数
18-24	97
25-29	229
30-34	325
35-39	297
40=<	522

婚姻状况	人数
单身	470
已婚	673
离异	327

入转调	人数
入职	40
转入	5
转出	5

性别	人数
男	882
女	588

学历	人数
专科以下	282
专科	170
本科	572
硕士研究生	398
博士研究生	48

部门	人数
销售部	437
研发部	799
信息技术部	162
行政部	9
人力资源部	46
财务部	17

图 4-10　核对统计数据准确性

如果差值列中有数值大于 0，就说明对应的维度统计有遗漏，如图 4-11，更新数据源后发现统计数据核对中的入转调差值大于 0，表示数据存在问题，检查发现本月入转调列有一条“入职”的脏数据。

N8　=COUNTA(本月入转调)-SUM(N17:N19)

	员工编号	年龄	性别	学历	婚姻状况	部门	本月入转调	年龄段
2	80010030	41	女	专科	单身	销售部	入职	40=<
3	80004349	49	男	专科以下	已婚	研发部		40=<
4	80002344	37	男	专科	单身	研发部		35-39
5	80001588	33	女	硕士研究生	已婚	研发部		30-34
6	80009001	27	男	专科以下	已婚	研发部		25-29
7	80001168	32	男	专科	单身	研发部		30-34
8	80009716	59	女	本科	已婚	研发部		40=<
9	80007930	30	男	专科以下	离异	研发部		30-34
10	80001661	38	男	本科	单身	研发部		35-39
11	80005677	36	男	本科	已婚	研发部	入 职	35-39
12	80008051	35	男	本科	已婚	研发部	入职	35-39
13	80008133	29	女	专科	单身	研发部		25-29
14	80009500	31	男	专科以下	离异	信息技术部		30-34
15	80009576	34	男	专科	离异	研发部		30-34
16	80002486	28	男	本科	单身	研发部		25-29
17	80001830	29	女	硕士研究生	离异	研发部		25-29
18	80008922	32	男	专科	离异	研发部		30-34
19	80001257	22	男	专科	离异	研发部		18-24
20	80002492	53	女	硕士研究生	已婚	销售部		40=<
21	80003174	38	男	本科	单身	信息技术部		35-39
22	80001546	24	女	专科	离异	研发部	入职	18-24
23	80003679	36	男	硕士研究生	单身	销售部		35-39
24	80003455	34	女	硕士研究生	单身	研发部		30-34
25	80006757	21	男	专科	单身	研发部		18-24
26	80008552	34	男	专科以下	单身	研发部		30-34
27	80004520	53	女	本科	离异	研发部		40=<
28	80003102	32	女	专科以下	单身	研发部		30-34
29	80008520	42	男	硕士研究生	已婚	销售部		40=<
30	80006706	44	女	硕士研究生	已婚	研发部		40=<
31	80003456	46	女	硕士研究生	单身	销售部	入职	40=<

开始数值	年龄范围
18	18-24
25	25-29
30	30-34
35	35-39
40	40=<

维度	差值	公式
总人数	1470	=COUNTA(员工编号)
年龄	0	=N2-SUM(K11:K15)
性别	0	=N2-SUM(K19:K20)
学历	0	=N2-SUM(K24:K28)
婚姻状况	0	=N2-SUM(N11:N13)
部门	0	=N2-SUM(N24:N29)
入转调	1	=COUNTA(本月入转调)-SUM(N17:N19)

年龄段	人数
18-24	97
25-29	229
30-34	325
35-39	297
40=<	522

婚姻状况	人数
单身	470
已婚	673
离异	327

入转调	人数
入职	40
转入	5
转出	5

性别	人数
男	882
女	588

学历	人数
专科以下	282
专科	170
本科	572
硕士研究生	398
博士研究生	48

部门	人数
销售部	437
研发部	799
信息技术部	162
行政部	9
人力资源部	46
财务部	17

图 4-11　核对数据区域出现差值

4.5.3　建立数据大屏

建立统计数据后就是以统计数据作为图表数据源建立图表，并对图表进行合理的布局。

1. 建立图表

首先是基于已经建立好的统计数据选择合适的图表：

- 性别、婚姻状况以及年龄段类目较少可使用圆环图体现人数构成关系。

- 部门、学历类目较多，适合使用条形图体现对比关系。
- 本月入转调相对特别，汇总与其他图表不一致，它展示异动部分，相对重要，为体现区别可以使用柱形图。
- 还需要单值图用于展示总人数。

基于统计数据可以建立 6 个图表，包括 3 个圆环图、2 个条形图、1 个柱形图和 1 个单值图，其中单值图和柱形图相对重要。

以年龄段统计数据为例，插入图表，选中年龄段统计数据，在功能区中单击“插入”选项卡，在图表组中单击“插入饼图或圆环图”按钮，选择“圆环图”选项，如图 4-12 所示。

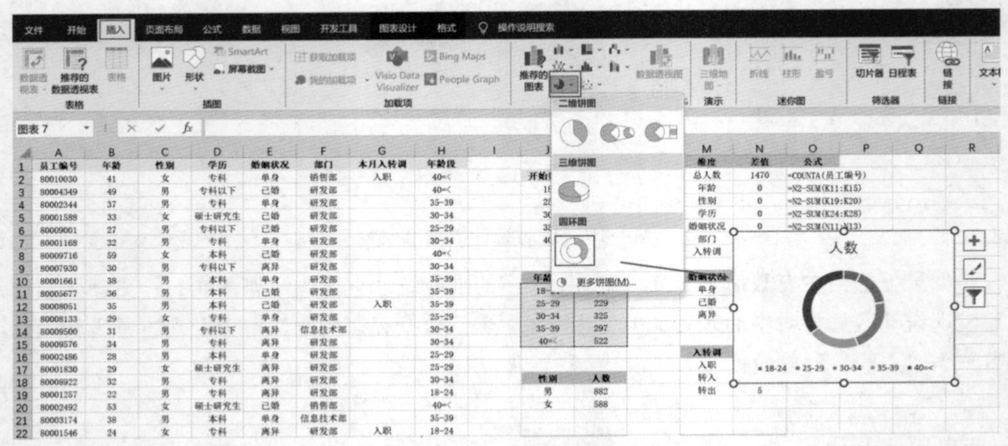

图 4-12　插入年龄分段圆环图

同样地对每个维度的统计数据插入对应的图表，如图 4-13 所示。

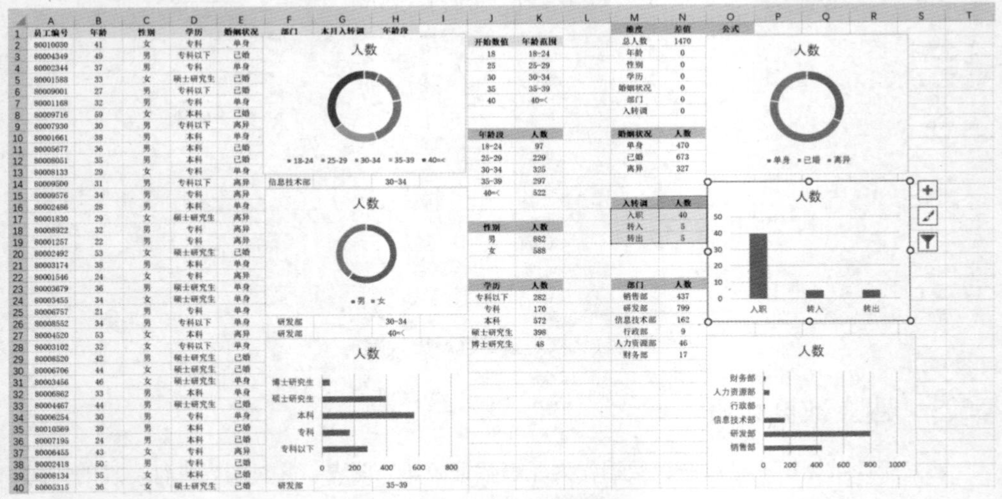

图 4-13　各个维度插入图表

2. 设置大屏背景

图表建立好后就可以对图表进行布局和对数据大屏进行整体设计。本例中一共有 6 个图表，图表数量相对较少，可以使用 3×2 模式，其中 3 个圆环图的数据都是展示人数分布，可放在大屏上方。剩下 2 个条形图和 1 个柱形图置于大屏下方，同时柱形图展人员变动相对重要可放在中间，并将单值图置于柱形图上方。这样布局既考虑到了数据大屏整体的对称性，也突出了重点数据。

明确使用 3×2 布局图表的模式，数据大屏背景长宽比设为 16:9 最为合适，在明细数据工作表中选取一块长宽比例为 16:9 的单元格区域，并设置单元格填充色作为数据大屏背景。本例使用 P1:Z25 单元格区域作为数据大屏的背景，设置背景单元格区域填充色为深蓝色（44,59,121），如图 4-14 所示。

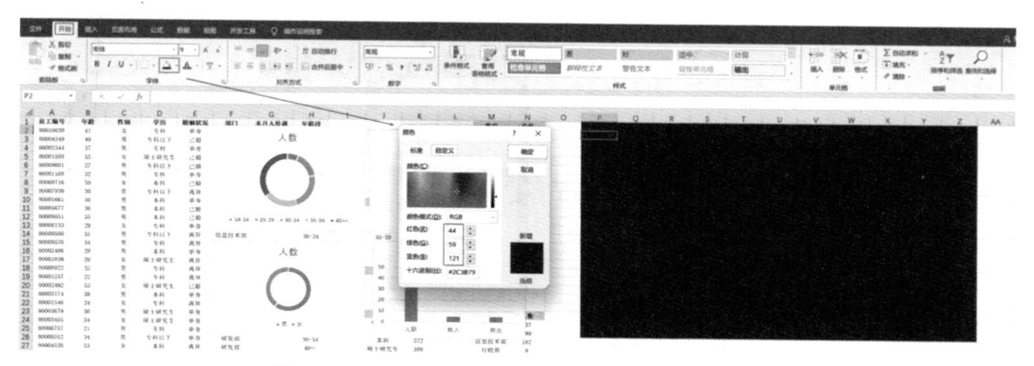

图 4-14　设置单元格区域填充颜色作为大屏背景

3. 布局图表位置

设置好数据大屏背景后，将“年龄段”的圆环图拖动至数据大屏区域左上角，上方保留数据大屏标题控件，左侧保留适当空白。同样将“婚姻状况”圆环图拖动至右上角，再将“性别”圆环图拖动至两个圆环图中间。按住 Ctrl 键同时选中三个圆环图，在功能区中单击“形状格式”选项卡，在“大小”组设置高度为 3.8 厘米，宽度为 6 厘米（大小需根据屏幕分辨率调节）。统一图表大小后需将三个图表对齐，在“排列”组单击“对齐”按钮，在快捷菜单中选择“顶端对齐”和“横向分布”选项，如图 4-15 所示。

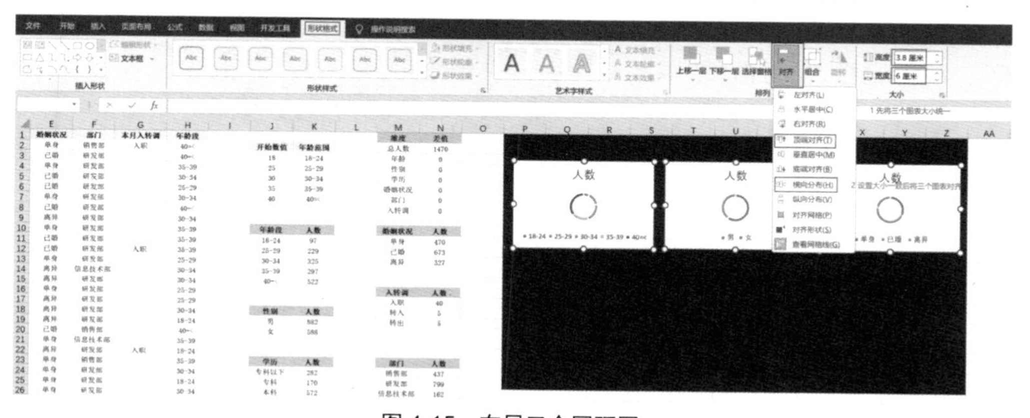

图 4-15　布局三个圆环图

大屏下方的图表需要与上方的图表一一对应，将“学历”条形图拖动至数据大屏左下方，上方、左方、下方保留空白一致；将“部门”条形图拖动至数据大屏右下方，上方、右方、下方保留空白一致，并将“入转调”柱形图拖动至两者中间。按住 Ctrl 键同时选中三个图表，在功能区中单击“形状格式”选项卡，在“大小”组设置高度为 5.4 厘米，宽度为 6 厘米。统一图表大小后对齐三个图表，在“排列”组单击“对齐”按钮，在快捷菜单中选择“顶端对齐”和“横向分布”选项，如图 4-16 所示。

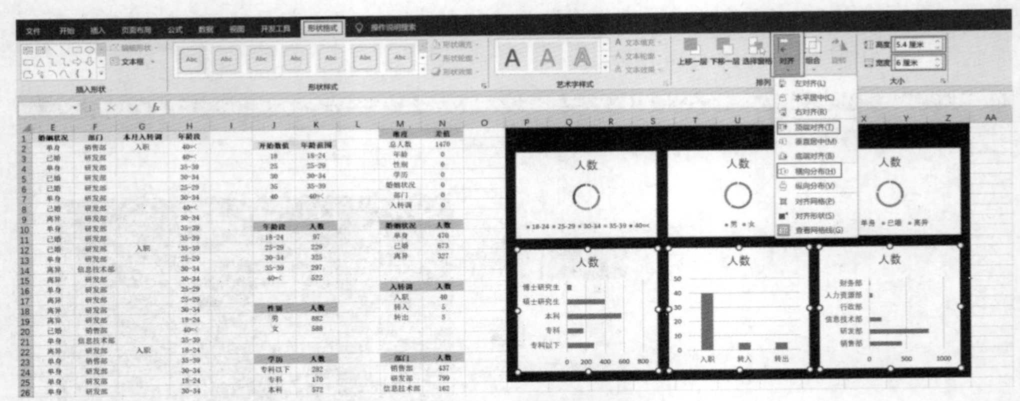

图 4-16 布局柱形图和条形图

本例设置图表的高度和宽度并非固定值，是根据背景区域大小反复调试找到的最适合的范围。由于下方的条形图需要足够的高度，同时考虑圆环图的图例可以设置到右侧，所以下方的图表高度要大于上方图表的高度，但是上下方图表的宽度必须是一致的，以保持图表的对称结构。

4. 图表修饰

本例图表采用浮层效果，即每个图表的背景的填充颜色设置为与数据大屏背景色相近的颜色而不是无填充，这样可以充分利用亲密性原则。

（1）设置图表背景

设置 6 个图表背景填充颜色一致，以年龄段圆环图为例，右击“年龄段”圆环图，在快捷菜单中选择“设置图表区域格式”选项，单击“填充与线条”按钮，在“填充”组中选择“纯色填充”单选按钮，设置颜色为靛蓝色（29,36,74），在“边框”组选择“无线条”单选按钮，如图 4-17 所示。对其他 5 个图表同样修改图表区背景。

（2）修改图表元素

圆环图和柱形图、条形图图表元素设置的方法不同。首先设置圆环图，圆环图默认生成的图表元素有标题和图例，两者都可保留并加以适当修饰。

依然以年龄段圆环图为例，右击图例，在快捷菜单中选择“设置图例格式”选项，在“图例选项”菜单下，在“图例位置”组选择“靠右”单选选项，设置字体为微软雅黑，字号为 7，字体颜色为浅灰色（242,242,242），如图 4-18 所示。

单击标题，设置字体为微软雅黑，字号为 10，并加粗，字体颜色为浅灰色

(242,242,242)，如图 4-19 所示。对其他两个圆环图的标题和图例也进行相同的设置。

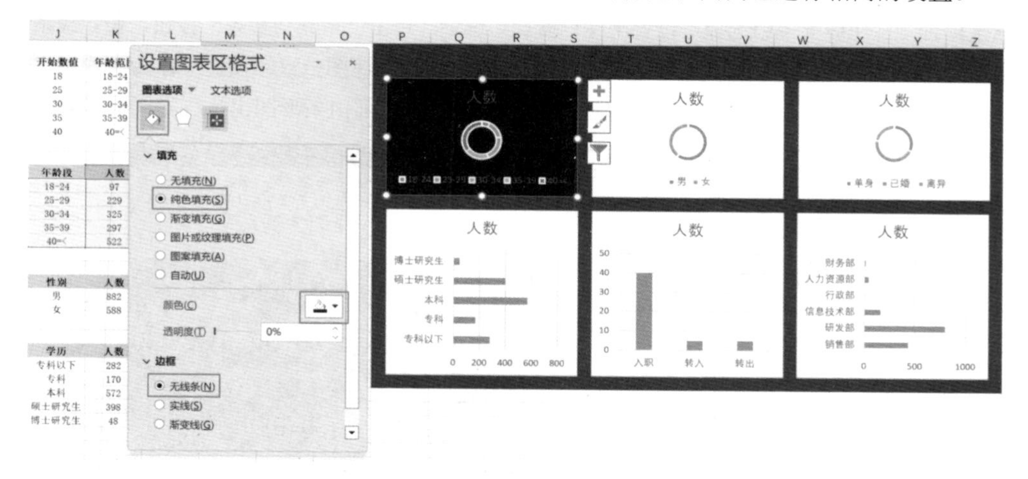

图 4-17　设置图表区背景

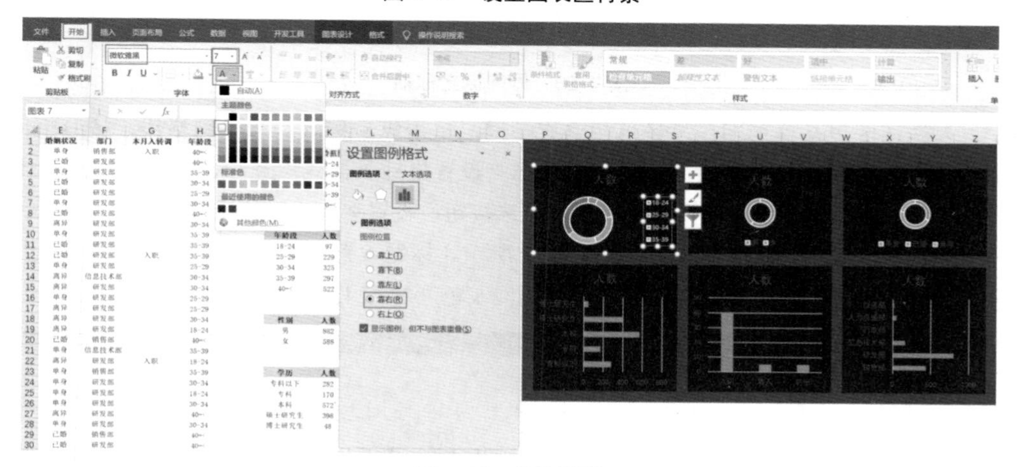

图 4-18　修饰图例

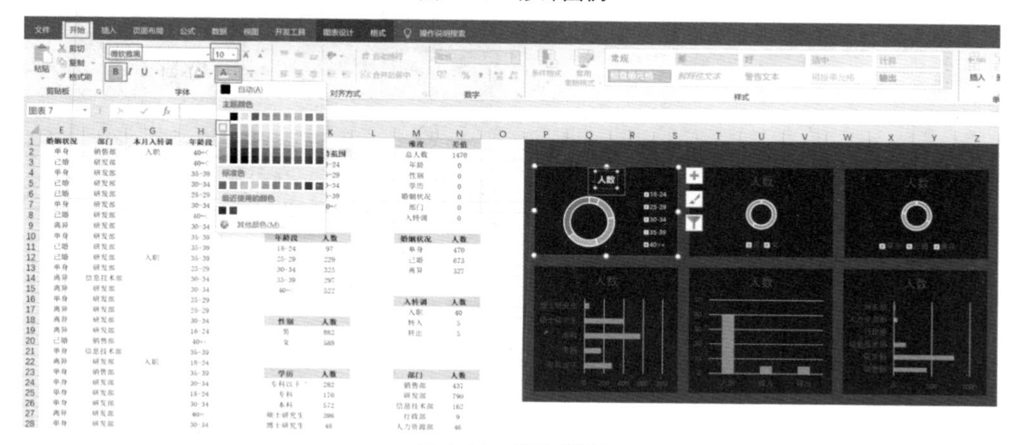

图 4-19　修饰标题

条形图设置以学历条形图为例，单击横坐标轴和垂直网格线，按 Delete 键删除。右键单击纵坐标轴，在快捷菜单中选择“设置坐标轴格式”选项，单击“填充与线条”按钮，在“线条”组选择“无线条”单选按钮，如图 4-20 所示。标题设置与圆环图一致，设置字体为微软雅黑，字号为 10，并加粗，字体颜色为浅灰色（242,242,242），对部门条形图也执行相同的设置。

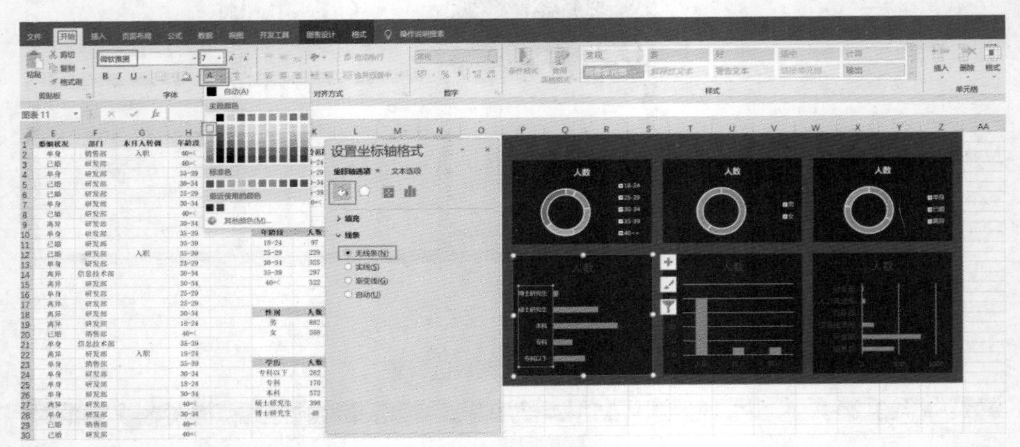

图 4-20　修饰纵坐标轴

入转调图表是柱形图，与条形图略有不同，单击纵坐标轴和水平网格线，按 Delete 键删除。右击横坐标轴，在快捷菜单中选择“设置坐标轴格式”选项，单击“填充与线条”按钮，在“线条”组选择“无线条”单选按钮，设置字体为微软雅黑，字号为 7，字体颜色为浅灰色（242,242,242），如图 4-21 所示。标题设置与条形图一致，设置字体为微软雅黑，字号为 10，并加粗，字体颜色为浅灰色（242,242,242）。

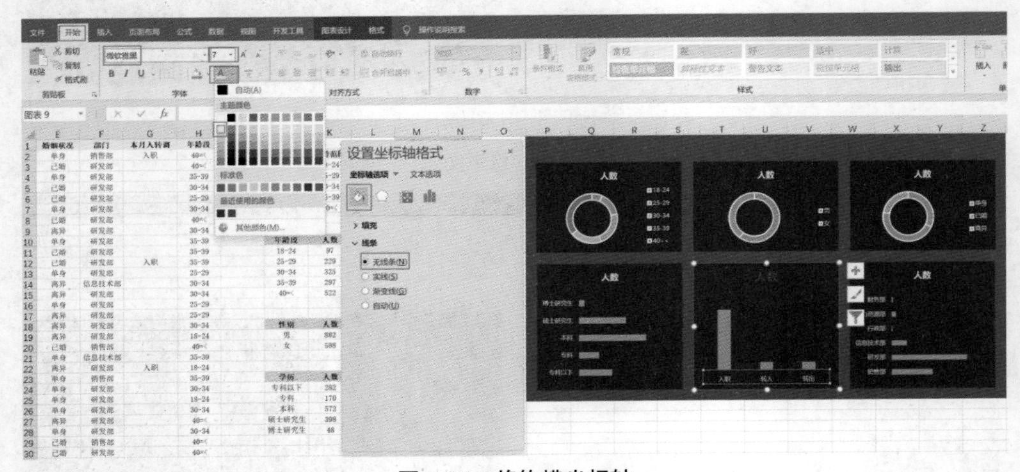

图 4-21　修饰横坐标轴

对所有图表的图表元素修饰后数据大屏样式如图 4-22 所示。

5. 修饰绘图区

对于圆环图的修饰包括隐藏线条和设置填充，右击“年龄段”圆环图，在快捷菜单中选择“设置数据系列格式”选项，单击“填充与线条”按钮，在“线条”组选择“无线条”单选按钮。再单击一下圆环，选中对应的圆环块，设置填充为纯色填充，颜色逆时针依次为深蓝色（0,112,192），金色（237,165,48），青蓝色（122,213,254），橙色（237,125,49），浅蓝色（0,176,240）。设置“性别”圆环图两个填充色分别为深蓝色（0,112,192），金色（237,165,48）。设置“婚姻状况”圆环图的三个填充色逆时针依次为深蓝色（0,112,192），金色（237,165,48），青蓝色（122,213,254），如图 4-23 所示。

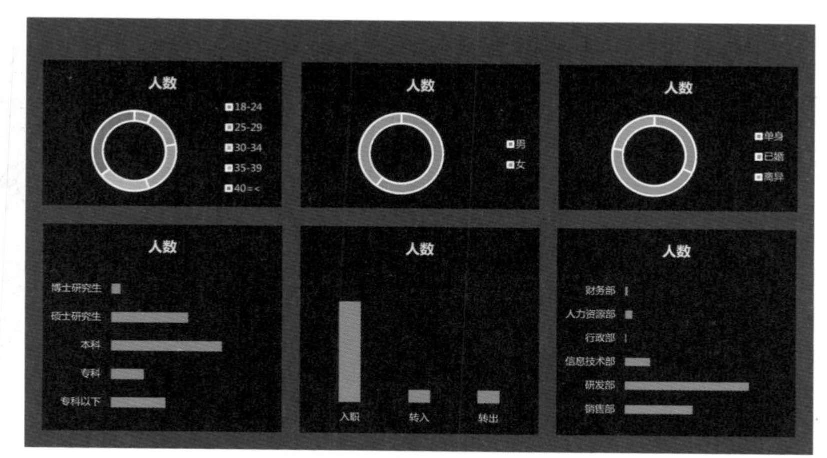

图 4-22　修饰图表元素后样式

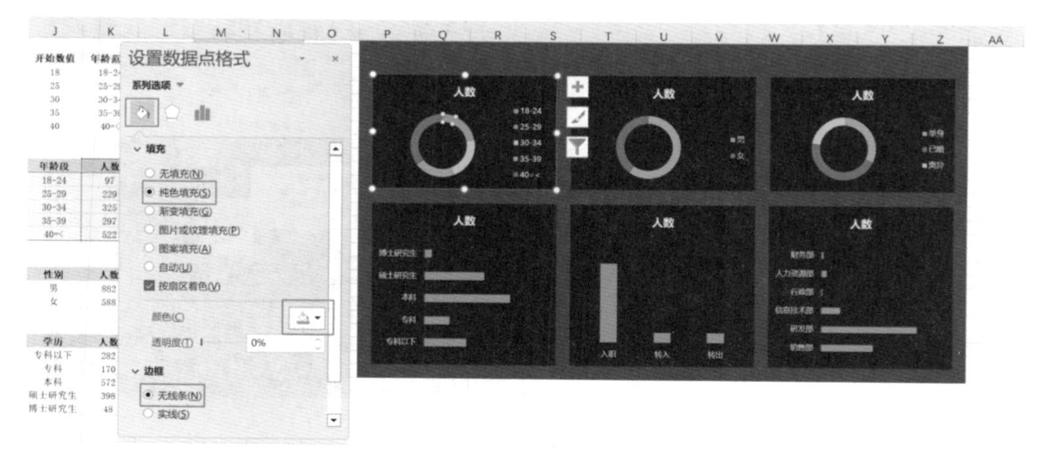

图 4-23　修饰圆环图绘图区

柱形图和条形图修饰相对简单，只设置填充即可，右击条形图或柱形图，在快捷菜单中选择“设置数据系列格式”选项，单击“填充与线条”按钮，在“填充”组选择“纯色填充”单选按钮，颜色为青蓝色（122,213,254），对其他柱形和条形图填充也设置相同颜色，如图 4-24 所示。

6. 添加数据标签

圆环图和柱形图添加数据标签的方式相同，修饰方式略有不同。首先设置圆环图，单击图表区，再单击图表区右上角出现的加号按钮，在弹出的“图表元素”快捷菜单中单击“数据标签”复选框右侧的三角形按钮，在关联的快捷菜单中选择“更多选项”选项，在“设置数据标签格式”对话框的“标签选项”菜单下，在“标签包括”组中首先选择“百分比”复选框，再取消选中“值”复选框，本例圆环图只显示分布占比，其他圆环图也设置标签为百分比，并双击选中对应的数据标签，适当调整数据标签位置。选中数据标签，设置字体为微软雅黑，字号为 7，字体颜色为浅灰色（242,242,242），如图 4-25 所示。

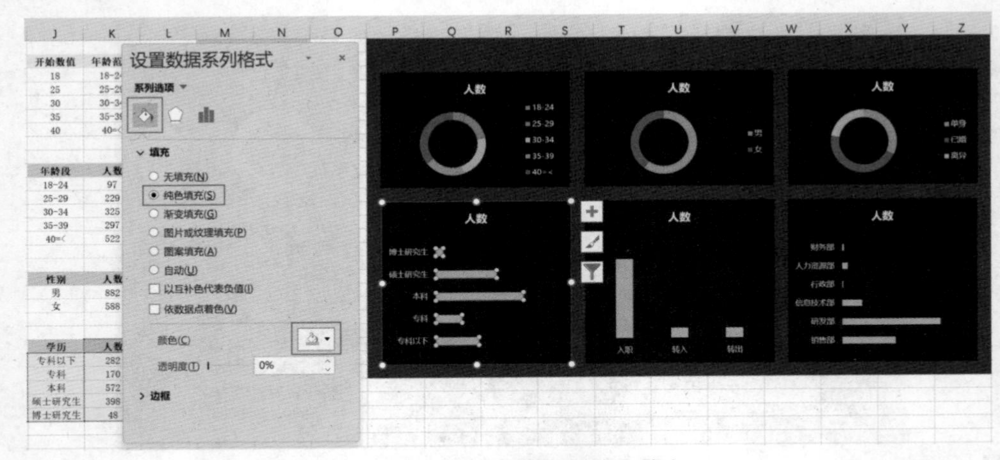

图 4-24　设置条形图和柱形图填充

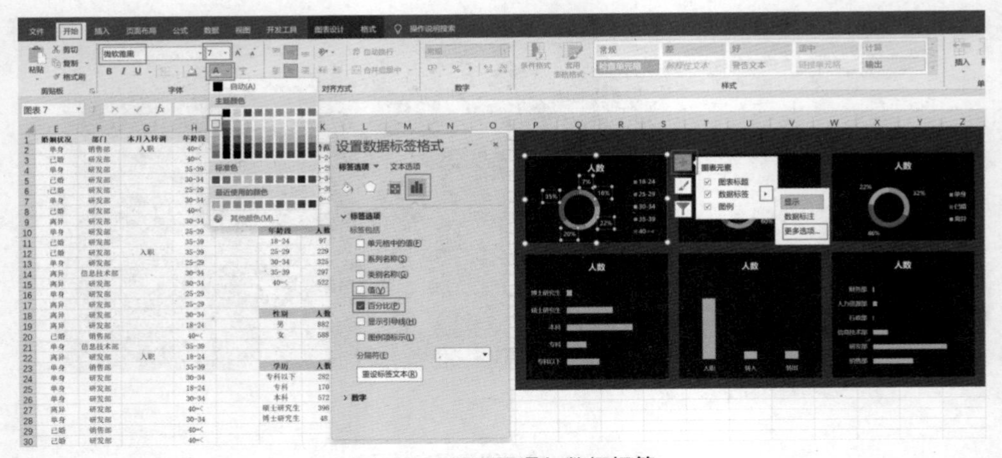

图 4-25　圆环图添加数据标签

柱形图设置数据标签为值，所以无须设置数据标签的“更多选项”。单击图表区，再单击图表区右上角出现的加号按钮，在弹出的“图表元素”快捷菜单中单击“数据标签”复选框右侧的三角形，选择“数据标签外”选项。选中数据标签，设置字体为微软雅黑，字号为 7，字体颜色为浅灰色（242,242,242），如图 4-26 所示。

最后添加展示总人数的卡片图，在功能区中单击“插入”选项卡，选择“文本框”选项，插入文本框作为卡片图。

选中一个单元格作为卡片图数据源单元格，输入公式“="总人数："&COUNTA(员工编号)”，如图 4-27。选中文本框，在编辑栏输入等号，鼠标选中卡片图数据源所在单元格 K9，按回车键，如图 4-28 所示。

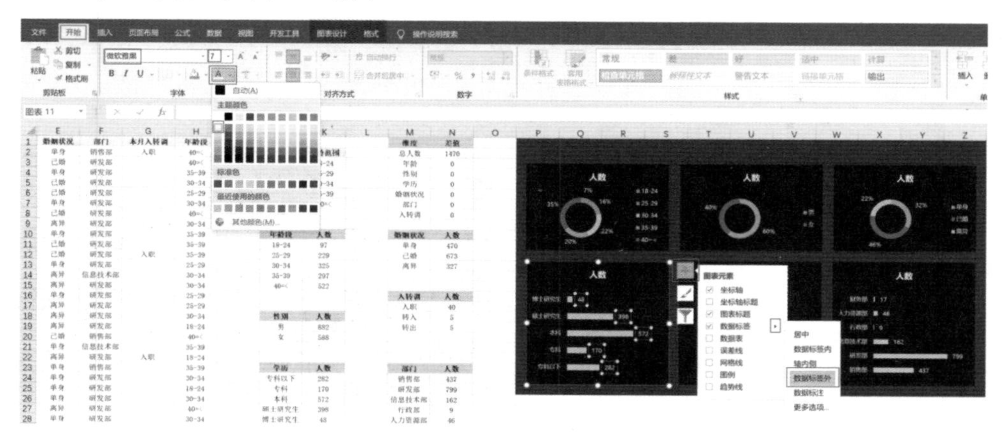

图 4-26　条形图和柱形图添加数据标签

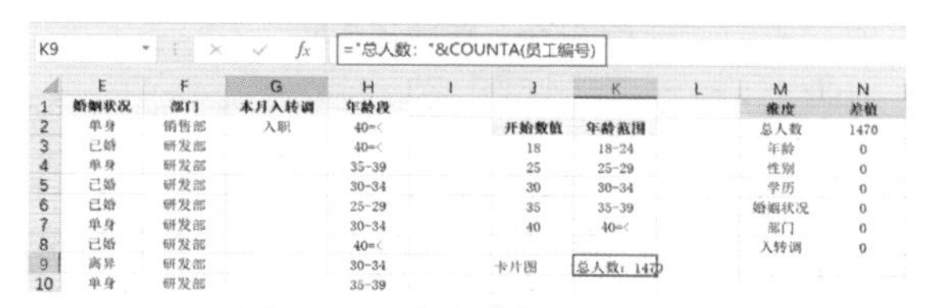

图 4-27　建立卡片图数据源

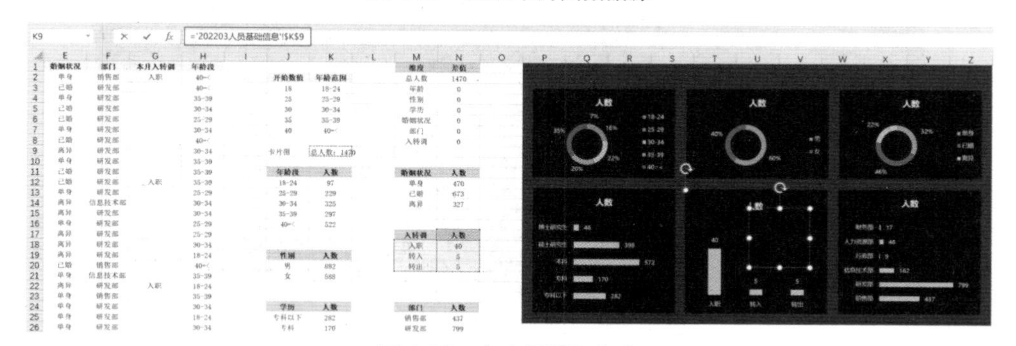

图 4-28　文本框插入公式

右击插入的文本框，在快捷菜单中选择“设置形状格式”选项，单击“填充与线条”按钮，在“填充”组选择“无填充”单选选项，在“线条”组选择“无线条”单选选项，设置字体为微软雅黑，字号为 10，并选中加粗，字体颜色为浅灰色（242,242,242），如图 4-29 所示。

适当调节“入转调”柱形图，将标题和绘图区向下拖动，将“总人数”卡片图拖动至“入转调”柱形图上方。

7. 添加标题

标题包括数据大屏标题和每个图表的标题，首先修改每个图表的标题为对应的分类名称，单击图表标题可直接修改。数据大屏需插入文本框作为数据标题，插入一个空白文本框，输入“公司人员结构看板”，并设置文本框为无填充和无线条，设置字体为微软雅黑，字号为 14，并加粗，字体颜色为浅灰色（242,242,242），结果如图 4-30 所示。

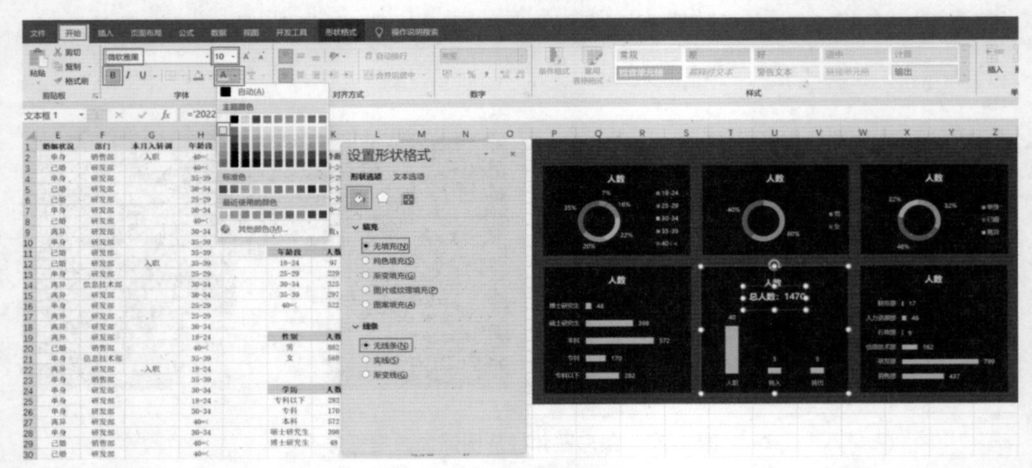

图 4-29　修饰文本框

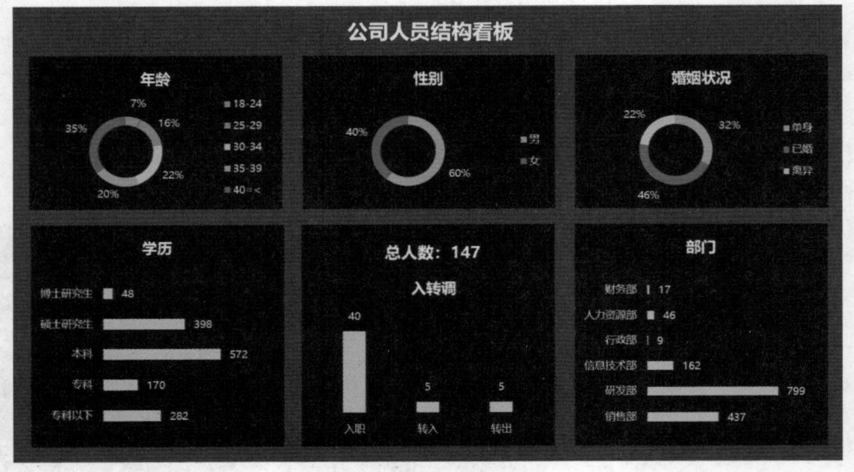

图 4-30　人力资源可视化数据大屏

这样就完成了静态人力资源数据大屏的制作，因为保留了图表数据的公式，如果需要制作新周期的数据大屏，直接使用新周期的数据覆盖旧的明细数据，图表自动更新为最新。

4.6　从 0 到 1 设计商品销售年度数据大屏 ›››

上一节介绍了使用 Excel 制作静态数据大屏，涵盖了 Excel 制作可视化看板的全部过程。本节介绍动态数据大屏的制作，相比于静态大屏，动态数据大屏需要添加筛选器，用户可以自由筛选数据。

4.6.1　数据准备

本节介绍的销售数据包含销售明细和成本明细两个表格，分别存放在不同的工作表中，销售明细表包含订单日期、订单单号、区域、快递公司、订单额、产品单价、利润额以及产品名称信息，共 8564 条数据。成本明细表包含月份、类别和成本信息，共 48 条数据，如图 4-31 和图 4-32 所示。

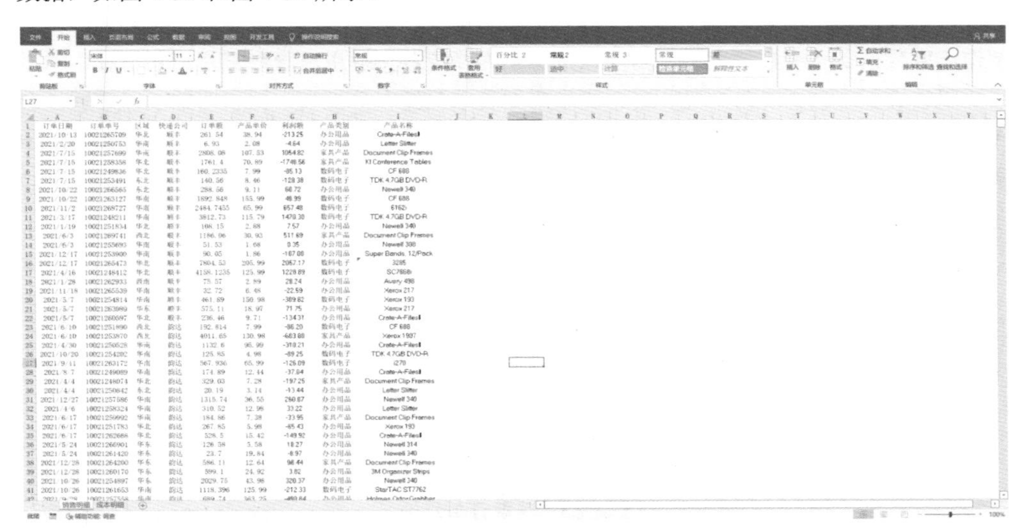

图 4-31　销售明细数据

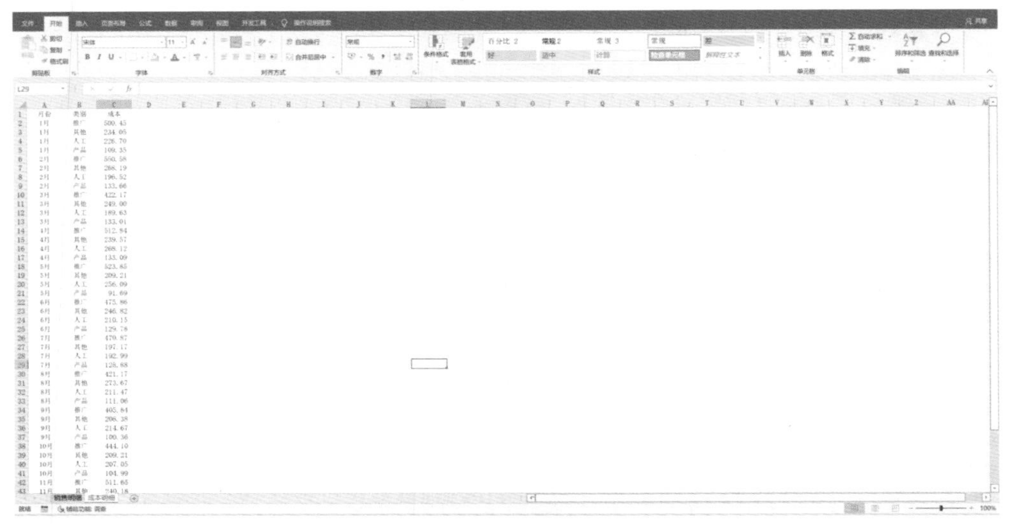

图 4-32　成本明细数据

1. 检查数据

- 数据源包含 2021 年商品全部销售明细以及每个月的成本统计，不存在缺失情况。
- 不存在单元格合并的情况。

- 列标题非空且唯一。
- 订单日期是日期数据按照日期类型存储，其他字段数据类型正确。
- 通过筛选检查，明细数据中不存在空值。

2. 数据处理

销售明细中可以作为度量值的数据有订单额、产品单价、利润额以及对订单单号计数，其他列作为轴标签。成本明细中成本作为度量值，月份和成本类别作为轴标签。本例制作年度数据动态可视化大屏，需要以月份作为筛选器支持用户查看每月销售情况，所以需要明细数据中包含月份字段。其中成本明细表中已经有月份列，销售明细表需要通过公式获取订单日期中的月份，在 J2 单元格输入公式“=MONTH(A2)&" 月 "”使用 MONTH 函数获取订单月份并使用“&”与字符“月”拼接，按回车键并将公式下拉，如图 4-33 所示。为方便区分，一般设置带公式列的列标题填充色为黄色。

J2 =MONTH(A2)&"月"

	A	B	C	D	E	F	G	H	I	J	K	L
1	订单日期	订单单号	区域	快递公司	订单额	产品单价	利润额	产品类别	产品名称	月份		
2	2021/10/13	10021265709	华北	顺丰	261.54	38.94	-213.25	办公用品	Crate-A-FilesI	10月		
3	2021/2/20	10021250753	华南	顺丰	6.93	2.08	-4.64	办公用品	Letter Slitter	2月		
4	2021/7/15	10021257699	华南	顺丰	2808.08	107.53	1054.82	家具产品	Document Clip Frames	7月		
5	2021/7/15	10021258358	华北	顺丰	1761.4	70.89	-1748.56	家具产品	KI Conference Tables	7月		
6	2021/7/15	10021249836	华北	顺丰	160.2335	7.99	-85.13	数码电子	CF 688	7月		
7	2021/7/15	10021253491	东北	顺丰	140.56	8.46	-128.38	数码电子	TDK 4.7GB DVD-R	7月		
8	2021/10/22	10021266565	东北	顺丰	288.56	9.11	60.72	办公用品	Newell 340	10月		
9	2021/10/22	10021263127	华南	顺丰	1892.848	155.99	48.99	数码电子	CF 688	10月		
10	2021/11/2	10021268727	华南	顺丰	2484.7455	65.99	657.48	数码电子	6162i	11月		

图 4-33　获取订单月份

最后将公式取消，选中“月份”列，按 Ctrl+C 键复制数据再按 Ctrl+V 键粘贴，单击“粘贴”按钮，在弹出的对话框的“粘贴数值”组选择“值”选项，如图 4-34 所示。

H	I	J
产品类别	产品名称	月份
办公用品	Crate-A-FilesI	10月
办公用品	Letter Slitter	2月
家具产品	Document Clip Frames	7月
家具产品	KI Conference Tables	7月
数码电子	CF 688	7月
数码电子	TDK 4.7GB DVD-R	7月
办公用品	Newell 340	10月
数码电子	CF 688	10月
数码电子	6162i	11月
数码电子	TDK 4.7GB DVD-R	3月
办公用品	Newell 340	1月
家具产品	Document Clip Frames	6月
办公用品	Newell 308	6月

(Ctrl)
粘贴
粘贴数值
其他粘贴选项

图 4-34　取消数据列公式转为值

4.6.2　数据统计

根据明细数据中的现有数据信息，以月份作为筛选器，可将区域、快递公司、产品类别、费用类型、商品作为维度进行统计分析。

1. 添加定义名称

由于两个表中都存在月份字段，首先对两个表的月份列标题重新命名。销售明细表的月份列标题修改为“月份 _ 销量”，成本明细表中的月份列标题修改为“月份 _ 成本”。

如图 4-35，在销售明细表中选中所有列（不是选中所有数据），在功能区中单击“公式”选项卡，在“定义的名称”组单击“根据所选内容创建”按钮，在弹出的“根据所选内容创建”对话框中取消选中“最左列”复选框，单击“确定”按钮，完成销售数据的定义名称添加，使用同样的方法对成本明细表中的类别和成本添加定义名称。

	A	B	C	D	E	F	G	H	I	J
1	订单日期	订单单号	区域	快递公司	订单额	产品单价	利润额	产品类别	产品名称	月份_销售
2	2021/10/13	10021265709	华北	顺丰	261.54	38.94	-213.25	办公用品	Crate-A-FilesI	10月
3	2021/2/20	10021250753	华南	顺丰	6.93	2.08	-4.64	办公用品	Letter Slitter	2月
4	2021/7/15	10021257699	华南	顺丰	2808.08	107.53	1054.82	家具产品	Document Clip Frames	7月
5	2021/7/15	10021258358	华北	顺丰	1761.4	70.89	-1748.56	家具产品	KI Conference Tables	7月
6	2021/7/15	10021249836	华北	顺丰	160.2335	7.99	-85.13	数码电子	CF 688	7月
7	2021/7/15	10021253491	东北	顺丰	140.56	8.46	-128.38	数码电子	TDK 4.7GB DVD-R	7月
8	2021/10/22	10021266565	东北	顺丰	288.56	9.11	60.72	办公		10月
9	2021/10/22	10021263127	华南	顺丰	1892.848	155.99	48.99	数码		10月
10	2021/11/2	10021268727	华南	顺丰	2484.7455	65.99	657.48	数码		11月
11	2021/3/17	10021248211	华南	顺丰	3812.73	115.79	1470.30	数码		3月
12	2021/1/19	10021251834	华北	顺丰	108.15	2.88	7.57	办公		1月
13	2021/6/3	10021269741	西北	顺丰	1186.06	30.93	511.69	家具		6月
14	2021/6/3	10021255693	华南	顺丰	51.53	1.68	0.35	办公		6月
15	2021/12/17	10021253900	华南	顺丰	90.05	1.86	-107.00	办公		12月
16	2021/12/17	10021265473	华北	顺丰	7804.53	205.99	2057.17	数码		12月
17	2021/4/16	10021248412	华北	顺丰	4158.1235	125.99	1228.89	数码		4月
18	2021/1/28	10021262933	西南	顺丰	75.57	2.89	28.24	办公		1月
19	2021/11/18	10021265539	华南	顺丰	32.72	6.48	-22.59	办公用品	Xerox 217	11月
20	2021/5/7	10021254814	华南	顺丰	461.89	150.98	-309.82	数码电子	Xerox 193	5月

根据所选内容创...
根据下列内容中的值创建名称:
首行(T)
最左列(L)
末行(B)
最右列(R)
确定　取消

图 4-35　批量添加定义名称

在功能区中单击“公式”选项卡，在“定义的名称”组单击“名称管理器”按钮可以查看已经添加的名称，如图 4-36 所示。

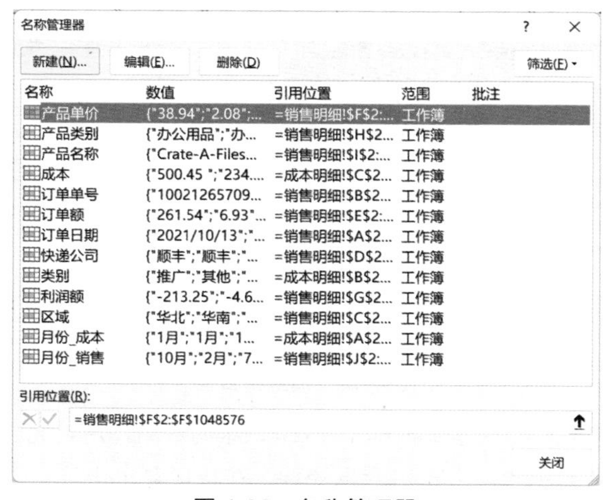

图 4-36　名称管理器

2. 建立图表数据源区域

（1）明确分析数据

在建立统计数据前，首先明确需要展示的维度和度量值，其中度量值包括订单量、销售额、利润额和单价，本例使用年度销售数据，商品单价可在其他页面展示。维度有区域、快递公司、产品类别、产品名称、月份以及成本分类，其中成本分类用于展示成本费用，月份、区域、快递公司、产品类别展示销售单量，产品可展示排名，月份作为筛选器。

（2）建立统计数据工作表

首先建立一个空白工作表。右击一个工作表，在弹出的菜单中选择“插入”选项新建一个工作表，命名为统计数据。为区分不同用途的工作表，可对统计数据工作表设置填充色，在菜单中选择“工作表标签颜色”选项可设置标签填充色，设置填充色为绿色（17,167,173），如图 4-37 所示。

30	2021/4/4	100212		达	20.19	3.14	-13.44	办公用品	Letter Slitter	4月
31	2021/12/27	100212		达	1315.74	36.55	260.87	办公用品	Newell 340	12月
32	2021/4/6	100212		达	310.52	12.98	33.22	办公用品	Letter Slitter	4月
33	2021/6/17	100212		达	184.86	7.38	-33.95	家具产品	Document Clip Frames	6月
34	2021/6/17	100212		达	267.85	5.98	-65.43	办公用品	Xerox 193	6月
35	2021/6/17	100212		达	528.5	15.42	-149.92	办公用品	Crate-A-Files!	6月
36	2021/5/24	100212		达	126.58	5.58	18.27	办公用品	Newell 314	5月
37	2021/5/24	100212		达	23.7	19.84	-8.97	办公用品	Newell 340	5月
38	2021/12/28	100212		达	586.11	12.64	98.44	家具产品	Document Clip Frames	12月
39	2021/12/28	100212		达	599.1	24.92	3.82	办公用品	3M Organizer Strips	12月
40	2021/10/26	100212		达	2029.75	43.98	320.37	办公用品	Newell 340	10月
41	2021/10/26	100212		达	1118.396	125.99	-212.33	数码电子	StarTAC ST7762	10月
42	2021/9/28	100212		达	689.74	363.25	-490.84	办公用品	Holmes Odor Grabber	9月
43	2021/12/28	100212		达	154.35	6.48	-91.14	办公用品	Xerox 1984	12月

插入(I)...
删除(D)
重命名(R)
移动或复制(M)...
查看代码(V)
保护工作表(P)...
工作表标签颜色(T)
隐藏(H)
取消隐藏(U)...
选定全部工作表(S)
统计数据 销售明细 成本明细

图 4-37　建立统计数据工作表

（3）插入筛选器

本例设计的是动态数据大屏，与动态图表一样，建立图表数据前首先插入筛选器，因为是以月份作为筛选项目，筛选类目较多，使用组合框是最佳的选择。在功能区中单击“开发工具”选项卡，单击“插入”按钮，在“表单控件”菜单下选择“组合框”选项，按住鼠标拖动建立控件，如图 4-38 所示。

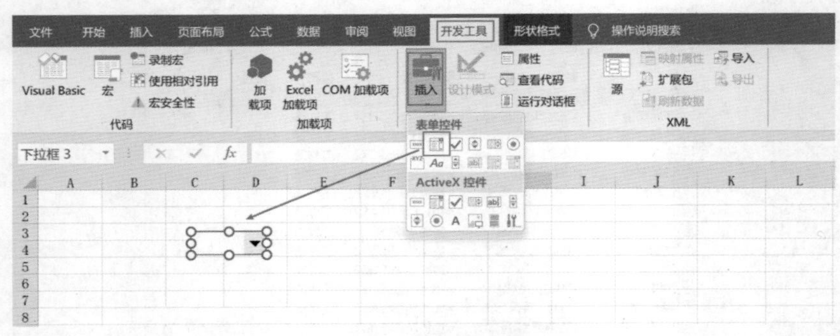

图 4-38　插入组合框

本例使用的销售数据和成本数据都是 2021 整年的数据，所以先建立 1 月 ~12 月的月份列作为筛选器参考数据源。右击组合框控件，在快捷菜单中选择“设置控件格式”选项，在弹出的“设置对象格式”对话框的“控制”菜单下，在“数据源区域”的输入框中输入月份列数据单元格地址（注意不要包含月份所在单元格），在“单元格链接”的输入框中任意输入一个单元格地址即可，如图 4-39 所示。

由于组合框在链接单元格返回的是月份的索引位置，需要使用 INDEX 函数获取组合框筛选的月份，在 D2 单元格内输入公式“=INDEX(B9:B20,C2)”获取筛选结果，如图 4-40 所示。

（4）建立统计分析数据

在销售明细工作表中复制“区域”列数据，粘贴至一个空白的工作表中，选中该列数据，在功能区中单击“数据”选项卡，在“数据工具”组单击“删除重复值”按钮，得到去重结果，如图 4-41 所示。

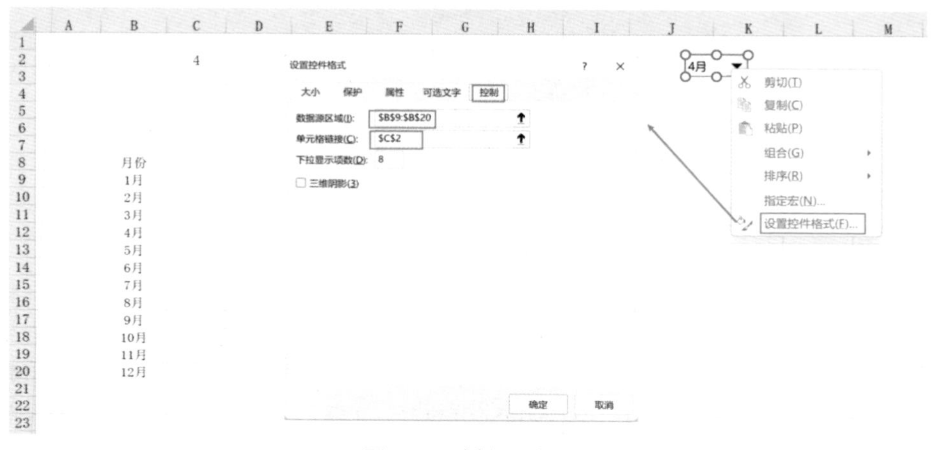

图 4-39　插入组合框

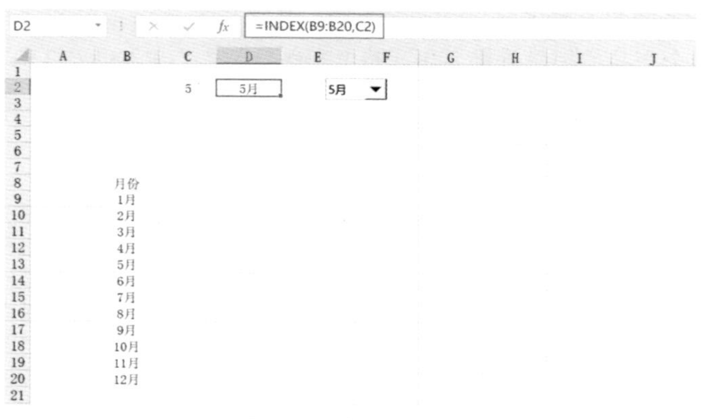

图 4-40　插入组合框

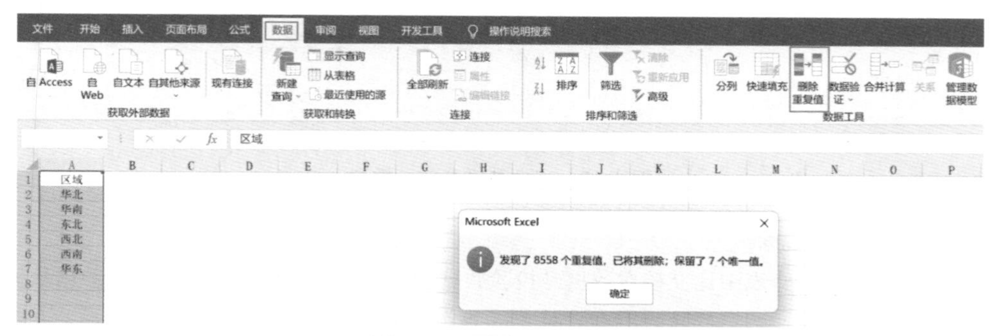

图 4-41　区域列数据去重

将去重得到的数据区域复制到统计数据工作表中。统计各区域订单量情况，在 E9 单元格输入公式“=COUNTIFS(区域 ,D9, 月份 _ 销售 ,$D$2)”，包含月份和区域两个计数条件，并将公式下拉得到各区域销量统计数据，如图 4-42 所示。

E9 =COUNTIFS(区域,D9,月份_销售,$D$2)

	A	B	C	D	E	F
2			5	5月	5月	
8		月份		区域	销量	公式
9		1月		华北	160	=COUNTIFS(区域, D9, 月份_销售, $D$2)
10		2月		华南	313	=COUNTIFS(区域, D910月份_销售, $D$2)
11		3月		东北	105	=COUNTIFS(区域, D11, 月份_销售, $D$2)
12		4月		西北	51	=COUNTIFS(区域, D12, 月份_销售, $D$2)
13		5月		西南	18	=COUNTIFS(区域, D13, 月份_销售, $D$2)
14		6月		华东	147	=COUNTIFS(区域, D14, 月份_销售, $D$2)
15		7月				

图 4-42 建立区域统计单量数据

在建立好的统计数据基础上插入图表就是完成一个动态图表的过程，本例是设计数据大屏，所以还需要建立其他统计数据。同样使用 COUNTIFS 函数统计各个区域、产品类型以及快递公司对应的销量；统计月份的销售额需要对销售额进行求和所以使用 SUMIFS 函数，在 K18 单元格输入公式“=SUMIFS(订单额 , 月份 _ 销售 ,J18)/10000”；因为销售产品类目较多所以选择展示销售额排名前三的产品，首先统计产品的对应的销售额和销量，然后使用排名函数 RANK（包含两个参数，排名值和排名数组）计算本月产品销售额排名，在第一个产品的销量额排名单元格 R2 输入公式“=RANK(T2,$T$2:T347)”计算排名，并公式下拉。这里将排名公式放在产品名称前是为了方便后面使用 VLOOKUP 函数将前三名匹配出来。最后得到统计数据工作表如图 4-43 所示。

	C	D	E	H	I	J	K	L	M	N	O
2	5	5月	5月	成本	1080.84	销量	794	销售额(万)	116.51	利润额(万)	11.46
3							=COUNTIFS(月份_销售, L9)				=SUMIFS(利润额, 月份_销售, D2)/10000
4				公式	=SUMIFS(成本, 月份_成本, $D$2)				=SUMIFS(订单额, 月份_销售, D2)/10000		

	B	D	E	F
8	月份	区域	销量	公式
9	1月	华北	160	=COUNTIFS(区域, D9, 月份_销售, $D$2)
10	2月	华南	313	=COUNTIFS(区域, D910月份_销售, $D$2)
11	3月	东北	105	=COUNTIFS(区域, D11, 月份_销售, $D$2)
12	4月	西北	51	=COUNTIFS(区域, D12, 月份_销售, $D$2)
13	5月	西南	18	=COUNTIFS(区域, D13, 月份_销售, $D$2)
14	6月	华东	147	=COUNTIFS(区域, D14, 月份_销售, $D$2)
15	7月			
16	8月			
17	9月	快递公司	销量	公式
18	10月	顺丰	315	=COUNTIFS(快递公司, D18, 月份_销售, $D$2)
19	11月	韵达	65	=COUNTIFS(快递公司, D19, 月份_销售, $D$2)
20	12月	中通	62	=COUNTIFS(快递公司, D20, 月份_销售, $D$2)
21		申通	109	=COUNTIFS(快递公司, D21, 月份_销售, $D$2)
22		圆通	228	=COUNTIFS(快递公司, D22, 月份_销售, $D$2)
23		EMS	13	=COUNTIFS(快递公司, D23, 月份_销售, $D$2)
26		成本	金额	公式
27		推广	523.65	=SUMIFS(成本, 月份_成本, $D$2, 类别, D27)
28		其他	209.21	=SUMIFS(成本, 月份_成本, $D$2, 类别, D28)
29		人工	256.09	=SUMIFS(成本, 月份_成本, $D$2, 类别, D29)
30		产品	91.69	=SUMIFS(成本, 月份_成本, $D$2, 类别, D30)

	J	K	L	M	N
7		月份公式	月份	销量	销量公式
8		=INDEX(B9:B20, C2-1)	4月	688	=COUNTIFS(月份_销售, K7)
9		=INDEX(B9:B20, C2)	5月	794	=COUNTIFS(月份_销售, K8)
12	产品类别	销量	公式		
13	办公用品	446	=COUNTIFS(产品类别, J9, 月份_销售, $D$2)		
14	家具产品	146	=COUNTIFS(产品类别, J10, 月份_销售, $D$2)		
15	数码电子	202	=COUNTIFS(产品类别, J11, 月份_销售, $D$2)		
17	月份	销售额(万)			
18	1月	145.22	=SUMIFS(订单额, 月份_销售, 010)/10000		
19	2月	118.63	=SUMIFS(订单额, 月份_销售, 011)/10000		
20	3月	131.27	=SUMIFS(订单额, 月份_销售, 012)/10000		
21	4月	124.26	=SUMIFS(订单额, 月份_销售, 013)/10000		
22	5月	116.51	=SUMIFS(订单额, 月份_销售, 014)/10000		
23	6月	108.11	=SUMIFS(订单额, 月份_销售, 015)/10000		
24	7月	121.62	=SUMIFS(订单额, 月份_销售, 016)/10000		
25	8月	111.74	=SUMIFS(订单额, 月份_销售, 017)/10000		
26	9月	134.29	=SUMIFS(订单额, 月份_销售, 018)/10000		
27	10月	137.28	=SUMIFS(订单额, 月份_销售, 019)/10000		
28	11月	119.55	=SUMIFS(订单额, 月份_销售, 020)/10000		
29	12月	146.87	=SUMIFS(订单额, 月份_销售, 021)/10000		

	R	S	T	U	V
1	销售额排名	产品名称	销售额(万)	销量	S1销售额公式
2	4	rate-A-File	7.35	50	=SUMIFS(订单额, 产品名称, R2, 月份_销售, $D$2)/10000
3	53	Letter Slitter	0.21	10	T1销量公式
4	6	ment Clip F	6.35	68	=COUNTIFS(产品名称, R2, 月份_销售, $D$2)
5	3	nference T	13.18	22	
6	7	CF 688	5.25	22	
7	5	4.7GB DV	6.96	77	
8	15	Newell 340	1.27	34	
9	162	6162	0.00	0	
10	162	Newell 308	0.00	0	
11	66	Bands, 12	0.12	12	
12	162	3285	0.00	0	
13	162	SC7868	0.00	0	
14	74	Avery 498	0.09	6	
15	12	Xerox 217	2.39	68	
16	1	Xerox 193	15.41	26	
17	9	Xerox 1907	4.89	17	
18	162	i270	0.00	0	
19	135	Newell 314	0.01	1	
20	8	Organizer S	4.94	87	
21	162	TAC ST7	0.00	0	
22	11	es Odor Gr	3.78	26	
23	162	Xerox 1984	0.00	0	
24	162	7160	0.00	0	
25	14	Seal Envel	1.28	28	
26	162	World Ph	0.00	0	
27	121	Xerox 1997	0.02	1	
28	162	Xerox 1964	0.00	0	
29	162	282	0.00	0	
30	63	Accessory	0.14	1	
31	137	Avery 501	0.01	1	
32	162	5190	0.00	0	
33	162	Xerox 190	0.00	0	
34	162	Xerox 1950	0.00	0	
35	162	iDEN i80s	0.00	0	
36	162	636	0.00	0	
37	162	R380	0.00	0	
38	2	Phone 918	15.12	30	
39	162	Avery 481	0.00	0	
40	162	Xerox 1976	0.00	0	
41	29	V3682	0.48	2	
42	99	Xerox 1922	0.03	2	
43	67	Xerox 195	0.11	1	
44	162	Xerox 1928	0.00	0	
45	162	6190	0.00	0	

图 4-43 建立各维度统计数据

3. 建立核对数据

在统计数据工作表中建立核对数据是校验数据的第一步，可以有效地监测到新增数据中的异常数据。统计数据校验即用总数减去每个分类的汇总和，比较差值，差值不为 0 表示可能存在问题。如图 4-44 所示，在 J3 单元格内输入“=J2-SUM(E9:E14)”，J2 是 5 月总销量，减去 5 月区域销量汇总值，结果为 0，表示数据无误。其他维度也是同样的方式添加核对数据，本例中都不存在问题。在统计数据工作表中建立的核对数据主要用于检验新增明细数据中是否有异常数据。

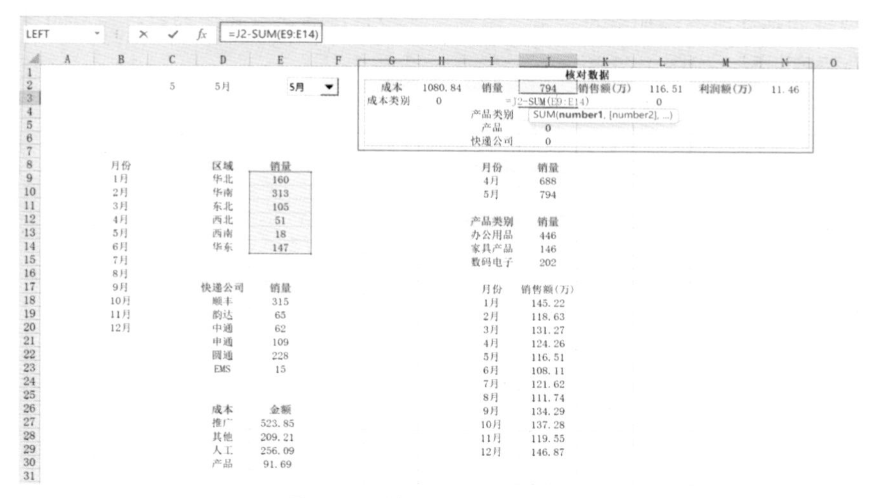

图 4-44　核对统计数据准确性

4.6.3　建立数据大屏

经过前面的数据准备和统计阶段，现在进入最后的图表制作阶段。相比于前面步骤需要大量函数处理数据，最后制作图表是熟能生巧的过程，最重要的难点是数据大屏的整体布局。

1. 建立图表

- 首先是基于已经建立好的统计数据选择合适的图表：
- 月份分类较少可以使用条形图体现对比关系。
- 区域、快递公式类目较多，适合使用柱形图或条形图体现对比关系。
- 月份销售额走势可以使用折线图或面积图体现时间序列趋势关系。
- 产品类别较少可以使用圆环图并配合单值图体现构成关系。
- 可以添加圆环图展示利润占比以及销售额总额。
- 产品排名可以使用列表展示前三名销售情况。
- 成本类别一共有四个分布可以使用圆环图展示构成关系，也可使用柱形图展示对比关系，本例采用 BI 软件的系列图表的展示方式，将每类成本拆分为一个占比总成本的圆环图，最后将四个圆环汇总到一个图表背景中，体现亲密性。

通过上述分析，还需要对统计数据做进一步处理，包括计算每个成本类别占比总成本百分比、利润率百分比以及匹配当月产品销售额前三名。如图 4-45 所示，计算成本占比，在 F27 单元格输入公式“=E27/$I$2”并将公式下拉，辅助值等于“1- 占比”。

计算利润率，在 P3 单元格输入公式“=O2/M2”，辅助值单元格 Q3 值等于“1- 利润率”，输入公式“=1-P3”，如图 4-46 所示。

要使用列表的方式展示销售额前三名产品的销售情况，首先输入排名列，在 X3 输入公式“=VLOOKUP($W3,$R:$U,COLUMN(B2),0)”，使用一个公式实现多列匹配，第一个参数是排名，是 W 列的值，所以在列标前添加绝对引用；第二个参数是产品统计区域，公式需要横向拖动所以添加绝对引用；第三个参数是自动计算匹配列数；最后的参数输入 0 指定为精确匹配，如图 4-47 所示。

LEFT　=E27/$I$2

	A	B	C	D	E	F	G	H	I	J	K	L	M	N	O
1												核对数据			
2			5	5月	5月			成本	1080.84	销量	794	销售额(万)	116.51	利润额(万)	11.46
3								成本类别	0	区域	0	产品	0		
4										产品类别	0				
5										产品	0				
6										快递公司	0				
7															
8		月份		区域	销量					月份	销量				
9		1月		华北	160					4月	688				
10		2月		华南	313					5月	794				
11		3月		东北	105										
12		4月		西北	51					产品类别	销量				
13		5月		西南	18					办公用品	446				
14		6月		华东	147					家具产品	146				
15		7月								数码电子	202				
16		8月													
17		9月		快递公司	销量					月份	销售额(万)				
18		10月		顺丰	315					1月	145.22				
19		11月		韵达	65					2月	118.63				
20		12月		中通	62					3月	131.27				
21				申通	109					4月	124.26				
22				圆通	228					5月	116.51				
23				EMS	15					6月	108.11				
24										7月	121.62				
25										8月	111.74				
26				成本	金额	占比	辅助			9月	134.29				
27				推广	523.85	=E27/$I$2	51.53%			10月	137.28				
28				其他	209.21	19.36%	80.64%			11月	119.55				
29				人工	256.09	23.69%	76.31%			12月	146.87				
30				产品	91.69	8.48%	91.52%								
31															

图 4-45　建立成本圆环图图表数据

LEFT　=O2/M2

	A	B	C	D	E	F	G	H	I	J	K	L	M	N	O	P	Q
1												核对数据					
2			5	5月	5月			成本	1080.84	销量	794	销售额(万)	116.51	利润额(万)	11.46	利润率	辅助
3								成本类别	0	区域	0	产品	0			=O2/M2	90.16%
4										产品类别	0						
5										产品	0						
6										快递公司	0						
7																	
8		月份		区域	销量					月份	销量						
9		1月		华北	160					4月	688						
10		2月		华南	313					5月	794						

图 4-46　建立利润圆环占比图

X3　=VLOOKUP($W3,$R:$U,COLUMN(B2),0)

	B	C	R	S	T	U	V	W	X	Y	Z	AA	AB
1			销售额排名	产品名称	销售额(万)	销量							
2	5月	5	4	rate-A-Files	7.35	50		排名	产品名称	销售额(万)	销量		
3			53	Letter Slitter	0.21	10		1	Xerox 193	15.41	26		
4			6	nent Clip Fr	6.35	68		2	Phone 918	15.12	30		
5			3	nference Te	13.18	22		3	KI Confer	13.18	22		
6			7	CF 688	5.25	22							
7			5	< 4.7GB DV	6.96	77							
8	月份		15	Newell 340	1.27	34							
9	1月		162	6162i	0.00	0							
10	2月		162	Newell 308	0.00	0							
11	3月		66	r Bands, 12,	0.12	12							
12	4月		162	3285	0.00	0							

图 4-47　建立产品列表数据

基于统计数据可以建立 8 个图表，包括 2 个圆环图、1 个条形图、2 个柱形图、1 个列表、1 个面积图以及 1 个由多个圆环组合的系列图表。

以区域统计数据为例插入图表，在功能区中单击“插入”选项卡，在图表组中单击“插入柱形或条形图”按钮，在菜单中选择“簇状柱形图”选项，如图 4-48 所示。

本例商品销售排名采用列表方式呈现，即类似表格样式，可建立堆积条形图，通过数据标签展示列表。建立统计辅助数据，需要建立包含 3 列的列表（产品名称、销售额、销量），所以建立 3 列辅助数据，因为产品名称字符长，对应的辅助列数值较大为 300，其他 2 列数值为 100，如图 4-49 所示。

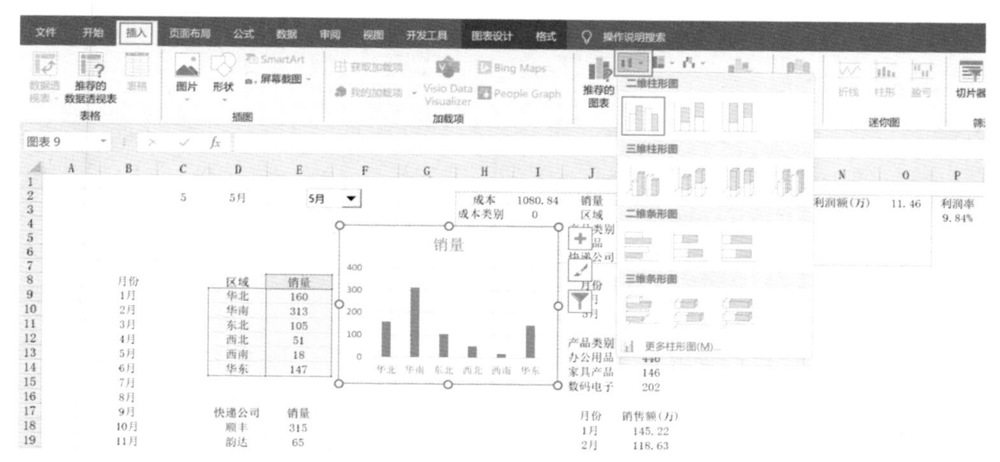

图 4-48　插入区域柱形图

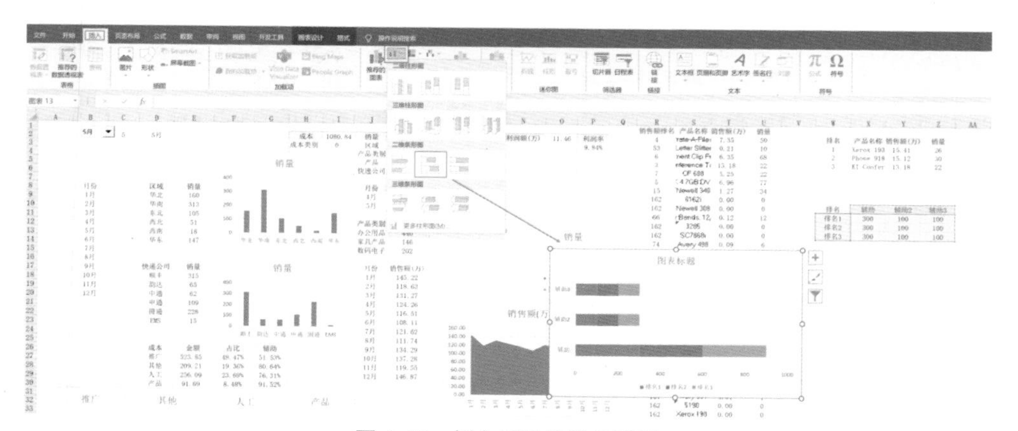

图 4-49　插入辅助堆叠条形图

插入的图表默认是以列作为纵坐标轴，我们需要以排名作为纵坐标轴，说明行列关系错误。选中图表，在功能区单击“图表设计”选项卡，单击“切换行 / 列”按钮，转换图表行列关系，得到以排名为纵坐标的堆积条形图。由于纵坐标轴是按照降序排序的，还需要调整为升序，右击图表纵坐标轴在快捷菜单中选择“设置坐标轴格式”选项，在“坐标轴选项”组选择“逆序类别”复选框，如图 4-50 所示。

最后重新定义条形图数据标签，形成列表。选中图表，单击图表右上角加号，单击快捷菜单中“数据标签”复选框右侧三角按钮，选择“更多选项”选项，在“标签选项”菜单下“标签包括”组中选择“单元格中的值”复选框重新指定数据标签数据范围，第一个条形选择“产品名称”列，第二个条形选择“销售额”列，第三个条形选中“销量”列，并取消选择“值”和“显示引导线”复选框，如图 4-51 所示，得到商品排名列表。

同样地对每个维度插入对应的图表，结果如图 4-52 所示。

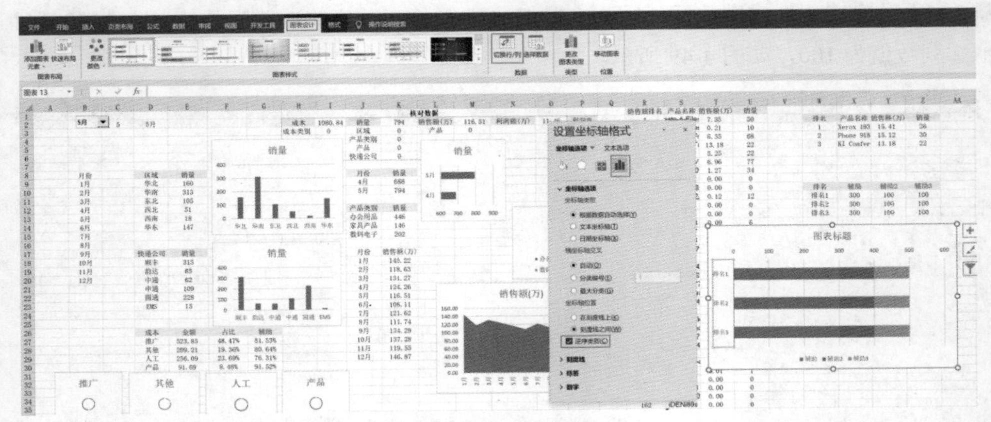

图 4-50　设置堆积条形图

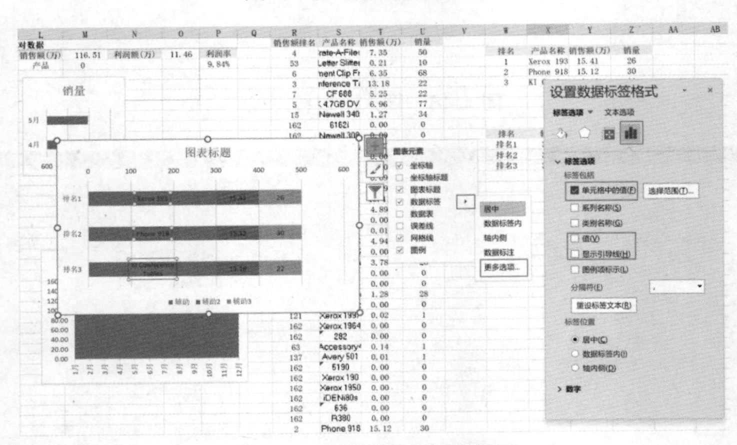

图 4-51　重新指定条形图值

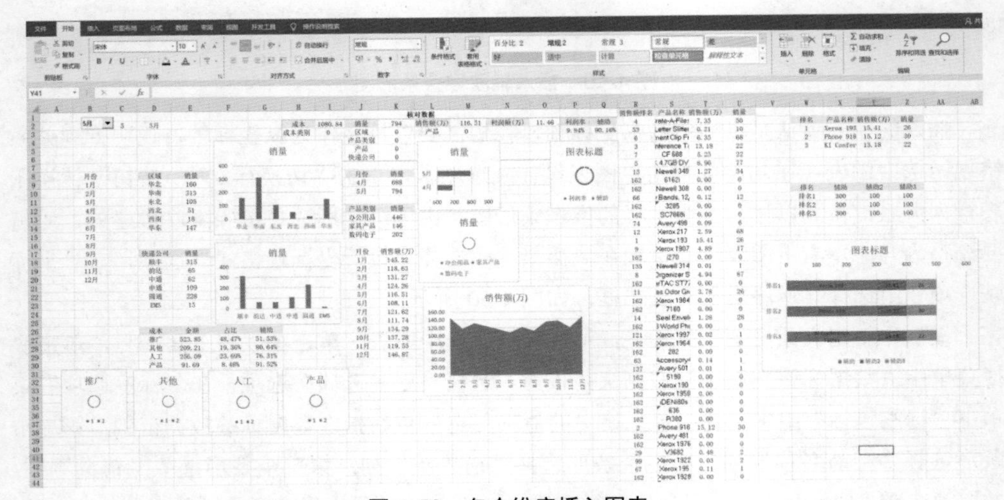

图 4-52　各个维度插入图表

2. 设置大屏背景

建立好图表后，建立数据大屏背景。本例中一共有 8 个图表，可以使用 3×（3+2）的模式。其中月份同环比图相对重要，可放在中间顶部位置；区域和快递公司销量对比图相对次要放在右下角；同时体现时间序列的月份销售额走势图可放在两个柱形图上方；商品类别圆环图可与成本系列圆环图放在最左侧；最后剩下商品排名列表和利润占比圆环图，后者相对次要可放在中间最下方。数据大屏图表布局优先考虑图表数据重要度，其次保证布局的对称性和协调性。

使用 3×（3+2）图表布局的模式，可将数据大屏背景长宽比设为 16:9。新建一个工作表命名为“数据大屏”，并设置工作表标签背景色为靛蓝色（26,30,67），方便区分其他两类工作表，选取一块长宽比例为 16:9 的单元格区域作为数据大屏背景，并设置单元格填充色。本例使用 D2:U40 单元格区域作为数据大屏的背景，设置背景单元格区域填充色为靛蓝色（26,30,67），如图 4-53 所示。

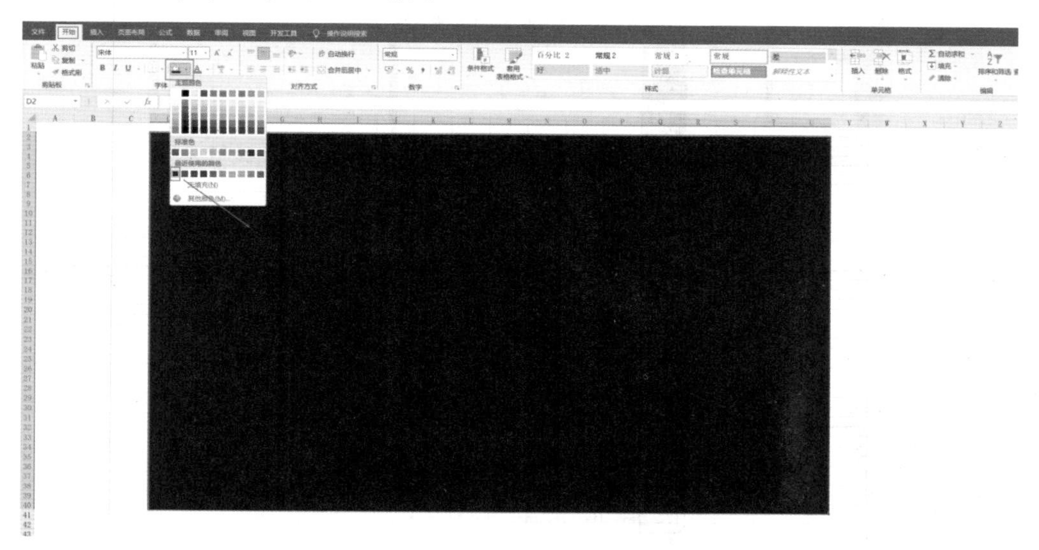

图 4-53　设置单元格区域填充颜色作为大屏背景

3. 图表布局

将统计数据工作表中图表剪切至数据大屏工作表中。由于大屏背景较大，为方便衡量大小，可在数据大屏边缘标记出单元格坐标供参考。如图 4-54 所示，设置每个图表宽占 6 列单元格（包含图表之间距离），图表高度可依据图表特征适当调节。

在调整布局前首先添加矩形形状作为标题栏、下方导航栏（作为其他数据大屏的导航）以及成本圆环系列图的背景。在功能区单击“插入”选项卡，单击“形状”按钮，选择“矩形”选项，在空白区域拖动鼠标建立矩形形状，并设为无线条。同时需要设置系列图背景层叠次序为“置于底层”，如图 4-55 所示。

4. 调整图表大小

对于布局区域较大的数据大屏，可以精确调整图表大小，右击图表，在快捷菜单中选择“设置图表区域格式”选项，单击“大小与属性”按钮设置高度和宽度，其中将每个图表的宽度设置为一致的，都是 10.3cm，约占六列数据，高度需根据实际图表情况设置，图 4-56 右侧的表格中为本例中每个图表的大小。

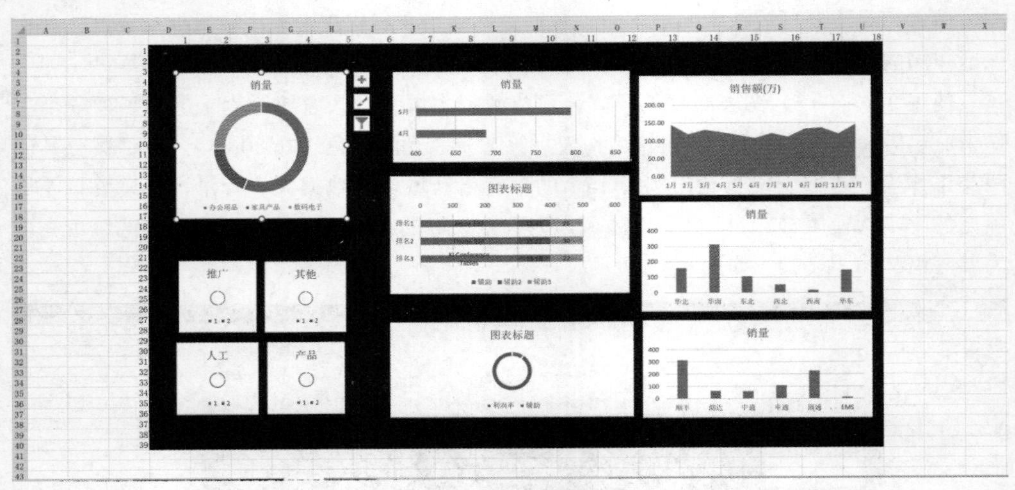

图 4-54 图表布局

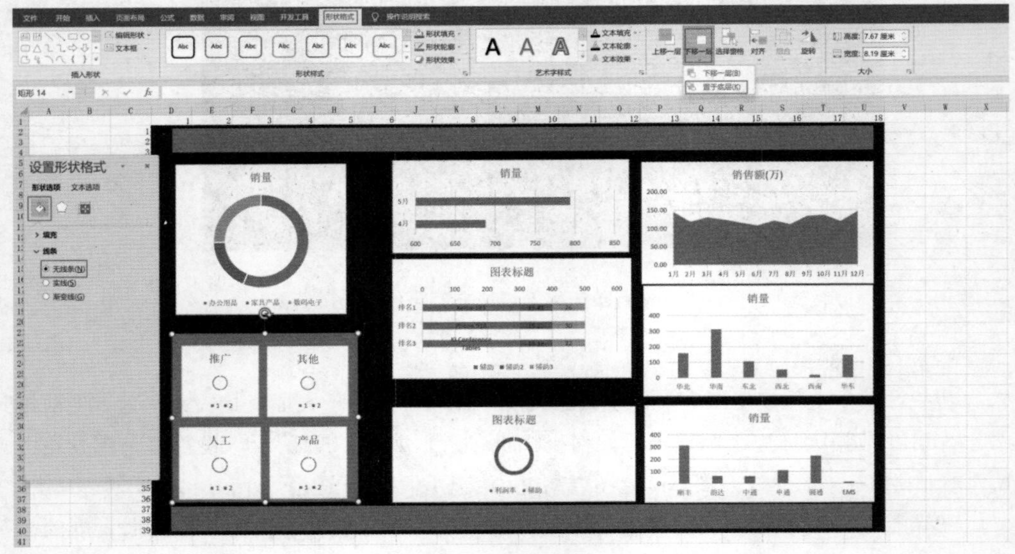

图 4-55 添加辅助形状

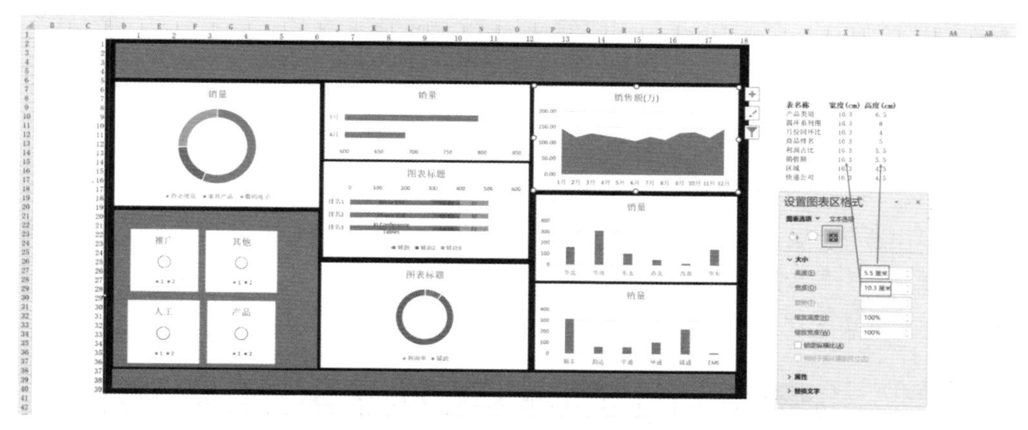

图 4-56 精确设置图表大小

5. 图表对齐

设置图表对齐。按住 Ctrl 键选中上方三个图表，在功能区单击“形状格式”选项卡，在“排列”组单击“对齐”按钮，选择“顶端对齐”选项，让三个图表纵向对齐，如图 4-57 所示。使用同样的方式设置中间三个图表为“左侧对齐”，右侧三个图表为“右侧对齐”，下方三个图表为“底端对齐”。

本例设置的图表高度和宽度并非固定值，是根据背景区域大小反复调试，找到的最适合的范围。由于下方的条形图需要足够的高度，同时考虑圆环图的图例可以设置到右侧，所以下方的图表高度要大于上方图表的高度，但是上下方图表的宽度必须是一致的，以保持图表的对称结构。

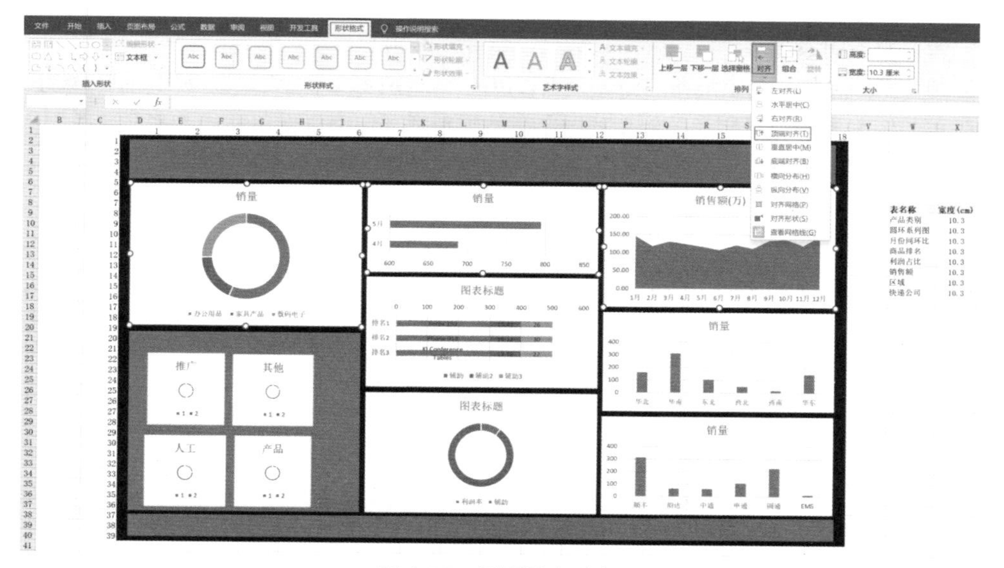

图 4-57 设置图表对齐

6. 图表修饰

本例图表采用浮层效果，即设置每个图表的背景填充颜色为与数据大屏背景色相近的颜色，而不是无填充，这样可以充分利用亲密性原则。

（1）设置图表背景

设置 8 个图表填充颜色一致，以产品类别圆环图为例，右击“产品类别”圆环图，在快捷菜单中选择“设置图表区域格式”选项，单击“填充与线条”按钮，在“填充”组选择“纯色填充”单选按钮，设置颜色为深蓝色（44,53,96），在“边框”组选择“无线条”单选按钮，如图 4-58 所示。同样修改其他 7 个图表图表区背景。

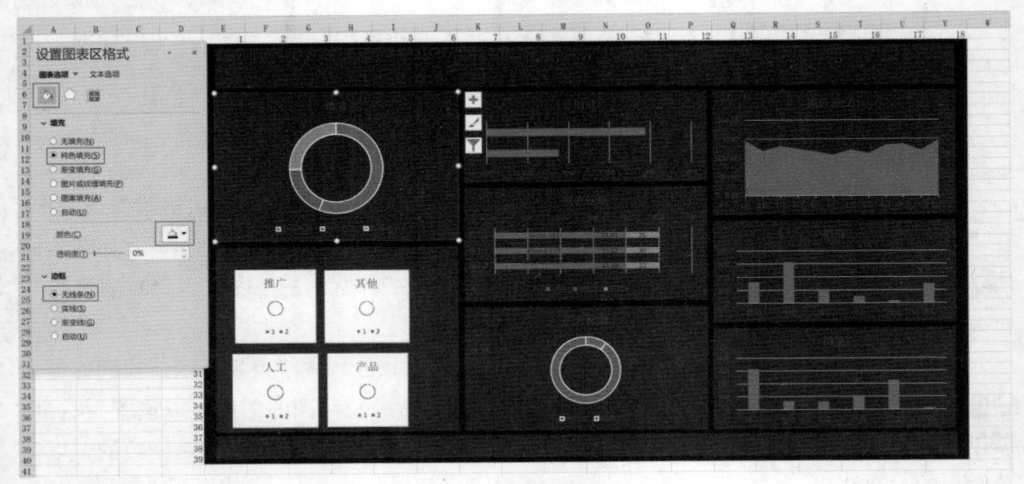

图 4-58　设置图表区背景

（2）修改图表元素

圆环图和柱形图、条形图的图表元素设置的方法不同。首先设置圆环图，圆环图中默认生成的图表元素有标题和图例，其中在产品类别圆环图中可保留并修饰产品分类图例。成本系列圆环图和利润圆环图不需要图例，可删除。

右击产品分类图表图例，在快捷菜单中选择“设置图例格式”选项，在“图例选项”菜单下，在“图例位置”组选择“靠右”单选按钮，设置字体为微软雅黑，字号为8，字体颜色为浅灰色（242,242,242）。设置标题字体为微软雅黑，字号为 12，字体颜色为浅灰色（242,242,242），如图 4-59 所示。

柱形图设置以“快递公司销量”柱形图为例。删除纵坐标轴和水平网格线。右击横坐标轴，在快捷菜单中选择“设置坐标轴格式”选项，单击“填充与线条”按钮，在“线条”组选择“无线条”单选按钮，如图 4-60 所示。与圆环图一致，设置标题字体为微软雅黑，字号为 12，字体颜色为浅灰色（242,242,242），对区域柱形图也执行相同的设置。

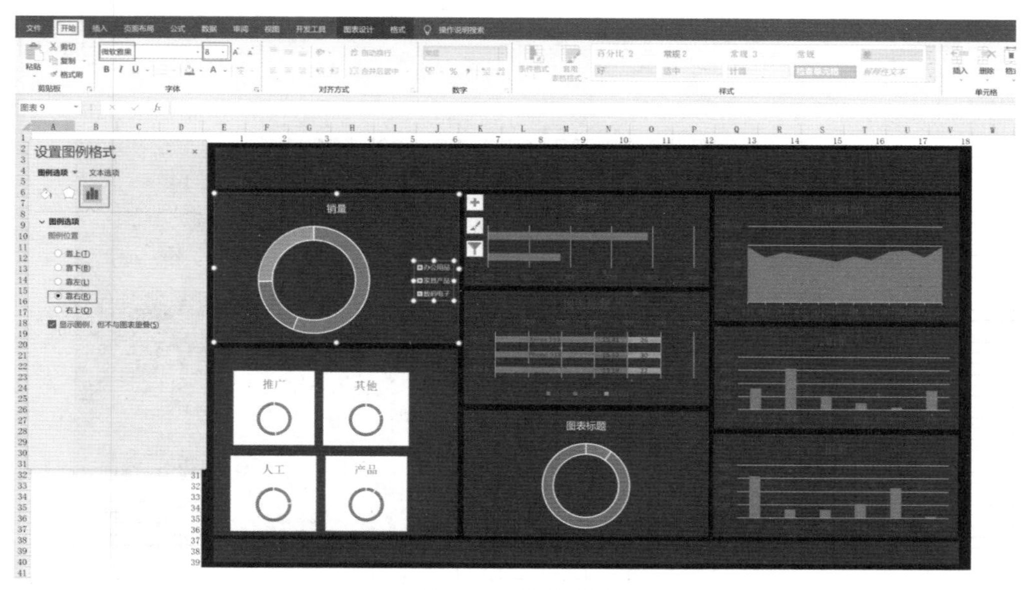

图 4-59　修饰图例

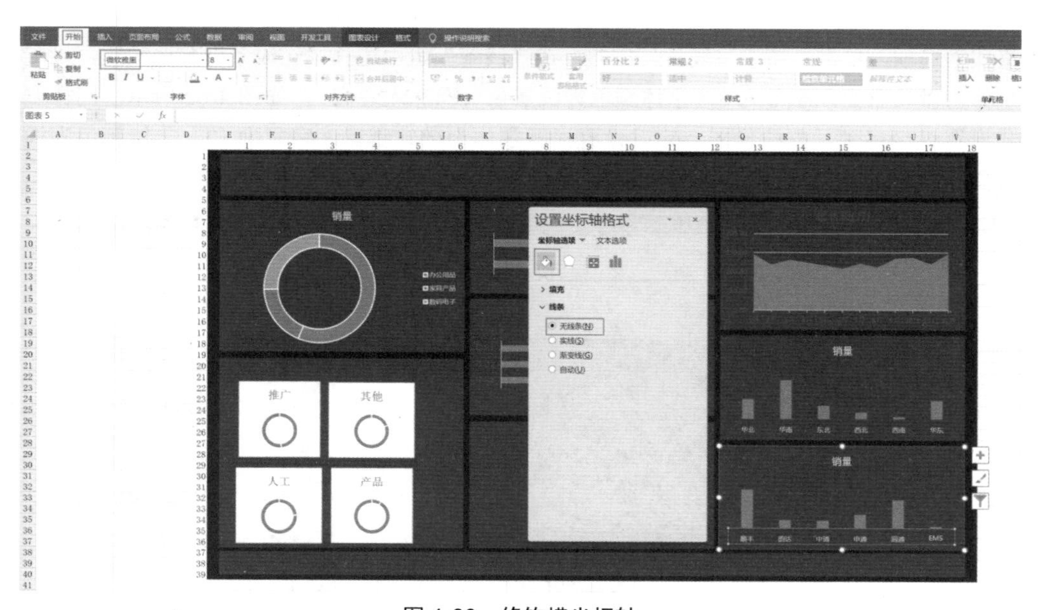

图 4-60　修饰横坐标轴

“月份同环比”条形图和“商品排名”列表，与柱形图略有不同。删除横坐标轴和垂直网格线。右击纵坐标轴，在快捷菜单中选择“设置坐标轴格式”选项，单击“填充与线条”按钮，在“线条”组选择“无线条”单选按钮，设置字体为微软雅黑，字号为 8，字体颜色为浅灰色（242,242,242），如图 4-61 所示。与柱形图一致，设置标题字体为微软雅黑，字号为 12，字体颜色为浅灰色（242,242,242）。

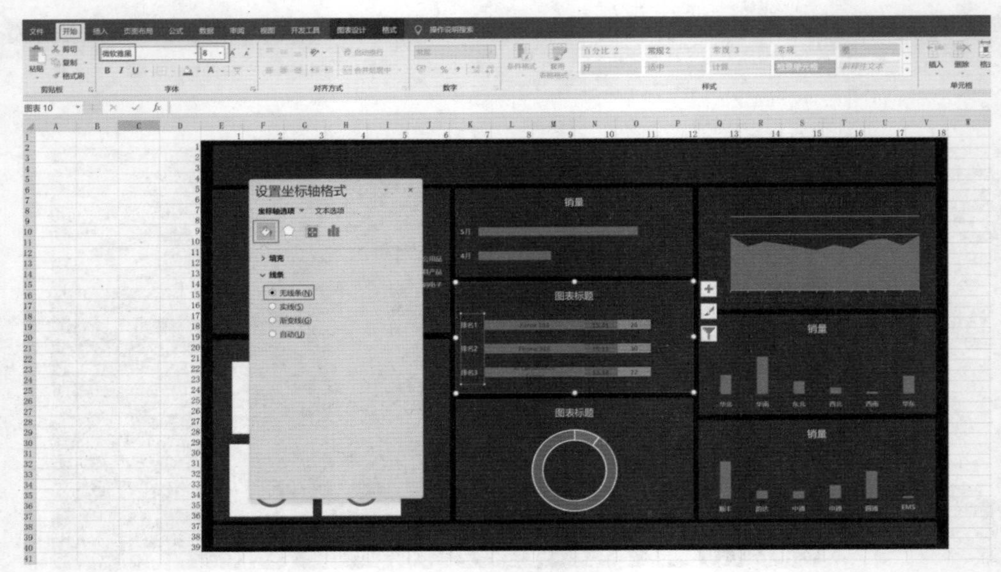

图 4-61　修饰纵坐标轴

最后设置面积图。删除水平网格线。右击横坐标轴，在快捷菜单中选择“设置坐标轴格式”选项，单击“填充与线条”按钮，在“线条”组中选择“无线条”单选按钮，设置字体为微软雅黑，字号为 8，字体颜色为浅灰色（242,242,242），如图 4-62 所示，同样方式设置纵坐标轴。与柱形图一致，设置标题字体为微软雅黑，字号为 12，字体颜色为浅灰色（242,242,242）。

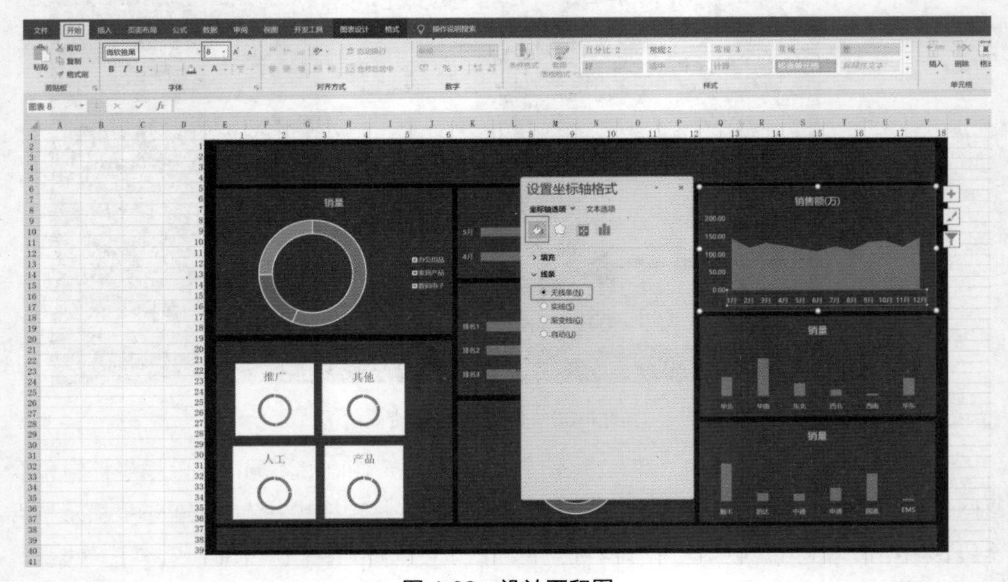

图 4-62　设计面积图

对所有图表的图表元素修饰后，数据大屏样式如图 4-63 所示。

7. 修饰绘图区

对于圆环图绘图区的修饰包括隐藏线条和设置填充。右击“产品类别销量”圆环图，在快捷菜单中选择“设置数据系列格式”选项，在“系列选项”组的“圆环图圆环大小”框中输入 85%。单击“填充与线条”按钮，在“边框”组选择“无线条”单选按钮。再单击一下圆环选中对应的圆环块，在“填充”组选择“纯色填充”单选按钮，颜色逆时针依次为粉色（252,108,157），紫色（74,91,209），橙色（246,165,118），并适当调整绘图区以及图例区大小，如图 4-64 所示。

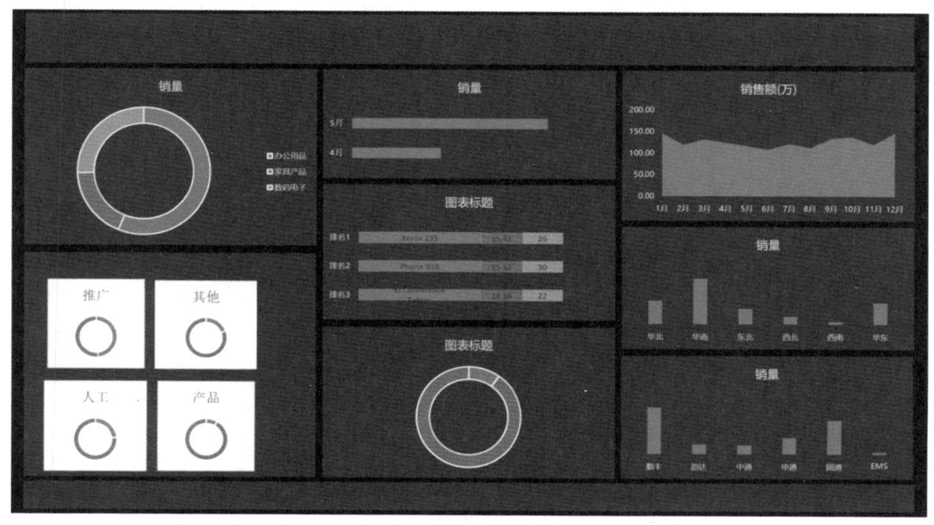

图 4-63　修饰图表元素后样式

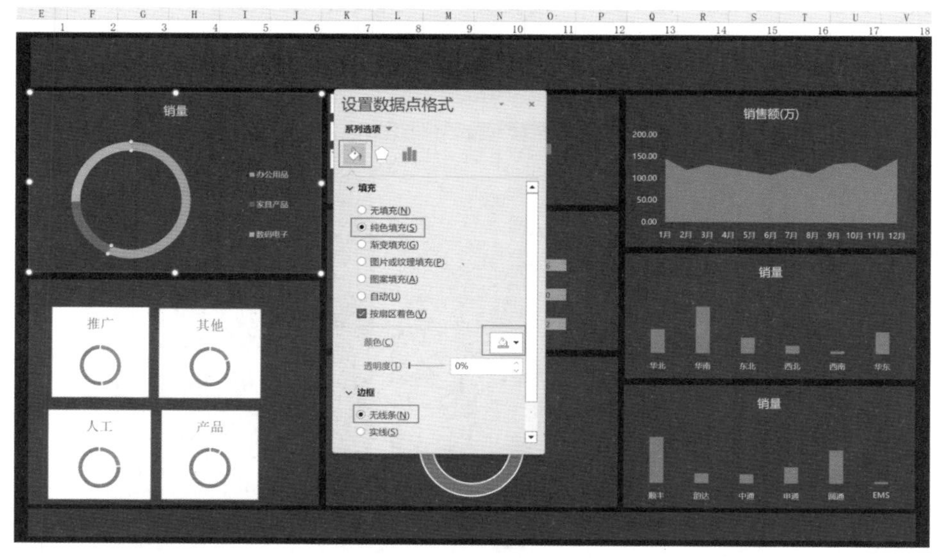

图 4-64　修饰圆环图

设置“成本费用”圆环系列图绘图区。首先设置四个圆环图填充为无填充，线条为实线，颜色为浅绿色（123,189,213）。设置圆环图圆环大小为 85%，成本圆弧填充色为浅绿色（123,189,213），辅助圆弧填充色为浅灰色（242,242,242），透明度为 80%。并设置标题字体为微软雅黑，颜色为浅灰色（242,242,242），字号 10，其他三个圆环图也执行相同设置，如图 4-65 所示。

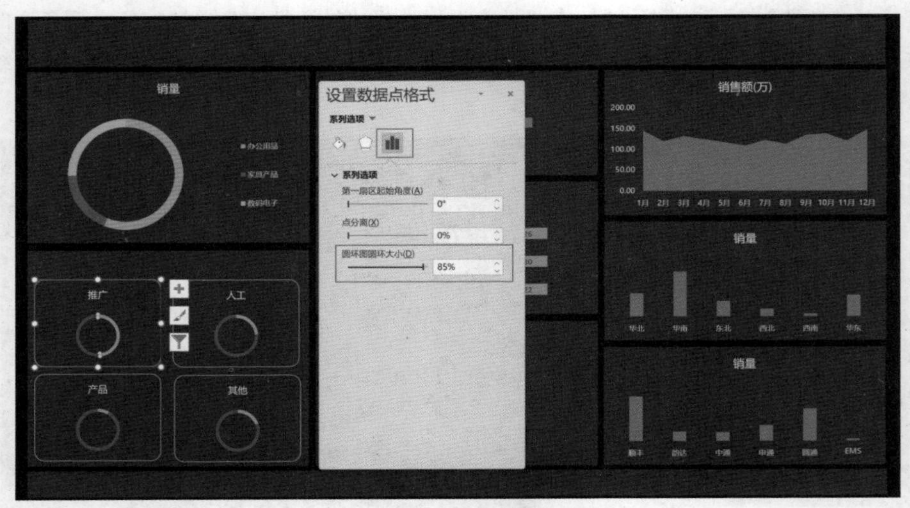

图 4-65　修饰圆环图

“利润占比”圆环图与“成本费用”系列圆环设置类似，利润圆弧填充颜色为粉色（252,108,157），圆环图圆环大小为 85%。

选中面积图并右键单击，在快捷菜单中选择“设置数据系列格式”选项，单击“填充与线条”按钮，在“填充”组中选择“渐变填充”单选按钮，删除两个光圈，并设置左侧光圈颜色为紫色（74,91,209），右侧光圈颜色为紫色（74,91,209），透明度为 80%，如图 4-66 所示。

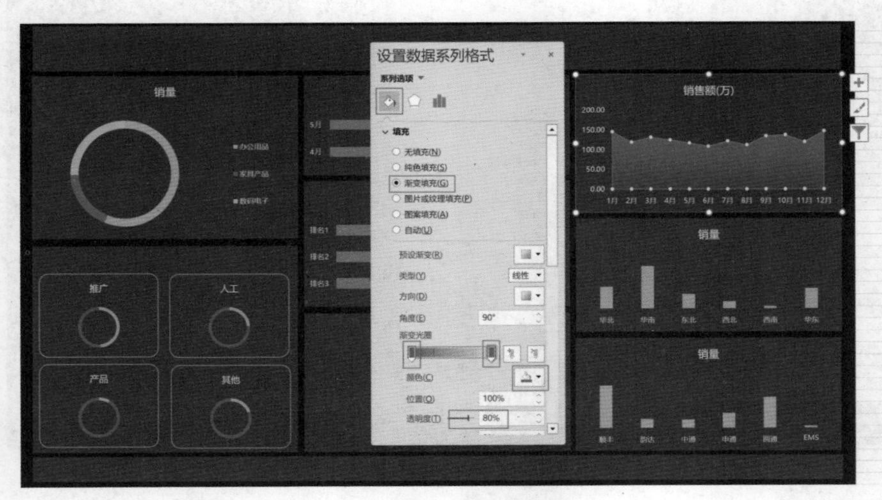

图 4-66　修饰面积图

对柱形图和条形图的修饰相对简单，只设置填充即可。以“区域”柱形图为例，右击柱形图，在快捷菜单中选择“设置数据系列格式”选项，单击“填充与线条”按钮，在“填充”组中选择“纯色填充”单选按钮，设置颜色为浅绿色（123,189,213），对其他柱形和条形图填充也设置相同颜色。“快递公司销量”条形图填充色为粉色（252,108,157）。“月份对比”图填充色分别为浅绿色（123,189,213），紫色（74，91，209）。堆积条形图设置为无填充，如图 4-67 所示。

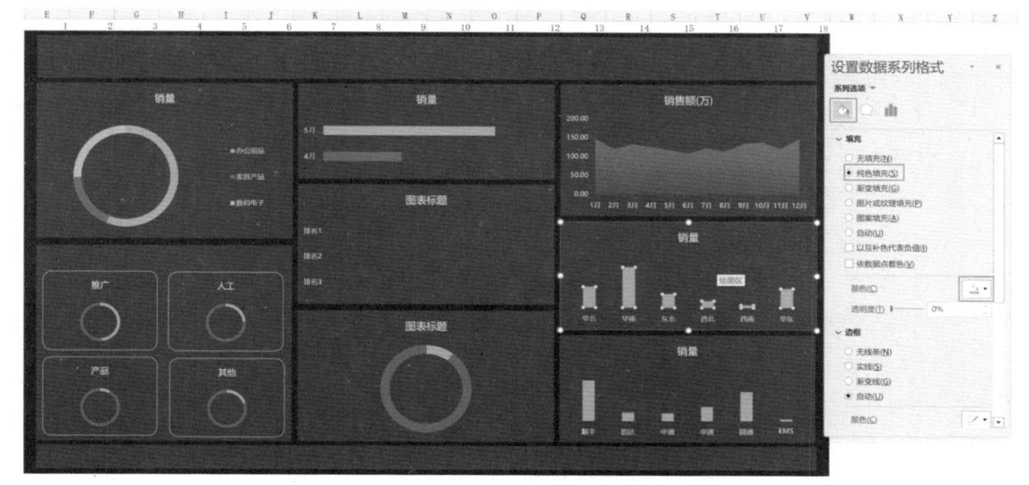

图 4-67　设置条形图和柱形图填充

8. 添加数据标签

对圆环图和柱形图添加数据标签的方式相同，修饰方式略有不同。首先设置圆环图，单击图表区，再单击图表区右上角出现的加号按钮，在弹出的“图表元素”对话框中单击“数据标签”复选框右侧的三角形按钮，在级联菜单中选择“更多选项”选项，在“设置数据标签格式”对话框中的“标签选项”菜单下，在“标签包括”组选择“百分比”复选框，再取消选中“值”复选框。本例中圆环图只显示分布占比，对其他圆环图也设置标签为百分比，并双击选中对应的数据标签，适当调整数据标签位置。选中数据标签，设置字体为微软雅黑，字号为 8，字体颜色为浅灰色（242,242,242），如图 4-68 所示。

柱形图采用数据标签的值，所以无需在“更多选项”中设置。单击图表区，再单击图表区右上角出现的加号按钮，在弹出的“图表元素”菜单中单击“数据标签”复选框右侧的三角形，选择“数据标签外”选项。选中数据标签，设置字体为微软雅黑，字号为 8，字体颜色为浅灰色（242,242,242），如图 4-69 所示。

9. 插入文本框标签

右击插入的文本框，在快捷菜单中选择“设置对象格式”选项，单击“填充与线条”按钮，在“填充”组选择“无填充”单选按钮，在“线条”组选择“无线条”单选按钮，设置字体为微软雅黑，字体颜色为浅灰色（242,242,242），并将对应的统计数据工作表中的数据单元格引入，如图 4-70 所示。

10. 添加标题

标题包括数据大屏标题和每个图表的标题，首先修改每个图表的标题为对应的分类名称，点击图表标题可直接修改。数据大屏数据标题需插入文本框，插入一个空白文本框，输入“公司销售数据可视化看板”，并设置文本框为无填充和无线条，设置字体为微软雅黑，字号为 18，并选中加粗，字体颜色为浅灰色（242,242,242），结果如图 4-71 所示。

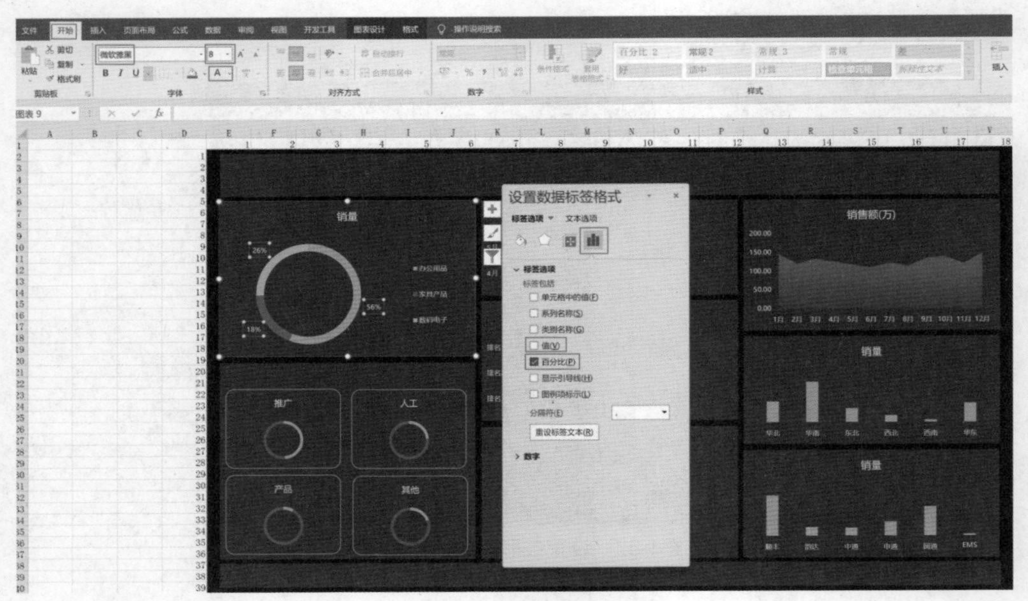

图 4-68　圆环图添加数据标签

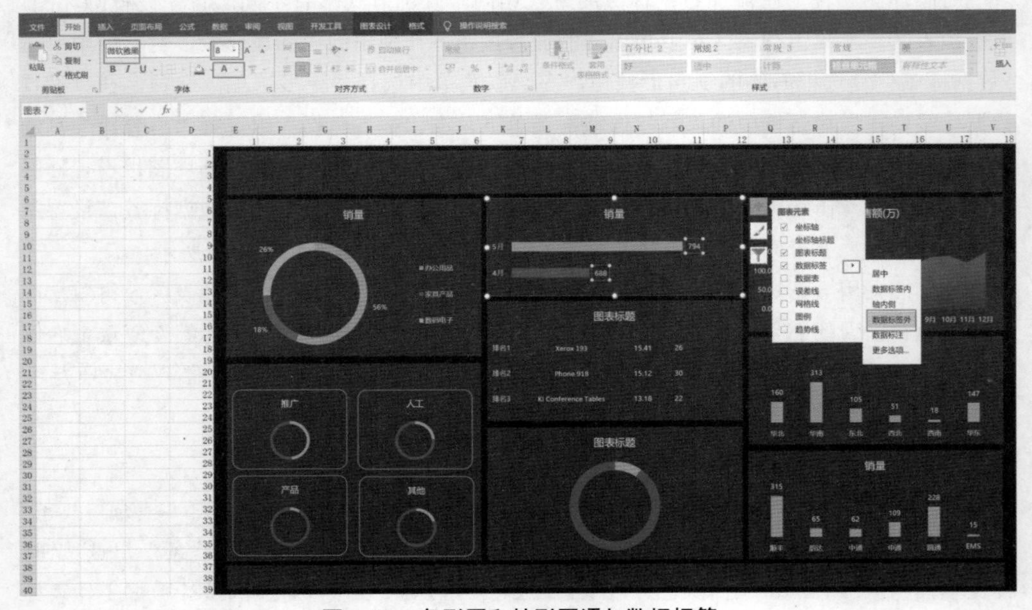

图 4-69　条形图和柱形图添加数据标签

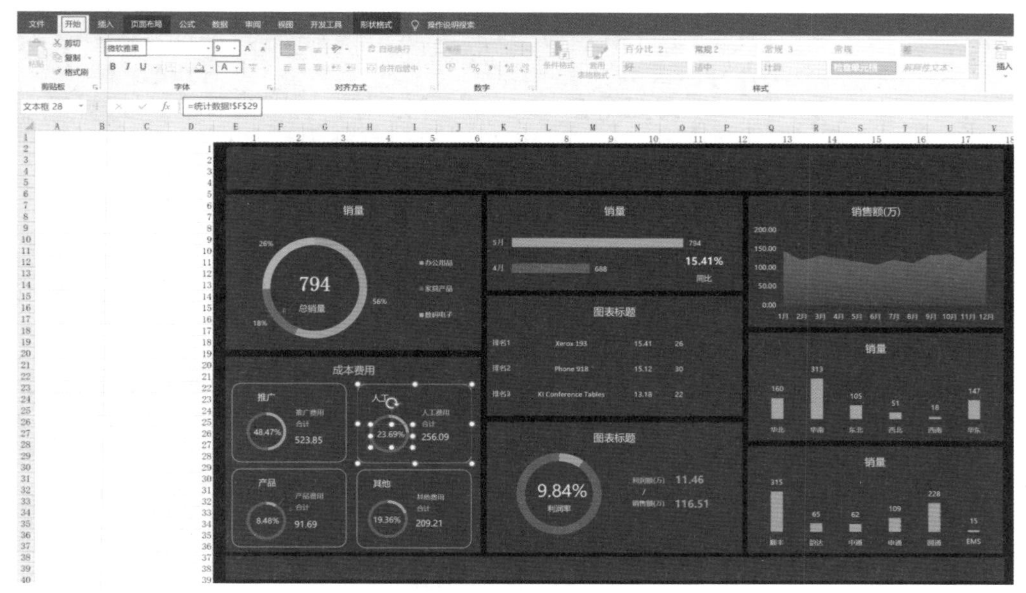

图 4-70　添加数据文本框

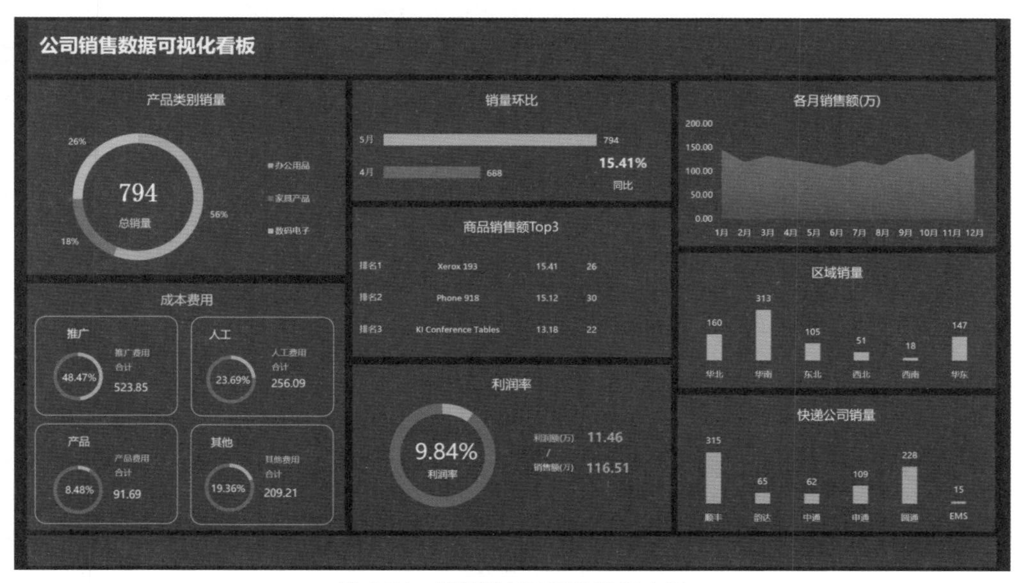

图 4-71　销售数据可视化数据大屏

最后对大屏整体进行进一步修饰，添加一些修饰图片以及调整图表以适应整体布局。因为是动态看板还需将组合框剪切至数据大屏工作表，同时需要重新将链接单元格和数据源链接设置为统计数据工作表内，如图 4-72、图 4-73 和图 4-74 所示。

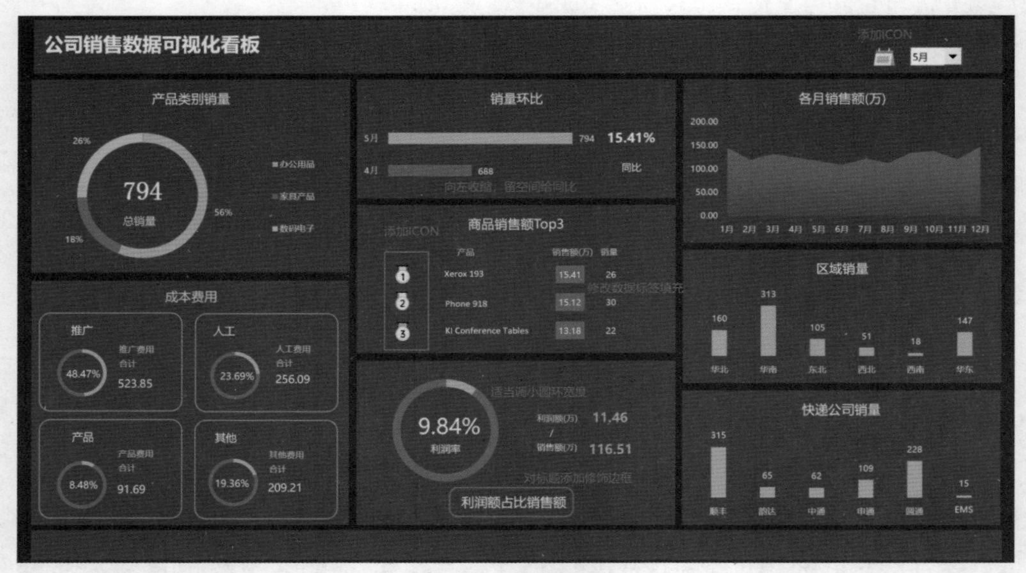

图 4-72 进一步修饰

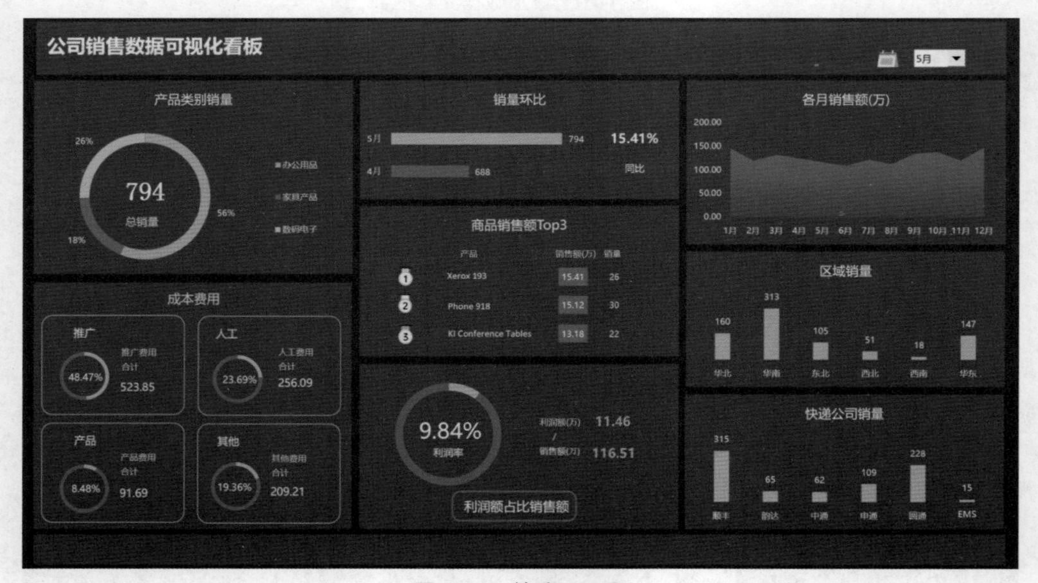

图 4-73 筛选至 5 月

这样就完成了动态销售数据大屏的制作，因为保留了图表数据的公式，如果需要制作新周期的数据大屏，直接用新周期的数据全部覆盖旧的明细数据，图表将自动更新。

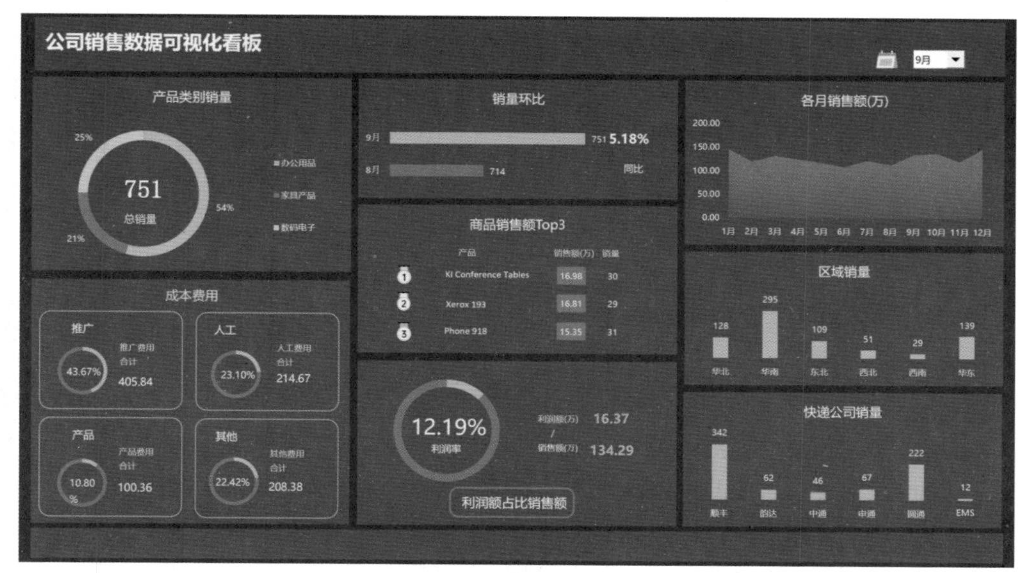

图 4-74　筛选至 9 月

4.7 数据核对 ›››

数据准确性是数据报告中最重要的，也是最容易被忽略的一环。试想一下如果在制作的数据报告或者数据可视化大屏中，因为一个没有注意到的小问题导致一个图表的数据不准确，轻微的后果是失去分析的价值，严重的后果可能影响业务运营策略，那么前面做的所有工作就前功尽弃了，所以数据核对是制作数据报告的必备过程。

完整的数据大屏核对一般分为两步，第一步是数据大屏开发者交付前对数据自行核对，第二步是开发者确认无误后交由数据大屏的用户验证数据的准确性，一般将第二步的核对过程称为用户验收测试（UAT，User Acceptance Testing）。

（1）开发者数据核对一般分为两个阶段：

第一阶段，在制作图表数据源阶段，添加总数核对数据，即对每个分析维度求和与总数进行对比。这种方式可有效检查出数据分类中有新增分类或者分类类别填错的情况，例如统计性别比人数时，如果性别列数据存在空单元格或者错误数据，那么对应核对数据就会返回差值大于 0，提示错误。

第二阶段，除对总数核对外还需对每个类别进行核对，对类别具体类目的核对一般发生在数据大屏制作完成后，交付用户前。依然以性别为例，在明细数据中筛选性别列查看行数，对比图表中男性的人数。如果类别数目较多，可针对主要类目进行核对，例如核对几个部门人数可核对人数较多的部门。

（2）UAT，一般情况下，报表的需求方是运营和业务人员，他们对数据的熟悉程度要高于报表的制作者。数据大屏制作完成后，用户需要协助开发者对数据大屏中数据进行核对。

无论是开发者还是用户，在核对数据时都必须保证每个图表的数据都经过校验和核对。

4.8 数据保护与权限 ›››

本节介绍几种保护数据的方式。

1. 添加工作簿密码

添加工作簿密码是保护工作簿最有效的方式，对于添加了密码的工作簿，只有输入密码后才能查看工作簿里面的内容。

添加工作簿密码的方式也很简单，单击功能区中的“文件”选项卡，进入文件设置菜单栏，选择“信息”选项，在“信息”菜单栏下单击“保护工作簿”按钮，在弹出菜单中选择“用密码进行加密”选项。在弹出的“输入密码”对话框中输入两次相同密码即可对工作簿添加密码，再打开工作簿时会自动弹出“输入密码”对话框，输入正确密码后方能进入工作簿查看内容。如图 4-75 和图 4-76 所示。

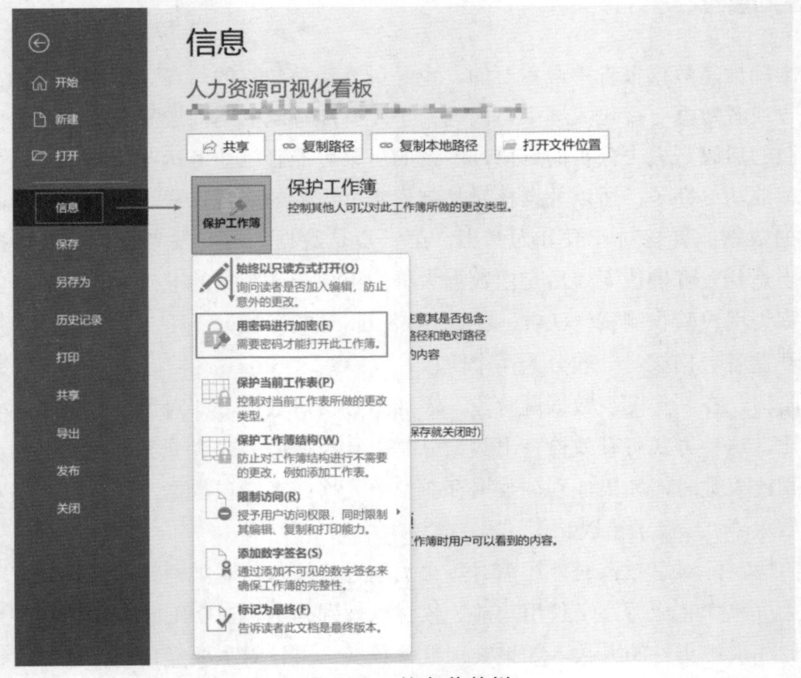

图 4-75 信息菜单栏

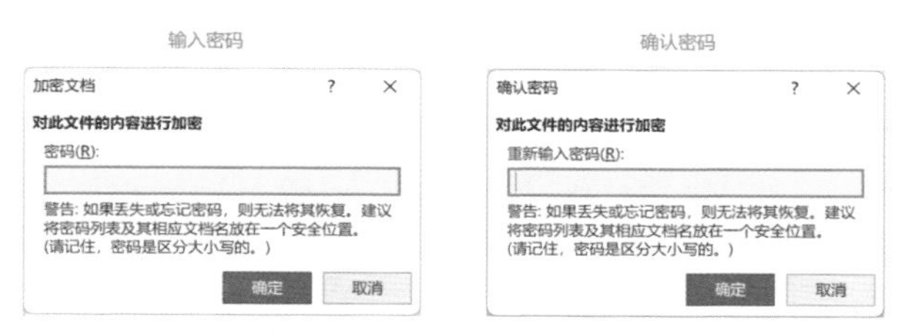

图 4-76　Excel 工作簿密码弹窗

2. 链接的图片

在用户打开工作簿并查看数据时可能会误点导致图表串位，这时可以使用 Excel 链接的图片功能。

新建一个工作表，命名为“数据大屏展示”。在数据大屏工作表内复制数据大屏背景区域，右击任意一个单元格，在快捷菜单中单击“选择性粘贴”选项右侧的三角按钮，在弹出的级联菜单中选择“链接的图片”选项，如图 4-77 所示。

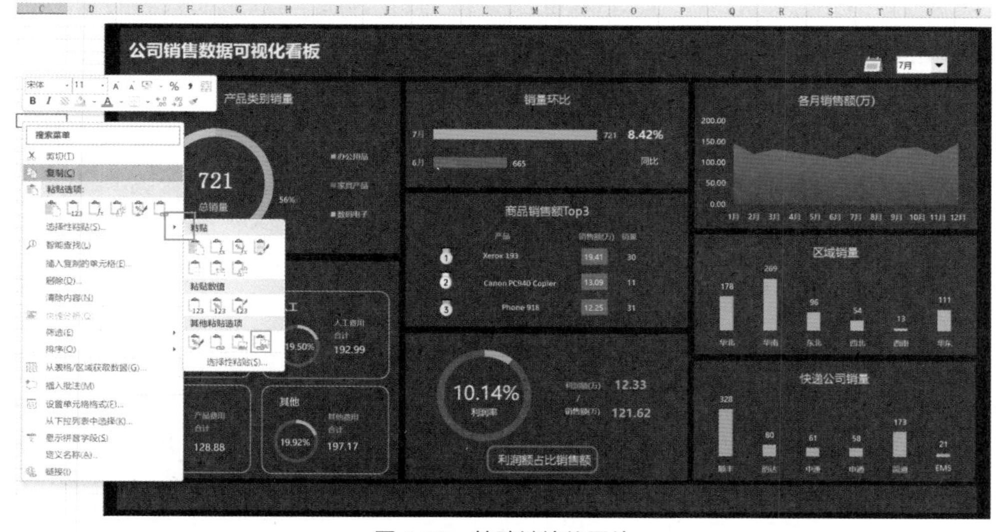

图 4-77　粘贴链接的图片

将数据大屏粘贴至新工作表中。在数据大屏展示工作表中重新插入一个组合框，并设置数据源和单元格链接与数据大屏中组合框一样，如图 4-78 所示，切换筛选器发现图片的图表内容发生变化。

3. 保护工作簿

前面介绍的链接的图片功能可以保证用户不会破坏看板布局，同时也能自行筛选数据。而有时我们对数据安全性有进一步的需求，使用户只能看数据，不能拿到具体的明细，这时可使用保护工作簿的功能。

首先右击工作表，在快捷菜单中选择“隐藏”选项，将工作表隐藏，只保留数据大屏展示工作表，如图 4-79 所示。

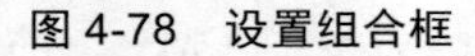
图 4-78　设置组合框

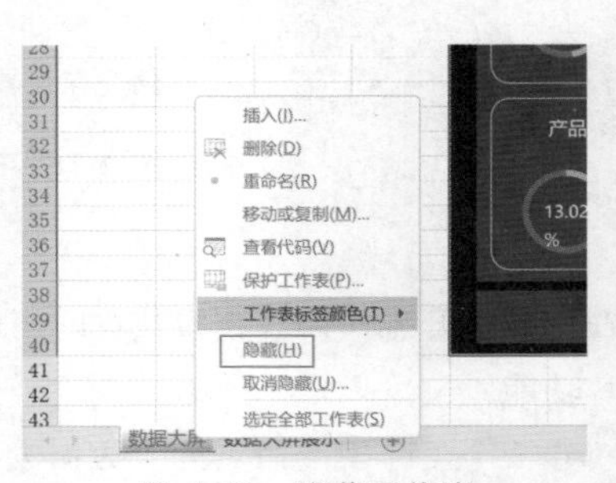

图 4-79　隐藏工作表

在功能区单击“审阅”选项卡（如果不显示，可在自定义功能栏添加），在“保护”组单击“保护工作簿”按钮，输入两次相同密码，单击“确定”按钮，如图 4-80 所示。

图 4-80　保护工作簿

设置保护工作簿后，就不能单击“隐藏”按钮了，只有取消保护工作簿才可取消隐藏，查看隐藏的表格数据，这就保证了只有知道密码的人才能看到明细数据和统计数据，如图 4-81 所示。

通过上面的三步设置就可以将制作好的数据大屏 Excel 文件分享给用户查看和分析了。

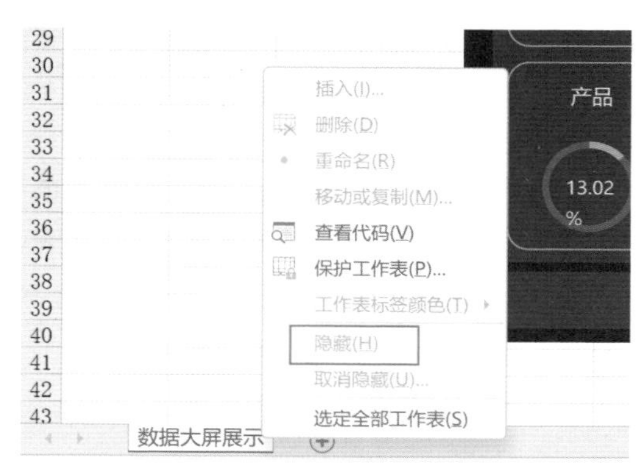

图 4-81　保护工作簿

4.9　可视化的进一步学习 ›››

使用 Excel 制作数据可视化大屏是 Excel 图表的一种进阶功能，这种方式为日常汇报和分析提供了一种新的解决方案，同时一个成熟的数据大屏可以在提升工作效率的同时将更多的数据展示给使用者。

目前图表制作已经处于“红海”阶段了，柱形图、折线图和圆饼图，或是以此为基础演变出的图表，万变不离其宗。对比来看，数据大屏则还处于“蓝海”阶段，这得益于它与图表制作有两个主要不同点，第一是数据大屏兴起和被大众接触时间并不长，还有更大的发展空间；第二是数据大屏有更多可修改和优化的元素，这些元素包括：UI、UX、呈现内容、色彩搭配、整体风格、修改具体图表等。

（1）UI

UI 的制作和优化涉及网页和数据大屏制作等，如果时间有限，是很难达到专业水平的。UI 在 Excel 体现的需求大概有三种：背景、布局以及标题样式。这三种元素实际是可以通过模板来学习的，例如对于网页的布局可以参照布局模式对图表进行布局优化，对于背景和标题样式也是同理，对它们的设计也不一定非要使用专业的 PS 制图软件，一般标题和背景样式都是由基本形状来实现的，使用 Excel 或者 PPT 就可以实现。

（2）UX

UX 是用户和数据大屏的交互。Excel 本身的图表更偏向静态的，可交互的场景并不多，第三章介绍的动态图表是一种重要的 UX，所以在 Excel 制作可视化大屏的时候要充分利用 Excel 动态图表的功能，这些功能包括但是不限于：

- 添加切换图表功能。
- 保证业务需求，添加足够的筛选器。
- 尝试不同的筛选器实现方式（切片器、控件、数据有效性、VBA 按钮）。

（3）呈现内容

呈现内容的优化包含两个维度，质和量。质的提升是不断地思考和分析业务，让数据大屏最后呈现出来的数据模型更加成熟，更能满足业务的需求。量的提升是增加更多的图表以呈现更多有用的内容，以满足不同用户的数据分析需求。

（4）修改具体图表

在实际应用中，有时候图表并没有完全地表现出使用者想要的效果，这就需要开发者与使用者交流和沟通，以业务的需求作为出发点找到最适合的图表。